COURS DE CHEMINS DE FER

Tous les exemplaires du Cours de Chemins de fer devront être revêtus de la signature de l'auteur.

ENCYCLOPÉDIE

DES

TRAVAUX PUBLICS

Fondée par **M.-C. LECHALAS**, Inspr génal des Ponts et Chaussées

Médaille d'or à l'Exposition universelle de 1889

COURS

DE

CHEMINS DE FER

PROFESSÉ A L'ÉCOLE NATIONALE DES PONTS ET CHAUSSÉES

PAR

C. BRICKA

INGÉNIEUR EN CHEF DES PONTS ET CHAUSSÉES
INGÉNIEUR EN CHEF DE LA VOIE ET DES BATIMENTS
AUX CHEMINS DE FER DE L'ÉTAT

TOME PREMIER

ÉTUDES. — CONSTRUCTION. — VOIE ET APPAREILS DE VOIE

PARIS

GAUTHIER-VILLARS ET FILS, IMPRIMEURS-ÉDITEURS

QUAI DES GRANDS-AUGUSTINS, 55

1894

ERRATA

Page 4. 12e ligne, en remontant, au lieu de *neuf millions*, lire *neuf milliards*.

— 4. 10e ligne, en remontant au lieu de *onze millions*, lire *onze milliards*.

— 12. 3e ligne, en remontant, au lieu de *à proximité de A*, lire *à proximité de M*.

— 73. 16e et 17e lignes, en descendant, au lieu de *les remblais et les ouvrages, les terrains d'art*, lire *les remblais, les ouvrages d'art et les terrains*.

— 88. 8e et 11e lignes, en descendant, au lieu de *500 mètres*, lire *300 mètres*.

— 95. 8e ligne, en remontant, au lieu de *par attaque*, lire *par tranchée*.

— 103. 3e ligne, en remontant, au lieu de *et exerce*, lire *elle exerce*.

— 104. 1re ligne, au lieu de *s'exerce*, lire *s'appuie*.

— 125. 4e ligne, en remontant, au lieu de *au-dessus*, lire *au-dessous*.

— 135. 12e ligne, en descendant, au lieu de *tandis que les premiers ne manquent jamais*, lire *tandis que les joints en creux, faits en même temps que la maçonnerie, ne manquent jamais*.

— 165. 11e ligne, en remontant, au lieu de *en dedans qu'en dehors*, lire *en dehors qu'en dedans*.

— 228. dernière ligne, supprimer les mots *cette dernière*.

— 229. 1re ligne, au lieu de *son tassement*, lire *le tassement*.

— 241. 8e et 9e ligne, en descendant, au lieu de *2m et de 2m,20*, lire *2m,00 à 2m,30*.

— 241. fig. 102, au lieu de *1m.20*, lire *1m.53*.

— 242. 10e ligne, en descendant, au lieu de *extrémité des trottoirs*, lire *extrémité des marquises*.

— 243. 5e ligne, en descendant, au lieu de *trottoirs*, lire *marquises*.

— 250. 1re ligne, au lieu de *manutention*, lire *manœuvre*.

— 331. 16e ligne, en descendant, au lieu de *largeur*, lire *longueur*.

— 407. 12e ligne, en descendant, au lieu de *placement*, lire *déplacement*.

— 415. 13e ligne, en descendant, au lieu de *tant que le circuit est ouvert ; mais lorsque le boudin d'une roue etc.*, lire *quand le circuit est fermé ; lorsque le boudin d'une roue etc.*

— 466. Formule (1), au lieu de *Dδ*, lire *δd*.

— 466. 2e ligne, en remontant, au lieu de *et Sr, Td entre A, B, C, D. etc.*, lire *entre Sr, Td et A, B, C, D, etc.*

— 482. Note 1, au lieu de *page 444*, lire *page 442*.

— 482. Note 2, au lieu de *page 444*, lire *page 441*

AVANT-PROPOS

Cet ouvrage est le résumé du cours de chemins de fer que nous professons depuis trois ans à l'École des Ponts et Chaussées. En nous adressant à des jeunes gens au début de leur carrière, nous nous sommes attaché à exposer les principes généraux qui régissent la construction et l'exploitation plutôt qu'à décrire des procédés et des appareils exposés à disparaître peut-être à bref délai. On trouvera donc, dans ce qui suit, moins le tableau de la situation actuelle des chemins de fer que l'exposé des principales questions qui les concernent. Nous avons traité quelques-unes de ces questions avec des développements spéciaux, en raison de l'intérêt qu'elles présentent, notamment l'influence des rampes sur la traction, la théorie des enclenchements, le block-system, les tarifs et le régime des concessions.

L'étude des tracés soulève, au point de vue du choix des déclivités, des problèmes qui ne peuvent être résolus qu'à l'aide d'une connaissance exacte des conditions dans lesquelles s'effectue la traction des trains. La spécialisation inévitable des services de construction et de traction ne permet pas, en général, aux constructeurs d'avoir à ce sujet des notions suffisamment précises. Bien qu'elles soient encore incomplètes, les règles que nous avons pu formuler à ce sujet, grâce à l'obligeant concours de M. Desdouits, Ingénieur en chef adjoint du matériel et de la traction aux chemins de fer de l'Etat, seront sans doute de quelque utilité.

Les enclenchements ont pris depuis quinze ans un développement considérable en France et dans toute l'Europe. Cependant ils n'ont fait jusqu'ici l'objet d'aucune étude d'ensemble. Les enclenchements de plus de deux leviers, qu'on appelle habituellement *conditionnels*, ont même été considérés pendant longtemps comme des cas d'espèces *échappant à toute analyse* [1] et, sauf en ce qui concerne le cas de trois leviers étudié par M. Pichon[2], ils n'ont à notre connaissance jamais été considérés au point de vue général. La théorie que nous exposons, dans les chapitres de la voie et de l'exploitation, comblera peut-être cette lacune[3] ; nous espérons du moins qu'elle fera disparaître, dans les études relatives aux consignes de gare, des complications dues surtout à l'absence de méthode.

Comme les enclenchements, le block-system est aujourd'hui d'un usage général. Mais les conditions dans lesquelles il est appliqué ne sont plus les mêmes qu'au début. Employés d'abord à l'état de simple indication, les signaux donnés par les appareils de block-system sont devenus impératifs : ils tendent à perdre le caractère de simples compléments de sécurité pour devenir, comme en Angleterre, la base de l'organisation du service des trains sur les lignes où ils sont employés.

1. Brame et Aguillon, *Etude sur les signaux des chemins de fer français.*

2. *Revue des chemins de fer*, 1886, 1er semestre.

3. Dans un travail qui n'est pas encore publié, mais qui doit paraître prochainement dans les *Annales des Ponts-et-Chaussées*, M. Théry a montré, par une méthode différente de la nôtre, que les enclenchements de divers ordres peuvent se rattacher à une théorie générale et se prêtent à l'extension de la méthode graphique de composition dont il est l'auteur.

Cette transformation soulève, en ce qui concerne les stationnements, les garages et les dépassements, des questions dont l'étude n'est plus à faire, mais qui ne sont, au moins en France, connues que d'un nombre assez restreint d'ingénieurs. Nous en avons résumé l'exposé en nous inspirant, notamment, des travaux du dernier congrès international des chemins de fer.

A mesure que les chemins de fer prennent une place plus importante dans la vie économique et sociale des peuples, le côté commercial de leur exploitation tend, sinon à disparaître, au moins à changer de but. Les tarifs ne peuvent plus être considérés aujourd'hui au point de vue exclusif du paiement des frais d'exploitation et de la rémunération du capital engagé dans la construction ; on a été conduit par la force des choses à tenir compte du rôle qu'ils jouent dans le développement de la prospérité publique, c'est-à-dire de leur influence, sur les relations commerciales, sur les débouchés offerts à l'agriculture et à l'industrie et même, dans certains cas, des effets qu'ils peuvent produire dans la concurrence entre les divers Etats. Cette nécessité économique a été si puissante que, même dans les pays comme l'Angleterre et les Etats-Unis qui avaient pris pour règle, lors de la création des chemins de fer, la liberté absolue de l'exploitation, l'Etat s'est vu forcé de limiter par des lois et par des règlements l'indépendance des concessionnaires en matière de tarifs. Nous avons cherché à faciliter l'étude de ces questions en indiquant les règles qui servent de base aux diverses tarifications, et les résultats les plus saillants de leur application dans les divers Etats de l'Europe.

Enfin, nous avons consacré un chapitre au régime des concessions de chemins de fer et de tramways. Les sacrifices qu'ont fait l'Etat et les départements pour le développement de notre réseau secondaire de voies ferrées n'ont donné, jusqu'à ces dernières années, que des résultats hors de proportion avec leur importance ; ces mécomptes ont eu pour cause principale, dans beaucoup de cas, l'insuffisance des clauses stipulées dans les traités de concession pour assurer soit l'emploi utile des subventions, soit surtout la bonne exploitation des lignes. En dehors des enseignements que l'on peut tirer des faits eux-mêmes, des études récentes, parmi lesquelles il faut citer surtout les remarquables travaux de MM. Considère et Colson, permettent aujourd'hui de signaler les écueils qu'il importe d'éviter.

Notre ouvrage est rédigé en vue de la construction et de l'exploitation des chemins de fer en France. Toutefois nous avons complété notre exposé par l'indication des règles suivies ou des idées admises à l'étranger, chaque fois qu'il nous a paru devoir en résulter des comparaisons intéressantes.

En terminant, nous croyons devoir adresser nos remerciments à M. l'Inspecteur Général des Ponts et Chaussées Robaglia, qui a bien voulu sur plusieurs points importants concernant la construction, et notamment les souterrains, nous prêter l'appui de ses conseils et de sa haute expérience.

INTRODUCTION

APERÇU HISTORIQUE

ET

CLASSIFICATION DES CHEMINS DE FER

1. — Définition et origine des chemins de fer. — On désigne d'une façon générale sous le nom de chemins de fer des voies munies de rails, sur lesquelles circulent des trains remorqués par des locomotives.

Leur invention remonte seulement au commencement de ce siècle ; mais déjà, avant cette époque, on avait utilisé la diminution de résistance au roulement qu'offrent les surfaces métalliques. On employa d'abord des rails plats munis d'un rebord, puis des rails en saillie, et la traction se fit soit au moyen de chevaux, soit au moyen de machines fixes.

C'est en 1814 que Georges Stephenson, ingénieur des houillères de Killingworth, construisit la première locomotive pour le service de ces mines ; mais c'est seulement en 1829 qu'à la suite d'un concours ouvert par les administrateurs du chemin de fer de Liverpool à Manchester, Stephenson produisit et fit adopter pour l'exploitation de cette ligne la fameuse *Fusée* qui figurait à l'exposition de 1889 et qui est la mère des locomotives actuelles. Elle pesait quatre tonnes, pouvait remorquer en palier une charge de 13 tonnes à la vitesse de 22 kilomètres et atteindre sans charge la vitesse de 45 kilomètres à l'heure, qui était considérable pour cette époque.

La Fusée était bien loin des puissantes locomotives actuelles qui remorquent facilement en palier des trains de 500 à 600 tonnes à la vitesse de 30 kilomètres, des trains de 200 tonnes à l'allure de 70 à 100 kilomètres, et qui, à vide, peuvent atteindre la vitesse de 120 à 140 kilomètres à l'heure. Néanmoins elle renfermait les trois principaux éléments de la construction des machines d'aujourd'hui : l'application du principe de l'adhérence, la chaudière tubulaire dont l'idée était due à l'ingénieur français Séguin, enfin le tirage produit par l'échappement de la vapeur dans la cheminée. En y ajoutant la coulisse, que Stephenson inventa un peu plus tard, on a les quatre éléments sur lesquels est encore basée la construction des locomotives [1].

2. — Création des chemins de fer français. — Peu après l'ouverture du chemin de fer de Liverpool à Manchester, qui date de 1830, eut lieu en France, sous la direction de Marc Séguin, la construction du premier chemin de fer à traction de locomotives, entre Lyon et St-Etienne, qui, en 1832, fut ouvert au transport des voyageurs et des marchandises. A partir de ce moment, l'attention publique fut attirée sur les chemins de fer et diverses concessions furent accordées pour la construction de lignes isolées, notamment celle de Paris à St-Germain. Mais c'est seulement de la loi du 11 juin 1842 que date la création du réseau français. C'est en vertu de cette loi que furent créées les principales artères actuelles : les lignes de Paris à la Belgique et à la Manche, à Strasbourg, à Marseille et à Cette, à Nantes et

---

1. La coulisse commence à disparaître pour faire place à d'autres systèmes de distribution ; mais jusqu'à ces dernières années elle a été employée à peu près exclusivement sur les locomotives.

Bordeaux, etc. Les terrains étaient acquis aux frais de l'Etat, des départements et des communes; les travaux d'infrastructure étaient exécutés au compte de l'Etat et directement par ses Ingénieurs. Les compagnies concessionnaires auxquelles fut confiée l'exploitation furent chargées de la superstructure, c'est-à-dire de l'établissement de la voie et des stations et de la fourniture du matériel roulant. La loi du 15 juillet 1845, ainsi que l'ordonnance du 15 novembre 1846 qui règle différents détails de son application [1], ont complété l'organisation des chemins de fer.

La hauteur de vue et la netteté d'idées qui ont présidé à l'organisation des chemins de fer en France sont tout à fait remarquables. Malgré les transformations et les progrès accomplis, la loi de 1845 et l'ordonnance de 1846 sont restées jusqu'à présent la base de toute notre réglementation, et les grandes lignes construites en vertu de la loi de 1842 peuvent servir dans beaucoup de leurs parties de modèles de tracé et de construction. Il est juste de rappeler ici les noms de Legrand, Directeur des Ponts et Chaussées au Ministère des Travaux publics, de Clapeyron, de Talabot, de Jullien et de Didion, dont le corps des Ponts et Chaussées a le droit de s'enorgueillir.

3. — Développement des chemins de fer. — Depuis leur création, les chemins de fer n'ont pas cessé de s'étendre non seulement en France et en Europe, mais dans le monde entier. Leur développement dépasse aujourd'hui 38.000 kilomètres en France, 228.000 kilomètres en Europe et 635.000 kilomètres dans le monde entier. Le capital de premier établissement consacré

1. La révision de l'ordonnance de 1846 est actuellement à l'étude.

à leur construction est évalué à 15 milliards pour la France, à 86 milliards pour l'Europe et à 168 milliards pour le monde entier. Le nombre de locomotives en circulation, en France et en Algérie seulement, est de plus de 13.000 représentant une force de 3.900.000 chevaux environ, tandis que la force totale des machines fixes en service sur les mêmes territoires ne représente que 920.000 chevaux.

4. — Conséquences économiques. — Les conséquences économiques de l'extension des voies ferrées ont été considérables, et telles qu'à aucune époque antérieure il ne s'était produit une semblable révolution. Elles sont dues non seulement à l'abaissement du prix des transports, qui a été réduit de plus des trois quarts, mais encore à l'accroissement de la vitesse pour les voyageurs et à l'énorme augmentation de la capacité de transport des voies de communication.

Le nombre des voyageurs transportés à un kilomètre par les chemins de fer en France dépasse actuellement neuf millions, soit environ 240 kilomètres parcourus par habitant, et la quantité des marchandises également transportées à un kilomètre dépasse onze millions de tonnes, soit en moyenne 292 tonnes transportées à un kilomètre par habitant. Une telle circulation eût été matériellement impossible avant l'établissement des voies ferrées, quels que fussent le développement des routes et la multiplication du nombre des chevaux.

5. — Evaluation de l'utilité des chemins de fer. — On a souvent cherché à évaluer l'utilité des chemins de fer. Un ingénieur éminent, Dupuit, a publié à ce sujet dans les Annales des Ponts et Chaussées, en 1844 et 1849, des mémoires remarquables qui font encore autorité aujourd'hui.

Utilité directe. — Mais toutes les méthodes de ce genre ne donnent que la mesure de l'utilité directe, c'est-à-dire de celle qui résulte, d'une part de l'économie réalisée grâce à l'abaissement des prix sur les transports effectués antérieurement, et d'autre part de l'augmentation de la masse des transports due à cet abaissement.

Utilité indirecte. — Or, à côté de l'utilité directe il y a une utilité indirecte bien plus grande, mais qu'il est impossible de chiffrer directement. Elle se traduit par l'accroissement de la prospérité générale, et le développement progressif du trafic en est la preuve évidente. Ainsi pour les pays agricoles le bas prix des transports, en facilitant l'emploi des engrais et des amendements et en ouvrant des débouchés aux produits, augmente progressivement la production des terres cultivées et le développement de la culture. Le rendement devenu meilleur rend possible l'emploi de méthodes perfectionnées qui elles-mêmes amènent une nouvelle amélioration. Il en est de même pour l'industrie : l'accroissement des débouchés favorise l'établissement de grandes exploitations ; les frais généraux s'abaissent avec une production plus active et la concurrence rendue possible entre des centres plus éloignés amène une nouvelle réduction de prix. M. Picard, dans son *Traité des chemins de fer*, estime à cinq milliards l'augmentation de la production annuelle du pays due à l'influence des chemins de fer; M. Considère, dans un mémoire publié récemment dans les *Annales des Ponts et Chaussées* [1], évalue *au minimum* à trois milliards et demi

1. *Annales des Ponts et Chaussées*, 1892, 2ᵉ semestre.

la somme des avantages directs et indirects que les chemins de fer d'intérêt général procurent au public, en dehors du revenu qu'ils donnent à leurs propriétaires.

6. — Conséquences sociales. — Il n'est pas jusqu'aux relations sociales qui ne soient profondément modifiées par la facilité et surtout par la rapidité des transports. On peut se faire une idée de la transformation complète qui s'est opérée dans la vie sociale et économique en cherchant à imaginer ce que produirait la suppression subite des chemins de fer. Notre réseau national ne remonte pas à plus de cinquante ans, et cependant sa disparition rendrait impossible la vie matérielle elle-même dans ses conditions actuelles ; une région dont les chemins de fer cesseraient d'être exploités serait pour ainsi dire retranchée du pays, elle serait au bout de peu de temps vouée à la dépopulation et à l'abandon.

Ce qui doit surtout ressortir de cet exposé c'est que, malgré la forme industrielle que revêt nécessairement leur exploitation, les chemins de fer constituent au premier chef un service public et l'un des plus importants parmi les services publics. C'est à ce point de vue que nous les étudierons dans la suite de ce cours.

7. — Classification des chemins de fer. — Au point de vue légal les chemins de fer se divisent en trois catégories : les chemins de fer d'intérêt général, les chemins de fer d'intérêt local et les tramways.

On désigne sous le nom de *chemins de fer d'intérêt général* les lignes qui, soit par les communications qu'elles établissent entre d'autres lignes, soit par l'importance des centres qu'elles desservent sont appelées à participer aux échanges entre les différentes parties du pays.

On désigne sous le nom de *chemins de fer d'intérêt local* les lignes dont le but exclusif ou principal est de créer des relations entre les localités qu'elles traversent.

Enfin on donne spécialement le nom de *tramways* aux chemins de fer d'intérêt local qui suivent sur la totalité ou la plus grande partie de leurs parcours la chaussée ou les accotements des routes.

Les trois groupes de chemins de fer d'intérêt général, d'intérêt local et tramways répondent à des besoins distincts : les conditions dans lesquelles doivent s'y effectuer les transports diffèrent profondément et justifient des méthodes différentes de construction et d'exploitation. Mais si on considère les lignes individuellement il n'est pas possible, dans beaucoup de cas, d'établir entre elles la même distinction avec certitude, parce que la délimitation des groupes est purement arbitraire. Depuis les grandes lignes telles que celles de Paris à Marseille, de Paris à Bruxelles, de Paris au Hàvre, etc., jusqu'au plus petit tramway faisant à peine mille francs de recette par kilomètre, il existe en réalité une série ininterrompue de lignes d'importance intermédiaire ; souvent l'importance propre de certaines d'entre elles est profondément modifiée dans le cours de leur exploitation par suite des circonstances.

Le régime légal sous lequel sont placés les chemins de fer ne leur crée pas d'ailleurs d'une manière absolue un mode spécial de construction et d'exploitation : il est arrivé souvent et il arrivera certainement encore que des lignes, après avoir été construites et ouvertes à l'exploitation sous le régime des lignes d'intérêt lo-

cal, ont été rattachées ensuite au réseau général. Il
arrive au contraire, et de plus en plus fréquemment,
que des lignes classées dans le réseau d'intérêt général,
si elles ne sont pas déclassées (ce qui est à peu près impossible au point de vue légal), n'ont du moins en réalité qu'une utilité et un trafic identiques à ceux des lignes d'intérêt local. De même pour les tramways, ceux
qui empruntent les routes sur la totalité de leur parcours sont en minorité, et presque toujours une partie
généralement notable de leur tracé est établie en *déviation*, c'est-à-dire en dehors des routes dans des conditions identiques à celles des chemins de fer.

Il n'y a donc pas de formules de construction et d'exploitation spéciales aux lignes d'intérêt général, aux
lignes d'intérêt local ou aux tramways. Il existe seulement des principes et des méthodes dont l'application
varie selon l'importance des lignes et la nature du trafic
auquel elles ont à faire face. Cette remarque est très
importante, car la conception de formules absolues applicables aux lignes selon leur régime légal constitue
un très grave obstacle au progrès des chemins de fer.
Leur application a conduit à exagérer les dépenses de
construction et d'exploitation sur un grand nombre de
lignes d'intérêt général et elle a souvent condamné des
lignes d'intérêt local et des tramways à ne rendre
qu'une partie des services que l'on aurait pu en retirer.

Nous ne ferons donc pas de distinction de principe
entre les diverses catégories de chemins de fer; mais
nous tâcherons de faire ressortir, soit à propos de la
construction, soit à propos de l'exploitation, les conditions dans lesquelles les installations et l'organisation
du service peuvent être proportionnées au trafic.

PREMIÈRE PARTIE

ÉTUDES & CONSTRUCTION

CHAPITRE PREMIER

ÉTUDES PRÉALABLES

Lorsqu'il s'agit d'établir un chemin de fer la première question à résoudre, avant de commencer toute étude sur le terrain, est de savoir s'il faut le construire et dans quelles conditions on doit le construire.

§ 1. — EVALUATION DU TRAFIC PROBABLE.

8. — Etudes préalables. — C'est aux pouvoirs publics qu'il appartient de décider l'exécution des chemins de fer, mais ces décisions ne sont pas prises sans études préalables, et les ingénieurs peuvent, à ce point de vue, rendre de grands services en fournissant des données sérieuses destinées à éclairer les Conseils généraux ou le Ministre sur le trafic probable à espérer.

La détermination de ce trafic est d'ailleurs nécessaire pour l'étude des conditions d'établissement des lignes. Bien qu'il soit difficile, pour ne pas dire impossible, d'arriver à des résultats sensiblement exacts, une évaluation faite avec conscience et sagacité permet d'éviter les erreurs capitales qui sont seules irréparables, et c'est là le point essentiel.

I. — *Méthode de MM. Michel et Baume.* — M. Michel et après lui M. Baume ont donné (*Annales des Ponts et Chaussées*, 1868 et 1878), pour l'évaluation du trafic probable, des formules basées sur l'emploi de coefficients empiriques et qui ont été souvent employées. Mais elles sont déjà anciennes et la situation des lignes dont l'exploitation a servi de base à leur établissement diffère beaucoup de la situation des nouvelles lignes à construire ; aussi ne donnent-elles plus généralement que des résultats inexacts.

II. — *Méthode du comptage sur les routes.* — On a aussi fait usage de la méthode du comptage sur les routes ; elle consiste à multiplier par deux ou trois le nombre de voyageurs et de tonnes de marchandises correspondant au nombre de colliers qui circulent annuellement sur les routes dans la direction de la ligne projetée. La circulation sur les chemins de fer différant essentiellement de la circulation sur les routes, les résultats obtenus ainsi sont en général tout à fait faux.

III. — *Etude directe.* — Il n'y a qu'une méthode à recommander, celle qui est basée sur l'étude directe des ressources de la région à traverser et sur la comparaison avec des lignes similaire déjà construites.

Le trafic à évaluer se divise en trafic des voyageurs, trafic local de marchandises et trafic de transit.

a) *Etude du trafic des voyageurs.* — Pour se rendre

compte du trafic des voyageurs, il faut d'abord rechercher quelle est la population des localités à desservir
et quel est, pour les stations de chemins de fer qui
existent dans la région, le rapport du nombre des voyageurs à la population. Il faut apporter beaucoup de discernement dans ces sortes de comparaisons, car la ligne
nouvelle peut être destinée à un régime tout différent
de celui des lignes anciennes. Il faut aussi tenir grand
compte des foires et marchés, qui déterminent le plus
souvent dans les campagnes le mouvement le plus important de voyageurs. Un autre élément à faire entrer
dans les calculs est la distance de la ligne aux localités
à desservir. La plupart des ingénieurs ne tiennent
compte que de la population groupée dans une double
zône de cinq kilomètres de largeur de part et d'autre
du chemin de fer. Sans fixer un chiffre absolu, il faut
remarquer que la proportion entre le trafic que donne
une station et sa population décroit très rapidement
avec la distance et devient presque insignifiante lorsque
celle-ci dépasse dix kilomètres, à moins qu'il ne s'agisse
de centres importants. Ce dernier cas ne se présente
d'ailleurs plus guère, car tous les centres de quelque
importance sont aujourd'hui desservis directement par
des chemins de fer. Dans un mémoire publié récemment [1], M. Considère a cherché la loi de décroissance
du trafic fourni avec la distance. Il a trouvé que le nombre des voyageurs que donne une population est à peu
près inversement proportionnel à sa distance aux stations, augmentée de 300 mètres, et que la recette fournie par ces voyageurs est à peu près proportionnelle à
la même distance augmentée de un kilomètre. Les chif-

1. *Utilité des chemins de fer d'intérêt local*; Annales des Mines, 1893,
2ᵉ volume.

fres qui ont servi de base aux calculs de M. Considère ont été relevés sur le réseau du Nord seul ; sans leur attribuer une valeur mathématiquement exacte en ce qui concerne les autres régions, on peut admettre qu'en faisant varier en raison inverse de la distance, à partir d'un kilomètre, dans les évaluations, le nombre et la recette des voyageurs fournis par une population, on sera plus près de la vérité qu'en appliquant les anciennes formules. L'application de cette loi exige la connaissance d'un coefficient qui représente le trafic fourni par les localités situées à moins d'un kilomètre du chemin de fer ; il ne peut être déterminé que par comparaison avec les résultats statistiques relatifs à des lignes voisines.

b) *Etude du trafic local des marchandises.* — Pour évaluer le trafic local des marchandises, on étudie les ressources du pays, la nature des produits et leur direction, le trafic des stations existant dans la contrée, et l'on tire des bases de comparaison des lignes similaires exploitées dans d'autres régions.

Comme pour le trafic des voyageurs, la distance du chemin de fer aux localités à desservir est un des éléments importants de la comparaison. Mais son influence est très variable selon la nature des produits ; il faut, en outre, faire entrer en ligne de compte le mode d'exploitation futur de la ligne, et notamment les frais de transmission et de transbordement.

Supposons, en effet, une localité M dont le trafic va à la station déjà existante C sur une ligne d'un grand réseau AB. La construction d'une ligne ED passant à proximité de A n'attirera pas forcément le trafic à la nouvelle station N, plus voisine de M que l'ancienne C, car si en D on passe d'un réseau à un autre, il y

aura là des *frais de transmission* qui grèvent le transport de 0 fr. 40 par tonne. Si en ou-
tre ED est une ligne à voie étroite,
à ces frais s'ajouteront des *frais de*
transbordement qu'on peut évaluer à
0 fr. 30 par tonne. Le supplément de
taxe imposé à l'expéditeur pourra
donc être de 0 fr. 40 à 0 fr. 70 suivant les cas. D'ailleurs, pour le public
et surtout pour le paysan, le prix de

Fig. 1.

transport n'est pas proportionnel à la distance, car la
charrette une fois chargée et le sacrifice d'une journée
ou d'une demi-journée une fois fait, peu importe quelques kilomètres de plus ou de moins à faire. Le trafic
ne sera donc attiré en N que si la différence entre les
distances MC et MN est assez considérable ; et assez
souvent il se fera un partage entre les stations N et C.

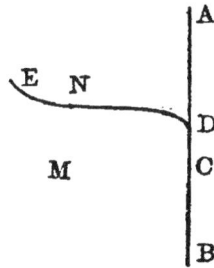

Ici encore l'étude raisonnée des résultats obtenus
sur des lignes classées dans les mêmes conditions est le
meilleur moyen d'évaluer les résultats probables sur la
ligne projetée.

c) *Étude du trafic des usines.* — En dehors du trafic
général, on peut déterminer spécialement le trafic des
usines ou des grandes exploitations. Il faut tenir compte
des extensions possibles. Lorsqu'on demande des renseignements aux industriels eux-mêmes, on doit les
contrôler soigneusement ; car, le plus souvent, l'in-
dustriel désireux d'avoir un chemin de fer à proximité
de son usine se fait, de bonne foi ou non, des illusions
sur le développement de son industrie.

d) *Étude du trafic de transit.* — D'une manière générale on ne peut compter sur le transit que si la ligne
à construire appartient au même réseau que les deux

lignes auxquelles elle aboutit ou, au moins, qu'une de ces lignes. Sinon il est certain, ou peu s'en faut, que ce trafic lui échappera.

Enfin, au cas où il y aurait à faire une évaluation de ce genre par comparaison avec des lignes déjà anciennes, il faut ne pas oublier que le trafic se développe graduellement et par conséquent frapper les résultats obtenus d'un coefficient de réduction pour obtenir le trafic à espérer à l'ouverture de la nouvelle ligne.

§ 2. — CONDITIONS D'ÉTABLISSEMENT.

9. — Généralités. — Lorsqu'on s'est rendu compte, au moins grosso modo, du trafic probable de la ligne, il faut déterminer dans quelles conditions elle sera exécutée.

Un chemin de fer est un outil de transport dont il faut proportionner l'importance au travail à produire, mais c'est un outil qui coûte cher et qui dure. Il faut donc, autant que possible, l'établir dans de telles conditions que par des additions successives on puisse lui faire produire un travail plus grand sans avoir à le remplacer.

L'ingénieur ne doit jamais dans ses études perdre de vue cette idée des extensions possibles. La plupart du temps, on peut, sans dépense supplémentaire ou tout au moins avec une dépense supplémentaire faible, réserver complètement l'avenir, alors que, faute d'une étude suffisante, on peut créer un obstacle insurmontable à des extensions presque inévitables dans l'avenir.

Si on examine les divers éléments de la construction

d'une ligne, il est facile de reconnaître qu'ils ne sont pas tous dans les mêmes conditions au point de vue des transformations futures.

On ne compromet en rien l'avenir en ajournant l'établissement de barrières, de passages à niveau, de maisons de garde, de clôtures, de voies qui ne sont pas strictement nécessaires et dont l'emplacement reste réservé, en restreignant l'empierrement des cours, en adoptant pour les stations des bordures de trottoir en gazon plutôt qu'en pierre et pour les bâtiments des types réduits mais extensibles. Il faut dans ce cas faire le nécessaire, mais seulement en vue du trafic à prévoir dans les premières années de l'exploitation, et souvent il vaut mieux faire trop peu que trop.

Il existe une seconde catégorie d'installations que l'on ne peut créer ou développer après coup que moyennant une dépense supplémentaire. Si on donne à l'emplacement de stations des dimensions trop exiguës, si on abuse des passages à niveau, si on adopte un type de rail trop léger, on se crée pour l'avenir des sujétions coûteuses au cas d'un développement important de trafic. Néanmoins l'avenir n'est pas compromis; aussi dans ces questions faut-il mettre en balance l'économie actuelle avec les probabilités d'extension du trafic.

Enfin il est des éléments sur lesquels il est impossible ou à peu près de revenir. Si on admet des déclivités trop prononcées ou des courbes de rayon trop faible et surtout si on adopte la voie étroite au lieu de la voie large, on accroît les frais de traction, on met un obstacle à l'augmentation des vitesses et du trafic au delà d'une certaine limite, ou encore on rend impossible le transit.

Ces trois derniers éléments : déclivités, rayon des

courbes et largeur de la voie influent donc d'une manière absolue sur l'avenir de la ligne. Ils constituent la base du tracé. C'est par leur examen détaillé que nous débuterons avant d'aborder la question des *études* proprement dites, en envisageant successivement et dans l'ordre d'importance la largeur de la voie, les déclivités et enfin les rayons des courbes.

I. — LARGEUR DE LA VOIE.

10. — Voie normale. — La voie normale en usage en France est de 1^m44 à 1^m45 entre les bords intérieurs des rails. Les champignons des rails ont une largeur presque uniforme de 6 centimètres, ce qui porte à 1^m50 à 1^m51 leur écartement d'axe en axe. C'est, à quelques millimètres près qui sont sans influence sur le matériel appelé à y circuler, la largeur admise pour les grandes lignes dans toute l'Europe sauf en Russie et en Espagne où, dans un intérêt militaire, on a adopté des largeurs différentes.

Voies étroites. — Pour les voies étroites, une circulaire ministérielle du 12 janvier 1888 a prescrit l'emploi exclusif de la largeur de 1^m sauf les exceptions dûment justifiées. Néanmoins la voie de 0^m60 qui a attiré l'attention à l'Exposition de 1889 a été aussi admise comme type à adopter lorsqu'il n'y a pas lieu de recourir à la voie de 1^m. Elle est employée dans certains forts et on peut citer comme exemples la ligne de Festiniog en Angleterre, les tramways de Royan et du Calvados.

11. — Étude comparative des voies de largeurs différentes. — Le choix de la largeur de la voie doit faire

dans chaque cas l'objet d'une étude spéciale. On mettra en balance les dépenses de construction et d'exploitation qu'exigerait l'adoption de chaque type avec
ses avantages et ses inconvénients. mais en ayant soin
de choisir des éléments comparables et en se mettant
en garde contre les idées toutes faites.

Dans bien des cas, pour faire ressortir la supériorité
de l'une ou de l'autre voie. on a pris d'un côté des lignes
à voie large faites pour donner passage à des trains
marchant à 60 kilomètres à l'heure. entièrement pa-
rachevées et munies d'installations de gares complètes,
et de l'autre des lignes à voie étroite construites pour
la circulation de trains marchant à 25 kilomètres, munies de gares rudimentaires, à peine achevées et souvent même défectueuses. Il est même des ingénieurs
tellement imbus de l'idée de types invariables correspondant à chaque largeur de voie que. sans s'en rendre
compte, ils finissent par admettre une relation entre
la largeur de la voie et les dimensions à donner au logement du chef de gare. Établie sur de pareilles bases,
la comparaison n'est pas sérieuse.

a) Construction. — Au point de vue de la construction. la voie d'un mètre coûte, pour un même tracé, un peu moins cher que la voie de 1^{m}50, parce que
la plateforme est plus étroite. que les traverses sont
plus courtes et que le cube de ballast est moindre ;
mais, de ce chef, la différence est très faible, 2000
à 3000 fr. par kilomètre en général, et cette économie est compensée par les sujétions qui résultent
de la spécialisation du matériel roulant. Cette spécialisation, en condamnant la ligne à se suffire à elle-même,
conduit à la pourvoir d'un matériel suffisant pour faire
face au trafic maximum.

Ce n'est guère que sur le tracé que la voie étroite permet de réaliser des économies. Nous verrons plus tard qu'on peut, avec la voie d'un mètre, faire descendre le minimum normal du rayon des courbes entre 130^m et 150^m au lieu de 250^m à 300^m, et le minimum exceptionnel entre 50^m et 80^m au lieu de 150^m à 200^m. En pays plat cela n'offre aucun avantage, mais en pays accidenté cette réduction des rayons peut permettre de réaliser de très fortes économies. Il suffit pour s'en rendre compte de jeter les yeux sur des cartes topographiques à courbes de niveau ou même sur de simples cartes d'état-major. On voit de suite que plus le terrain est accidenté, plus il faut que le rayon des courbes soit réduit pour se plier à sa forme, pour éviter les grandes tranchées, les grands remblais, les viaducs, les souterrains, etc. Une étude faite sur la ligne d'Anvin à Calais dont les résultats ont été publiés dans la Revue des chemins de fer, montre que sur une longueur de 2500^m, à la traversée d'une vallée, une simple diminution de rayon de 150^m à 130^m a permis de réduire le cube des terrassements de 40.700^{m3} à 16.100^{m3}; avec un rayon de 100^m le cube se serait trouvé réduit à 8000^{m3}.

Un des exemples les plus frappants d'économie réalisée par l'adoption de la voie d'un mètre est celui qu'offre la ligne de la Mure dans l'Isère. Grâce à la petite largeur de la plateforme et à l'emploi courant (sur 26 0/0 de la longueur totale) de courbes à rayon de 100^m, on a pu développer la ligne dans des vallées très escarpées, à flanc de coteau, et en suivant très exactement les contours du terrain. On n'a dépensé ainsi que 330.000 fr. par kilomètre. Avec la voie large, même en admettant des rampes plus fortes et des courbes de 200^m de rayon, la dépense eût été probablement triple et il eût fallu renoncer à la construction de la ligne. Il ne faut pas perdre de vue, dans les comparaisons, l'allongement qui résulte de la diminution des rayons. Il peut être considérable et, si le terrain est peu accidenté, compenser et au delà l'économie des terrassements par le supplément de dépense qu'il entraine pour la voie.

Il est un cas dans lequel l'emploi de la voie d'un mètre est tout indiqué, c'est celui des tramways sur les routes ; la voie normale avec son matériel encombrant serait gênante et ne se prêterait pas à l'établissement sur les accotements. D'ailleurs la nécessité où l'on est d'admettre des rayons descendant jusqu'à 60^m et même 40^m pour suivre la route et une vitesse réduite pour éviter les accidents impose encore le choix de la voie étroite.

b) Exploitation. — Au point de vue de la disposition des gares et des longueurs de voies accessoires, comme au point de vue de l'exploitation elle-même, la voie d'un mètre ne donne aucune économie sur la voie normale. Ce n'est pas parce que la largeur de la voie est réduite qu'on est conduit à faire des gares plus courtes, puisqu'à égalité de longueur les wagons portent une charge moindre. La voie large rend possibles de plus grandes vitesses, mais ne les rend pas obligatoires ; enfin on peut appliquer dans l'un et l'autre cas des règles d'exploitation absolument identiques. La seule économie que peut procurer en exploitation la voie étroite, c'est la diminution des frais d'entretien résultant du cube moindre des traverses et du ballast ; elle est d'ailleurs très faible et compensée par les sujétions qu'impose l'emploi de machines plus ramassées, dont les organes sont moins accessibles et moins robustes. La Société des chemins de fer économiques, qui exploite des lignes à voie normale et d'autres à voie de 1^m dans les mêmes conditions de trafic, arrive à la même dépense pour les deux cas ; si d'autres compagnies arrivent à des différences de 1/5 à 1/3, c'est qu'elles donnent plus d'importance à certaines parties du service sur la voie large.

Il y a un autre argument qu'on a fait valoir en faveur de l'adoption de la voie étroite ; c'est qu'en créant un instrument plus modeste on diminue les exigences du public, et que par suite on peut plus facilement y réaliser des aménagements et une exploitation économiques. Cet argument a pu avoir une certaine valeur alors qu'on n'avait pas d'idées bien nettes sur l'exploitation des lignes à faible trafic ; mais il n'est certainement plus admissible aujourd'hui, l'éducation du public étant faite à cet égard.

La comparaison de la voie d'un mètre et de la voie de $0^m 60$ se présente d'une façon analogue. Cette dernière permet de réduire les rayons à 50^m et même 30^m ; mais les cas où elle est justifiée sont très rares, d'autant plus qu'elle a des défauts graves ; le matériel roulant est sensiblement plus coûteux, et on se trouve dans l'alternative de faire les véhicules ou très petits ou très peu stables. De plus certains transports comme ceux des bestiaux deviennent difficiles, sinon impossibles.

12. — Résumé. — En résumé il n'y a généralement à choisir qu'entre la voie normale et la voie de 1^m. La seule économie sérieuse que permette cette dernière provient de la réduction du rayon dans les courbes ; cette économie peut être très importante, mais il est bon de la traduire en chiffres et de ne pas hésiter à faire une étude sommaire sur le terrain, avant de prendre une détermination. Il ne faut d'ailleurs pas perdre

de vue dans les comparaisons les avantages de la voie
large, c'est-à-dire la suppression du transbordement,
la possibilité du service en transit, la faculté, précieuse
dans beaucoup de cas, de faire des échanges de matériel avec les réseaux voisins, enfin et surtout une élasticité beaucoup plus grande au point de vue de la capacité du trafic et des vitesses. En construisant une ligne
à voie étroite, on la condamne à une exploitation modeste; en la construisant à voie large, on réserve l'a-
venir. C'est en effet une erreur de croire que les lignes
à voie large, si elles sont construites sur un modèle
réduit, ne peuvent pas être transformées, sans frais
énormes, en vue de subvenir à un trafic important
ou de se prêter à un service de grandes lignes. Nous
en avons fait depuis douze ans l'expérience, sur une
très large échelle, au réseau de l'État. Il a été formé,
à sa création, par la réunion d'un certain nombre de
lignes dont une partie avait été construite à forfait à
raison de 100.000 francs par kilomètre par des entrepreneurs qui y avaient trouvé un beau bénéfice.
Toutes les lignes de cette catégorie ont été améliorées
de manière à permettre la circulation de trains marchant normalement à 40 ou 50 kilomètres et exceptionnellement en cas de retard à 60, 70 et 80 kilomètres ; les stations ont été agrandies ; des barrières ont
été posées et des maisons de garde ont été construites
à tous les passages à niveau placés sur des chemins de
quelque importance. Dans ces conditions, malgré leur
construction souvent défectueuse, elles ne coûtent certainement pas plus cher que si elles avaient été, dès le
début, établies en vue de leur trafic actuel. Les dépenses faites depuis leur rachat en dehors de l'entretien, n'ont été, en effet, que de 15.000 francs à 35.000

francs par kilomètre. Sur la ligne de Pons à Royan,
où on a reconstruit presque tous les bâtiments des stations, changé le ballast et refait complètement la voie,
de manière à permettre la circulation des trains express,
ces dépenses n'ont pas dépassé 50.000 francs par kilomètre. Il existe dans les mêmes régions d'autres lignes
voisines construites dès le début comme chemins de fer
d'intérêt général sur un modèle beaucoup plus large,
qui en somme, ne rendent pas plus de services, dont
l'entretien ne coûte pas sensiblement moins cher et
dont les dépenses de construction ont été notablement
plus élevées.

II. — INFLUENCE DES RAMPES

Pour pouvoir étudier l'influence des rampes sur la
circulation des trains, il est nécessaire de connaître som-
mairement les conditions dans lesquelles s'effectue cette
circulation et les résistances que le moteur doit vaincre.

13. — Adhérence. — La machine pour se mouvoir
prend son point d'appui sur le rail ; la résistance que
celui-ci oppose au glissement des roues motrices est due
à ce qu'on appelle *l'adhérence.* C'est, tout simplement,
le frottement de glissement. Si l'effort exercé par le moteur à la jante des roues dépasse l'adhérence, la machine
patine, c'est-à-dire que les roues motrices glissent sur
le rail. L'adhérence varie, selon l'état du rail, de 1/4 à
1/10 ou 1/11 : elle est normalement de 1/6 à 1/7.
elle est plus forte lorsque le rail est très sec ou très
mouillé ; elle diminue lorsqu'il est seulement humide ;
c'est ce qui arrive dans les souterrains, où l'adhérence
est toujours moindre qu'à ciel ouvert, et dans certaines
tranchées mal exposées.

Il existe des moyens artificiels d'augmenter l'adhérence. On emploie habituellement du sable versé de la machine sur le rail en avant des roues motrices ; mais on en fait usage seulement dans des cas exceptionnels, en souterrain, dans les tranchées humides ou au démarrage. On ne peut, en effet, emporter sur la machine qu'une petite quantité de sable et celui-ci a, d'ailleurs, l'inconvénient d'user le rail et surtout les bandages des roues. On remplace parfois, comme au chemin de fer du St-Gothard, le sable par un jet d'eau qui délave le rail.

14. — Résistance à la traction. — Indépendamment des résistances supplémentaires dues aux rampes et aux courbes dont nous parlerons plus loin, les trains éprouvent une résistance propre qui est due surtout au frottement de roulement, au frottement des essieux dans les boîtes à graisse, au déplacement de l'air et au mouvement du mécanisme de la machine. L'ensemble de ces résistances pour un train donné peut être calculé avec une approximation suffisante' au moyen d'une formule de la forme :

$$R_t = r_m + a (P + P'),$$

dans laquelle r_m désigne la résistance du mécanisme de la machine, P' son poids, P le poids de la charge remorquée, a un coefficient variable avec la vitesse [1].

_____

1. La résistance de l'air n'a pas de rapport avec le poids du train ; celle de la machine, bien qu'elle varie avec ce poids, ne lui est pas proportionnelle. Mais ces deux résistances sont variables avec la vitesse, suivant des lois différentes à la vérité. — Il ne peut donc être question que d'une formule approchée, suffisante pour la discussion qui va suivre.

15. — Résistance en rampe. — En rampe, la résistance du train s'accroît de la composante de la pesanteur. Le rapport de cette composante AD au poids total BD est égal au sinus de l'angle que fait l'axe de la voie avec la projection horizontale ; nous le désignerons par *d*. La résistance due à la pesanteur est donc proportionnelle à la déclivité et sa valeur par tonne et par millimètre de pente est de 1 kilogramme. En prenant le mil-

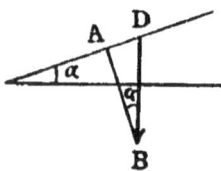

Fig. 2.

limètre pour unité de déclivité et en appelant P, comme nous l'avons indiqué plus haut, le poids de la charge remorquée et P' le poids de la machine, si, comme cela est d'usage, P et P' sont exprimés en tonnes, cette résistance sera donnée par la formule :

$$R_d = (P + P') \, d.$$

La résistance totale d'un train sur une rampe sera donnée par la formule :

$$R = R_t + R_d = r_m + a\,(P + P') + (P + P')\,d,$$
$$R = r_m + (a + d)\,(P + P').$$

16. — Influence des rampes sur la charge remorquée. — La charge maximum P, qu'une machine de force donnée peut remorquer, varie avec la déclivité. L'effort F produit par la machine pour remorquer le train est égal à la résistance R, et il a la même valeur dans les divers cas considérés si on admet que, dans chacun de ceux-ci, la machine travaille à son maximum de puissance et à la même vitesse. On aura donc :

$$F = r_m + (a + d)\,(P + P').$$

ou en remplaçant P et *d* par y et par x,

$$F = r_m + a\,(P' + y) + (P' + y)\,x,$$
$$\text{et } x\,y + P'\,x + a\,y + a\,P' - (F - r_m) = 0$$

Cette dernière équation présente une hyperbole qui a pour asymptotes les droites

$$x = -a, \quad y = -P',$$

elle coupe l'axe des x au point $x = \dfrac{F - r_m - P'\,a}{P'}$

et l'axe des y au point

$$y = \dfrac{F - r_m - P'\,a.}{a}$$

Si on suppose $P' = O$, comme cela arrive, par exem-

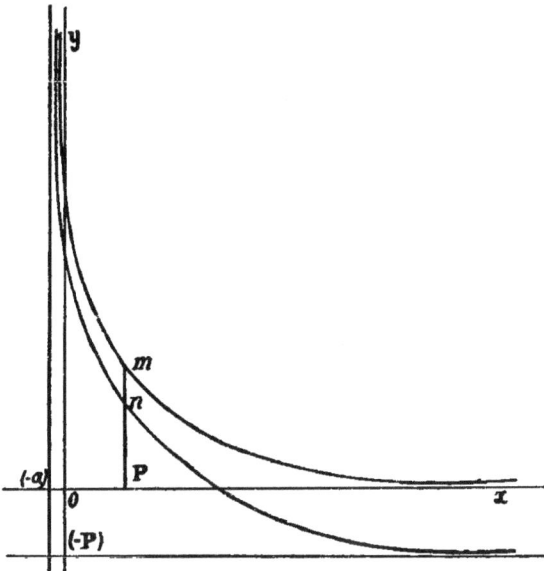

Fig. 3.

ple, dans un chemin de fer funiculaire à câble continu qui n'a pas à monter sa machine, l'équation devient :

$$x_1\,y_1 + a\,y_1 - (F - r_m) = 0;$$

elle représente encore une hyperbole qui coupe l'axe des y au point $y_1 = \dfrac{F - r_m}{a}$ et dont les asymptotes sont, d'une part, la parallèle à l'axe des y : $x_1 = -a$ et, d'autre part, l'axe des x.

Il va sans dire que la déclivité étant comprise entre l'horizontale et la verticale, la variable x, qui la représente et qui est exprimée en millimètres, reste toujours inférieure à 1000 ; en outre, l'adhérence limite la rampe, sur laquelle les machines peuvent se mouvoir, à une valeur beaucoup plus faible qui ne dépasse guère 150 millimètres ; la partie de la courbe qui correspond à des abscisses supérieures est donc sans intérêt pour la question qui nous occupe.

Les ordonnées de la première courbe représentent les charges que peut monter une machine de force F sur les déclivités correspondant aux abscisses, celles de la seconde courbe représentent les charges qu'elle monterait si elle n'avait pas son propre poids à élever ; la différence représente donc la charge perdue pour monter la machine. On voit immédiatement que le rapport de la charge perdue à la charge utile augmente beaucoup plus rapidement que la déclivité. Ce rapport est :

$$\frac{y_1 - y}{y} = \frac{P'(a+x)}{F - r_m - P'(a+x)} = \frac{a+x}{\dfrac{F - r_m}{P'} - (a+x)} ;$$

$\dfrac{F - r_m}{P'}$ représente le rapport de l'effort de traction en kilogrammes que peut développer la machine à son poids exprimé en tonnes. Pour les machines les plus fortes actuellement en service, si on considère, non pas un effort accidentel, mais l'effort soutenu qu'elles peuvent produire, ce rapport varie à peu près entre 80 et 90 lorsque P' représente le poids de l'ensemble de la machine et du tender.

En admettant comme valeur moyenne 85 et en remplaçant x par d on aura :

$$\frac{y_1 - y}{y} = \frac{a + d}{85 - (a + d)}$$

La charge utile s'exprime par :

$$y = \frac{F - r_m - P'(a + x)}{x + a}$$

aux faibles valeurs on peut, avec une approximation
suffisante, exprimer a par 4 kilogrammes ; on aura
donc, pour le cas d'une machine avec tender

$$\frac{y}{P'} = \frac{85 - (d + 4)}{d + 4}$$

Le rapport du poids utile au poids de la machine et
de son tender sera donc

8,41 pour une déclivité de	5 mm.
5,07	—	10 —
3,17	—	15 —
2,54	—	20 —
1,93	—	25 —
1,50	—	30 —

Le poids moyen normal des machines à marchandises et de leur tender est de 58 tonnes ; le poids des machines dites de montagne destinées à gravir les fortes
rampes est de 75 tonnes (y compris le tender) ; les charges utiles remorquées sont par suite les suivantes [1] :

1. Il ne s'agit, bien entendu, ici que de charges approximatives qui
peuvent varier avec le type des machines et aussi avec la formule adoptée pour calculer les charges. Nous verrons plus loin (chapitre de la traction) qu'on ne peut employer pour ce calcul des formules rigoureusement
exactes, parce que la résistance des trains dépend d'un grand nombre
d'éléments au nombre desquels se trouvent l'état atmosphérique et la
vitesse moyenne admise.

Valeur de la rampe en millimètres	CHARGE REMORQUÉE EN TONNES	
	par une machine à marchandises ordinaire	par une machine de montagne
5 m/m	487 tonnes	633 tonnes
10 —	294 —	380 —
15 —	202 —	260 —
20 —	147 —	190 —
25 —	112 —	145 —
30 —	87 —	112 —

Sur les chemins de fer d'intérêt local et sur les tramways on emploie généralement des machines tenders susceptibles de produire un plus grand effort par rapport à leur poids et le rapport $\dfrac{F - r_m}{P'}$ peut s'élever jusqu'à 120. Les rapports de la charge utile au poids de la machine deviennent dans ce cas les suivants :

$$
\begin{array}{lcc}
\text{pour une rampe de} & 5 \text{ mm.} & 12,33 \\
- & 10\ - & 7,57 \\
- & 15\ - & 5,31 \\
- & 20\ - & 4,00 \\
- & 25\ - & 3,14 \\
- & 30\ - & 2,53 \\
\end{array}
$$

17. — Influence des rampes au point de vue de la vitesse. — Dans le calcul qui précède, nous avons supposé les coefficients r_m et a constants. Cela peut être considéré comme exact (sauf les variations accidentelles) tant que la vitesse est elle-même constante ; mais, lorsqu'elle varie, la valeur de a augmente avec elle et, à partir d'une certaine valeur, les variations de la résistance qu'elle produit deviennent comparables aux variations de la résistance due aux déclivités. D'un autre côté, la locomotive est un moteur qui ne peut produire à l'heure une quantité de travail supérieure à un chiffre donné. Pour que sa puissance soit convenablement utilisée, il faut que les variations de ce travail soient aussi faibles que possible et par conséquent que l'espace parcouru dans l'unité de temps diminue à mesure que la résistance à vaincre augmente. On est conduit, par ces deux considérations, à diminuer la vitesse sur les rampes. Pour les trains de marchandises qui circulent sur des profils accidentés, et qui, par suite, marchent lentement, la résistance du train est toujours faible relativement à celle qui est due aux déclivités et les écarts de vitesse varient du simple au triple et même au quadruple. Pour les trains à grande vitesse, les variations de la résistance propre avec la vitesse sont comparables à celles qui sont dues à la déclivité et on peut obtenir la constance du travail avec des écarts beaucoup moins considérables. Il y a dans l'un et dans l'autre cas, pour une charge donnée, réduction de la vitesse moyenne par rapport à la vitesse normale en palier par suite de la présence des rampes et cette réduction est d'autant plus grande que la déclivité est plus forte. Toutefois lorsque, sur une section donnée, les déclivités de sens contraires ont des longueurs qui correspondent à des hauteurs peu différentes, il y a en partie compensation entre la réduction de la vitesse à la montée et son augmentation sous l'influence de la gravité à la descente. Cette compensation n'est que partielle, au moins pour les fortes déclivités, parce que la sécurité ne permet pas de faire varier la vitesse à la descente dans la même proportion qu'à la montée.

18. — Influence de la position des rampes. —
1° *Rampes à la sortie des stations.* — Il n'y a pas seulement à s'occuper de la déclivité des rampes ; leur position a aussi une importance dont il faut tenir compte. Il semble, au premier abord, que les rampes qui suivent le point de stationnement des trains où le mécanicien a pu remplir sa chaudière soient bien placées ; elles sont au contraire dans des conditions particulièrement défavorables. Pour atteindre la vitesse de 35 kilomètres à l'heure, qui est à peu près celle des trains de marchandises en palier, la machine doit développer un travail égal à $\frac{mv^2}{2}$ qui équivaut, en nombre rond, à celui qui est nécessaire pour franchir une rampe de 500^m en rampe de 10 millimètres, une rampe de 375^m en rampe de 15 millimètres et une rampe de 250^m en rampe de 20 millimètres. Pour atteindre la vitesse de 20 mètres par seconde, soit 72 kilomètres à l'heure, qui est aujourd'hui atteinte par beaucoup de trains de voyageurs, la locomotive développe un travail égal à celui qui est nécessaire pour franchir une rampe de 2 kilomètres en rampe de 10 mm., de 1500^m en rampe de 15 mm. et de 1 kilomètre en rampe de 20 mm. C'est néanmoins sur les trains de marchandises que les rampes voisines du point de démarrage présentent le plus d'inconvénients. En effet, comme la résistance propre des trains croît très rapidement avec la vitesse, une fraction importante de la puissance de la machine est, dans les trains qui marchent à plus de 40 kilomètres environ, employée à vaincre ces résistances ; il en reste donc une partie disponible pour produire l'accélération tant que la vitesse normale n'est pas atteinte. Il n'en est pas ainsi pour les trains à marche lente, comme les trains de marchandi-

ses, parce que, les variations de vitesse étant faibles, les résistances passives sont peu différentes au démarrage et en pleine marche.

D'après ce que nous venons de dire, il faut supposer dans les tracés, à la suite de chaque point d'arrêt des trains, l'existence d'une rampe fictive pour tenir compte de l'accélération que le train doit acquérir. La hauteur totale de cette rampe doit être celle qui représente le travail à produire par la machine pour atteindre la vitesse normale des trains les moins rapides. Sur les lignes à profil ordinaire on peut admettre en nombre rond une hauteur de 5^m correspondant à une vitesse de 35 kilomètres ; sur les lignes dites de montagne, à rampe de plus de 20 mm., où les vitesses sont moindres, on peut admettre environ moitié de cette hauteur soit 2^m50. Mais il est un autre élément dont il faut encore tenir compte, c'est la diminution effective de force de la machine au moment de sa mise en marche ; cette diminution a pour cause le refroidissement des cylindres, les frottements au départ, la position des bielles par rapport aux manivelles qui peut être défavorable, etc.

Dans ces conditions on peut poser la règle suivante pour la position des rampes à la suite des points d'arrêt des trains. Il conviendrait, si cela était possible, de reporter l'origine des rampes au delà du point qui correspond à la limite de la rampe fictive de démarrage calculée avec la déclivité maximum admise pour le tracé. Cette règle n'est généralement pas applicable en pays accidenté ; mais il faut s'efforcer au moins de reculer aussi loin qu'on le peut l'origine de la rampe réelle et d'adoucir celle-ci dans des conditions telles que la hauteur fictive qui correspond au travail à produire pour l'accélération, ajoutée à la hauteur correspondant à la

rampe réelle, puisse être franchie sur une longueur aussi
faible que possible sans que la machine ait à produire
un travail supérieur à celui que comporte la limite de
déclivité adoptée. Enfin. dans tous les cas, il est important que le train soit, au moment du démarrage, sur
un palier ou, ce qui est à peu près équivalent, sur une
rampe qui ne dépasse pas trois millimètres.

2° *Rampes franchissables par élan.* — Lorsqu'un
train est lancé, il peut, en vertu de la force vive dont il
est animé, franchir, sur une certaine longueur, une
rampe ou un supplément de rampe sans que la machine
ait à faire à cet effet aucune dépense de force.

Considérons en effet l'équation des forces vives

$$f\,de = m\,v\,d\,v,$$

f représente l'ensemble des forces qui agissent sur le
train, c'est-à-dire l'effort moteur F de la locomotive di-
minué des résistances.

Si nous supposons l'effort moteur nul, l'équation des
forces vives devient :

$$R\,de = m\,v\,d\,v\,.$$

L'intégrale de cette équation permet de calculer la longueur que peut franchir un train en vertu de la vitesse
acquise sur une déclivité. Mais, comme la vitesse entre
dans la valeur de R, l'intégration qui est d'ailleurs facile, est assez compliquée lorsqu'on connait sa vitesse
initiale et sa vitesse finale.

On est au contraire conduit à des résultats très simples en supposant que l'effort moteur, au lieu d'être
nul, compense simplement les résistances dues à la machine et au train en palier. En pratique c'est en effet
ainsi que les choses se passent, en négligeant la variation presque insignifiante de résistance du train due à
la diminution progressive de la vitesse. Dans l'équation

des forces vives il ne reste plus alors que le terme dù à la gravité.

$$- (P + P') \, d \times d \, e = m \, v \, d \, v.$$

On a, en intégrant :

$$v^2 - v_0^2 = 2 \, g \, h.$$

C'est-à-dire que la perte de force vive est uniquement employée à élever le train de la différence de niveau entre ses positions initiale et finale.

En remplaçant g par le nombre 10 qui en diffère peu il vient $h = \dfrac{v^2 - v_0^2}{20}$

Considérons un train de marchandises à la vitesse de 10^m à la seconde, soit 36 kilomètres à l'heure et supposons que cette vitesse puisse être réduite sans inconvénient à 5^m à la seconde, soit 18 kilomètres à l'heure, ce qui correspond aux conditions de la pratique. On aura alors ;

$$\frac{100 - 25}{20} = h$$

ou $\quad \dfrac{75}{20} = 3,75 = h.$

Le train pourra franchir en vertu de la vitesse acquise ou, comme on dit, par élan, une hauteur de 3^m75, soit par exemple 375^m en rampe de 10 mm.

Il est évident que toute rampe qui peut être franchie par élan par les trains marchant à faible vitesse comme les trains de marchandises, sera franchie sans difficulté par les trains à grande vitesse et que l'écart des vitesses extrèmes ira en diminuant puisqu'on a

$$v^2 - v_0^2 = (v + v_0)(v - v_0)$$

et qu'à mesure que la vitesse moyenne $v + v_0$ augmentera, la différence de vitesse $v - v_0$ diminuera pour une même hauteur.

Conditions pour qu'une rampe soit franchissable par élan. — Pour qu'une rampe soit franchissable par élan, il faut qu'elle soit dans certaines conditions, c'est-à-dire qu'elle puisse être abordée par le train à la vitesse maximum admise dans le calcul et qu'elle puisse être quittée à la vitesse minimum. Sur les lignes à voie normale, la vitesse des trains de marchandises varie en général entre 15 et 40 kilomètres et les chiffres de 36 et 18 kilomètres que nous avons adoptés pour faire le calcul peuvent être considérés comme bons, si la rampe franchissable par élan est abordée par la machine après un palier ou une pente et si elle ne doit pas être suivie d'une rampe se rapprochant de la limite ; dans ce dernier cas, en effet, la machine dont la vitesse serait déjà réduite presque au minimum ne pourrait surmonter le moindre effort supplémentaire dû à une cause accidentelle, telle que le vent ou une irrégularité de la voie.

Considérons une machine qui peut normalement franchir une rampe donnée α. Il est évident que par élan elle pourra sans effort supplémentaire, franchir une rampe plus forte α' sur une longueur telle que le supplément de hauteur h soit celui qui résulte de la formule $v^2 - v_0^2 = 2\,gh$ soit comme précédemment environ $3^m 50$ à 4^m ; on peut aussi utiliser l'élan des trains dans les souterrains pour ne pas faire développer par la machine sa puissance maxima, et par suite éviter le patinage.

Fig. 4.

Enfin, il ne faut pas perdre de vue que les rampes franchissables par élan ne sont justifiées qu'aux points où le train a eu le temps de se lancer et que, par conséquent, elles ne sont pas admissibles à la sortie des stations.

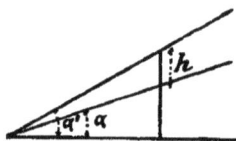

3° *Rampes franchissables par coup de collier.* —
La charge des trains qui peuvent circuler sur une ligne
donnée est limitée par la rampe maximum qu'ils auront
à gravir ; il y a donc intérêt à réduire cette déclivité
dans la limite du possible en tenant compte d'une part
des dépenses de construction et de l'autre de l'importance du trafic appelé à circuler sur la ligne. Mais il
est un second point qu'il est intéressant d'examiner,
c'est l'influence que peut avoir sur la traction le choix
des déclivités dans la limite du maximum admis. La
charge des trains n'influe pas seule, en effet, sur les
dépenses de traction ; il faut tenir compte aussi de la
consommation du charbon. Théoriquement elle devrait
être proportionnelle au travail produit, et, si on suppose que la vitesse varie constamment en raison inverse de la résistance, proportionnelle au parcours. Mais,
en fait de chemins de fer, le temps est de l'argent, non
seulement au point de vue de la rapidité du transport
des marchandises, mais aussi au point de vue des dépenses de l'exploitation elle-même et notamment des
dépenses de personnel, et nous verrons plus loin, en
traitant du service de l'exploitation que, par suite de
la nécessité des garages et des croisements, le temps
employé par un train de marchandises pour faire un
parcours donné augmente, lorsqu'on réduit la vitesse
de marche, beaucoup plus rapidement que cette vitesse
ne diminue. D'un autre côté, si la quantité moyenne de
travail que peut produire la locomotive est constante,
la production de vapeur diminue, en cours de route,
chaque fois qu'on est obligé d'alimenter la chaudière.
Lorsque la machine aborde une rampe en pleine pression et avec son feu en bon état elle peut franchir, à
une vitesse donnée, une rampe supérieure de $1/3$

$(d + 4)$ à la rampe qu'elle peut franchir, lorsque le niveau étant bas, le mécanicien est obligé d'alimenter sa chaudière à mesure qu'il dépense de la vapeur; nous verrons également que le *volant d'eau*, c'est-à-dire la quantité qui peut être consommée avant que l'on ait à alimenter de nouveau, permet à une machine de fournir ce supplément d'effort sur au moins trois kilomètres si, au moment où elle a abordé la rampe, elle avait sa chaudière pleine, sa pression au maximum et son feu en bon état. Par conséquent dans les conditions que nous venons d'indiquer la rampe $d' = d + 1\ 3(d + 4) = 4/3 (d + 1)$ pourra être franchie avec la même charge et la même vitesse que la rampe d quand on est obligé d'alimenter; autrement dit, en arrondissant les chiffres, il n'y a pas d'inconvénient grave à admettre la rampe limite plutôt qu'une rampe moindre lorsque la différence n'est pas supérieure à un quart de la première et que la longueur de la rampe ne dépasse pas trois kilomètres, si celle-ci est *bien placée.* Il en est à peu près de même en ce qui concerne la consommation de charbon, car le travail produit pour élever le train à une hauteur donnée est indépendant de la déclivité, et il y a économie du travail correspondant aux résistances passives lorsque, comme cela arrive le plus souvent, l'augmentation de déclivité correspond à une diminution de parcours. On peut d'ailleurs considérer une rampe comme bien placée si elle n'est précédée, sur une longueur d'au moins quatre kilomètres, d'aucune autre rampe qui ne soit pas franchissable par élan. Toutefois cet intervalle devrait être beaucoup augmenté s'il séparait deux rampes placées l'une et l'autre dans des conditions telles que la machine eût à développer sur chacune d'elles, pendant un assez long parcours, un effort exceptionnel.

Si la longueur de palier ou de pente qui précède la rampe considérée est inférieure à 4 kilomètres, on pourra néanmoins encore sans inconvénient forcer la déclivité de celle-ci mais, en réduisant proportionnellement sa longueur.

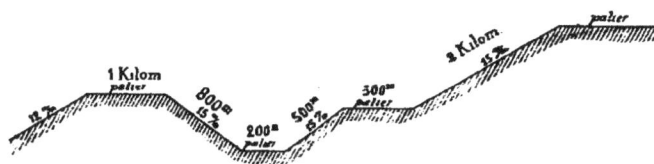

Fig. 5.

Nous donnerons comme exemple des indications qui précèdent le profil ci-dessus ; la rampe de 15 mm. sur 2 kilomètres pourra être franchie par les trains sans plus de temps ni de dépense de charbon qu'une rampe de 12 mm. sur 2 kilomètres 500^m qui franchirait la même différence de niveau.

Les considérations que nous venons d'indiquer ont surtout leur importance sur les lignes qui, sur un certain parcours, s'abaissent et s'élèvent successivement pour franchir des vallées : la réduction des déclivités ne peut dans ce cas s'obtenir que par une augmentation de la longueur. La faculté d'augmenter les déclivités entraîne alors des avantages sérieux, non seulement pour la construction, mais aussi pour l'exploitation, puisque, la vitesse étant la même, le trajet à faire est raccourci. La possibilité d'augmenter les rampes est d'ailleurs limitée au maximum de déclivité admis pour chaque ligne, et on ne peut, dans aucun cas dépasser ce maximum sans inconvénient parce que les charges des trains sont ordinairement calculées en admettant que l'adhérence

de la machine est utilisée tout entière sur la déclivité
la plus forte ; dans ces conditions, il serait impossible à
la machine de fournir, même pendant un temps très court,
un effort plus grand, car elle patinerait, c'est-à-dire
glisserait sur le rail, si on essayait de le lui faire produire. Toutefois, sur les très longues rampes on peut
être conduit, lorsqu'elles ont la déclivité maximum, à
réduire les charges au-dessous de la limite qui correspond
à l'adhérence pour éviter de réduire outre mesure la
vitesse, qui est limitée par la quantité de vapeur que
peut produire la chaudière. Par exemple une machine
à marchandises ordinaire peut monter une charge de
350 tonnes sur une rampe de 10 millimètres d'une
manière continue ; mais, comme elle ne peut fournir
qu'un travail de trois cents chevaux on trouve, en faisant le calcul de l'effort de traction dans ces conditions,
qu'elle ne pourrait soutenir qu'une vitesse de 14 kilomètres à l'heure ; si on ne veut pas descendre au-
dessous de 20 kilomètres il faut réduire la charge, et la
machine peut alors, sur les rampes courtes et bien placées, franchir des déclivités plus fortes. Mais les éven-
tualités de cette nature ne doivent être escomptées qu'a-
vec la plus grande prudence dans la construction des
lignes.

19. — Rampes dans les souterrains. — L'adhérence
est moindre en souterrain qu'à ciel ouvert, il convient
donc d'y réduire la limite de déclivité d'un tiers à un
quart. C'est surtout dans les souterrains très longs que
cette précaution est importante ; dans ceux dont la longueur ne dépasse pas trois ou quatre cents mètres, les
machines ont beaucoup moins de chances de patiner,
parce que, comme nous l'avons indiqué précédemment,

elles peuvent les franchir sans avoir à développer leur
maximum de puissance ; néanmoins il faut toujours réduire au moins d'un cinquième ou d'un sixième les rampes dans ces souterrains.

**20. — Raccordement des rampes à leurs extrémi-
tés.** — Il n'est pas possible de faire des jarrets dans le
profil en long du rail pas plus que dans son plan ; les déclivités sont donc raccordées entre elles et avec les paliers par des courbes. Lorsqu'aucune précaution n'a été
prise à ce sujet dans l'infrastructure, le défaut est cor-
rigé dans la pose de la voie, mais il vaut mieux que le
raccordement soit fait sur la plateforme elle-même au
moyen d'un arc de cercle pour lequel on peut adopter le
rayon de 10.000^m.

En outre les cahiers des charges prescrivent généralement l'interposition d'un palier d'au moins de 100^m
entre deux déclivités successives de sens inverses : cette
longueur pourrait sans inconvénient être réduite au
moins à 50^m.

**21. — Sectionnement des lignes au point de vue
des rampes.** — La charge des trains, sur une section
donnée, doit être réglée d'après la plus forte déclivité
qu'on rencontrera dans le parcours. Il est donc indispensable, avant d'arrêter définitivement un tracé, de
déterminer la rampe limite que l'on ne doit pas dépasser.

Il n'est pas nécessaire d'adopter la même rampe limite pour le tracé tout entier des lignes lorsqu'elles ont
une grande longueur, car la charge des trains, qui en
dépend, n'est pas elle-même invariable sur une longueur
indéfinie, ou, si la charge est invariable, comme pour

les trains de voyageurs à grand parcours, elle n'est pas remorquée sur toute la longueur de la ligne par la même machine, et dans certains cas on peut changer le type des machines employées quand les conditions du profil changent. En réalité, comme nous le verrons à propos de l'exploitation, les trains ne parcourent pas de longues distances sans être recomposés, ou tout au moins sans changer de machine ; on peut donc *sectionner les lignes* au point de vue des rampes. En général, la limite des sections est indiquée par la situation des dépôts de machines qui, eux-mêmes, correspondent aux points où on modifie la composition des trains.

Dans certains cas on peut intercaler sur un tracé une rampe exceptionnelle sans qu'il soit nécessaire de modifier la composition des trains ; il suffit de les faire pousser par une seconde machine. Cela se présente notamment lorsqu'il s'agit de franchir une différence de niveau importante pour arriver sur un plateau. En pareil cas, si le plateau est étendu, ce serait une faute que d'y adopter encore les déclivités admises pour la montée.

22. — Traversée d'un faite. — On a quelquefois, dans l'étude d'un tracé à résoudre, le problème suivant : Vaut-il mieux, pour franchir un faite, s'élever au moyen de déclivités modérées sur une grande longueur ou bien rester le plus longtemps possible en palier ou en faible rampe pour s'élever ensuite le plus rapidement possible au moyen de fortes rampes ? La première solution est de beaucoup la meilleure lorsque la longueur totale n'est pas suffisante pour permettre de sectionner la ligne ; dans le cas contraire il y a le plus souvent avantage à préférer le second parti pour les motifs sui-

vants. Lorsqu'on s'y prend de très loin pour aborder
un faîte, on est obligé de franchir un grand nombre de
vallées secondaires et de contreforts ; la dépense d'exécution est alors toujours ou presque toujours plus considérable. D'autre part, au point de vue de l'exploitation on est conduit à réduire la charge des trains sur
une longueur plus grande que celle qui correspond à la
différence de niveau à franchir, parce que le tracé est

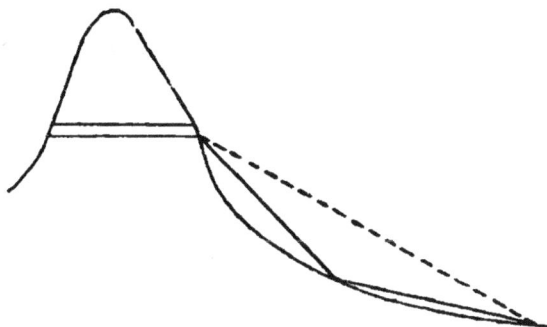

Fig. 6.

nécessairement coupé de contrepentes et de paliers. Il
y a par suite intérêt, même au point de vue de la traction, à suivre la vallée le plus longtemps possible puis à
s'élever par une forte rampe. Mais, dans tous les cas,
on ne doit se déterminer pour l'une ou pour l'autre solution qu'après une étude attentive des tracés en présence. L'importance de la question en vaut toujours la
peine.

III. — INFLUENCE DES COURBES.

Sauf pour le raccordement des arcs de cercle avec les
alignements droits que nous étudierons à propos de la
voie et qui se fait sur de faibles longueurs, les seules
courbes usitées dans la construction des chemins de fer
sont des arcs de cercle.

23. — Résistance des courbes. — On a fait des expériences nombreuses sur la résistance des courbes. Elles ont donné des résultats assez discordants ; cette discordance s'explique, non seulement par la diversité des éléments qui entrent dans la résistance d'un train en courbe, mais aussi par l'insuffisance de beaucoup des moyens de mesure employés. Quoi qu'il en soit, on peut, dans la pratique, calculer d'une manière très suffisamment approchée le supplément de résistance dû aux courbes par la formule suivante dans laquelle δ représente la résistance *par tonne* du train entier (machine comprise) :

$$\delta = \frac{500\,e}{\rho}$$

en appelant *e* la largeur de la voie (en nombre rond $1^m\,50$, 1^m ou $0^m\,60$) et ρ le rayon de la courbe.

Il ne faut pas voir dans cette formule l'expression d'une loi quelconque ; elle veut dire simplement qu'en reportant sur un papier quadrillé les résultats des diverses expériences dans lesquelles on peut avoir le plus de confiance, avec les résistances pour ordonnées et les rayons des courbes pour abscisses, les hyperboles dont les équations sont :

$$\delta = \frac{750}{\rho} \qquad \delta = \frac{500}{\rho} \quad \text{et } \delta = \frac{300}{\rho}$$

représentent une interpolation suffisamment approchée de ces résultats.

Comme on le voit par cette formule, on suppose que la résistance est indépendante de la composition du train, de la vitesse et de la nature des véhicules et, en effet, les expériences faites n'ont pas dégagé de différences dues à ces variables qui soient suffisantes pour être prises pratiquement en considération ; les mêmes expériences paraissent également montrer que les moyens employés pour rendre les machines plus flexibles et dont nous parlerons à propos de la traction n'ont qu'une influence négligeable. Dans ces conditions, la résistance des courbes étant, pour chaque rayon, proportionnelle au poids du train, peut être assimilée à un supplément de déclivité. Mais il faut bien s'entendre au sujet de cette assimilation. Elle veut dire que la résistance due aux courbes *à compter dans l'étude des tracés* est fonction du rayon seulement ; mais elle ne veut pas dire que, pour une même courbe, la résistance soit constante, comme l'est l'effet de la pesanteur. Cette résistance varie au contraire dans des proportions énormes (quelquefois du simple au double) avec les circonstances atmosphériques, le dévers de la voie, le profil des bandages, etc. ; les chiffres fournis par la formule $z = \dfrac{500\,e}{\rho}$ se rapportent aux résistances maximum qui correspondent aux conditions normales de la circulation. Nous reviendrons d'ailleurs sur ce point à propos de la traction.

24. — Addition des résistances des courbes et des déclivités. — D'après ce que nous venons de dire il faut, pour étudier le profil d'une ligne, tenir compte des résistances dues aux courbes et pour cela considérer non pas les déclivités réelles, mais les déclivités fictives totales $d' = d + \dfrac{500\,e}{\rho}$, obtenues en additionnant les déclivités réelles et les déclivités fictives dues aux courbes. Il y aurait évidemment intérêt, si cela était possible, à ne pas faire coïncider les courbes et les rampes, mais on peut rarement l'éviter. Il est même souvent impossible de ne pas faire coïncider la rampe limite avec la courbe de rayon minimum : il faut se soumettre à cette nécessité ; mais en se rappelant qu'en réalité la résistance des trains correspond, non à la déclivité maximum réelle, mais à la déclivité maximum fictive. Ce que nous avons dit des rampes franchissables par élan s'applique, cela va sans dire, aux rampes fictives comme aux rampes réelles.

25. — Raccordement des courbes entre elles. — Les cahiers des charges des concessions des anciennes lignes d'intérêt général admettaient généralement que, pour les lignes à voie large, un alignement de 100^m devait être intercalé entre deux courbes de sens contraires. En pays de montagne, cette longueur est souvent une sujétion gênante, et on l'a réduite dans certains cas à 50^m. On pourrait la réduire davantage, surtout sur les lignes où on ne marche pas à très grande vitesse. Sur la ligne de Clermont à Tulle, dont nous parlerons plus loin, les courbes de 250^m de rayon ne sont espacées sur beaucoup de points que par des alignements de 50^m, et cela n'offre aucun inconvénient quoiqu'on y circule fréquemment à des vitesses de 60 à 65 kilomètres à l'heure. En Allemagne, les *conventions techniques* qui peuvent être assimilées à des règlements exigent seulement 10^m. L'utilité de ces alignements est surtout de faciliter le raccordement des dévers.

Pour les lignes à voie de un mètre, on admet de 20^m à 25^m comme minimum.

On ne fixe généralement pas de minimum d'alignement entre deux courbes de même sens, et on fait quelquefois se succéder ces courbes sans alignement interposé ; cela n'a pas d'inconvénient très grave, mais il vaut mieux l'éviter parce que le dressage de la voie dans les courbes qui se suivent ainsi est rarement bien fait.

Il est bien rare d'ailleurs qu'on ait des raisons sérieuses pour préférer cette solution à celle qui consiste à séparer par des alignements droits les courbes de rayons différents.

26. — Limitation du rayon minimum des courbes. — Nous avons dit qu'au point de vue de la résistance à la traction les courbes équivalent à des rampes; si la résistance était seule à considérer, on pourrait sans inconvénient réduire le rayon des courbes dans la limite que permettrait le profil. Ainsi, sur une ligne avec rampe maxima de cinq millimètres, on pourrait, dans les paliers, intercaler des courbes de 150^m de rayon. Mais, indépendamment de la résistance, les courbes offrent des inconvénients de plusieurs natures qui croissent à mesure que leur rayon diminue et que la vitesse des trains augmente.

Lorsqu'un train circule en courbe, il est soumis à l'action de la force centrifuge qui tend à le rejeter en dehors. On cherche à supprimer ou tout au moins à diminuer l'effet de cette force au moyen du *devers*, c'est-à-dire en inclinant la voie dans le sens transversal vers le centre de la courbe, de manière que le train circule non plus sur un plan mais sur un cône. On atténue ainsi les effets de la force centrifuge, mais on ne supprime pas les inconvénients des courbes, parce que tous les trains n'ont pas la même vitesse. Si les trains les plus rapides ne sont plus sollicités par la force centrifuge à sortir de la courbe, les trains plus lents sont sollicités par la pesanteur à tomber en dedans : or, surtout dans les fortes déclivités, la vitesse varie du simple au double et souvent au triple, selon que les trains sont des trains de voyageurs ou des trains de marchandises et selon qu'ils montent ou qu'ils descendent.

D'un autre côté, comme les véhicules ont leurs essieux reliés entre eux d'une façon rigide, la rotation
qu'ils subissent à chaque instant dans une courbe produit sur les rails des réactions indépendantes de la force
centrifuge. Il est bien certain par exemple qu'une locomotive entrant dans une courbe produit nécessairement un choc au moment où elle est obligée de changer
de direction. De ces différentes causes résultent des inconvénients de toute nature : tendance à la déformation
des courbes surtout à l'entrée et à la sortie, usure des
rails et des bandages, enfin fatigue des attaches, et même, si elles sont insuffisantes, écartement de la voie.
On réduit d'ailleurs les inconvénients propres à l'entrée
et à la sortie au moyen de raccordements paraboliques,
dont nous parlerons à l'occasion de la pose de la voie.

27. — Limites de rayons admissibles. — Il résulte de ces considérations qu'il importe d'avoir toujours des rayons aussi grands que possible ; toutefois,
les idées se sont beaucoup modifiées à ce sujet depuis
quelques années. On considérait autrefois que, pour la
voie normale, les grandes vitesses n'étaient possibles
que si le rayon des courbes ne descendait pas au-dessous de 700 à 800^m, qu'il fallait même sur les lignes secondaires éviter d'admettre moins de 500^m, enfin que le
rayon de 300^m était un minimum à peu près absolu en
dehors des gares.

L'expérience montre qu'on peut parfaitement circuler à très grande vitesse dans des courbes de 500^m de
rayon et même moins. Sans doute les voyageurs y sont
beaucoup moins bien que sur les lignes où les rayons des
courbes sont plus grands, à cause du devers et de la
force centrifuge, mais il n'y a aucun danger pour la

circulation, même aux vitesses de 80 à 90 kilomètres à l'heure. On est arrivé à circuler, dans des courbes de 300^m de rayon, à des vitesses de 60 à 80 kilomètres à l'heure et à des vitesses moyennes de 50 kilomètres à l'heure dans des courbes de 250^m. On peut citer, comme exemple de ce dernier cas, la ligne de Clermont à Tulle dont le tracé très sinueux comporte une longueur très considérable en courbes de 250 et de 300^m. Cette ligne a d'abord été exploitée par le réseau de l'Etat qui, dès l'ouverture, avait fixé à 40 et 45 kilomètres la vitesse moyenne de marche des trains (sauf dans les grandes rampes) et à 60 kilomètres la vitesse maximum ; la Compagnie d'Orléans qui a repris la ligne a porté à 50 kilomètres la vitesse de marche de certains trains et à 67 kilomètres la vitesse limite sans qu'il se soit produit aucun accident.

Enfin, il existe sur le réseau Paris-Lyon-Méditerranée plusieurs lignes (Villefort à Alais, Lunel à Arles, Aubenas à Prades, Besançon à Morteau) établies avec des rayons de 200^m seulement, et sur lesquelles les vitesses maximum atteignent de 40 à 50 kilomètres.

28. — Expériences sur la circulation des trains dans les courbes de petits rayons. — Malgré l'exemple de ces lignes, dont la plupart sont exploitées depuis au moins dix ans, la tradition s'est conservée chez la plupart des Ingénieurs de considérer comme dangereux les rayons inférieurs et même égaux à 300^m. En présence du prix d'établissement croissant des lignes nouvelles, qui pénètrent dans des pays de plus en plus difficiles et qui sont appelées d'autre part à donner des recettes de moins en moins fortes, l'Administration s'est préoccupée de la réduction des rayons ; une commission qu'elle avait nommée à cet effet avait, dans un rapport publié par les *Annales des Ponts et Chaussées* (août 1886), cité, outre les exemples que nous venons d'indiquer, ceux de lignes étrangères sur lesquelles les rayons descendent encore plus bas. Ainsi en Autriche, la ligne de Prelouck à Podol est construite avec des rayons de 150^m, celle du Semmering, qui est une ligne de transit très importante, avec des rayons de 190^m normalement et exceptionnellement de 150^m; celle d'Oravicza à Anina en Hongrie avec des courbes de 113^a 80 de rayon. Toutes ces lignes sont exploitées avec du matériel ordinaire, et, comme elles sont en fortes rampes, ce sont des machines à quatre essieux couplés qui remorquent habituellement les trains. Les résultats des recherches de cette Commission n'ont pas suffi pour modifier les habitudes des constructeurs et l'Administration a nommé en 1890 une nouvelle Commission chargée de compléter ces recherches. Celle-ci a fait des expériences directes sur la circulation dans des courbes de rayons de plus en plus faibles et sur la mesure de leur résistance. Ces expériences ont abouti à un certain nombre de constatations intéressantes qu'on peut résumer comme il suit.

Tous les véhicules et toutes les machines en usage s'inscrivent sans difficulté dans des courbes de 100^m de rayon. Pour les véhicules à deux essieux ou à bogies, la limite est bien inférieure à 100^m; pour les machines à quatre essieux, elle est de 80^m environ, en admettant qu'il n'y ait aucun jeu dans les essieux.

Dans une courbe de 100^m *sans devers* il n'y aurait théoriquement de renversement des véhicules par la force centrifuge qu'à une vitesse de 75 kilomètres. Pratiquement on a fait circuler des voitures dans des courbes de ce rayon et sans devers à la vitesse de 60 kilomètres et leur allure a été excellente.

Les mesures faites par M. Desdouits, ingénieur en chef adjoint de la traction aux chemins de fer de l'État, qui faisait partie de la Commission, ont montré que la résistance peut être exprimée par la formule $\delta = \dfrac{500\,e}{\rho}$ établie par cet ingénieur et que nous avons déjà citée. L'allure des trains à des vitesses de 20 à 50 kilomètres a été excellente.

Il a été fait également sur le réseau de l'État une série d'expériences sur la manière dont se comportent les voies à courbes de petits rayons au point de vue du matériel de la voie et de l'entretien ; ces expériences ont confirmé (ce qui était déjà démontré par la pratique sur les lignes citées plus haut, où les courbes sont de 200 à 250^{m} de rayon) que le maintien de la voie n'offre aucune difficulté sérieuse, mais qu'il faut des attaches très solides. A ces observations il faut ajouter en ce qui concerne l'usure les résultats de celles qui ont été faites sur la ligne de Clermont à Tulle. Le frottement du boudin des roues produit sur le champignon du rail une usure latérale beaucoup plus forte que l'usure superficielle : au bout de dix ans d'exploitation on est obligé, dans les courbes de 250^{m}, de retourner les rails bout pour bout, mais la ligne de Clermont à Tulle est une ligne à trafic important où on marche à une vitesse relativement très grande.

A la suite des expériences de la Commission, le Ministre des travaux publics a poussé les Ingénieurs à entrer largement dans la voie de la réduction des rayons pour les lignes à fortes déclivités. On réalise ainsi des économies considérables. Nous citerons comme exem-

ple la ligne de Mende à la Bastide. Un premier tracé
avait été étudié avec des rayons de 300^m et des alignements intermédiaires de 100^m au minimum ; la dépense
à faire pour l'infrastructure était évaluée à 20 millions pour 44 kilomètres, soit 454.000 francs par kilomètre ; une simple réduction de 50 mètres sur le rayon
maximum et de 25 mètres sur l'alignement minimum a suffi pour réduire la dépense dans une proportion énorme. Le tracé, étudié avec le rayon de 250^m et
des alignements intermédiaires de 75^m, a conduit à une
dépense évaluée à 11.300.000 francs, soit 257.000 fr.
par kilomètre. On a refait l'étude une troisième fois avec
des rayons de 150^m et des alignements de 50^m. L'estimation des dépenses n'a plus été que de 9.300.000 francs
pour 46 kilomètres soit 202.000 par kilomètre. L'économie réalisée est donc de 2/11 sur la seconde étude et
de plus de moitié sur la première ; en outre on a supprimé presque tous les souterrains.

De l'exposé qui précède on peut tirer les conclusions
suivantes :

Pour les lignes difficiles en pays de montagne on peut
réduire les rayons à 250^m et même 200^m sans qu'elles
cessent de se prêter à un trafic important et même, tout
au moins jusqu'à 250^m à un trafic relativement grand.
Pour les lignes à faible trafic comme le sont presque
toutes celles qu'on construit aujourd'hui et sur lesquelles
de grandes vitesses ne paraissent pas nécessaires, on
peut descendre *sans aucune crainte* à 150^m ; il ne serait
pas sage d'adopter couramment des rayons de 100^m, à
moins qu'on ne se trouve dans des conditions où la vitesse doit être toujours très faible, parce qu'à cette limite les courbes deviennent difficiles à dresser exactement. Mais il ne faut pas perdre de vue que la voie dans les

courbes à faible rayon doit être établie très solidement,
que l'usure du matériel (bandages des roues et rails) y
est beaucoup plus forte que dans les courbes de rayon
moyen, enfin que, malgré tout, les conditions de stabilité
sont nécessairement moins satisfaisantes, surtout en
raison de la difficulté du dressage exact qui augmente
avec la réduction du rayon. Il faut donc recourir sans
hésiter aux petits rayons quand il y a à cela un avantage sérieux, mais aussi les éviter chaque fois qu'on
n'y trouve pas un bénéfice réel. *On ne saurait trop insister sur ce point.* Dans bien des cas, on abaisse les
rayons sans utilité véritable, uniquement parce qu'on
ne se donne pas la peine de faire des études comparatives suffisantes.

Ces observations se rapportent à la situation actuelle
en France. Si le matériel en usage était plus flexible,
on pourrait certainement descendre beaucoup plus
bas. Ainsi en Amérique, où le matériel à bogies est d'un
usage général, on admet fréquemment des rayons de
120 à 150ᵐ, et on cite des lignes sur lesquelles il existe
des rayons de 90 à 100ᵐ. Les lignes aériennes de New-
York et de Broocklin ont même des rayons de 27ᵐ seulement ; mais le matériel qui y circule est un matériel
spécial, marchant normalement à la minime vitesse de
10 kilomètres à l'heure.

Voie de 1ᵐ. — Pour les lignes à voie de un mètre,
on considère les rayons de 150ᵐ comme la limite normale dans les conditions de tracé faciles ; mais on peut
parfaitement descendre à 100ᵐ si le tracé est difficile,
et, dans certains cas, comme dans les tramways de la
Sarthe et de la Côte-d'Or, on va jusqu'à 50ᵐ et même
40ᵐ ; mais ce sont là des limites qu'on ne peut admettre
que dans des cas exceptionnels et avec de faibles vites-

ses. Pour les chemins à voie étroite, comme pour les chemins à voie normale, on ne saurait trop recommander l'étude attentive des rayons, et naturellement, les rayons étant moindres, l'échelle des essais doit avoir des degrés plus rapprochés. Ainsi, avant de descendre au rayon de 100 mètres il faudra examiner si le rayon de 125 ou 130ᵐ, qui est bien préférable, n'est pas possible.

Voie de 0ᵐ 60. — Sur les voies de 0ᵐ 60, on peut descendre sans inconvénient jusqu'à des rayons de 20 à 25 mètres.

CHAPITRE II

ÉTUDES DÉFINITIVES

29. — Généralités. — En général le tracé à étudier est donné par ses extrémités et souvent par un ou plusieurs points intermédiaires. Dans beaucoup de cas sa direction générale est indiquée sur toute sa longueur soit par une vallée dans laquelle se trouvent ses points extrêmes, soit par la position d'une cote qui détermine les vallées à suivre. Les indications que nous allons donner se rapportent au cas général d'un tracé à déterminer en entier; les mêmes règles peuvent s'appliquer dans les cas particuliers, mais alors elles se simplifient d'elles-mêmes, et il n'y a qu'à supprimer la partie des études qui se rapporte au choix de la direction.

Il n'y a pas de méthode mathématique pour faire un tracé, mais il y a une méthode parfaitement sûre, c'est celle des approximations successives.

30. — **Etude sur la carte.** — La première étude se fait sur la carte. Indépendamment des cartes au 1 80.000 qui sont à échelle trop restreinte et trop chargées, le dépôt des cartes et plans du Ministère de la Guerre fournit aux services d'études, sur leur demande et à leurs frais, des calques de sa carte au 1 10.000 avec courbes de niveau espacées de 10^m en 10^m; c'est sur ces cartes que se font les études préliminaires. On en facilíte la

lecture en teintant les courbes de niveau avec des couleurs différentes selon leur altitude, de manière à pouvoir reconnaitre à première vue pour chaque point non
seulement le relief du terrain, mais aussi la cote approximative de hauteur au-dessus du plan de comparaison.

Les cartes au 1/40.000 sont en général très exactes ;
néanmoins il se trouve quelquefois des feuilles défectueuses. Il est donc bon de ne pas pousser trop loin l'é-
tude faite au moyen des seules données qu'elles fournis-
sent sans s'être assuré du degré de précision qu'elles
comportent.

Si on est dans un pays étranger où il n'existe pas
de documents analogues, des cartes indiquant les cours
d'eau peuvent en général suffire pour définir le relief
du terrain ; on y ajoute au besoin des cotes relevées au
baromètre, qui donne une approximation bien suffisante
pour établir l'ensemble d'un tracé. Les résultats qu'on
peut obtenir ainsi sont naturellement beaucoup moins
approchés que ceux qu'on obtient avec les cartes françaises de l'état-major.

A l'aide de la carte, on fait une première étude pour
déterminer la direction générale à suivre ; on recherche les cols que l'on peut franchir, les resserrements
qui se prêtent à la traversée des vallées, etc. On dresse
sur le papier des profils en long au moyen des cotes
fournies par les courbes de niveau, et on arrête d'une
façon aussi précise que le permet celle-ci, la zone dans
laquelle il sera utile de relever plus exactement les cotes
du terrain pour arriver à un tracé définitif.

Cette première étude ne donne pas toujours une seule
direction à suivre. Il est même rare qu'elle ne conduise
pas sur un certain nombre de points à faire reconnai-

tre la possibilité d'admettre des tracés différents. Dans
ce cas on trace sur la carte les diverses variantes à
examiner et on fait de chacune d'elles l'objet d'une
étude sur le terrain ; cette étude est poussée aussi loin
qu'il est nécessaire pour reconnaître avec *certitude*
qu'un des tracés doit être préféré aux autres.

31. — Etude sur le terrain. — Lorsqu'on a déterminé
sur toute la longueur du tracé et sur les variantes que
l'on a retenues la direction générale à suivre et la largeur de la zône à étudier, on lève le plan coté du terrain dans cette zône. On opère soit par triangulation,
soit au moyen d'une ligne de base et de profils en travers.

Le choix de la méthode dépend du terrain et des habitudes des opérateurs. La méthode de triangulation
est en général préférable en pays plat et très cultivé :
les levers peuvent alors être faits en suivant les chemins, les limites des propriétés, les bords des ruisseaux etc. Mais en pays accidenté il vaut mieux employer la méthode des profils en travers. Dans tous les
cas, si on opère par triangulation il faut exiger que
tous les nivellements soient fermés sur des points déjà
nivelés ; lorsqu'on opère au moyen d'une ligne de base,
il faut faire vérifier celle-ci et au besoin rattacher les
profils en travers, s'ils sont très longs, soit entre eux
soit à des repères sûrs.

Le plan coté est rapporté sur le papier à l'échelle de
1 '2000, puis on trace, à l'aide des cotes relevées, des
courbes de niveau espacées en général de 2^m en 2^m auxquelles on donne au besoin des couleurs différentes pour
faciliter la lecture du relief du terrain. Il est utile d'indiquer sur ce plan les constructions, les clôtures, les

cours d'eaux, etc. ; lorsque le plan du cadastre est exact
(ce qui n'a pas toujours lieu) on peut s'en servir comme
point de départ et y rapporter les cotes et les courbes
de niveau. Outre ces courbes, il est bon d'inscrire sur
le plan les cotes réellement levées.

Il ne suffit pas, pour faire un plan coté d'études, de
relever les cotes nécessaires pour tracer les courbes de
2 mètres en 2 mètres. Il faut faire toutes les opérations
qu'exige l'étude du terrain. Ainsi dans les ravins et au
droit des dénivellations brusques, on doit relever toutes les cotes utiles pour bien en définir la forme et permettre d'établir les avant-projets d'ouvrages ou la
cubature des terrassements.

32. — Etude dans le bureau. — Sur le plan au
1/2000, on fait l'étude détaillée du tracé en le plaçant
par tâtonnements de façon à obtenir la meilleure répartition des pentes et des rampes, la meilleure position
pour les ouvrages d'art et les traversées de chemins, le
minimum du cube des terrassements, etc. On pousse
cette étude, pour les diverses variantes, aussi loin que
le demande la comparaison. Puis, la direction définitivement adoptée, on la complète.

Il arrive souvent, même avec un plan coté bien levé,
que les cotes dont on dispose sont insuffisantes en certains points, soit qu'il n'y en ait pas assez pour définir
exactement le relief du terrain, soit qu'après mûr examen on trouve intérêt à sortir de la zône déjà relevée.
Dans ce cas, il ne faut pas hésiter à retourner sur le
terrain.

33. — Report du tracé sur le terrain. — Le tracé
une fois arrêté sur le plan au 1/2000, ou en reporte l'axe

sur le terrain et on lève le profil en long, des profils en travers très serrés pour servir à la rédaction du projet définitif, au calcul du cube des terrassements, etc., et des plans cotés détaillés pour l'étude des ouvrages d'art. Il arrive trop souvent qu'on s'arrête là. Cependant l'étude n'est pas terminée et elle est encore susceptible d'améliorations dans beaucoup de cas. Il faut, à l'aide des profils levés en dernier lieu, qui définissent cette fois d'une manière tout à fait exacte la forme du terrain, s'assurer de nouveau que le plan et le profil en long du tracé sont bien aussi avantageux que possible, et qu'il n'y a pas intérêt à modifier l'implantation des ouvrages d'art. On est ainsi conduit à des variantes qu'on reporte ensuite sur le terrain en remplacement du tracé primitif.

34. — Observations. — Il va sans dire que les détails de la méthode peuvent être changés selon la configuration du sol et les éléments dont on dispose. Ainsi il peut y avoir intérêt à lever d'abord un plan au 1/10.000 sur lequel on peut faire l'étude d'un avant-projet avec plus de précision que sur le plan au 1/40.000. Le plan et le profil en long au 1/10.000 sont exigés par une circulaire ministérielle de 1879 pour la rédaction des avant-projets à soumettre à l'Administration. Selon la configuration du terrain, et aussi selon le temps et les opérateurs dont on dispose, on peut, même pour l'avant-projet, faire l'étude sur un plan au 1/2000, et réduire simplement l'échelle pour la présentation des pièces, ou bien au contraire faire l'étude de l'avant-projet sur le plan au 1/10.000 et réserver pour l'étude définitive le plan détaillé au 1/2000.

La méthode des plans cotés est aujourd'hui celle qui

est généralement adoptée ; elle est la seule qui permette d'arriver par approximations successives et, par suite, de faire une étude réellement rationnelle.

a. — *Méthode par cheminement.* — Il n'en est pas de même de la méthode par cheminement qui consiste à faire le tracé directement sur le terrain en se guidant d'après les accidents qu'on rencontre. Quelle que soit l'habileté de l'opérateur, il est impossible qu'il puisse se rendre compte des différences de relief qu'un plan coté peut seul donner et qu'il puisse faire sur le terrain les tâtonnements que permet l'étude sur le papier.

b. — *Études à l'entreprise.* — Enfin il faut proscrire, absolument et sans réserve, les études à l'entreprise qui ont été quelquefois admises. On peut donner à l'entreprise les opérations matérielles telles que le relevé des cotes, le rapport du plan et le tracé des courbes de niveau, pourvu qu'on ait le moyen de s'assurer de l'exactitude des opérations, et qu'on ait affaire à des opérateurs suffisamment habiles et consciencieux ; mais dans aucun cas on ne doit faire faire à l'entreprise le tracé lui-même dont l'étude est surtout, si on veut qu'elle soit bien faite, *affaire de conscience et de soin.*

§ 2 — PROFILS EN TRAVERS-TYPES.

Le premier élément de l'étude d'un projet de tracé est le profil type, d'après lequel se détermine la largeur de la plate-forme.

Les profils types habituellement admis sont les suivants :

35. — Voie normale. — *Lignes à une voie.*

Type I

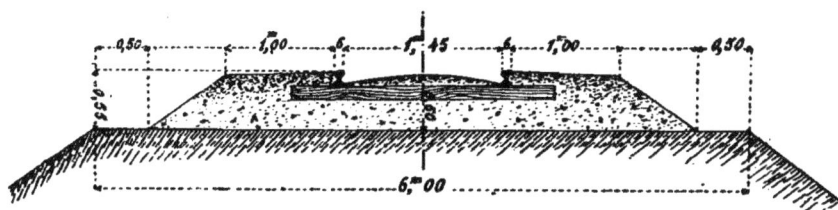

Fig. 7.

Ce type comprend une banquette de ballast de 1ᵐ00 et une seconde banquette de 0ᵐ 50 qui sert à la circulation des agents et à laquelle ils donnent le nom de passe-pied.

Lignes à deux voies :

Type II

Fig. 8.

Ce type résulte de la juxtaposition de deux profils à voie unique avec entrevoie de 2ᵐ à 2ᵐ 10. La largeur de 1ᵐ 80 qu'on a autrefois donnée à l'entrevoie doit être proscrite, car elle entraîne des difficultés pour la circulation du matériel.

S'il s'agit de lignes à faible trafic et sur lesquelles on emploie un rail moins haut, on peut réduire l'épaisseur du ballast à 0,40 et gagner 0ᵐ 30 sur la largeur de la plate-forme.

Dans les terrains difficiles, quand il y a un grand intérêt à réduire la largeur de la plateforme, on adopte souvent le profil ci-contre dans lequel le ballast est encastré entre deux murettes.

Type III

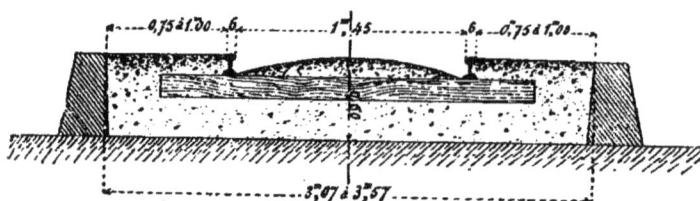

Fig. 9.

Ce profil a un inconvénient, il rend difficiles le dégarnissage et le bourrage des traverses ; on peut éviter ce défaut en se servant du profil type suivant :

Type IV.

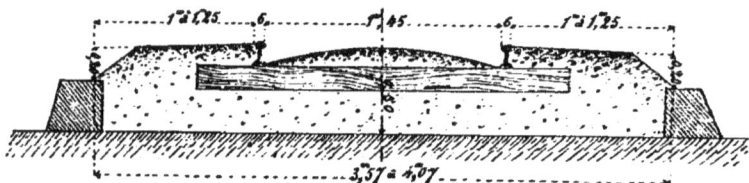

Fig. 10.

Avec ce profil la traverse est dégagée et le travail est facile. On peut, bien entendu, adopter pour la double voie le même système de profil réduit que pour la voie unique. Pour les deux types réduits III et IV où le passepied est supprimé, on établit de loin en loin sur les fossés de petits ponts qui permettent aux agents de se garer au moment du passage des trains.

Il est bon de remarquer que pour la stabilité de la voie il suffit d'avoir une banquette de ballast de 0^m75. La largeur de 1^m00 adoptée normalement a surtout pour but de laisser un approvisionnement de ballast suffisant pour les bourrages et relevages de la voie.

36. — Voie de 1 mètre. — Avec la voie de 1^m on réduit la largeur des banquettes à 0^m75, l'épaisseur du ballast à 0ᵐ35 à 0ᵐ40. On a alors le profil type ci-dessous :

Type V.

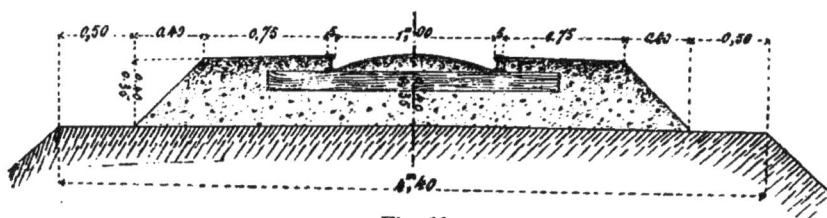

Fig. 11.

Pour les lignes très peu importantes, on peut réduire ces dimensions en donnant seulement 0ᵐ30 aux banquettes du ballast et en réduisant les banquettes de la plateforme ; on a alors le profil suivant :

Type VI.

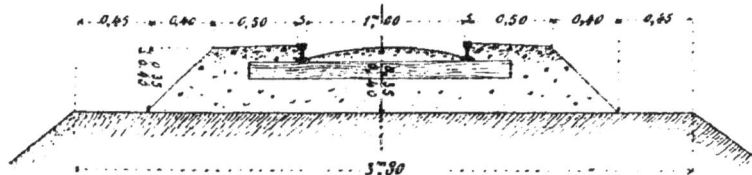

Fig. 12.

Ces profils peuvent, bien entendu, être réduits en encastrant le ballast dans des murettes, come nous l'avons indiqué pour la voie normale.

La largeur du profil est liée dans une certaine mesure à celle du matériel roulant. Mais dans le cas où on adopte, comme sur les lignes de Corse ou sur les lignes des chemins de fer économiques, des véhicules de 2ᵐ60 de largeur, il faut réserver aux agents garés sur les banquettes de la plateforme la place nécessaire pour ne pas être atteints : dans ce cas, la largeur de 3ᵐ80 serait insuffisante, car elle ne laisserait que 0ᵐ60 de chaque côté.

Sur certaines lignes de chemins de fer ou de tramways, notamment sur les tramways de la Côte-d'Or,

on a adopté la cote intermédiaire de 4ᵐ pour la largeur
de la plateforme.

37. – Tramways. — Pour les tramways, le profil
sur les accotements des routes est le même que pour les
chemins de fer sur plateforme spéciale, à cela près que
du côté de la chaussée le
talus de la banquette du
ballast est remplacé par
une bordure en pierre ou
en gazon. On donne en
général à ces bordures une inclinaison de un cinquième
du côté de la chaussée.

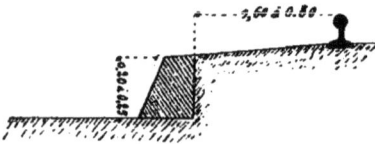

Fig. 13.

38. — Fossés. — Lorsque la voie est en tranchée ou
à fleur de sol, on place de chaque côté un fossé pour l'é-
coulement des eaux. Mais le rôle des fossés ne se réduit
pas, comme on le croit trop souvent, à écouler les eaux ;
lorsque la plateforme est argileuse, ils servent aussi et
quelquefois presque exclusivement à l'assainir comme
le ferait un drain. La plateforme d'un chemin de fer
n'est pas comme une chaussée de route dont le bombement dirige naturellement les eaux vers les fossés ;
malgré le soin que l'on prend souvent de la régler avec
une inclinaison vers l'extérieur, elle ne tarde pas, si
elle est argileuse, à se ramollir, à se déformer sous le
poids des trains et à présenter à sa surface des cuvettes
dans lesquelles l'eau séjourne. C'est donc presque exclusivement par drainage qu'on peut l'assécher ; les
fossés latéraux forment des drains d'autant plus efficaces qu'ils sont plus profonds.

On donne en général aux fossés 0ᵐ25 à 0ᵐ30 de profondeur ; cela est absolument insuffisant si la plate-

forme est argileuse et il faut dans ce cas donner au
moins de 0^m40 à 0^m45. Lorsqu'on peut le faire sans augmentation de dépense, il convient d'élargir le profil en
conséquence, et dans bien des cas, il n'en coûte pas plus,
si on a l'emploi en remblai des
terres provenant de ce déblai supplémentaire. Si cela revient trop
cher, ou si, ce qui arrive très
souvent dans les sols argileux, le

Fig. 14.

terrain n'est pas de nature à maintenir son talus au contact de l'eau, il faut prévoir un fossé maçonné avec parement vertical du côté de la plateforme ; c'est une grande

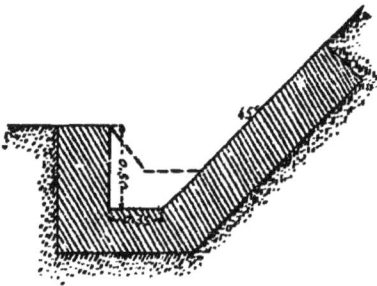

Fig. 15.

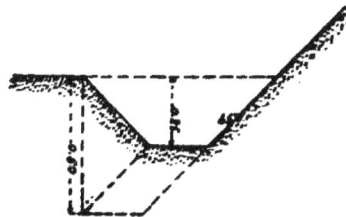

Fig. 16.

faute de prévoir simplement un fossé avec revêtement
de talus à 45° des deux côtés car la murette verticale
permet de gagner en largeur toute la projection horizontale qui correspondrait au talus intérieur. S'il s'a-
git d'une ligne en construction, on gagne du déblai ;
s'il s'agit d'une ligne déjà construite dont on refait les
fossés, on gagne de la profondeur. Ainsi on peut sans
augmenter la largeur du profil remplacer un fossé de
0^m25 de profondeur par un fossé de 0^m50. La largeur au
plafond du fossé doit dans tous les cas être de 0^m30 à
0^m35 pour permettre le passage d'une pelle, ce qui rend
les curages plus faciles et moins coûteux.

39. — Talus en déblai. — L'inclinaison à donner
aux talus dépend de la nature du terrain. Pendant longtemps on a eu l'habitude de prévoir dans les projets les
talus en terre à 45° et les talus en rocher à 1/5 ; on est
revenu en général et avec rai-
son de ce système qui condui-
sait à des mécomptes. A moins
d'avoir une très faible hauteur,
les talus ne tiennent pas sous
l'inclinaison de 45° dès que le
terrain est un peu argileux.

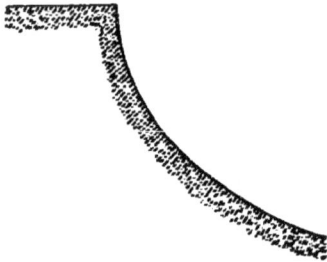

Fig. 17.

Théoriquement les talus de-
vraient avoir un profil concave à inclinaison croissant
avec la hauteur ; on n'adopte pas cette forme et même
on n'emploie pas des profils rectilignes à inclinaison
variant avec la hauteur dans la même tranchée, parce
qu'on serait conduit, les tranchées n'étant pas de profondeur uniforme, à des talus suivant une surface gauche difficile à régler. On pourrait obtenir un résultat
analogue au moyen de redans, mais on craint généralement les infiltrations qui peuvent se produire dans les
banquettes et faciliter les éboulements ; on préfère donner aux talus une inclinaison uniforme en les adoucissant. Le talus normal pour les terres qui ne sont pas de
bonne qualité et pour les tranchées profondes est de 3
de base pour 2 de hauteur ; il permet à la végétation de se former naturellement à la surface, parce
qu'à cette inclinaison les terres ameublies par les influ-
ences atmosphériques ne coulent pas, tandis qu'à 45°
elles sont entraînées par la pente. Il ne faut donc pas
hésiter à porter l'inclinaison à 3/2 dans les projets,
chaque fois que la nature du terrain le justifie ; il convient toutefois d'examiner si on n'aurait pas économie

à faire des revêtements, notamment des murettes de pied, dans le cas où l'adoucissement du talus conduirait à avoir des déblais en excès.

Dans le rocher, l'inclinaison de 1 5 n'est pas non plus toujours rationnelle. Il y a des roches qui tiennent parfaitement à pic ; il y en a au contraire d'autres qui, quoique compactes, ne peuvent être taillées à 1/5 parce qu'il s'en détache des blocs ou que la pluie ou la gelée les désagrège; il faut, dans ce cas, également se rendre compte, d'après les dépenses, s'il y a intérêt à adoucir les talus ou à les revêtir. Mais on ne saurait trop insister sur la nécessité d'étudier toutes ces questions pendant la rédaction même des projets ; autrement, on s'expose à faire de fausses manœuvres.

40. — Talus de remblais. — Le talus normal des remblais est de 3 de base pour 2 de hauteur ; c'est l'inclinaison que prend naturellement la *terre coulante*. Mais de ce que c'est le talus normal, il ne s'en suit pas que ce soit le talus absolu.

D'abord, pour les remblais comme pour les déblais, l'inclinaison doit théoriquement croître avec la hau-

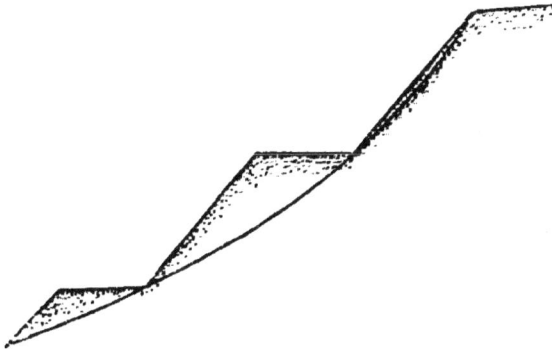

Fig. 18.

teur : lorsqu'on fait en terre ordinaire et surtout en terre argileuse des remblais de plus de sept à huit mè-

tres de hauteur, il est bon de leur *donner du pied*, soit
en réglant les talus suivant des plans inclinés de déclivités décroissantes, soit en faisant des redans qui offrent
dans les remblais, en général perméables, moins d'inconvénients que dans les déblais. Le plus souvent on se
contente d'un seul redan en plaçant au pied du remblai
un contrefort qui le soutient. Mais si on a affaire à des
argiles de qualité médiocre ou mauvaise, il faut partout
augmenter les talus et leur donner des inclinaisons de
2 ou 3 de base pour un de hauteur. Contrairement à ce
qu'on dit souvent, toutes les terres peuvent tenir en
remblai, mais toutes ne tiennent pas avec le même talus.

Il n'est pas toujours facile de prévoir exactement la
qualité des terres qu'on rencontrera dans une tranchée ;
souvent même ce n'est que par la façon dont ces terres
se comportent à l'air qu'on est fixé à leur sujet. Mais on
évite beaucoup de mécomptes en prévoyant au moins,
dans le projet, l'adoucissement des talus des grands
remblais ou l'établissement de contreforts à leur pied.
On a d'ailleurs des indices sur la consistance des terres
de la région traversée par la configuration même du terrain et par les talus des tranchées des routes existantes.

Quelle que soit la nature du terrain, il ne faut jamais
admettre des talus de remblai inclinés à moins de 3/2 :
les remblais en blocs de rocher eux-mêmes ne tiennent
pas à une inclinaison sensiblement moindre, à moins
qu'on ne range les blocs ou les moëllons à la main, ce
qui constitue une main-d'œuvre coûteuse. Il ne faut recourir à ce moyen, qui permet de réduire le talus à 45°,
que dans le cas où l'on a des raisons sérieuses de réduire
l'emprise.

41. — Largeur à réserver en dehors des talus. —
Il faut réserver, en dehors de l'arête des talus, si l'on
est en déblai ou en remblai, et en dehors de l'arête extérieure des fossés si l'on est à fleur de sol, une certaine
largeur pour la pose des clôtures, afin de permettre de
circuler au delà des talus, et pour que des éboulements
partiels ne donnent pas lieu à une contestation avec les
riverains, etc. Sur les lignes traitées largement, on réserve 2^m. Si on veut construire très économiquement, on
peut réduire cette largeur à un mètre, ce qui permet
encore de placer une haie vive dont la distance à la propriété voisine doit, en vertu du Code civil, être au minimum de 0^m50. Si la ligne ne doit pas être close, on peut
réduire la largeur réservée à 0^m50 dans les parties où
la ligne est soit à niveau soit en remblai ou déblai de
très peu de hauteur ; mais au droit des tranchées dont la
profondeur dépasse 2^m et des remblais dont la hauteur
dépasse 2 à 3^m, il est prudent de réserver au moins un
mètre. Il en est de même dans les tranchées de hauteur
moindre dont les talus n'auraient qu'une stabilité douteuse et où l'on pourrait craindre des éboulements.

§ 3. — TRACÉS

42. — Compensation des déblais et des remblais. —
Théoriquement, si le prix du déblai est invariable, le
maximum d'économie doit être obtenu en compensant
exactement les déblais et les remblais ; en effet, si on a
un excès de déblais, on peut, en relevant le tracé, diminuer leur cube jusqu'à ce que l'excédent de remblai nécessaire pour ce relèvement soit égal à la diminution
obtenue sur le déblai. Pratiquement, cette compensa-

tion rigoureuse n'a pas toujours beaucoup d'importance, pour les motifs suivants.

Dabord, l'expérience prouve qu'on n'arrive presque
jamais exactement à la compensation prévue ; on compte
en général 1 10 pour le *foisonnement* des terres, c'est-
à-dire pour l'augmentation de cube résultant de leur
ameublissement, mais ce chiffre n'est qu'une moyenne ;
il y en a qui foisonnent plus, il y en a qui foisonnnent
moins : il y en a même, comme certaines argiles, certaines craies de Champagne et certains sables des Landes,
qui ont un foisonnement *négatif* : le cube du remblai est
inférieur à celui du déblai au moyen duquel il a été obtenu. En outre le *foisonnement net,* c'est-à-dire celui qui
correspond au cube des remblais après tassement, varie
avec les circonstances atmosphériques dans lesquelles
ont été faits les travaux. Un remblai de terre exécuté
par un temps sec tasse beaucoup moins que s'il était
exécuté par un temps humide ; si on mélange des déblais
de terre et des déblais de roche, une partie de la terre
disparaît dans les vides des pierres, etc.

En second lieu, la compensation absolue des déblais
et des remblais n'est avantageuse que s'il n'existe pour
les déblais qu'un prix unique ; or, en réalité, il n'en est
pas ainsi. Supposons que la ligne AB donne la compensation des déblais et des remblais ; il pourra y avoir économie à remonter la plateforme en CE si la tranche de
déblai comprise entre les li-
gnes AF et C E coûte plus cher
que le cube d'emprunt nécessaire pour compléter le rem-

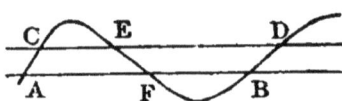

Fig. 19.

blai jusqu'à la ligne E D.

En troisième lieu, il faut que la compensation des
déblais et des remblais puisse être obtenue réellement ;

or presque toujours les ouvrages d'art importants ne peuvent être terminés que vers la fin des travaux : il y a donc impossibilité absolue d'employer au delà de ces ouvrages des déblais faits en deçà. Souvent des ouvrages, même peu importants, nécessitent la modification du mouvement des terres, parce qu'on ne peut attendre qu'ils soient faits pour attaquer les tranchées aux abords.

Il faut donc, tout en cherchant à diminuer le plus possible le cube des terrassements, ne pas chercher mathématiquement la compensation des remblais et des déblais et tenir compte de l'ordre dans lesquels les travaux devront être exécutés normalement. En principe, il vaut mieux avoir un excédent de remblai qu'un excédent de déblais.

43. — Position des ouvrages d'art par rapport aux courbes et déclivités. — Une règle importante, qu'on oublie trop souvent, est celle-ci : il faut éviter de placer les ouvrages d'art et surtout les ponts métalliques à l'origine des déclivités ou des courbes et même dans la partie où se fait le raccordement du profil ou du devers. Les motifs de cette précaution sont faciles à comprendre. Les raccordements ont pour but d'éviter les chocs brusques et les déformations qui pourraient en résulter : or, à l'abord des ouvrages d'art et surtout des ponts métalliques, la voie passe brusquement d'une partie où elle est absolument fixe à une autre où elle repose sur un sol compressible : les déformations y sont donc particulièrement faciles. De plus, les variations de plan et de profil que nécessitent les raccordements sont toujours difficiles à obtenir dans de bonnes conditions sur les ponts métalliques.

44. — Position relative des déclivités et paliers. —
Une autre règle, également importante et souvent négligée, concerne la position relative des paliers et des
déclivités ; comme nous le verrons plus loin, il n'y a pas
de bonne voie sans plateforme saine et il n'y a pas de
plateforme saine sans écoulement des eaux. Il faut donc
éviter, et, si on n'est pas en très bon terrain, proscrire
absolument les tranchées dans lesquelles les fossés ne
pourraient avoir une pente bien prononcée ; celà n'o-
blige d'ailleurs pas, dans les tranchées courtes, à établir la voie en pente ; car on peut alors obtenir la pente
du fossé en lui donnant des profondeurs croissant progressivement du milieu de la tranchée aux extrémités ;
mais si le terrain n'est pas très bon et si la tranchée est
un peu longue, il ne faut pas hésiter à donner à la plateforme elle-même une pente d'au moins 2 à 3^{mm}, ce qui
n'offre d'ailleurs aucun inconvénient pour la traction.

45. — Etude géologique du terrain. — L'étude rationnelle d'un tracé suppose toujours la connaissance
complète du terrain dans lequel il est établi. On a dit
que *tout ingénieur doit être doublé d'un géologue* ; cela
est exact, si par géologie on entend la connaissance
des diverses natures de terrain et de leur stratification.
L'étude du terrain doit être faite par l'Ingénieur lui-
même, non pas lorsque le tracé est arrêté, mais pendant
les opérations de lever préparatoires. Il faut suivre les
différents tracés de l'avant-projet dès le début des études ; il faut également suivre le tracé définitif, et autant
que possible dans les deux sens, avant le lever des profils définitifs ; enfin il faut examiner spécialement les
parties qui paraissent présenter un intérêt particulier.
Cette étude conduira à l'application de règles dont les

principales peuvent se résumer de la manière suivante :

46. — Déblais. — *Dureté des déblais.* — En premier lieu, on évaluera la dureté des déblais, de manière à obtenir, comme nous l'avons dit, une compensation des déblais et des remblais aussi économique que possible, non point en cube, mais en argent ; il faut pour cela étudier non seulement les tranchées, mais aussi les emprunts possibles.

Terrains argileux. — Le plus grand ennemi de l'ingénieur qui fait des terrassements, c'est l'argile : et c'est un ennemi d'autant plus dangereux qu'on le rencontre sous des formes et avec des propriétés très différentes. Il y a des argiles qui ne causent aucun ennui, d'autres qu'il est impossible de maintenir sans des dépenses énormes. Il n'est guère possible de connaître l'argile autrement que par l'expérience : toutefois on peut dire que les argiles mêlées de cailloux sont en général de bonne qualité : elles se maintiennent bien. Au contraire les éboulis de roche et d'argile sont le plus souvent très mauvais, leur équilibre est presque toujours plus ou moins instable. Il en est de même des argiles blanches et des argiles irisées qui se détrempent très facilement et se réduisent en bouillie.

Du moment qu'on a affaire à une argile douteuse, on doit autant que possible éviter de s'y mettre en déblai surtout à flanc de coteau : car, dans ce dernier cas, on peut avoir des éboulements énormes et même quelquefois, en ouvrant une simple tranchée, provoquer le glissement de coteaux entiers. La nature du terrain conduit quelquefois à abandonner complètement un tracé pour suivre une autre direction. Il faut au moins éviter les tranchées profondes, s'efforcer de rester à fleur de sol, et ne pas hésiter à faire des sacrifices pour obtenir ces résultats si on est sûr de la mauvaise qualité du terrain.

47. — Remblais. — *Nature des remblais.* — On dit souvent qu'il faut, lorsqu'on trouve de l'argile dans les tranchées, la mettre en dépôt au lieu de l'employer en remblai. Il ne faut se conformer qu'avec beaucoup de circonspection à cette théorie, dont l'application est très coûteuse. D'abord, il n'est pas toujours facile de remplacer par de *bonne terre* l'argile des tranchées ; dans les régions argileuses, il arrive souvent qu'on trouve partout de l'argile, sauf une mince couche de terre végétale ; en mettant trop légèrement les argiles en dépôt, on peut arriver à être forcé de faire des emprunts de terres ne valant pas mieux. D'un autre côté c'est une erreur de croire qu'on ne puisse pas faire des remblais stables avec des terres argileuses. Toutes les terres tiennent en remblai, c'est une question de talus et d'assainissement : si on a affaire à de mauvaises terres, en adoucissant les talus et au besoin en mettant de larges contreforts au pied, on évite la plupart des accidents auxquels les remblais sont exposés.

Assiette des remblais. — Il ne suffit pas de se rendre compte de la nature des terres qu'on emploie en remblai, il faut encore reconnaitre le sol sur lequel on doit les établir. Les terrains tourbeux, les argiles molles et les vases s'écrasent sous la charge de remblais un peu élevés, surtout si ces derniers n'ont pas une assiette suffisante. Il en résulte non seulement l'enfouissement d'un cube plus ou moins important de remblais, mais aussi des difficultés très grandes pour l'établissement des ouvrages d'art qui y sont intercalés, ou des mouvements sérieux dans ces ouvrages après leur construction. Il faut, quand on le peut, éviter les terrains compressibles, même au prix d'un supplément de dépense. Lorsqu'on a construit la ligne de Paris à Calais, on a traversé en amont d'Abbeville une vallée tourbeuse sur une longueur de quatre à cinq kilomètres. Le tracé était presque à fleur de sol (la hauteur des terrassements n'était que de $0^m 50$ à $1^m 00$); mais le remblai s'est enfoui sous le poids des machines et on a fini par y employer en totalité un cube de 150.000 mètres. Il a fallu trois ans de travail et une dépense de 500.000 francs pour arriver à une situation stable.

Aux abords de Bordeaux, la section d'Ambarès à Bordeaux du chemin de fer de Saintes traverse, sur une longueur de 1500 mètres environ, une plaine vaseuse. On a dépensé, pour les remblais et les ouvrages les terrains d'art plus de deux millions, soit environ 1.350.000 francs par kilomètre, et ce n'est peut-être pas fini. Lorsqu'on ne peut pas éviter les terrains compressibles en faisant un détour, on place le tracé en remblai peu élevé, de 1^m à 2^m de hauteur; ou si l'on était obligé d'adopter une hauteur plus grande, on adoucirait les talus de manière à diminuer la pression sur le sol par unité de surface. Dans les terrains qui, comme la tourbe et la vase, sont très peu consistants et incapables d'offrir à la voie une assiette suffisante, on doit avoir soin de ne pas se tenir tout à fait à fleur de sol et d'élever la plateforme à un mètre environ au-dessus.

§ 4. — ÉTUDE DES POINTS SPÉCIAUX.

48. — Traversée des faîtes. — Quand la ligne projetée doit passer d'une vallée dans une autre, la recher-

che du point où on traversera le faîte constitue le point
capital de l'étude : aussi faut-il la faire complète et avec
beaucoup de soin en examinant toutes les solutions possibles.

La traversée des faîtes se fait au droit des cols, et les
cols sont toujours sur le prolongement de deux vallées
en sens inverse ; mais il y a généralement à choisir entre plusieurs cols, et, en outre, à déterminer la hauteur
à laquelle on franchira celui qu'on choisit. La traversée
se fait en tranchée ou en souterrain selon la profondeur,
et elle constitue habituellement une des parties sinon la
partie la plus coûteuse du tracé.

On s'élève jusqu'au point à franchir de chaque côté
du faîte au moyen de rampes. Le tracé dépend de la
rampe limite adoptée, et inversement celle-ci dépend
souvent du tracé ; mais il ne faut pas croire qu'il suffise
habituellement de s'élever d'une manière uniforme depuis le point où l'on peut commencer à quitter le fond
de la vallée jusqu'au faîte. Il faut en effet tenir compte
des obstacles qui peuvent se rencontrer sur le parcours,
vallées secondaires à traverser, contreforts à franchir,
terrains difficiles à éviter, quelquefois localités à desservir, etc. : d'ailleurs, quand cela est possible, il vaut
beaucoup mieux couper la montée au moyen de paliers
et même de contre-pentes ; on donne ainsi des facilités aux mécaniciens pour alimenter et charger leur
feu, etc., et à la descente on favorise les arrêts ou les
ralentissements.

Souvent la pente de la vallée devient supérieure à la
pente limite, surtout en montagne, et il faut employer
des artifices pour gagner de la longueur. On se développe alors, c'est-à-dire qu'on contourne au lieu de les
franchir les vallées secondaires et les contreforts : il

peut même devenir avantageux de traverser plusieurs
fois la vallée principale pour chercher ces accidents de
terrain. Quand ces derniers sont insuffisants on emploie
les souterrains en hélice qui permettent de s'élever
d'une hauteur considérable dans un espace restreint en
revenant parfois sur ses pas. Un des premiers exemples
de l'application de ce genre de tunnels est celui du chemin de fer du St-Gothard qui réunit la vallée de la
Reuss à celle du Tessin. Lorsqu'on parle de souterrains

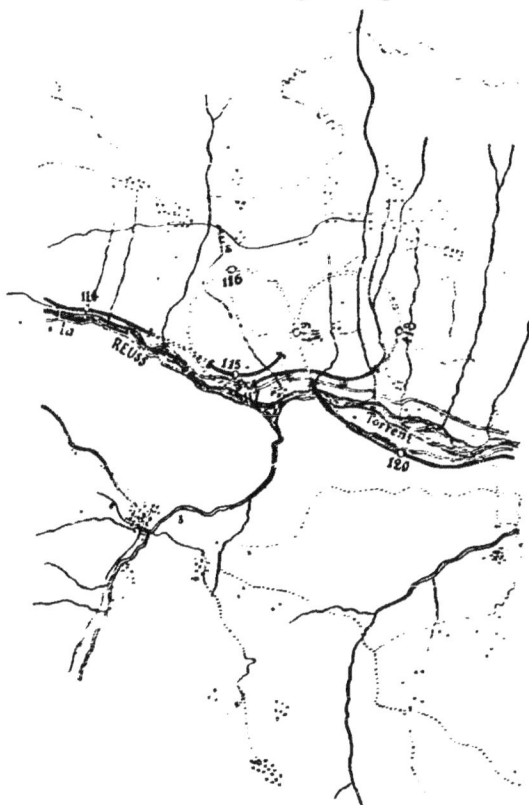

Fig. 20.

en hélice, il faut entendre ce mot dans son sens le plus
général; on ne fait pas seulement des hélices proprement
dites, mais aussi des *lacets* grâce auxquels le tracé revient par instants en sens inverse de sa direction géné-

rale ; pour obtenir ce résultat on est conduit à placer la
ligne en souterrain sur une partie de sa longueur, notamment aux points où elle s'infléchit.

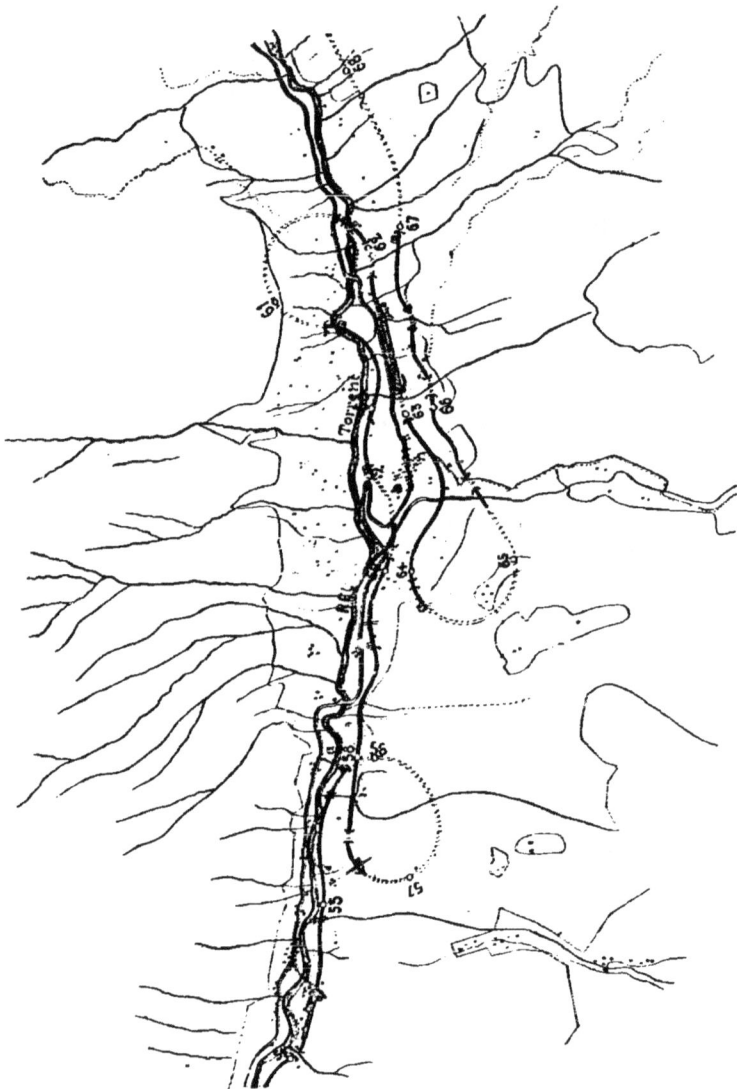

Fig. 21.

La traversée des faîtes se fait, comme nous l'avons
dit, au droit des cols ; mais il ne faut pas admettre d'une
manière absolue que l'on doit choisir l'emplacement qui

donnera le souterrain le moins long ou la tranchée la
moins profonde. Il peut y avoir, notamment pour les
souterrains, des considérations géologiques qui conduisent à rejeter le tracé latéralement ; au droit des cols le
terrain est souvent, sur une certaine longueur, moins
consistant et plus perméable que dans les parties latérales et les difficultés qui en résultent pour le percement
peuvent être d'une bien autre importance, au point de
vue économique, que l'allongement qui permet de les
éviter. L'emplacement de la traversée du col ne doit
donc être définitivement arrêté qu'après l'étude du
souterrain ou de la tranchée : il peut même arriver que
cette étude conduise à modifier tout le tracé pour changer le niveau de cette traversée. On a eu, sur la ligne de
Montauban à Brives, à percer un souterrain dans des
conditions extraordinairement difficiles (souterrain de
Marot) et l'on a reconnu, malheureusement après coup,
qu'on aurait évité toutes les difficultés en abaissant le
tracé ; on aurait eu, il est vrai, une percée plus longue,
mais elle aurait été faite dans un terrain compact placé
au-dessous des sables fluents qu'on a rencontrés, et le
supplément de dépense résultant de l'allongement aurait
été incomparablement moindre que les frais énormes
qu'ont entraînés les difficultés de percement.

49. — Traversée des vallées. — On recherche, en
général, les parties étranglées des vallées pour rendre
la traversée moins coûteuse, à moins qu'il ne s'agisse
de vallées très plates au fond desquelles on peut descendre. Dans ce dernier cas, on est presque toujours guidé
par la nécessité de se rapprocher le plus possible des localités à desservir.

On doit en outre, pour l'étude de la traversée, tenir

compte des considérations suivantes. D'abord il faut
rechercher pour les ouvrages d'art la meilleure assiette
possible, et dans ce but exécuter des sondages pour reconnaître la nature du terrain ; il suffit quelquefois d'un
déplacement relativement peu important pour modifier
complètement les fondations. Ensuite, il faut se préoccuper de donner un écoulement non seulement aux eaux
du cours d'eau principal mais encore à celles des cours
secondaires et d'inondation. Les vallées plates comprennent-
nent en effet outre le lit mineur un lit majeur souvent
assez large ; sur la basse Loire, par exemple, les traversées sont constituées sur beaucoup de points par un
grand pont sur le fleuve et par des ponts de décharge
sur les bras, boires et étiers.

Enfin, il faut rechercher avec soin le niveau des hautes eaux et maintenir la ligne au-dessus, pour qu'elle
ne risque pas d'être coupée. Dans certains cas, exceptionnels cependant, lorsqu'on n'a à prévoir que des
inondations extrêmement rares, on peut laisser la ligne
au-dessous des plus hautes eaux en perreyant complètement les talus et la plateforme de manière à ce que le
remblai forme déversoir. C'est ce que l'on a fait pour la
ligne de Château-du-Loir à Saumur entre Vivy et Saumur à la traversée du val de l'Authion. La plateforme
est presque à fleur de sol, mais protégée par des perrés ;
si le val de l'Authion est envahi, le ballast, qui est en
sable, sera enlevé et la voie sera coupée ; mais le remblai
restera intact, et on en sera quitte pour assurer, pendant l'interruption, les communications au moyen des
lignes voisines ; une fois la crue passée, on n'aura à procéder qu'au rétablissement de la voie. Bien entendu,
cette solution n'est acceptable que dans le cas où le déversement des eaux par dessus la ligne n'est à prévoir

que tout à fait exceptionnellement, et si la ligne de chemin de fer est elle-même placée dans des conditions telles que l'interruption momentanée du service n'ait pas une trop grande importance.

50. — Traversée des routes et chemins. — On peut traverser les routes et chemins par dessus, par dessous, ou à niveau. Les traversées de chemins sont fort gênantes pour le tracé, si on ne les fait pas à niveau, parce qu'il faut alors entre le chemin et le dessus des rails une distance verticale d'environ cinq mètres. Mais les traversées à niveau peuvent devenir pour l'exploitation une charge assez lourde et quelquefois, lorsque la fréquentation devient très active, un véritable danger, elles sont, en tout cas, une sujétion.

Passages à niveau. — Le nombre moyen des passages à niveau par kilomètre varie avec la longueur et l'importance de la ligne et avec la nature des passages.

Il y a trois catégories de passages : les passages gardés, les passages manœuvrés à distance et les passages libres.

Les passages gardés sont ceux qui sont surveillés en permanence, ou tout au moins au moment du passage des trains, par un garde-barrière. En général, les garde-barrières sont des femmes de poseurs, c'est-à-dire d'ouvriers de la voie qui sont logés dans une maison de garde construite à côté du passage. Dans ce cas, le service de passage à niveau coûte très peu, parce que le logement gratuit constitue la plus grosse part de la rémunération de la garde-barrière : on lui donne seulement une indemnité de 5 à 10 francs par mois.

Ce système, admissible pour les passages qui ne sont pas trop fréquentés, cesse de l'être quand la circulation

est très active, car alors la femme ne peut plus faire le
service des barrières en vaquant à son ménage, et il
faut avoir recours à un homme qu'on paie en général de
800 à 1000 francs. En outre, si la ligne a un service de
nuit et si la fréquentation du chemin exige plus de 5 ou
6 ouvertures de la barrière pendant la nuit, il faut un
garde spécial de nuit, qui coûte également de 800 à
1000 francs.

Le nombre des passages à niveau dont on peut confier la garde à des femmes de poseurs est limité naturellement par le nombre de ces derniers. Or ce nombre
tend tous les jours à diminuer en même temps que l'importance des nouvelles lignes à construire à cause de
l'emploi des rails d'acier. Ces rails peuvent être considérés comme d'une durée indéfinie sur les lignes peu
fréquentées ; on peut presque dire qu'il n'y en a jamais
à remplacer quand le trafic est faible et même parfois
quand il est déjà important ; il n'y a souvent pas plus
d'un poseur par deux ou trois kilomètres de voie. Lorsqu'on a un plus grand nombre de passages à niveau, on
peut parfois confier la surveillance de ceux qui sont aux
abords des stations à des femmes d'agents de l'exploitation. Mais ce cas est assez rare et le devient de plus en
plus aujourd'hui où on tend, sur les lignes peu importantes, à restreindre le personnel au chef de station et
à sa femme occupée à délivrer les billets. Si on n'a pas
cette ressource, il faut prendre une personne étrangère
à l'Administration et, malgré les avantages du logement, on trouve rarement une femme qui fasse le service à moins de 400 à 500 francs par an.

Pour réduire les frais de gardiennage, on a depuis
un certain nombre d'années introduit un système assez
usité en Allemagne et qui a pris un grand développe-

ment en France sur les lignes secondaires : c'est le système des barrières manœuvrées à distance ; grâce auquel le même agent peut manœuvrer à la fois les barrières de plusieurs passages.

Enfin on peut s'affranchir de toute dépense de surveillance et de manœuvre des barrières, en laissant les passages libres, c'est-à-dire sans barrières : le public est simplement prévenu par un écriteau qu'il est dangereux de traverser la voie lorsqu'un train approche.

Sur les lignes de très faible importance et où les trains marchent lentement, notamment sur la plupart des lignes d'intérêt local et sur les tramways, on peut considérer les passages à niveau libres comme étant la forme normale des traversées de chemins. On peut aussi en user sur les lignes d'intérêt général, et depuis quelques années, il y a une tendance à les multiplier ; l'expérience montre qu'ils n'offrent pas de danger sérieux, s'ils sont bien établis, même sur des lignes où il passe des trains marchant à grande vitesse ; mais, dans ce dernier cas, il ne faut admettre les passages libres que pour des chemins peu importants, tels que les chemins communaux et les chemins d'exploitation, et surtout il faut les disposer de manière à ce que les intéressés puissent apercevoir les trains d'aussi loin que possible et réciproquement.

Il n'y a pas d'inconvénient à laisser libres au moment de la construction un grand nombre de passages à niveau, parce qu'on sera toujours à temps d'y mettre des barrières et d'y construire des maisons de garde ; mais il ne faut pas se laisser entraîner à les multiplier par les facilités qu'ils donnent pour la traversée des chemins. Sur les lignes susceptibles de donner un jour passage à des trains marchant à une vitesse assez forte, on

doit autant que possible réserver l'avenir et en général
il est bon de n'avoir pas en tout plus d'un passage par
kilomètre, et même moins s'il est possible.

Passages par dessus. — On appelle *passages par
dessus ou passages supérieurs*, les passages au moyen
desquels les chemins franchissent la ligne *au-dessus de
la voie*. La hauteur libre réglementaire à laisser au-
dessus du niveau des rails pour le passage des trains est
fixée par les cahiers des charges à 4ᵐ80.

Si le pont est métallique, il faut, en tenant compte de
l'épaisseur du tablier et de la chaussée, un minimum de
5 30 entre le dessus de la chaussée et le dessus du rail ;
si le pont est voûté, il faut compter de 5ᵐ50 à 6 mètres.
Lorsqu'ils sont bien construits, de façon à dégager la
vue, les passages par dessus ne causent aucune gène à
l'exploitation ; il n'y a donc à tenir compte, dans l'é-
tude des projets, que de la dépense de leur construction.

Les dimensions que nous venons d'indiquer s'appliquent exclusivement aux lignes à voie normale. Pour
les lignes à voie étroite les dimensions réglementaires
varient avec les cahiers des charges des concessions ; il
y a néanmoins une tendance à les rapprocher de celles
qui sont admises pour les lignes à voie normale, sauf
une réduction de largeur correspondant à la diminution
de largeur de la voie.

Passages par dessous. — Le passage est dit *par dessous* lorsque le chemin traverse la voie *sous les rails*.
La hauteur réglementaire à réserver au-dessus de la
chaussée est alors de 4ᵐ30 si le pont est métallique à
poutres droites, et de 5 mètres sous la clef si le pont est
voûté. Dans le premier cas, la différence de niveau entre le dessus du rail et le dessus de la chaussée est d'environ 5 mètres ; cependant si la largeur du chemin est

faible, l'emploi des poutres à caisson permet de réduire ce chiffre au minimum de 4m70. Dans le second cas, en tenant compte de l'épaisseur de la voûte et de celle du ballast, il faut compter 6 mètres.

Les passages par dessous ne sont pas une sujétion pour l'exploitation de la voie ferrée. Ils ne pourraient devenir une gêne pour les chemins traversés que s'ils étaient mal établis, si, par exemple, on ne s'était pas préoccupé d'y assurer l'écoulement des eaux ou si on n'avait pas songé à bien dégager la vue pour éviter les accidents de voitures.

Chemins déviés. — Les traversées de chemins sont une sujétion pour l'exploitation, si elles se font à niveau, et une dépense assez forte pour la construction, si elles se font par dessus ou par dessous ; on peut en éviter un certain nombre en détournant les chemins pour les réunir à d'autres. Dans les pays peu accidentés, il y a souvent intérêt à déplacer le tracé pour permettre ces déviations.

Chemins latéraux pour la desserte des propriétés.

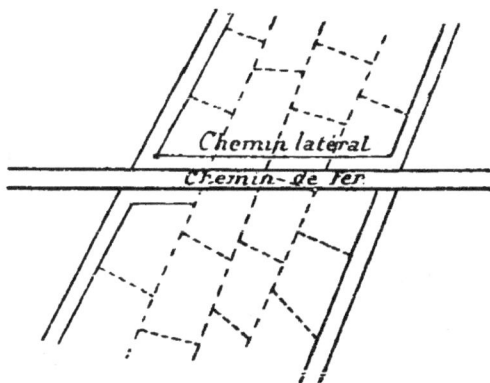

Fig. 22.

— Il ne suffit pas, lorsqu'on fait un chemin de fer, de maintenir les communications sur les chemins existants ; il faut, en général, établir pour les propriétés traversées soit des communications entre les deux côtés du chemin de fer, soit, au moins, des moyens d'accès sur les chemins existants. Le rétablissement des communications n'est pas une obligation légale, mais si on supprime tout moyen de communication entre les deux parties d'une grande propriété, ou si on laisse une partie de champ enclavée, il en résulte un dommage dont il sera tenu compte par le jury d'expropriation et qui coûtera en général beaucoup plus cher que le rétablissement des communications. On est conduit alors, pour éviter de multiplier les passages à niveau, à établir des chemins latéraux le long de la voie.

51. — Traversée des cours d'eaux secondaires et ruisseaux. — La traversée des cours d'eau secondaires et ruisseaux n'influe pas, en général, sur le tracé ; néanmoins cette règle n'est pas absolue. En pays accidenté notamment, il peut y avoir un intérêt sérieux à chercher les étranglements des vallons pour diminuer l'importance des ouvrages d'art ou améliorer leurs fondations.

Dans les pays à régime torrentiel, il est nécessaire de bien connaitre, en recourant à l'expérience des gens du pays et surtout des ingénieurs locaux, le régime des divers cours d'eau. Lorsqu'on doit traverser les torrents près de leur cône de déjection, il vaut quelquefois mieux passer en souterrain sous le cône de déjection que par dessus, au moyen d'un pont ; car, dans ce cas, l'ouvrage risquerait d'être obstrué au moment d'un orage par les blocs et les graviers.

Lorsqu'il s'agit de traverser un simple ruisseau, il y a quelquefois intérêt à le dévier en rapprochant l'aqueduc des flancs de la vallée pour avoir des fondations

plus faciles : ce procédé peut s'appliquer aux cours d'eau
à régime torrentiel, dont les vallées sont plus ou moins
escarpées ; le thalweg est alors barré par la ligne et il
se comble jusqu'au niveau de l'ouvrage établi. Il faut
toutefois que le remblai soit d'assez bonne qualité pour
ne pas risquer d'être détrempé à son pied par les eaux
accumulées contre le barrage qu'il forme ; en cas contraire, il peut se former des *renards* qui l'emportent.
Dans tous les cas, il est important d'assurer avec un
très grand soin l'écoulement des eaux qui arrivent en
amont de la ligne : autrement on risque de rendre ma-
récageux et même d'inonder les terrains riverains.

52. — Tracé suivant les vallées. — Lorsque le tracé
suit une vallée, à moins qu'elle ne soit très large, on se
place en général le long du coteau qui la borde. Il peut
y avoir avantage à traverser une ou plusieurs fois la
vallée pour passer d'un côté à l'autre : il ne suffit donc
pas d'étudier simplement les deux solutions qui consistent chacune à suivre un des flancs de la vallée. L'intérêt de la traversée résulte soit de la position des
localités qu'il faut tâcher de desservir le mieux possible, soit de l'existence d'obstacles en certains points
sur un des côtés de la vallée (maisons, grandes propriétés closes, contreforts escarpés, etc.), soit de la nature
du terrain qui peut devenir meilleur en changeant de
rive, soit enfin de la nécessité de se développer pour gagner de la hauteur.

53. — Tracés par les plateaux. — Dans certains
cas, il peut être préférable de s'élever de suite sur les
plateaux au lieu de suivre les vallées ; on est ainsi conduit à de grands ouvrages d'art si on rencontre des
coupures dans les plateaux, mais les difficultés sont lo-

calisées, et on peut éviter des ouvrages secondaires
multipliés et des terrains difficiles. Un exemple connu
de tracé de ce genre est le tracé de la ligne de Marvejols à Neussargues, qui malgré la nécessité de construire le grand viaduc de Garabit a été reconnu plus
avantageux que le tracé par les vallées.

La ligne de Marvejols à Neussargues franchit entre
ces deux stations un plateau élevé coupé par de profondes dépressions ; la plus importante de ces dernières
est la vallée de la Trueyre qui se trouve entre les stations de St-Chély et de Ruines. Le tracé qui paraissait
tout indiqué consistait à descendre du plateau près de
St-Chély en suivant la vallée de l'Arcomie, qui prend
sa source près de St-Chély et se jette dans la Trueyre,
et à remonter ensuite un affluent de l'autre rive, le
ruisseau de Mangon. C'était la solution qu'indiquait le
coup d'œil, et le premier projet avait été dressé et approuvé d'après cette direction. Au moment où on allait
exécuter les travaux, l'ingénieur Boyer eut l'idée d'é-
tudier un tracé qui maintenait la ligne sur le plateau

Fig. 23.

et traversait la vallée de la Trueyre à 123 mètres au-
dessus du fond. L'estimation du projet par les vallées
(infrastructure) était de 9.500.000 francs pour 30 ki-

lomètres environ : celle du tracé par le plateau n'était que de 6.500.000 francs, malgré le prix élevé du viaduc de Garabit qui était estimé à lui seul 3.100.000 fr. Cette différence s'explique très bien. En suivant les vallées on se trouvait sur des flancs abrupts coupés de ravins en grand nombre ; en suivant le plateau on ne trouvait plus que des accidents de terrain insignifiants, puisqu'en passant au-dessus de l'origine même des ravins on était sur un terrain plat au lieu d'être sur un terrain escarpé.

54. — Emplacement des stations. — En principe, il faut desservir le plus de localités possible, et les desservir dans les meilleures conditions ; mais cette considération n'est pas la seule, et il faut aussi envisager l'allongement qui peut en résulter pour le tracé et pour la durée du trajet. L'importance de ce dernier point de vue varie d'ailleurs selon le transit et la nature des relations entre les différentes stations. En général l'espacement normal des stations doit varier entre 5 et 10 kilomètres.

L'étude de l'emplacement des stations exige un grand soin : autant que possible elles doivent être en ligne droite et en palier ; il faut tâcher de leur donner un accès facile et de les établir de manière à permettre au besoin des agrandissements en longueur et en largeur.

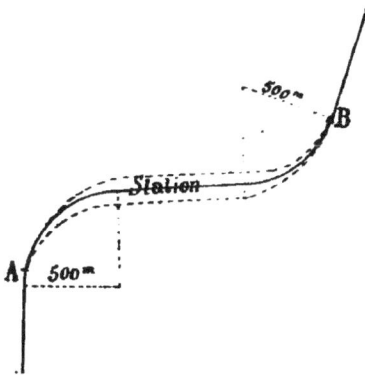
Fig. 24.

Ces conditions ne peuvent pas toujours être réalisées entièrement : dans tous

les cas, il ne faut pas dépasser dans les stations des déclivités de 3^{mm}, à moins d'impossibilité tout à fait absolue. On doit faire en sorte que la vue soit bien dégagée et se préoccuper des difficultés que créent les courbes
pour la pose des appareils de voie. Dans ce but, il est bon
d'étudier le plan de superstructure de la gare en même
temps que le tracé. On n'oubliera pas qu'avec une
courbe de 500 mètres, il est pratiquement impossible
de poser des appareils de branchement intérieurs (A
ou B), et que par conséquent la succession de deux
courbes de 500 mètres et de sens contraires rendrait
impossible l'établissement de voies accessoires reliées
par les deux bouts.

En ce qui concerne le profil de la voie aux abords des
stations, il faut éviter d'avoir des rampes trop près de
la sortie, parce que le démarrage des trains s'y fait avec
peine et qu'en sens inverse elles constituent une pente
qui rend les arrêts plus difficiles. La meilleure position
est au sommet d'un faîte ; mais la forme du terrain
permet rarement de réaliser cette condition.

Enfin, pour les bifurcations, il importe de ne pas
placer la jonction des lignes à réunir immédiatement à
l'entrée de la gare ; il est bon que les lignes soient parallèles sur une certaine longueur, cela permet l'allongement de ces stations qu'on fait souvent trop courtes
au début.

§ 5. — ÉTUDE DES CHEMINS DE FER SUR ROUTES.

55. — Principes généraux. — Les principes qui régissent l'étude des chemins de fer sont les mêmes quel-

les que soient leur largeur et leur importance ; la manière de les appliquer diffère seule. Il faut cependant
mettre à part les tramways que l'on exécute aujour-
d'hui dans des conditions d'extrême économie, en les
établissant sur les routes. L'ingénieur n'est plus alors
maître de son tracé qui doit suivre une voie établie à
l'avance ; mais il n'en a pas moins une étude délicate à
faire. Il est bien rare en effet qu'une ligne puisse, sans
inconvénients graves, suivre d'un bout à l'autre une
route ou une série de routes ; sur certains points on est
forcé de quitter celles-ci soit à cause des déclivités qui
sont excessives, soit à cause des rayons qui sont trop
petits, soit enfin à cause de la traversée des agglomérations où la largeur est insuffisante. Dans ces divers cas,
on opère par *déviation*, c'est-à-dire que le chemin de
fer se détache de la route pour suivre un tracé qui lui
est propre ; mais la distinction entre les cas où il faut
suivre la route et ceux où il faut la quitter est loin d'être
toujours facile, et un examen attentif est nécessaire
pour arriver aux meilleures conditions possibles. Selon
que l'on s'impose telles ou telles sujétions, le partage
entre les routes et les déviations peut varier dans d'é-
normes proportions.

56. — Déclivités. — La première question à examiner est celle des déclivités. Telle rampe admissible
pour une route est infranchissable pour un chemin
de fer. Dans la plupart des cas, l'établissement des chemins de fer sur routes conduit à augmenter la puissance des moteurs et à diminuer la charge des trains.
La puissance des moteurs est limitée par la résistance
du rail et par le poids de la machine elle-même. Quant
à la charge des trains, elle peut sans inconvénient être

réduite de beaucoup, en raison des conditions spéciales dans lesquelles se trouvent les tramways. Les voyageurs qui font de petits parcours, sur des voies modestes, se contentent d'un confort très restreint. Pour les marchandises, en raison de la faible vitesse, le matériel peut être moins lourd. Mais la traction n'en est pas moins relativement très chère, du moment qu'on a assez de trafic pour faire circuler des trains à pleine charge, dès qu'on arrive aux fortes rampes. Il y a dans chaque cas une étude à faire à ce sujet ; on aborde aujourd'hui, pour les chemins de fer sur routes, des rampes de 40 millimètres par mètre qui seraient inadmissibles sur des lignes un peu importantes ; en général on ne dépasse pas 30 millimètres et il vaut mieux, quand on le peut, se tenir au-dessous de cette limite. On tient souvent, dans les études de chemins de fer sur routes, trop peu de compte du trafic des marchandises ; c'est surtout pour celui-ci que les rampes excessives sont une gêne, car on ne peut faire économiquement le transport des marchandises que si la charge des trains est forte comparativement au poids de la machine.

57. — Rayons. — Le second élément à examiner est le rayon minimum. On peut le long des routes réduire les rayons, car on marche forcément à faible vitesse ; nous avons déjà dit que, dans certains départements, on les a réduits pour la voie de 1 mètre à 50 mètres et même 40 mètres.

58. — Allongement. — La troisième considération qui entre en ligne de compte est celle de l'allongement qui peut résulter de l'emprunt des routes. On ne trouve pas toujours une route directe sur tout le parcours du

chemin de fer ; le plus souvent, il faudrait, pour utiliser ces voies de communication, faire des détours et des
crochets ; on aura donc à mettre en balance l'augmentation de dépense qui ré-
sulte du détour avec celle
que nécessiterait la construction de l'infrastruc-
ture d'une déviation. Or
le prix de la voie sur route est d'environ 15.000

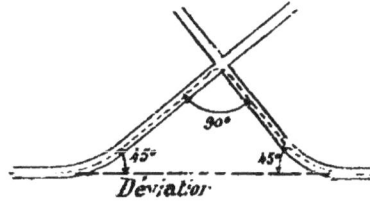

Fig. 25.

francs par kilomètre : si l'infrastructure ne coûte que
6.000 francs par kilomètre par exemple, il y aura intérêt à couper en ligne droite pour éviter un allongement de 10 0/0. C'est ce qui arrive notamment
si la déviation forme l'hypothénuse d'un triangle rec-
tangle isocèle dont les deux autres côtés sont des routes.
L'avantage est encore plus grand en raison des économies sur les accessoires de la voie sur routes et parfois
de l'amélioration du profil, enfin la diminution des frais
de traction est un bénéfice pour l'exploitation, si le détour n'offre aucun avantage au point de vue du trafic.

59. — Tracé sur les accotements des routes. — Les
considérations précédentes se rapportent au tracé des
routes, sans tenir compte des autres conditions de leur
établissement ; mais on ne peut pas indifféremment se
placer sur toutes les routes. La place naturelle des
tramways est sur les accotements, il faut donc que
ceux-ci aient une largeur suffisante. Lorsque cela n'a
pas lieu, on peut élargir un des accotements, soit aux
dépens de la chaussée, soit aux dépens de l'autre accotement. La première solution n'est admissible que
si la chaussée est trop large ; cela n'arrive guère au-

jourd'hui où l'on a reconnu les inconvénients de ces excédents de largeur. On peut, au contraire, parfaitement augmenter un des accotements aux dépens de l'autre, mais alors il faut déplacer l'axe de la chaussée, en démolir une partie pour la reporter de l'autre côté, modifier le bombement, etc. ; c'est une dépense dont il faut tenir compte dans les estimations et dans la comparaison avec les tracés en déviation.

60. — Établissement de la voie sur la chaussée des routes. — Si on ne peut pas se placer sur l'accotement, il faut suivre la chaussée elle-même. Alors, si le cahier des charges impose des contre-rails, c'est une augmentation importante de dépense. Dans tous les cas, la circulation sur la chaussée est une grande gêne pour le chemin de fer et réciproquement. Pour le chemin de fer, elle rend l'entretien de la voie beaucoup plus coûteux, puisqu'on ne peut y toucher sans démolir la chaussée et que les rails subissent en outre la fatigue du passage des charrettes ; elle oblige en outre les trains à marcher lentement et à s'arrêter lorsqu'ils rencontrent une voiture engagée sur la voie. Pour le roulage, les rails sont, quoi qu'on en dise, une forte gêne ; enfin la largeur de la route est rarement suffisante pour que deux voitures se croisant à l'approche d'un train ne soient pas obligées de s'arrêter.

A ces inconvénients de la circulation sur les chaussées, il faut opposer les avantages qu'elle présente dans certains cas en permettant au chemin de fer de pénétrer au centre des agglomérations, ce qui est pour les tramways une obligation presque absolue ; elle est, la plupart du temps, à peu près le seul moyen de donner accès aux chemins de fer peu importants dans les villes ou bourgs, à cause des expropriations coûteuses qu'exigerait un tracé en déviation.

61. — Établissement sur les voies de chemins de fer à voie normale. — Après l'établissement sur la chaussée des routes, il convient de mentionner un expédient qui commence à être employé aujourd'hui pour permettre aux chemins de fer à voie étroite de franchir des obstacles exceptionnels et d'arriver jusqu'aux abords des gares des lignes à voie normale dans les villes importantes : c'est l'emprunt de la voie de ces lignes. Il consiste à poser dans l'intérieur de la voie large soit un troisième rail, soit, ce qui vaut mieux, une voie étroite ayant le même axe. Il en résulte évidemment pour les deux chemins de fer une sujétion assez gênante, notamment à l'entrée et à la sortie du tronc commun : mais, lorsque celui-ci est court, elle est acceptable si l'intérêt qu'il y a à l'adopter est suffisant. Cette solution a été adoptée notamment à Nantes pour faire arriver dans la ville, à côté même de la gare du chemin de fer de l'État, la petite ligne de Nantes à Légé et éviter ainsi l'énorme dépense qu'aurait entraînée la construction d'un pont spécial sur un des bras de la Loire.

§ 6. — RÉSUMÉ ET CONSIDÉRATIONS GÉNÉRALES.

62. — On ne saurait étudier un projet de tracé avec trop de soin et surtout avec trop de méthode. Il faut, surtout lorsqu'on débute, se méfier du *coup d'œil*. C'est en étudiant des projets avec méthode qu'on ar-

rive à avoir véritablement le coup d'œil du terrain ;
quand on l'a acquis, il faut s'en servir pour éclairer les
études et non pour les remplacer.

Il ne faut faire sur le terrain que les opérations géo-
désiques, les études géologiques, et l'examen des tracés
déjà étudiés ; le reste doit être fait au bureau, et autant que possible mathématiquement, c'est-à dire avec
des chiffres ; il faut procéder par estimations comparatives d'abord grossières, puis plus approchées. Pour
bien tirer parti des ressources dont il dispose, l'Ingénieur doit employer ses agents aux relevés sur le
terrain et aux calculs de terrassements ; mais il doit,
autant que possible, faire ou tout au moins diriger
lui-même l'étude du tracé.

Comme nous l'avons dit, il est nécessaire d'étudier
avec soin la constitution géologique du terrain et d'en
tenir grand compte, mais il faut se garder des théories
absolues, ne pas décider à priori qu'on mettra en dépôt les terres argileuses, qu'on supprimera les tran
chées dans les terrains douteux, qu'on évitera les grands
ouvrages d'art, etc. On doit faire l'étude complète, approfondie, de tous les détails du tracé, au moment de
la préparation du projet, et ne jamais réserver pour la
période d'exécution l'étude des modifications possibles.
Enfin, il faut soumettre ses propres appréciations à
un contrôle sévère et, si on le peut, revenir au bout de
quelques mois sur le tracé arrêté et sur les différentes
décisions prises. Un nouvel examen conduit bien souvent à reconnaître qu'on s'est laissé entraîner sur certains points par des idées trop absolues.

CHAPITRE III

CONSTRUCTION

§ 1. — EXÉCUTION DES TERRASSEMENTS.

63. — Durée des travaux. — La durée d'exécution des travaux de construction est subordonnée à la durée d'ouverture des tranchées importantes, toutes les fois qu'il n'existe pas d'ouvrages d'art exceptionnels. On ne peut compter, dans les tranchées d'une hauteur inférieure à 8 ou 10 mètres, faire plus de 250 à 300^{m3} par jour et par attaque, en tenant compte des dimanches, des jours de pluie, etc.; le nombre des jours de travail effectif ne dépasse guère vingt par mois ; le cube moyen qu'on peut enlever de chaque côté de la tranchée est donc au plus de 6000^{m3} par mois. Il est rare que le mouvement des terres comporte l'emploi de quantités égales de déblai des deux côtés de la même tranchée ; il arrive même souvent que le cube à extraire doit être transporté tout entier du même côté. Le total des déblais exécutés ne s'élève donc pas en général, par attaque, au-dessus de 6000^{m3} à 8000^{m3} par mois, soit de 70.000^{m3} à 100.000^{m3} environ par an. Dans les tranchées dont la profondeur dépasse de 8 à 10 mètres, on peut faire à la fois deux attaques du même côté dans la partie supérieure et diminuer ainsi d'environ un tiers la durée d'exécution.

Les chiffres que nous venons d'indiquer ne s'appliquent qu'à la terre et au rocher facile à extraire ;

dans les roches dures, la durée des travaux augmente
en raison de la difficulté d'extraction.

64. — Exécution des déblais. — Les déblais s'exécutent à la pelle et à la pioche par abatage au moyen de
l'excavateur ou à l'aide de la mine.

L'excavateur ne convient que dans les terrains ho-
mogènes, et il faut une plateforme unie pour le faire
mouvoir ; son usage se réduit habituellement aux grands
emprunts et surtout aux extractions de ballast. Le type
d'excavateur le plus habituellement employé en France
travaille en fouillant au-dessous de lui ; dans les autres
procédés, au contraire, on organise ordinairement l'attaque de manière à faire descendre les déblais. On fait
ainsi beaucoup plus de travail, parce qu'on n'a qu'à
laisser couler les terres. A l'abatage, c'est le principe
même du procédé : à la mine, il faut avoir une paroi le
long de laquelle on creuse les mines pour que celles-ci
fassent de l'effet ; la paroi est alors, en général, en escalier.

Lorsque le déblai est de la terre, la capacité du chantier a pour mesure la quantité que l'on peut enlever ;
il est donc utile d'obtenir un front de chargement aussi
grand que possible. On commence dans les tranchées
importantes par creuser une cunette de 2^m environ de
profondeur au fond de laquelle on établit une voie. Puis
on bat au large. On descend ainsi successivement par
étages jusqu'au fond de la tranchée. Pour les déblais
de rocher, la situation n'est pas la même, car l'extraction prime le transport ; on ouvre souvent la cunette
sur toute la largeur de la tranchée ou à peu près, en se
réservant en avant un front en escalier, parce qu'on
n'a pas de difficulté pour enlever les déblais qui sont en

petite quantité eu égard à la faible vitesse de l'avancement.

L'organisation des chantiers se fait aux frais et risques des entrepreneurs et le mieux est de les laisser faire. Il y a cependant quelques précautions à prendre, notamment pour l'écoulement des eaux. Les grandes tranchées forment en effet un drain puissant qui appelle les eaux des terres avoisinantes ; ces eaux peuvent gêner les travaux parce qu'on a à faire le travail dans la boue et parce que, le pied des talus étant miné, il peut se produire des éboulements. Or, les entrepreneurs n'ont pas toujours intérêt à éviter ces éboulements, car ils diminuent le prix de revient moyen des déblais, puisqu'ils augmentent le cube tout en étant d'un enlèvement facile et peu coûteux. Il convient aussi d'éviter les cunettes trop profondes et les talus verticaux, qui sont avantageux pour l'extraction mais peuvent provoquer des accidents. Certains terrains, notamment des argiles rouges, ont la dureté du rocher et se laissent tailler à pic, mais se délitent bientôt à l'air et s'éboulent en masse. Il est sage de se prémunir contre les accidents de cette nature et d'insérer des clauses à cet effet dans les cahiers des charges. Dans le cas où on redoute les eaux, il peut être utile de faire drainer les abords des tranchées avant le commencement des déblais.

65. — Règlement des talus. — On doit apporter un grand soin au règlement des talus de déblai pour avoir des surfaces régulières qui se raviment moins facilement. Cette précaution est inutile dans le rocher; mais si celui-ci est gélif, il faut lui donner un talus suffisant pour éviter la chute des blocs sur la voie.

66. — Transports. Emploi de la locomotive. — Les transports à très petite distance se font à la brouette, au camion ou au tombereau. Pour les transports plus importants, on emploie des wagons à bascule qui aujourd'hui sont presque toujours remorqués par des locomotives. On en fait actuellement de très légères, dont le poids descend jusqu'à cinq tonnes, et il est rare que dans les travaux de chemins de fer on ait intérêt à employer exclusivement la traction par chevaux.

67. — Exécution des remblais. — La décharge des terrassements se fait de deux manières, au lancer en avancement ou latéralement. Dans le premier cas

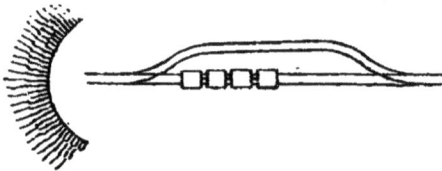

Fig. 26.

une voie parallèle à l'axe de la ligne s'avance jusqu'au bord du remblai déjà exécuté. Les wagons sont amenés en rame et arrêtés un peu avant l'extrémité de la voie ; on détache le premier et on y attèle un cheval appelé lanceur. Celui-ci part au trot ; à un moment donné, on défait l'attelage et le cheval se jette en dehors de la voie. Le wagon lancé continue sa route jusqu'à l'extrémité où il vient buter contre une traverse.

Fig. 27.

Comme la caisse du wagon peut tourner autour d'un axe transversal, le choc suffit pour déterminer le mouvement de bascule et décharger les déblais par bout. On retire le wagon vide sur une voie de garage placée à côté de la première et on recommence la même opération pour les autres wagons, successivement, jusqu'à ce que toute la rame vide soit garée sur la voie latérale. Si la plateforme est assez large, on installe à l'extrémité deux ou trois voies de lançage, de façon à avoir deux ou trois fronts de déchargement.

Pour décharger latéralement, on se sert de wagons dont la caisse tourne autour d'un axe parallèle à la voie. Lorsqu'une rame de wagons est arrivée au point où doit être employé le déblai, on fait basculer les caisses qui se vident seules. On décharge ainsi toute la rame en quelques minutes.

68. — Talus de remblai. — Une fois les remblais terminés, il faut les régler, mais il est inutile d'y apporter le même soin que pour les déblais ; il suffit de bien dresser l'arête supérieure qui détermine la largeur que la plateforme doit toujours conserver et de régler le talus sur une surface d'environ 1ᵐ à partir de cette arête ; on régale simplement à la pelle le reste du talus. Comme les remblais sont en général perméables, l'eau ne coule pas à la surface du talus, mais pénètre à l'intérieur ; les ravinements sont donc moins à craindre que sur les talus de déblais et la végétation se développe plus rapidement que sur ces derniers.

69. — Organisation des chantiers. — On règle, en général, la durée des travaux d'après celle de la plus grande tranchée, du plus grand remblai ou du plus grand ouvrage d'art, et, pour la bonne utilisation du matériel, on s'arrange de manière à avoir pendant tout le temps à peu près le même nombre d'attaques. Toutefois sur les lignes qui ne comportent pas de terrassements ou d'ouvrages exceptionnels la durée des travaux est simplement fixée d'après la quantité d'hommes et de matériel qu'on ne croit pas devoir dépasser, ou bien, souvent, d'après les fonds dont on dispose chaque année.

70. — Précautions à prendre pour l'exécution des remblais. — Il faut donner un excédent de hauteur aux remblais pour compenser le tassement qui résulte du phénomène du foisonnement. Si on n'a pas pris cette précaution pendant l'exécution de l'infrastructure, il devient nécessaire de relever la voie une fois posée en rapportant du ballast qui coûte deux fois, quelquefois trois ou quatre fois plus cher que les terres de remblai, et il faut, en outre, régler à nouveau la plateforme. Il est difficile de prévoir exactement l'importance des tassements, car elle dépend des circonstances atmosphériques et aussi de la circulation plus ou moins importante sur la voie. Des ingé-

Fig. 28.

nieurs expérimentés affirment que les remblais continuent souvent à tasser pendant vingt ans ; on peut cependant dire qu'en pratique il n'y a plus à se préoccuper de leur affaissement après 2 ou 3 ans. En général on donne une surépaisseur de 1,10. Il faut également donner un supplément de largeur car il n'y a pas

seulement un tassement vertical sous l'influence du
poids, il se produit aussi une contraction latérale ; il
est prudent de donner une augmentation de largeur
d'environ 1/10.

**71. — Préparation du terrain qui doit recevoir les
remblais.** — Le sol qui doit servir d'assiette aux remblais a souvent besoin d'être préparé. Si par exemple il
a une forte pente transversale, il convient d'en enlever
les broussailles et de le piocher à la surface pour qu'il
fasse corps avec les terres rapportées. et qu'il y ait
moins de tendance au glissement. On trouve souvent.
et surtout à flanc de coteau, des argiles molles qui s'é-
crasent sous le poids du remblai et parfois l'entrainent
dans leur mouvement. Il en est de même des éboulis de
roches. Dans ce cas, si la présence des eaux dans le
terrain est la cause de son manque de consistance, on

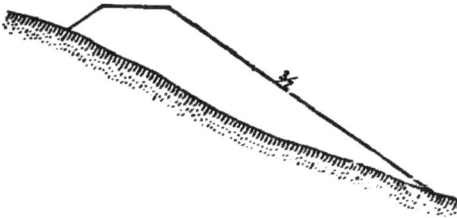

Fig. 29.

le draine afin de l'assécher et de le rendre plus compact :
on emploie, dans ce but, des pierrées transversales avec
un drain longitudinal à l'amont. Celui-ci coupe les eaux
souterraines venant du coteau ou de la vallée et les envoie dans les pierrées ; il faut munir de radiers le drain
et les pierrées, car autrement l'eau qui y circule dé-
trempe le sol qui les entoure. Si on ne peut remédier
ainsi à l'inconsistance du sous-sol, on donne de l'em-

pattement au remblai [1]. Il est inutile dans ce cas de chercher à donner au remblai une forme qui assure une égale répartition de la pression sur toute la largeur de la base. On ne diminue certainement pas la pression exercée sur le sol par la partie centrale du remblai en venant y accoler des terres dont le poids pèse en partie sur les talus primitifs. L'effet produit est tout autre ; lorsque l'argile du sous-sol s'écrase sous le poids d'un remblai, elle reflue et vient former aux abords des ondulations en forme de vagues à la surface du sol. En chargeant celui-ci, on empêche ces soulèvements de se produire et, si la largeur ainsi fixée est assez grande, les frottements intérieurs empêchent l'argile de refluer plus loin. Il suffit donc, d'établir aux abords du remblai des cavaliers dont le poids soit assez fort pour arrêter les soulèvements sans atteindre la limite où se produirait l'écrasement du sous-sol.

72. — Terrains vaseux. — Il y a une sorte de terrains compressibles qui se rencontre assez fréquemment dans les vallées et qui doit être traitée d'une manière spéciale ; ce sont les terrains vaseux.

Pour comprendre ce qui se passe lorsqu'on fait des travaux en terrains vaseux, il faut tenir compte des observations suivantes :

1° La vase, qui est en réalité une argile très molle, est un intermédiaire entre les solides et les fluides ; par suite elle transmet les pressions, mais les transmet incomplètement ; naturellement cette propriété est d'autant plus marquée que la vase est moins consistante.

---

1. Voir à ce sujet un article de M. Barrand sur la ligne de Milhau-Rodez (*Annales des Ponts et Chaussées*, 1889, 2e semestre).

2° Les terrains vaseux sont généralement recouverts d'une croûte d'épaisseur variable, formée de terre plus ou moins compacte qui est ordinairement de la vase desséchée.

Lorsqu'on fait des remblais sur un terrain vaseux, il ne se produit, en général, aucun mouvement au début ; puis à un moment donné la croûte se crève et le remblai s'enfouit jusqu'à une certaine profondeur. Presque toujours, le terrain se relève dans ce cas des deux côtés du remblai, parce que la pression de la vase soulève la croûte ; ces soulèvements peuvent s'étendre assez loin, 30, 40, 50ᵐ. On a ainsi souvent à payer

Fig. 30.

de fortes indemnités aux riverains, indépendamment de l'augmentation du cube des remblais, qui peut atteindre deux, trois et quatre fois le cube prévu si l'on n'a pas tenu compte de l'enfoncement. Dans le cas où la vase est profonde, ces mouvements peuvent se produire pendant très longtemps.

Un des caractères remarquables de ces enfoncements, c'est qu'ils ne se produisent le plus souvent qu'après un certain avancement du remblai. Ce fait s'explique facilement. Le remblai est placé sur la croûte sur une sorte de radeau qui répartit la pression ; comme celle-ci se transmet incomplètement, et exerce tout autour de la partie chargée une poussée proportionnelle au contour de celle-ci ; au contraire, la charge est proportionnelle à la surface sur

laquelle elle s'exerce ; la butée latérale qui, jointe à la
cohésion de la croûte, fait équilibre à la poussée augmente donc moins rapidement que la charge, et à un
moment donné elle se trouve insuffisante. Lorsque le
poids du remblai ne suffit pas pour percer la croûte,
on peut croire qu'on a obtenu la stabilité, mais alors
la vibration des trains peut suffire pour produire l'enfoncement.

Quand l'épaisseur de la couche de vase est limitée,
le cube du remblai qui peut s'enfouir est également
limité ; on peut évaluer cette limite en tenant compte
des talus de la surface de séparation avec la vase qui
sont en sens inverse des talus à l'air libre. Mais souvent la profondeur de la vase est indéfinie, car elle est
formée dans la plupart des cas par des dépôts accu-
mulés par les siècles dans des anses ou dans des estuaires.

On emploie quelquefois, pour répartir la pression
du remblai sur une plus grande surface, des fascina-
ges interposés entre le remblai et le sous-sol. Mais il
ne faut en user que pour des remblais de peu de hauteur, et encore ont-ils l'inconvénient de donner une
voie qui flotte et qui, par suite, n'est pas stable. On
en fait néanmoins un usage fréquent en Hollande, où
il n'y a pas de pierres et où le sol est formé de vase
dans presque toutes les parties voisines de la mer.

Les remblais exécutés sur la vase n'ont pas pour
seul inconvénient de s'enfouir ; ils produisent aussi
sur les ouvrages d'art, si on n'a pas pris les précautions nécessaires, des effets désastreux. Quand on a à
construire un pont sur la vase, il semble tout naturel
de le fonder sur pieux ; mais si on établit, comme on
le fait habituellement dans les autres travaux, l'ou-

vrage avant le remblai aux abords, la poussée produite par celui-ci sur la vase chasse les pieux. Dans un
fluide parfait, la pression serait transmise intégrale-
ment et serait égale sur toutes leurs faces ; mais dans
un fluide imparfait, elle n'agit guère que sur la face
tournée vers le remblai : il en résulte que les pieux
s'inclinent s'ils ne sont pas tenus par le haut : si,
comme cela a lieu habituellement, ils sont encastrés à
leur partie supérieure dans du béton ou de la maçonnerie, ils ploient en entraînant l'ouvrage.

Pour prévenir ces accidents, il faut, si on veut fonder sur pieux, faire d'abord le remblai continu sans
réserver l'emplacement de l'ouvrage, puis déblayer
seulement sur la largeur indispensable lorsque l'enfouissement est produit, et battre les pieux dans le
remblai déjà enfoui ; mais si l'on peut trouver le solide à une profondeur assez faible, il vaut mieux pour
les ouvrages de quelque importance descendre à l'air
comprimé, par puits foncés ou par fouilles à l'air libre, un massif de maçonnerie jusqu'au terrain résistant.

Pour étudier plus complètement cette question, il
est utile de consulter un excellent mémoire de M. Croi-
zette-Desnoyers sur l'établissement des travaux dans
les terrains vaseux en Bretagne (Annales des Ponts et
Chaussées, 1864).

**73. — Précautions à prendre aux abords des ou-
vrages d'art.** — Lorsqu'on fait les remblais, les ouvrages d'art sont achevés depuis très peu de temps,
les mortiers sont encore frais, et la stabilité n'est pas
ce qu'elle serait plus tard. Avec la marche des remblais
par avancement, on exerce sur les culées des ouvrages,

notamment des ponts en maçonnerie, et sur les voûtes des poussées dissymétriques. Il y a plusieurs moyens
de parer à cet inconvénient ; on peut recharger des
deux côtés à la fois à la brouette ou, ce qui est beaucoup plus économique, calculer l'ouvrage en conséquence et faire l'épure de stabilité sous la poussée des
terres à l'avancement. Dans certains cas, notamment
dans les terrains vaseux et dans les remblais de peu
de hauteur, il est encore plus simple de remblayer
d'abord tout le terrain et de faire ensuite une fouille à
l'emplacement de l'ouvrage ; mais on n'est pas toujours
libre de le faire à cause de la nécessité de maintenir
l'écoulement des eaux et les communications par les
chemins.

§ 2. — CONSOLIDATION DES TALUS ET ASSÈCHEMENT DE LA PLATEFORME.

I. — TALUS DE DÉBLAIS.

74. — Les talus qui exigent le plus fréquemment
des consolidations sont les talus argileux, ou du moins
c'est la présence de l'argile qui provoque les mouvements. C'est toujours l'eau qui est la cause des éboul-
lements dans l'argile. Elle peut agir de trois façons
différentes : par ravinement à la surface, par l'écoulement des eaux venant de l'intérieur des terres ou par
imbibition de l'humidité atmosphérique.

Pour éviter le ravinement de la surface des talus, il
suffit soit d'arrêter les eaux qui viennent s'y écouler en
faisant des fossés de ceinture et des descentes d'eau maçonnées, soit de revêtir le talus. On reproche aux fossés de ceinture, qui sont en général mal entretenus,

de retenir les eaux et de favoriser leur infiltration dans la masse du terrain qu'elles font ébouler. Il vaut mieux des revers d'eau gazonnés ; si ces revers ne suffisent pas, on a souvent intérêt à maçonner les fossés ; il faut dans tous les cas leur donner une forte pente. Les agents de l'entretien, qui surveillent constamment la voie et ses abords immédiats, apportent, en général, beaucoup moins d'attention à ce qui est en dehors. Il faut donc s'attendre à ce que les fossés établis en haut des talus de déblai soient exposés à s'obstruer. Chaque fois qu'on a réuni des eaux à la partie supérieure des talus, il faut les conduire à la partie inférieure dans le fossé au moyen de descentes d'eau maçonnées.

Le revêtement complet des talus en perrés ou sim-

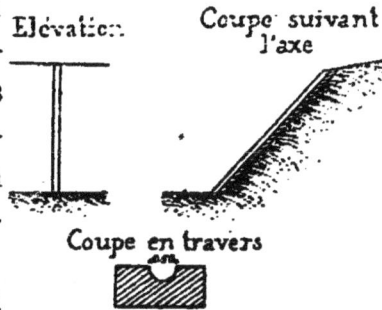

Fig. 31.

plement en terre végétale et gazon coûte en moyenne de 2 à 3 francs par mètre carré. C'est une solution satisfaisante, mais chère. Dans la plupart des cas, si l'inclinaison du talus est inférieure à 45°, on peut obtenir le même résultat en produisant de la végétation à sa surface ; les terres compactes ne se garnissent pas de végétation, mais il suffit d'ameublir leur surface pour que quelque chose y pousse. Avec l'inclinaison de 3/2 la terre ameublie ne coule pas.

A la Compagnie de l'Est on a employé un procédé assez économique, qui consiste à recouvrir la surface du talus de bandes de gazon disposées en losanges et maintenues par des piquets. A l'intérieur on rapporte de la terre végétale que l'on sème. Le prix de revient ne dépasse pas 0 fr. 50 à 0 fr. 85 par mètre carré, mais on ne peut employer ce système que si on a facilement du gazon.

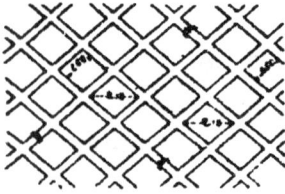

Fig. 32.

On peut encore maintenir la terre ameublie dans laquelle on fait les semis au moyen de clayonnages. On les forme de branchages entrelacés sur des piquets enfoncés en terre et rattachés avec du fil de fer à d'autres petits piquets placés en arrière. Le prix par mètre courant varie suivant la hauteur, la nature du terrain, du bois, etc., entre 0 fr. 30 et 1 franc ce qui représente une dépense de 0 fr. 50 à 2 francs par mètre carré. Quand on fait des semis, il est bon de mêler de la luzerne, du trèfle et de l'avoine. L'avantage de cette dernière est qu'elle lève très vite et produit, par suite, immédiatement de la végétation. Dans les mauvais terrains, l'emploi des genêts et des ajoncs est à recommander, car ils poussent dans les sols les plus ingrats. C'est, par excellence, la végétation des talus de déblais, qui sont rarement formés de bonne terre végétale et sur lesquels peu de plantes consentent à pousser.

Pour les talus à 45° qu'on ne peut pas recouper et qui se détériorent, ou pour les talus à 3/2 qui se dégra-

Fig. 33.

dent, une bonne solution consiste à faire au pied un mur de 1ᵐ à 1ᵐ 50 de hauteur avec talus de 1/3 à 1/5. Les terres éboulées par suite des ravinements s'accumulent sur la banquette et se garnissent de végétation parce qu'elles sont ameublies : elles soutiennent celles qui tombent ensuite et de proche en proche le talus se garnit.

Quand on est conduit par d'autres considérations à revêtir le fossé, le supplément de dépense qu'occasionne
la construction de la murette est, en général, moindre
que le prix d'un revêtement en gazon. Lorsque la dé-
sagrégation du talus entraine non seulement la chute
de terres mais celle des blocs de rochers, comme cela
arrive dans les éboulis, dans les anciens cônes de déjection de torrents, etc., il est bon de surmonter le mur
d'une sorte de parapet en maçonnerie destiné à retenir
ces blocs ; seulement pour que le parapet reste efficace,
il faut, dans l'entretien, que les roches et les terres qui
s'accumulent derrière lui soient enlevées périodiquement. On peut construire ces murs soit en maçonnerie à
mortier, soit en pierres sèches ; dans le premier cas, il
faut les percer de nombreuses barbacanes disposées en
quinconce, et il est bon, en outre, d'interposer une
couche en pierrailles entre la maçonnerie et le terrain.

75. — Eaux venant de l'intérieur des terres. — Les
eaux qui proviennent de l'intérieur des terres sont bien
plus dangereuses que les eaux extérieures. Il faut donc
se défendre contre elles, surtout au début, en leur donnant un écoulement, sans quoi elles pénètrent entre les
bancs d'argile, les délayent, les rendent glissants et
provoquent des éboulements.

Il y a plusieurs moyens de donner une issue aux eaux.
Le premier et le plus radical consiste à s'en débar-
rasser en *dehors de la tranchée* au moyen d'un drain
placé en dehors de l'emprise du côté de l'amont. Le procédé est excellent quand on peut l'employer sans forte
dépense, parce qu'il supprime les difficultés en cours
d'exécution des déblais et assainit la plateforme.

Si on a affaire à des sources, on les capte en faisant

un grand trou jusqu'à ce qu'on ait enlevé toute la terre ramollie. On remplit ensuite ce trou de mœllons et on établit un tuyau ou un petit aqueduc pour conduire les eaux qui sortent de cette pierrée jusqu'au fossé. Le captage des sources et l'abaissement, aussi bas qu'on le peut, de leur point d'écoulement est une règle absolue chaque fois qu'il y a réellement des sources apparentes, c'est-à-dire un écoulement à travers le talus. Lorsqu'au lieu d'avoir des sources localisées, on a affaire à des eaux qui se répandent dans la masse d'argile, il faut aller les chercher souvent assez loin. Ce procédé se combine alors avec celui des éperons dont nous parlerons plus loin.

•Un procédé fréquemment employé est le procédé de Sazilly. Il est fondé sur le captage des eaux à la surface du talus le long des lignes séparatives des bancs argileux et des bancs perméables ou bancs de suintement, avec revêtement général en terre végétale à talus de 3/2. Les drains sont formés de caniveaux en briques à plat. Le procédé est excellent quand il existe réellement des bancs de suintement ; en fait, il sont rarement bien marqués. Si la méthode de Sazilly réussit en général, c'est qu'elle est également efficace contre les dégradations qui peuvent se produire par imbibition de l'argile, et aussi qu'on se hâte souvent de protéger des talus qui se maintiendraient à l'inclinaison de 3/2 sans qu'on y fit rien.

Le procédé Ledru dérive du précédent. Il consiste dans un drainage général de la surface des talus au moyen de tuyaux de $0^m 03$ espacés de 2 à 3^m et recouverts de pierrailles et de gazon, avec drains profonds des deux côtés de la tranchée et au-dessous de la voie. On peut faire, au sujet de ce procédé, la même remarque qu'au sujet du précédent ; il est efficace aussi bien quand il y a des bancs de suintement que quand il n'y en a pas. Dans tous les cas, il a le très grand avantage d'assainir la plateforme, ce qui est capital au point de vue de la voie. Au lieu d'employer des tuyaux de drainage on peut recouvrir le talus d'un lit de pierre cassée, de gravier ou de pierraille recouvert de terre végétale.

76. — Imbibition de l'argile. — Dans un grand nombre de cas, on peut même dire dans le plus grand nombre, les talus argileux s'éboulent sans qu'on y trouve des bancs de suintement apparents ou des sources localisées. L'argile est imperméable en ce sens qu'elle ne laisse pas passer l'eau ; mais au contact de l'humidité elle s'imbibe comme une éponge ; son poids augmente, sa cohésion diminue et l'équilibre est rompu. Lorsqu'un éboulement s'est produit dans l'argile, la surface de rupture présente habituellement la forme d'un arc de cercle en coupe horizontale et une forme cycloïdale en coupe transversale par un plan vertical.

Les procédés de drainage à la surface et de revêtement réussissent si l'imbibition de l'argile est due à l'humidité atmosphérique ou si la masse qui tend à se détacher est faible parce qu'ils mettent le talus à l'abri des eaux extérieures et qu'ils assèchent les terres qui avoisinent les drains. Mais si la masse imbibée est profonde, le système des *éperons* est presque le seul qui réussisse parce qu'il fait à la fois soutènement et drainage.

On appelle éperons des massifs en moellons bruts, rangés à la main, qui pénètrent dans la profondeur du talus. Généralement on leur donne de 1ᵐ à 1ᵐ 50 de

largeur et on ne les pousse pas jusqu'au haut du talus.
Le parement intérieur n'a pas besoin d'être vertical.
Leur profondeur et leur nombre varient suivant l'importance de la masse qui tend à s'ébouler, mais en général il n'est pas nécessaire de faire les éperons profonds et on peut très bien, pour des talus de 5 à 6^m
de hauteur, ne leur donner qu'un mètre d'épaisseur
moyenne.

Les éperons forment à la fois des contreforts et des
drains dont l'effet s'étend tout à l'entour et bien au
delà de leur profondeur. On peut se rendre compte de
leur effet par les considérations suivantes :

Les masses qui se détachent des talus argileux ont
toujours sensiblement la même forme définie par des
coupes horizontales en arcs de cercle et des coupes
verticales affectant l'allure de cycloïdes. Considérons
une série de masses de largeurs croissantes découpées

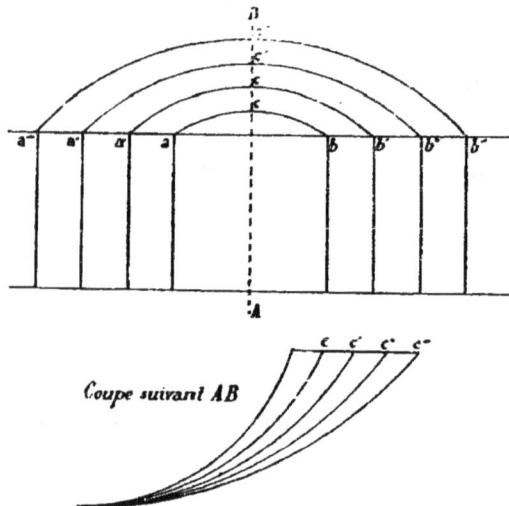

Coupe suivant AB

Fig. 34.

par la pensée, suivant cette forme, dans un talus donné:
s'il y avait similitude géométrique entre elles, leurs

masses croîtraient en raison du cube de leurs dimensions, tandis que leurs surfaces ne croîtraient qu'en raison du carré des mêmes dimensions ; il n'en est pas exactement ainsi, mais, pour des largeurs décroissantes, leur poids diminue plus rapidement que la surface idéale qui les sépare du reste du terrain. La cohésion qui les empêche de se détacher s'exerce précisément suivant cette surface et lui est, dans le même terrain, sensiblement proportionnelle. Si, pour une largeur donnée, il y a équilibre entre cette cohésion et la composante du poids qui tend à provoquer le glissement, le rapport de ces deux forces sera, pour toute largeur moindre, supérieur à un, tandis qu'il sera inférieur à un et que, par suite, l'équilibre sera rompu, pour toute largeur plus grande.

Supposons maintenant que le talus soit coupé par des massifs fixes dont la distance soit moindre que la largeur à partir de laquelle l'équilibre cesse d'exister entre la cohésion et le poids. Il n'y aura pas, dans l'intervalle de ces massifs, tendance au décollement, puisque pour toutes les masses dont on peut supposer l'éboulement d'après la forme ordinaire, le rapport de ces deux forces sera supérieur à un. Les éperons constituent ces massifs fixes non seulement par eux-mêmes, mais par les terres qui les environnent et qui, asséchées par eux, ont une consistance très supérieure à celle du reste de la masse.

Si les éperons sont trop éloignés, l'équilibre pourra ne pas exister et un décollement pourra se produire entre eux ; il suffira alors, en général, de diminuer leur espacement en en construisant d'autres dans leurs intervalles. Si les éperons sont trop faibles, ils seront emportés. On devra, selon le cas, les renforcer ou les multiplier, ou encore faire à la fois l'un et l'autre.

Quoiqu'il en soit, l'emploi des éperons réussit généralement et c'est le point capital. C'est d'ailleurs presque le seul procédé efficace pour arrêter les éboulements en grandes masses. Son grand avantage est que l'on peut agir progressivement. A moins que les éperons eux-mêmes ne soient emportés et qu'il n'y ait tout à refaire, ce qui montre du moins qu'on s'était complètement trompé sur l'importance des mouvements à craindre, on peut agir par approximations successives et multiplier les éperons quand l'effet des premiers a été insuffisant. De cette façon, on ne risque pas de faire des dépenses considérables pour consolider des talus qui n'ont besoin que d'être fixés sur quelques points.

Dans certains cas, notamment lorsque le terrain situé au-dessus du talus est irrigué, il faut compléter l'effet des éperons par un drain parallèle à la voie placé à la partie supérieure, et qui recueille les eaux dont la couche supérieure du terrain est imbibée pour les jeter dans les vides existants entre les pierres des éperons. Le drain doit avoir de fortes pentes et être établi sur un radier maçonné concave ainsi que les éperons eux-mêmes : autrement, il risquerait d'avoir pour effet de faciliter l'imbibition des terres placées dans le voisinage du talus au lieu de l'empêcher.

77. — Revêtement des fossés. — Le revêtement des fossés a pour effet de faciliter l'écoulement des eaux, d'empêcher le ravinement des pieds du talus et d'assécher la plateforme.

Du moment qu'on est dans des terrains argileux, il est la plupart du temps nécessaire de revêtir les fossés ;

il faut le faire chaque fois que l'imbibition du terrain
par l'eau a pour effet de le ramollir au point de déformer le profil du fossé ; car, dans ce cas, les talus peuvent être minés par le pied et surtout l'assainissement
de la plateforme est impossible.

Le meilleur profil est celui qui présente du côté de
la voie un parement vertical et du côté du talus soit un
parement à l'inclinaison du talus, soit une murette de
pied. Les deux parements (fig. 1) ou le parement et

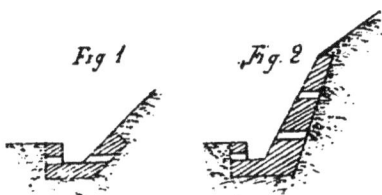

Fig. 35.

la murette (fig. 2) doivent naturellement être munis
de barbacanes tous les 1^m ou 0^{m}50 s'ils sont en maçonnerie hourdée. On peut, aussi, employer la maçonnerie sèche. Les constructeurs l'emploient volontiers,
parce qu'elle coûte moins cher ; mais les Ingénieurs
chargés de l'entretien en sont moins enthousiastes,
parce qu'elle est difficilement stable sous une aussi
faible épaisseur et qu'elle est rarement bien faite. En
outre, lorsque les fossés sont destinés à l'écoulement
d'une quantité d'eau un peu importante, les revêtements à pierres sèches se disloquent presque toujours
au bout de peu de temps, parce que l'eau coule avec
ces revêtements non sur le radier mais à peu près
invariablement dessous, en passant à travers les vides
qui existent entre les pierres.

78.— Autres modes de consolidation.— *Perrés*. —
Les perrés ne constituent qu'un revêtement contre

l'air ou un appui, d'ailleurs faible, par leur poids.
Ils n'empêchent pas les éboulements en masse. En
général, on ne les emploie que pour faire le revêtement partiel de poches argileuses, ou pour mettre
les roches gélives à l'abri du contact de l'air. Il n'est
pas utile de donner aux perrés toute la hauteur de la
tranchée. On les exécute sur voûtes en laissant à nu
la partie inférieure, quand celle-ci ne risque pas de
s'ébouler mais n'est pas assez solide pour permettre
d'y appuyer leur base. On établit aussi des voûtes
soutenues par des contreforts maçonnés formant piles,
pour diviser la hauteur à revêtir lorsqu'elle est trop
grande et éviter ainsi que la partie inférieure du perré
ne risque de s'écraser ou de se déformer sous une
charge trop forte.

Murs de soutènement. — Les murs de soutènement
sont une solution très chère et souvent imparfaite. Il
faut, en général, les réserver pour les cas où on n'a
pas la place de faire le talus nécessaire.

Galeries couvertes. — On a quelquefois intérêt,
dans des tranchées très mauvaises, à faire un souterrain après coup, en construisant une galerie que l'on
recouvre ensuite de terre. Il faut examiner cette solution *avant l'exécution*, car il coûte moins cher de
faire une galerie souterraine ou à ciel ouvert dans un
terrain non encore ébranlé que de la construire au
milieu d'éboulements. Lorsqu'on fait des galeries couvertes à flanc de coteau, ce qui est le cas le plus habituel, il ne faut pas oublier que la pression est plus
grande du côté de la montagne que du côté opposé. Une
épure de stabilité est nécessaire pour déterminer les
épaisseurs des piédroits et la forme de l'extrados ; les
deux piédroits ne doivent pas d'ailleurs avoir la même

épaisseur et c'est celui qui est situé du côté de la vallée qui doit être le plus épais.

Lorsqu'on construit des galeries couvertes, il est bon de profiter du peu de hauteur qui existe au-dessus de la voûte pour réserver de distance en distance des regards qui donnent du jour et activent la ventilation.

Les galeries couvertes sont coûteuses, mais elles sont avantageuses si on a affaire à un très mauvais terrain sur une grande hauteur, parce qu'elles permettent de ne pas troubler l'équilibre de la masse.

79. — Glissements en masse. — Les éboulements de talus argileux ne sont pas les seuls accidents auxquels donne lieu l'ouverture des tranchées. Elle peut encore provoquer l'ébranlement de masses rocheuses parfois énormes. Ces phénomènes se produisent dans certains terrains schisteux, dans les éboulis mêlés d'argile et même dans les bancs de calcaire avec argile intercalée. Cette dernière circonstance s'est rencontrée notamment sur la ligne de Marseille à Gap, près de Réclavier. Une couche d'argile de un à deux millimètres, interposée entre des bancs épais de calcaire donnant des pierres de taille de toute beauté, a formé après imbibition un plan savonneux sur lequel a glissé tout le coteau. On n'a trouvé d'autre remède que de faire disparaître ce dernier en l'exploitant comme carrière. Le même cas s'est produit sur la ligne de Tarascon à Ax ; on a dû remplacer la tranchée par un souterrain. C'est surtout par une étude approfondie du tracé qu'on évite ces glissements, en ayant soin de ne pas se placer en tranchée dans les terrains dangereux. En cas d'impossibilité, il est préférable, comme nous l'avons dit, de construire un souterrain

ou une galerie couverte qui coûte environ 800 à
1000 francs par mètre courant, mais qui est encore
moins chère que certaines consolidations.

Lorsque des éboulements en grande masse se sont
produits, il est indispensable de faire une étude très
attentive du terrain, de rechercher la direction des
bancs d'argile et la position des nappes d'eau ou suintements. On doit ne pas craindre d'exécuter dans ce
but des sondages même coûteux. Dans une consolidation de tranchée, sur la ligne de Marvejols à Neussargues, on a dû, pour reconnaître la nature du sol, creuser une galerie de 10 mètres de longueur.

Lorsqu'on rencontre des éboulis argileux, on tâche
d'en faire écouler les eaux intérieures et de les protéger
contre les eaux extérieures ; on peut également construire un mur de pied avec les blocs pris sur place et
rangés à cet effet. Mais, la plupart du temps, le meilleur mode de consolidation consiste dans l'emploi d'é-
perons en pierres sèches qui alors atteignent des dimensions considérables : quelquefois 60^m et plus de longueur,
et 10^m à 15^m de hauteur sur 2^m à 3^m de largeur. Dans
ce cas, on exécute d'ordinaire à la partie inférieure un
aqueduc, ou tout au moins un plan incliné maçonné pour
l'écoulement des eaux [1].

80. — Talus gélifs. — Il ne suffit pas que le terrain
soit formé de rochers assez durs pour qu'il tienne à une
inclinaison très faible (1/5 en général). On est très souvent obligé de revêtir les rochers gélifs, soit parce qu'un

---

[1]. On peut consulter, au sujet de travaux de cette nature, dans les
Annales des Ponts et Chaussées, un article de M. Lamothe sur la ligne de
Marvejols à Neussargues (août 1890) et un article de M. Barraud sur la
ligne de Rodez à Millau et le remblai de la Plante (août 1889).

recoupement coûterait trop cher. les déblais ne pouvant pas être utilisés en remblai, soit parce que la chute des blocs est un danger pour la sécurité ; il suffit en général d'un simple placage relié au rocher. Si celui-ci est bon, on peut réduire l'épaisseur moyenne du revêtement à 0^m 30 ou 0^m 40 ; mais il faut en tout cas faire de bons arrachements.

81. — Considérations générales sur les consolidations de talus de déblais. — Ainsi qu'on a pu le voir par les développements qui précèdent. les consolidations de talus jouent parfois un rôle très important dans l'exécution des travaux de terrassement. Mais, on ne saurait trop insister sur ce point, elles doivent être une exception. Il est très souvent possible de les éviter en donnant aux talus une inclinaison en rapport avec la nature du terrain, et en les recouvrant au besoin d'une couche de meilleure terre. Dans tous les cas, il ne faut pas se presser de faire des consolidations, à moins qu'on ne se trouve en présence d'éboulements en masse ou de terrains manifestement instables. C'est une opinion qui n'est pas admise par tous les Ingénieurs ; mais elle résulte de l'expérience que nous avons acquise sur de nombreuses lignes, ouvertes à l'exploitation sans que les terrassements aient été entièrement achevés. Il n'y a pas à s'effrayer parce qu'il se produit quelques éboulements ou quelques décollements superficiels. ou parce qu'on aperçoit, parfois à grand'peine. des suintements en certains points. Lorsqu'on ouvre une tranchée, on trouble nécessairement l'équilibre du terrain : on met à l'air des surfaces qui n'y avaient jamais été exposées : enfin, on donne aux eaux des débouchés nouveaux. Il n'est pas étonnant que, du premier coup. on n'arrive pas

partout à une stabilité parfaite des talus ; mais, dans
la plupart des cas, quelques petits éperons aux points
où se sont produits des éboulements, des plantations de
genêts, des semis de gazon, souvent même une simple
reprise des terres qui ont glissé, suffisent pour éviter
de nouveaux mouvements. Il n'y a qu'un travail qu'il
soit toujours utile d'entreprendre sans attendre d'autres avertissements : c'est l'approfondissement et le revêtement des fossés partout où la plateforme est argileuse et où le terrain est assez peu résistant pour se
ramollir au contact de l'eau. C'est surtout la stabilité
de la voie qui en commande l'exécution, mais les revêtements servent aussi à soutenir les talus dont ils fixent
le pied, surtout si on leur donne, du côté des terres, la
forme de murettes à faible inclinaison. Telles sont, à
notre avis, les règles à suivre quand on n'a pas à arrêter ou à prévenir des éboulements en masse de grande
profondeur : dans ce dernier cas qui est l'exception, les
mouvements prennent presque toujours, dès le début,
une importance telle que le doute ne peut subsister au
sujet de la nécessité de travaux plus considérables ; l'é-
tude géologique du pays permet souvent de prévoir,
même avant l'ouverture des tranchées, la nécessité où
l'on se trouvera de prendre des mesures spéciales de
consolidation.

82. — Résumé. — En résumé, il faut tout d'abord
tâcher de n'avoir à faire de consolidations qu'exceptionnellement, et pour cela, prévoir dans le projet des
talus de déblai à 3/2 toutes les fois que les terres sont
mauvaises, surtout si on peut utiliser les déblais ; il faut
donner de l'écoulement aux eaux des sources, éviter
les ravinements par des semis ou des clayonnages, re-

vêtir les fossés quand la terre est susceptible de se détremper au contact de l'eau, enfin, ne pas se presser et ne consolider que les parties qui s'éboulent, en employant de préférence les éperons. Telle est la règle quand le talus n'est pas manifestement mauvais ; dans ce dernier cas, on s'aperçoit presque toujours au premier hiver, et souvent plus tôt, de la nécessité de faire de suite des travaux plus importants.

83. — Prix des consolidations. — On évalue habituellement la dépense des revêtements en terre végétale ou gazon avec drains (procédés de Sazilly. Ledru. etc.) à 2 francs par mètre carré ; mais ce prix est un minimum.

Les gazonnements en rangs de gazon disposés en losange avec terre végétale dans l'intervalle ont coûté à la Compagnie de l'Est de 0 fr. 50 à 0 fr. 85.

Les clayonnages reviennent à 0 fr. 40 à 1 franc le mètre courant, soit environ 0 fr. 75 à 2 fr. 00 le mètre carré.

Les revêtements de fossés coûtent environ 10 francs en maçonnerie, ou 6 francs en pierres sèches.

Les revêtements avec murette de pied de talus inclinée à 1 4, substituée au perré à 45° et haute de 1 mètre au-dessus du fond du fossé, reviennent à 15 francs ou 10 francs le mètre courant, suivant qu'on emploie la maçonnerie ou la pierre sèche. Si on donne 2 mètres de hauteur à la murette, le prix s'élève à 25 francs.

La dépense des éperons varie suivant leurs dimensions et selon le prix de revient des moellons qui y entrent pour la plus forte part.

Les consolidations de grandes masses sont très coû-

teuses, et les frais peuvent s'élever jusqu'à 1000 et
1500 francs le mètre courant.

II. — CONSOLIDATION DES REMBLAIS.

84. — Il n'y a que deux cas où on ait à consolider
des remblais : c'est quand ils sont en trop mauvaise
argile ou que le talus n'est pas le talus normal de la
terre qui les forme. Ce dernier cas se présente notamment pour les très grands remblais auxquels on ne
peut donner, sans augmenter l'emprise outre mesure,
l'empatement que nécessiterait la forme concave du
talus naturel.

Il suffit souvent, pour éviter l'éboulement des remblais argileux, de les revêtir d'une couche de bonne
terre ou de débris de rocher sur un à deux mètres d'é-
paisseur, ou de faire au pied un contrefort formé d'un
cavalier en terre.

Quand un remblai coule, on doit d'abord rechercher
si on peut lui donner du pied et le recouvrir d'une
couche de terre susceptible de se garnir de végétation.
Il ne faut enlever les terres qui ont coulé au pied que
si on y est obligé par les réclamations des riverains, car
elles forment un contrefort qu'il est, au contraire, bon
de renforcer et de transformer en cavalier. Si cela ne
suffit pas à cause de l'humidité manifeste de la masse,
on peut ajouter des drains qui y pénètrent pour l'assécher.

Les éperons réussissent dans les remblais comme
dans les tranchées et y sont également le meilleur système, puisque c'est par imbibition des eaux zénithales
et de l'humidité de l'air que les remblais viennent à

couler. On peut leur adjoindre un revêtement de gazon sur couche de gravier, lorsque cela est nécessaire.

85. — Consolidation du sous-sol des remblais. — Nous avons vu qu'il y a des cas où la plateforme qui doit supporter les remblais glisse sous leur poids. C'est ce qui arrive notamment pour les éboulis de rocher et les argiles molles qui foirent de chaque côté du remblai. Il y a lieu alors d'assainir le sous-sol au moyen de galeries perpendiculaires au remblai et que l'on exécute en souterrain si l'affaissement paraît dû au ramollissement de l'argile inférieure par les eaux. Si, au contraire, on a affaire à de l'argile qui s'écrase, même sans être imbibée d'eau, il faut donner du pied au remblai en élargissant sa base au moyen de cavaliers. On a également obtenu de bons résultats, dans ce cas, en établissant dans le sous-sol et contre le remblai, de chaque côté, d'épaisses pierrées longitudinales qui forment des sortes de murs retenant l'argile et l'asséchant. C'est ce système qui a été employé avec succès au viaduc du Val Fleuri sur la ligne de Paris à Versailles rive gauche.

III. — ASSÉCHEMENT DE LA PLATEFORME.

86. — *Il n'y a pas de bonne voie sans plateforme saine.* — L'argile humide et par conséquent molle n'est pas capable de supporter la pression qui lui est transmise par le ballast ; elle s'écrase, reflue dans le sable ou la pierre tandis que ceux-ci s'enfoncent dans la plateforme ; en un mot, elle remonte sous la traverse. Lorsqu'on enlève le ballast aux endroits où ce fait s'est produit, on voit que les traverses reposent non pas sur

le sable, le gravier ou la pierre, mais sur des mottes
d'argile empâtées de pierre ou de sable. Si le seul
inconvénient pour la voie était de tasser au passage
des trains, il y aurait peu à craindre, car il faut un
affaissement très prononcé pour faire dérailler un train :
mais comme l'argile humide forme une surface savon-
neuse, le frottement dans le sens transversal devient
presque nul et, par conséquent, il n'y a plus de résistance contre les efforts horizontaux : la voie devient
instable, elle se déplace et forme des crochets qui sont
la cause la plus habituelle des déraillements. On évite
ce danger à force de main d'œuvre, mais alors l'entretien est extrêmement coûteux.

Le mode d'assainissement le plus simple consiste
dans l'approfondissement des fossés. Si la terre est argileuse, l'application du type de fossé de 0m30 de profondeur est, en effet, une mesure vicieuse, car ce type
assure simplement l'écoulement des eaux extérieures,
mais n'assainit pas la plateforme. Il faut, dans les terrains de cette nature, avoir des fossés de 0m40 à 0m50.
Quand on le peut, le mieux est d'étudier son projet en
conséquence ; si on ne l'a pas fait, ou si, ce qui arrive

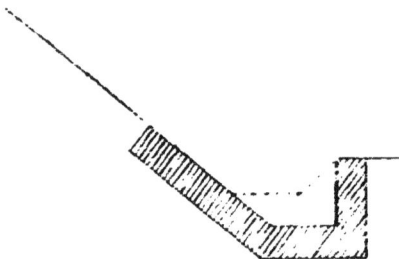

Fig. 36.

Fig. 37.

souvent, il est moins cher de faire un revêtement maçonné, on emploie le type à parement vertical intérieur

et barbacanes, qui permet l'approfondissement sans
augmentation du cube des déblais. S'il n'y a pas un
écoulement d'eau important dans le fossé et si la terre
de ses parois ne se ramollit pas trop à l'humidité, un
excellent système consiste à faire un drain sous le
fossé ; il suffit de creuser au-dessous du plafond une
tranchée de 0ᵐ50 à 0ᵐ60 de profondeur et de 0ᵐ40 de
largeur, et d'y bloquer de la pierre qu'on recouvre de
mottes de gazon pour former le fond du fossé.

Dans les mauvais terrains, outre les fossés revêtus,
on emploie des drains formés de moellons placés dans
de petites tranchées de 0ᵐ30 à 0ᵐ40
de profondeur, creusées dans la plateforme. Ces drains sont disposés perpendiculairement à l'axe de la voie ou
bien en arètes de poisson ; on y ajoute,
au besoin des drains longitudinaux,
placés sous les accotements plutôt que
sous la voie. Comme les pierrées sont
exposées à se boucher à la longue,
il faut, pour qu'on puisse commodé-
ment les reprendre ou les remplacer
par d'autres, qu'elles soient sous les

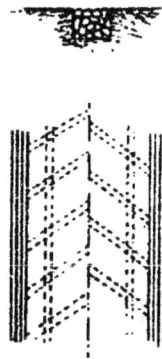

Fig. 38.

accotements si elles sont longitudinales. Les drains
transversaux peuvent toujours être réparés assez facile
ment, surtout lorsqu'ils sont inclinés en arètes de
poisson par rapport à l'axe de la voie.

En remblai, il n'y a jamais besoin d'assainir la plateforme ; il suffit d'avoir soin que les banquettes ne
soient pas élevées à plus de 0ᵐ50 au-dessus du rail.

Il ne faut pas manquer d'assainir la plateforme des
stations, même en remblai, si elle est argileuse. Comme elle forme une surface souvent très vaste sans pente,

elle facilite la stagnation des eaux qui rend les voies mauvaises et le service pénible. On fait des drains en arêtes de poisson et des drains collecteurs, et même, si la gare est importante, on y ajoute des aqueducs transversaux. Lorsque la surface est considérable, et par suite la quantité d'eau à écouler, on peut remplacer le drain collecteur central par un aqueduc longitudinal.

§ 3. — OUVRAGES D'ART ORDINAIRES, PASSAGES A NIVEAU.

I. — PRINCIPES DE LA CONSTRUCTION.

87. — Généralités. — Les principes généraux à suivre dans la construction des ouvrages d'art peuvent se résumer ainsi : *fonder solidement et construire simplement.*

La première règle, fonder solidement, s'applique à tous les travaux, mais elle est encore plus absolue en ce qui concerne les chemins de fer. Le passage des trains, dont la masse est souvent très lourde et animée de grandes vitesses, communique en effet à la voie et à l'infrastructure des vibrations qui causent des ébranlements dangereux pour les ouvrages mal fondés. De plus, les reprises de fondations. toujours difficiles, le sont exceptionnellement lorsqu'on est obligé de travailler sous une voie exploitée, car on est forcé, en cas de réparations, de maintenir à tout prix la circulation.

Il faut construire simplement, parce que les ouvrages d'art sont très nombreux sur les chemins de fer et que, d'un autre côté, le luxe qu'on y apporte a le double inconvénient d'être coûteux et inutile. Les ouvrages d'art de chemins de fer, surtout les ouvrages par dessous qui sont les plus nombreux et les plus importants, quand ils ne sont pas aux abords des villes, ne sont vus presque par personne qui sache en apprécier la valeur architecturale, car les habitants des campagnes appelés seuls à les contempler y sont bien indifférents. La véritable beauté d'un ouvrage réside d'ailleurs surtout dans sa bonne conception et dans l'harmonie de ses lignes ; sauf de rares exceptions, il n'en coûte pas plus de faire un ouvrage d'aspect satisfaisant qu'un ouvrage disgracieux ; mais le luxe, surtout le luxe de pierre de taille, est déplacé du moment qu'on n'est pas aux abords d'une grande ville.

88. — Fondations. — Toutes les fois qu'on le peut, il faut asseoir les fondations sur le terrain incompressible. Les bons terrains de fondation sont le rocher, à moins qu'il ne soit coupé de bancs d'argile, comme cela arrive quelquefois, le gravier ou le sable compacts et l'argile dure.

L'importance des sacrifices qu'il faut faire pour atteindre le solide dépend naturellement de l'importance de l'ouvrage. Pour un aqueduc d'un mètre, il n'y a pas d'inconvénient grave à avoir des dislocations et elles sont d'ailleurs peu à craindre, parce qu'on peut adopter des dispositions telles que l'aqueduc forme une sorte de monolithe. Pour les grands ouvrages, une bonne fondation justifie une augmentation de dépense importante ; enfin, pour les très grands ouvrages, la possibilité d'avoir une fondation absolument sûre est presque une condition essentielle de leur exécution.

Dans certains cas, pour éviter des frais trop considérables, on peut se borner à descendre jusqu'au solide, au lieu de la fondation tout entière, de simples piliers qu'on relie ensuite par des voûtes. Ce procédé s'applique notamment aux piédroits des aqueducs sous remblai, aux murs de soutènement et quelquefois aux culées des ponts lorsqu'on éprouve trop de difficultés à ouvrir la fouille en grand.

Le mot *incompressible* appliqué aux sols de fondation est une expression absolue qui, même lorsqu'ils sont bons, n'est pas toujours exacte. Il n'y a d'absolument incompressibles que les rochers durs et les graviers très compacts ; pour les autres terrains que nous avons cités, rocher plus ou moins dur, gravier, sable compact, argile dure, la compressibilité est assez faible pour qu'on n'ait pas à s'en préoccuper. Les terrains qu'on peut appeler solides ne sont d'ailleurs pas séparés des terrains compressibles par une limite absolument nette ; entre les deux se trouve une série de terrains qui subissent de faibles tassements sous le poids des maçonneries, mais qui ne s'écrasent pas s'ils ne sont pas trop chargés ; lorsqu'on a affaire à ces derniers, ce qui est fréquent pour les petits ouvrages, l'important est d'avoir une fondation *homogène* ; il ne faut donc faire de fondations *par redans* de hauteurs différentes que dans le terrain tout à fait incompressible ; autrement, on s'expose à des cassures. Au contraire, si une partie d'un ouvrage est dans le rocher, il faut l'y asseoir tout entier. Dans les terrains granitiques, où la ligne de séparation du rocher et de la terre est le plus souvent très irrégulière, il est important de tenir compte de cette observation et de ne pas laisser araser les fondations à une profondeur donnée parce qu'on y a trouvé le rocher sur un ou plusieurs points.

Il est très important pour tous les ouvrages et *même pour les plus petits*, de faire un sondage à côté de leur emplacement pour connaître la nature du sol et déterminer la profondeur à laquelle on doit descendre. En négligeant cette précaution, on est exposé, s'il s'agit d'un ouvrage important, à se voir forcé de changer de mode de fondation en cours d'exécution, ce qui est toujours très cher. Pour les petits ouvrages, on peut être conduit à descendre les fouilles beaucoup plus bas qu'il n'est utile dans l'espoir de trouver bientôt un terrain plus solide ; or la compacité de terrain ne va pas toujours en augmentant avec la profondeur ; c'est même quelquefois le contraire qui arrive. Le sondage doit être fait *à côté* des fondations, car si on l'exécute à leur emplacement même, comme elles sont rarement poussées aussi bas que le sondage, il faut boucher celui-ci, ce qui forme un point dur sous les fondations et rompt leur homogénéité. La nécessité du sondage s'impose même si on est décidé à fonder sur le sol compressible, car souvent on risque de s'arrêter à une cote déterminée choisie *à priori* alors qu'il existe un terrain beaucoup meilleur à une faible profondeur au-dessous. Lorsqu'on cherche le terrain incompressible, il est bon, dans beaucoup de cas, de pousser les sondages au-dessous du rocher ou du gravier dur ; il peut arriver en effet qu'on ait rencontré, au lieu d'une masse compacte, un bloc isolé ou encore un banc de rocher ou de gravier reposant sur une couche de terre ou d'argile ; il ne suffit donc pas d'avoir trouvé un terrain assez solide pour recevoir la fondation, il faut encore savoir ce qu'il y a en dessous. L'étude géologique du terrain aux

abords, rapprochée des résultats fournis par les sondages, permet de s'en rendre compte. Il est arrivé, dans
la construction de grands ouvrages, qu'on a dû démolir des piles déjà arrivées à une certaine hauteur parce
que les rochers sur lesquels elles étaient fondées reposaient sur une couche de terre compressible.

Lorsqu'il s'agit d'ouvrages peu importants, on peut
répartir la pression sur le terrain au moyen d'un radier général, ou plus simplement pour les petits ouvrages, sur une couche de pierre cassée, de gravier ou de
sable. Contrairement à une opinion assez répandue, il
n'y a aucun intérêt à faire en béton les radiers généraux lorsqu'on peut les faire à sec ; on obtient un tout
aussi bon résultat avec de bonne maçonnerie bien liée,
et le résultat est même meilleur si le mortier n'est pas
très bon ou si le gravier qui sert à faire le béton n'est
pas très propre.

Les fondations sur sable et sur pierre cassée sont
excellentes. Il faut seulement avoir soin de bien arro-
ser le sable ; la couche de sable ou de pierre cassée doit
d'ailleurs être uniforme, si on veut éviter les cassures ;
mais si on les accepte, ce qui est sans inconvénient sérieux pour de petits ouvrages tels que des aqueducs,
on peut, dans les cas où on rencontre des difficultés
pour faire autrement, admettre des épaisseurs différentes ; il y a inégalité de tassement, mais, le tassement une fois fait, l'ouvrage ne bouge plus.

On rencontre assez fréquemment, dans les ravins ou
dans le fond des vallées, des terrains tourbeux qui ne
sont capables de supporter qu'une pression insignifiante. On peut les affermir en les lardant de piquets
(de 2^m de hauteur avec 0^m10 de diamètre environ) qui
ne coûtent presque rien et qu'on enfonce très facile-

ment au moyen d'une *dame à quatre mains*. Cet outil
s'emploie d'abord en plaçant en haut le
bloc de bois qui forme masse, de manière
à ce que les deux hommes qui le manient
puissent frapper sur la tête du pieu lorsqu'il est encore tout entier ou presque
tout entier hors du sol ; puis à la fin du
battage, on retourne la dame de manière à placer le bloc de bois en bas et
à pouvoir frapper ainsi jusqu'à enfoncement complet.

Fig. 39.

On emploie aussi pour raffermir les terrains mous
des *pieux de sable* ; on les fait en enfonçant d'abord
un pieu conique bien lisse, qu'on retire lorsqu'il a suffisamment pénétré dans le sol, et en remplissant le vide
qu'il laisse avec du sable mouillé.

Nous avons déjà parlé des difficultés qu'offrent les
fondations dans les terrains vaseux : il faut alors tenir
compte de la poussée latérale de la vase. Si on peut
descendre la maçonnerie jusqu'au solide soit au moyen
de l'air comprimé, soit dans une fouille à ciel ouvert,
soit enfin au moyen de puits foncés, cela est toujours
le meilleur parti à prendre ; si on fonde sur pieux, un
radier général est presque toujours nécessaire pour
contrebuter les culées. On peut d'ailleurs établir les
petits ouvrages simplement sur radiers. Dans ce cas, il
est bon de noyer dans le radier, comme on le fait dans
certains pays, un *grillage* en charpente qui assure la
solidarité de toutes ses parties, ou de creuser une fouille
profonde dans laquelle on met une bonne couche de sable ou de pierre cassée. Les grillages en charpente sont
très usités dans la région vaseuse qui se trouve aux
environs de Rochefort ; ils donnent de bons résultats

à condition que le bois soit placé de manière à être maintenu dans un état d'humidité constante qui l'empêche de pourrir.

89. — Exécution des maçonneries. — Il faut faire les maçonneries y compris les parements avec les matériaux qu'on trouve à proximité ; si on n'a que de la pierre dure ou demi-dure, on exécute les parements en maçonnerie brute, à *opus incertum*, avec les moellons qu'on trouve dans le pays. Si on a de la pierre tendre, on emploie soit des moellons tétués, soit des moellons smillés selon que les matériaux se prêtent mieux à l'un ou à l'autre mode d'emploi. Dans les pays où il n'existe pas de matériaux de construction naturels, on se sert de briques pour les parements comme pour le corps des ouvrages. Un bon parement n'est pas celui dont les joints ont une disposition géométrique, c'est celui dont les matériaux font bien corps avec la maçonnerie placée derrière ; à cet égard la maçonnerie par assises vaut mieux que la maçonnerie de mosaïque, parce que, pour faire cette dernière, les maçons sont presque toujours conduits à mettre en parement la face la plus large de la pierre et à placer celle-ci dans la position qui lui donne le moins d'assiette. Si on ne peut faire la maçonnerie par assises, l'*opus incertum* est encore préférable à la mosaïque à pans réguliers qui coûte plus cher.

On peut parfaitement exécuter les voûtes, y compris les parements, en maçonnerie brute ; il suffit pour les parements, que les moellons ne fassent pas coin, ce qui les chasserait en dehors par la pression intérieure de la voûte et que celle-ci soit maçonnée *en coupe*, c'est-à-dire en faisant toujours les lits normaux à l'intrados ;

mais on a le plus souvent avantage à équarrir les moellons de douelle à l'avance, parce que le travail sur cintres est incommode et surtout parce qu'on est plus sûr ainsi de n'avoir pas de moellons faisant coin. Il n'y a intérêt à employer ce qu'on appelle du *moellon d'appareil*, c'est-à-dire des pierres dressées sur tous leurs joints, que pour les grandes voûtes lorsqu'on veut faire supporter à la maçonnerie de fortes pressions ; avec le moellon d'appareil, le mortier ne sert qu'à transmettre les pressions et on est en droit de compter sur la résistance de la pierre elle-même ; avec la maçonnerie brute, il y a souvent, dans l'intérieur, de fortes épaisseurs de mortier, et il faut tenir compte de l'écrasement possible de celui-ci.

Jusqu'à un angle de 60°, les ponts biais peuvent très bien être appareillés comme des ponts droits, c'est-à-dire en disposant tout simplement les lignes de joint suivant les génératrices du cylindre de la voûte et sans autre précaution que celles qu'on prend pour un pont droit ordinaire. La seule différence est que, dans ce cas, les joints ne sont pas normaux aux plans des têtes et qu'il y a sur la moitié de chaque tête un angle aigu qu'il convient d'abattre par un chanfrein allant des naissances à la clef. Cette remarque est importante, car, dans beaucoup de cas, on fait, pour éviter des ponts biais, soit des dépenses inutiles, soit des modifications défectueuses des abords, alors que ces ponts ne seraient ni plus coûteux ni plus difficiles à construire que le pont droit qu'on leur substitue.

Pour les angles inférieurs à 60°, on peut également simplifier beaucoup la construction en traçant sur le cintre même de l'appareil une série de lignes coupant normalement des parallèles aux têtes espacées de 0^m50, et en exécutant les assises suivant ces lignes au moyen de moellons équarris d'épaisseurs variables sans autre taille préalable.

Il ne faut se servir de pierre de taille que pour les plinthes, les couvertines de parapets, les couronnements de piles, les bandeaux des voûtes et les angles ; encore les bandeaux et les angles peuvent-ils parfaitement se faire en moellons de petit appareil assisés ; il suffit, pour donner un bon aspect à l'ouvrage, de tailler aux angles des ciselures qui permettent d'obtenir des lignes pures et nettes.

On doit exécuter les joints en creux et autant que possible lorsque le mortier de la maçonnerie est encore frais, en refoulant simplement entre les moellons soit le mortier de pose, soit un mortier spécial gâché avec du sable tamisé si le mortier de pose ne contient que du sable grossier. On ne peut pas, en général, faire les joints en même temps que le parement correspondant, parce que le mortier encore mou s'écrase sous la charge de nouvelles assises; mais on peut faire chaque jour les joints des parements construits la veille ou l'avant-veille. Ce qui importe, c'est que le mortier de joint fasse corps avec celui de la maçonnerie ; or, le mortier frais ne fait jamais prise sur le mortier déjà sec ; par conséquent, si le rejointoiement n'est pas fait immédiatement, le mortier de joint ne peut tenir que par son adhérence à la pierre. Celle-ci est d'autant plus faible que la surface de contact et par conséquent la profondeur est elle-même plus petite. C'est par cette raison que, pour les revêtements faits après coup, les cahiers des charges prescrivent de refouiller les joints à six ou sept centimètres de profondeur ; mais l'exécution de cette prescription est très difficile à obtenir.

Souvent on ne refouille qu'à deux ou trois centimètres ;
on n'a alors qu'un simple placage ; l'humidité s'in-
filtre dans les vides qui existent entre la pierre et le
mortier et celui-ci éclate ensuite lorsqu'il
gèle. Cet effet se remarque encore davantage avec les joints en saillie ; car, les
arêtes émoussées de la pierre formant des
plans inclinés a b et c d, la dilatation
de l'eau au moment des gelées chasse le

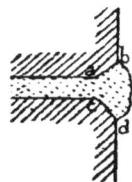

Fig. 40.

joint comme un coin. Les joints qui ne sont pas faits en
creux et en même temps que la maçonnerie se dégra-
dent très souvent, tandis que les premiers *ne manquent jamais.* Pour les mêmes raisons, les joints au
ciment faits après coup sur la maçonnerie de mortier
sont en général mauvais.

Les voûtes n'ont besoin que d'un rejointoiement
apparent. Quand on décintre un pont, si la maçonnerie a été bien faite, les moëllons sont recouverts de
mortier qui a reflué sur la douelle. Il suffit d'enlever
ce mortier, de refouiller à la profondeur strictement
nécessaire pour dessiner les contours, et d'ajouter ensuite du mortier excessivement fin qu'on fait pénétrer
dans les creux. Une bonne précaution consiste à laver
le parement et les joints avec de l'acide chlorhydrique qui enlève la chaux en excès et durcit le mortier.

90. — Exécution des ouvrages en fer. — Pour
les ponts en fer, il ne faut chercher l'effet que dans la
disposition rationnelle des pièces. Il est très important
de rendre tous les fers apparents et faciles à visiter et
à peindre ; de graves accidents sont résultés de l'inobservation de cette règle, et une circulaire récente du
Ministre des travaux publics l'a rendue obligatoire.

91. — De la hardiesse dans les ouvrages d'art. — Dans la construction des ouvrages de chemins de fer, une des questions les plus intéressantes pour l'ingénieur est la lutte entre l'économie et la sécurité. Si la première conduit à faire les ouvrages aussi légers et aussi hardis que possible, la seconde exige qu'ils soient d'une solidité assurée. Il va sans dire que l'économie doit toujours être sacrifiée à la sécurité, mais il ne s'en suit pas qu'il faille faire invariablement des ouvrages *trop solides* et surtout se contenter de copier, en augmentant encore au besoin leurs dimensions, par crainte des innovations dangereuses, des ouvrages déjà existants.

On peut être hardi tout en étant prudent; il suffit pour cela que la hardiesse soit le résultat d'études sérieuses et réfléchies. D'abord, tous les ouvrages de chemins de fer n'intéressent pas la sécurité au même degré ; ce n'est pas par exemple parce qu'un bâtiment dépend d'un chemin de fer qu'il faut donner aux murs ou aux combles des dimensions exceptionnelles ; c'est, au contraire, le cas d'être hardi, parce qu'il y a beaucoup de bâtiments dans un chemin de fer et qu'un mécompte par excès de hardiesse n'entraînera généralement, sur la masse, qu'un supplément de dépense bien inférieur à celui qu'entraîne un excès de prudence.

En second lieu, la hardiesse dans les ouvrages, surtout dans les ouvrages de maçonnerie, est subordonnée au soin avec lequel ils sont exécutés et au choix des matériaux ; on peut, sans aucune imprudence, donner à un ouvrage dont on peut surveiller soi-même la construction des dimensions plus réduites qu'à un ouvrage éloigné, surveillé par des agents dont on

n'est pas tout à fait sûr ; on peut de même, si on a
d'excellente chaux et de très bons moellons, admettre
des pressions beaucoup plus fortes que la moyenne admise dans les cas ordinaires. Agir ainsi ce n'est pas
être imprudent, c'est être logique.

92. — Des types. — La très grande majorité des ouvrages que l'on peut avoir à construire sur un chemin de fer se compose d'aqueducs, de passages par-
dessous et par-dessus, c'est-à-dire d'ouvrages dont la
plupart sont dans les mêmes conditions ou peu s'en
faut. Il y a des avantages très sérieux à étudier à l'a-
vance des types qu'on applique ensuite dans les différents cas.

D'abord il est évidemment inutile de refaire un certain nombre de fois les dessins détaillés et les métrés
d'ouvrages qu'il n'y a aucun intérêt à faire dissem-
blables. Ensuite, on peut étudier à fond un type, chercher avec minutie les meilleures dispositions et les
économies réalisables, tandis qu'on ne peut refaire ce
travail avec le même détail pour chaque ouvrage ; le
temps manque presque toujours, et d'ailleurs, un seul
ouvrage de peu d'importance ne vaudrait souvent pas
la peine de faire une étude aussi approfondie. Enfin,
si un ouvrage est bien conçu, pourquoi chercherait-
on à faire différemment les ouvrages placés dans des
conditions analogues ?

En regard de ces avantages, l'usage des types offre
quelques inconvénients quand il est mal compris. On
prend très souvent l'habitude d'appliquer les types
sans modification pour éviter de refaire les dessins et
les métrés. On ne tient pas toujours compte, dans l'application des types, des facilités ou des difficultés qu'of-

frent les matériaux qu'on a sous la main : par exemple, on taille à grands frais des granits et des porphyres pour avoir des joints assisés, au lieu de se contenter d'opus incertum ; ou, au contraire, on fait une dépense inutile pour exécuter de la mosaïque avec du calcaire qui se présente en bancs permettant naturellement de le diviser en assises ; ou bien encore on fait des angles, des cordons, etc., très épais en pierre de taille lorsque celle-ci est chère, alors que dans l'étude du type on supposait l'emploi de pierre de taille calcaire peu coûteuse, ce qui permettait d'en user largement. Enfin on finit quelquefois par considérer les types comme des arches saintes auxquelles on ne doit pas toucher, et dans cet esprit on construit des ouvrages surannés sans tenir compte des progrès accomplis. Et ceci est vrai, non seulement pour les ouvrages d'art, mais encore pour la voie et pour le matériel fixe et roulant.

Il est facile d'éviter ces inconvénients qui tiennent non pas aux types, mais à leur mauvais emploi. Il suffit de bien étudier les types et de ne pas manquer dans chaque cas d'en faire une adaptation spéciale au point de vue des fondations, de la hauteur des abords et des matériaux à employer : il faut les abandonner purement et simplement chaque fois qu'on se trouve dans un cas particulier. Enfin, si on emploie les types arrêtés par d'autres ingénieurs, on ne doit pas négliger d'en refaire l'étude en détail ; pour ceux qu'on aura arrêtés soi-même, il est bon de les revoir complètement de temps à autre dût-on être conduit par cet examen à n'y rien changer.

93. — Ponts en maçonnerie et ponts en fer. — Les

ouvrages d'art peuvent être en maçonnerie ou en métal.

Lorsqu'on peut employer la maçonnerie, il ne faut jamais hésiter à le faire. La maçonnerie n'a pas seulement la supériorité d'une durée à peu près indéfinie si les mortiers sont bons et si les pierres de parement ne sont pas gélives ; elle dispense des sujétions souvent gênantes que présentent les ouvrages en fer pour la pose de la voie, et surtout, en cas de déraillement, elle offre beaucoup moins de dangers ; enfin les ponts métalliques exigent un entretien et une surveillance qui ne sont pas très coûteux, mais dont l'omission peut entraîner des dangers très graves et parfois de véritables catastrophes. Il ne faut donc jamais, comme on le fait quelquefois, construire des ouvrages métalliques par la seule raison que leur emploi est plus facile ou qu'on a des types tout préparés. Pour les ouvrages ordinaires, comme leur prix de revient diffère peu de celui des ouvrages en maçonnerie, il faut les réserver pour les cas suivants : manque de hauteur, danger de tassement des fondations, possibilité d'un élargissement ultérieur.

La hauteur dont on dispose dépend du profil en long adopté. Si, au moment où on a déterminé le tracé d'une façon définitive, on l'a établi à une hauteur au-dessus de la vallée juste suffisante pour permettre de franchir les chemins au moyen de ponts métalliques, il est bien évident qu'il sera impossible de faire des ponts voûtés en maçonnerie ; c'est donc pendant l'étude du profil en long qu'il faut examiner s'il n'est pas préférable de réserver la hauteur que comportent des ouvrages en maçonnerie. Le choix ne doit être fait en faveur des ouvrages métalliques que si une étude comparative, faite au moment où elle est encore possible, montre qu'il en résulte une économie importante.

Le danger du tassement des fondations peut être un motif sérieux pour rejeter les ouvrages en maçonnerie, car les tassements des culées disloquent nécessairement les voûtes ; mais il ne faut pas exagérer cet inconvénient. Les ouvrages de faible ouverture n'exigent pas un terrain de fondation très sûr, car on peut rendre les culées solidaires au moyen d'un radier général ; les fondations n'ont plus alors d'effet destructif sur l'ouvrage qui forme un seul bloc. Pour les ouvrages importants, il faut en général chercher à tout prix une bonne fondation, même si on emploie le métal. C'est surtout pour les ouvrages moyens, tels que des ponts de huit à vingt mètres, qu'on peut être amené à adopter les tabliers métalliques par des motifs tirés des fondations. Dans tous les cas, si c'est pour cette raison qu'on donne la préférence aux ouvrages métalliques, il faut proscrire absolument les ponts à travées solidaires car une dénivellation en apparence insignifiante des appuis modifie entièrement la répartition des efforts dans le métal.

Enfin, dans certains cas, les ouvrages métalliques offrent des avantages parce qu'ils se prêtent mieux à un élargissement. Par exemple, aux abords des gares, en vue d'un agrandissement futur, on a souvent besoin de se réserver la latitude d'augmenter la largeur d'un pont ; dans ce cas, avec un ouvrage métallique la modification se fait beaucoup plus facilement.

94. — Murs en aile et murs en retour. — Lorsqu'on ne fait pas les ouvrages sous remblai à *culées perdues*, c'est-à-dire noyées dans le remblai, il faut raccorder les culées avec ce dernier. On peut le faire, soit au moyen de murs en retour, soit au moyen de murs en aile.

L'emploi de murs en retour était autrefois très fréquent ; on y renonce de plus en plus, parce qu'ils se disloquent très souvent. On commet en effet une erreur complète en croyant que le quart de cône soutient le mur en retour par sa poussée et fait ainsi équilibre à une partie de la pression des terres placées derrière ce mur : la terre sèche pousse très peu, quelquefois même pas du tout, tandis que la terre humide pousse d'autant plus qu'elle est plus humide. Or la terre du quart de cône est toujours sèche au droit des murs parce que la surface de séparation plane que forme le parement est un drain excellent ; au contraire, la terre emprisonnée entre les murs en retour est presque toujours humide, parce que l'eau ne peut en sortir que très difficilement ;

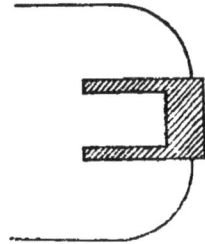

Fig. 41.

il faut donc, si l'on veut avoir des murs en retour solides, leur donner l'épaisseur de murs de soutènement, ou bien remplir avec des moellons qui ne donnent pas de poussée le vide existant entre eux, ou enfin transformer en puits l'intérieur de la culée en la fermant en arrière par un mur transversal. Dans ce dernier cas on remplit le vide de sable ou de débris de pierres, ou bien on le recouvre par une voûte. Mais les murs en aile sont alors généralement plus économiques.

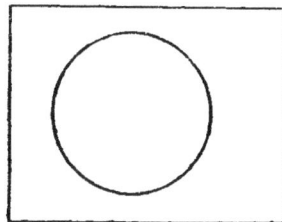

Fig. 42.

Les murs en retour offrent un autre inconvénient,

on raidit souvent le talus du quart de cône en établis-

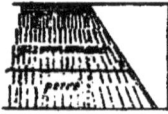

Fig. 43.

sant un perré à la base, et en gazonnant la partie supérieure. Mais il arrive en général que le perré se déforme ; comme en outre le remblai tasse,
l'extrémité du mur en retour finit par
se déchausser. La terre molle que l'on rapporte pour
rétablir le talus ne tient pas ; et on est en fin de compte
obligé de refaire les gazonnements. Cela ne veut pas
dire qu'il faille proscrire absolument sans examen les
murs en retour. Dans cette question, comme dans bien
d'autres, les règles absolues conduisent à des erreurs.
Ainsi lorsque les fondations sont très difficiles, il vaut
presque toujours mieux adopter les murs en retour, qui
permettent d'avoir un massif ramassé, que les murs en
aile qui obligent à prolonger assez loin de la culée des
fondations étroites et allongées. Dans les terrains vaseux de quelque profondeur, l'emploi des murs en aile
serait le plus souvent une faute, car leur forme les rend
peu propres à résister aux pressions dissymétriques.

La forme la plus simple pour les murs en aile est la

Fig. 44.   Fig. 45.

forme droite en prolongement des
culées ; elle s'applique très bien
aux aqueducs ; mais une forme
évasée est le plus souvent préférable pour les chemins et les ponceaux. S'il s'agit d'un chemin, elle
atténue les dangers de l'étranglement que présente
presque toujours le passage entre les culées ; s'il s'agit
d'un cours d'eau, elle facilite l'entrée des eaux en temps
de crue.

Dans beaucoup d'ouvrages anciens, l'évasement a été
obtenu en construisant les murs en aile en courbe con-

cave. Cette forme n'est pas rationnelle, car le mur en aile ne fait nullement voûte comme on l'a dit quelquefois ; de plus elle est coûteuse, car elle augmente inutilement le développement des parement et des angles et elle laisse aux abords de l'ouvrage des coins vides qui sont trop souvent des dépôts d'immondices.

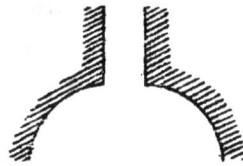

Fig. 46.

La forme droite indiquée par la figure ci-contre est meilleure : la construction est simple, et les parements sont réduits au minimum ; certains Ingénieurs donnent un fruit aux murs en aile, ce qui les conduit à laisser en parement, à l'angle de la culée, un triangle dont la pointe est en bas ; cela est cher parce qu'il faut beaucoup de pierre de taille, et, à notre avis, du moins, d'un effet peu satisfaisant.

Fig. 47.   Fig. 48.

La forme la plus rationnelle et la plus simple consiste à faire les murs en aile courbes et convexes. On prolonge la face de la culée par un arc de cercle qui lui est tangent. Les abords sont ainsi bien dégagés et on supprime au raccordement de la culée et du mur un angle qui est toujours plus ou moins laid et qui exige l'emploi de pierre de taille ; cette dernière n'est plus utile que pour le rampant des murs en aile, et encore peut-on se borner à couronner le mur au moyen de moellons en hérisson ou de pierres de petit échantillon à faces planes ; il suffit pour cela de substituer à l'ellipse qui forme l'intersection théorique du mur en aile et du talus une hélice qui en diffère

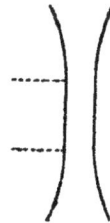

Fig. 49.

très peu, et qui permet de tailler les faces du couronnement du mur en aile comme surface de vis à filet carré.

Lorsque l'ouvrage à construire est un pont métallique, on peut simplifier encore la forme des maçonneries en terminant la culée à sa face arrière par un plan
vertical ; on obtient ainsi au droit des murs
en aile des épaisseurs variables avec la hauteur, et la construction est extrêmement facile. Les épaisseurs aux différents points ne
sont pas exactement celles que donnerait le

Fig. 50.   calcul ; mais on peut diminuer un peu l'épaisseur théorique de la culée au milieu, parce qu'elle est
soutenue par les murs en aile avec lesquels elle forme
un massif unique. On a un peu de surépaisseur à cause
de la forme verticale des deux parements, qui est moins
avantageuse que la forme avec fruit, mais cet inconvénient est compensé par la simplicité et la solidité de la
construction. Dans les ouvrages voûtés, l'épaisseur des
culées est trop forte pour qu'on puisse adopter la même
forme, mais on réalise encore des surfaces très simples
en limitant la culée et les murs en aile qui lui font suite
par un plan incliné unique.

On termine les murs en aile à leur extrémité par un
dé en pierre de taille lorsqu'il s'agit de ponts sur des
chemins ; lorsqu'il s'agit de cours d'eau, par une murette en retour sur laquelle vient s'appuyer le talus de
ce cours d'eau, ou par un dé vertical sur lequel s'appuie un talus en forme de paraboloïde hyperbolique.

II. — OUVRAGES DESTINÉS A ASSURER L'ÉCOULEMENT DES EAUX.

95. — **Etude du débouché**. — Les ouvrages d'art
pour l'écoulement des eaux doivent donner un débou-

ché non seulement aux eaux habituelles, mais aussi à celles qui peuvent affluer dans des cas extraordinaires ; autrement, on risque de voir la ligne submergée et coupée. Dans les régions torrentielles notamment, il est de la plus grande importance de recueillir des renseignements précis sur la hauteur maximum des eaux en temps de crue.

96. — Etude des abords. — Il faut amener les eaux sous l'ouvrage et y faciliter leur entrée. Il arrive souvent qu'un aqueduc dont le débouché est suffisant donne pourtant lieu à des surélévations anormales, parce qu'il se forme à l'amont des remous qui entravent l'écoulement. D'une manière générale, les eaux qui affluent latéralement diminuent

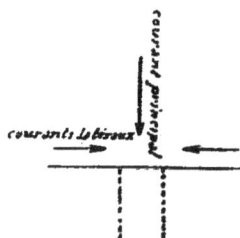

Fig. 51.

le débit, car les courants latéraux coupent le courant principal. En plaine, il y a rarement des difficultés ; si on a des fossés latéraux dont le débit soit important, il suffit de les infléchir au droit de l'ouvrage. Le plus souvent d'ailleurs, on dévie les fossés et les petits cours d'eau pour leur faire traverser normalement la ligne.

En pays accidenté, si la ligne est à flanc de coteau, on fait soit un puisard à l'amont, soit un radier incliné ; il faut éviter avec soin que l'aqueduc soit obstrué par le gravier et le limon qu'entraînent les eaux. On ne doit pas oublier à ce propos que, si les agents de chemins de fer surveillent et entretiennent avec grand soin la voie et tout ce qui est aux abords, il est beaucoup plus difficile d'obtenir d'eux une surveillance et un entretien satisfaisants des ouvrages qui ne sont pas visibles de la plateforme.

10

A la sortie d'un aqueduc, il faut diriger les eaux de façon à les rendre inoffensives. Dans certains cas, assez fréquents dans les pays secs, il n'y a pas de ruisseau proprement dit dans le thalweg ; l'eau n'y coule qu'en temps d'orage et elle s'étend alors sur une grande largeur. On est obligé, pour le passage du chemin de fer, de barrer le thalweg en réservant seulement le débouché nécessaire pour l'écoulement du débit maximum prévu ; mais il faut alors donner à l'ouvrage une grande largeur pour éviter à la sortie les ravinements que produirait une vitesse excessive des eaux.

En pays accidenté, on termine les aqueducs à l'aval par des chutes ou des rapides en maçonnerie. C'est surtout en pareil cas que l'application des types exige beau · coup de discernement, et que l'étude des ouvrages demande à être faite sur un plan coté, détaillé et relevé avec soin. Sans cela, bien qu'on n'ait pas à craindre en général des mécomptes très graves, on peut, tout au moins, commettre des fautes grossières.

97. — Buses. — Lorsque la quantité d'eau à écouler est très faible, on se sert souvent de buses. Ce sont des tuyaux en fonte ou en mortier de ciment ; lorsque ces derniers sont placés sous la voie, on les entoure de béton.

Les buses sont excellentes sous les chemins latéraux et pour la traversée des fossés de chemin de fer aux abords des passages à niveau. Sous la voie, elles ont l'inconvénient d'être exposées à se briser lorsqu'elles sont en ciment, et d'être plus difficiles à réparer que les aqueducs. Dans tous les cas, en vue d'en faciliter le nettoyage, il ne faut jamais leur donner un diamètre inférieur à 0m 40, sauf pour les voies de tramways.

98. — Aqueducs et ponceaux en maçonnerie. — Un
aqueduc doit toujours être assez grand pour que l'on
puisse y pénétrer pour le curer et, s'il est recouvert de
remblai, pour le réparer. Le minimum en hauteur
comme en largeur est de 0^m 40. Il faut porter cette hauteur à 0^m 60 si le remblai qui recouvre l'aqueduc a une
importance moyenne et à 1^m sous les grands remblais,
parce que la longueur de l'aqueduc croît avec la hauteur du remblai et que les difficultés du curage et des
réparations des parements, telles que les rejointoie-
ments ou le remplacement de matériaux brisés, augmentent pour une même section avec la longueur de
l'ouvrage.

Dans les pays où on dispose de bonne pierre de taille, on peut employer les aqueducs dallés ; leur section
intérieure est rectangulaire et ils sont formés de deux
piédroits recouverts par des dalles en pierre de taille ;
la largeur de 0^m 80 est en général une limite supérieure, à moins qu'on ne dispose de dalles exceptionnelles.

On ne fait pas d'aqueducs voûtés dont l'ouverture
soit inférieure à 0^m 60. Lorsqu'ils sont sous un remblai
élevé, la longueur de la partie voûtée est d'autant plus
petite que la hauteur sous clef est plus grande ; il y a
donc une étude à faire pour savoir à quelle hauteur
correspond le maximum d'économie. La comparaison
montre presque toujours qu'il y a intérêt à adopter la
hauteur correspondant au débouché et à remblayer au-
dessus. Dans tous les cas, il faut recouvrir la voûte d'au
moins 0^m 20 de terre. L'épaisseur de 0^m 20 n'est plus
suffisante s'il s'agit d'un remblai élevé, car le tassement
du remblai aux abords entraîne en général au bout
d'un certain temps un abaissement de la voie, et alors

il ne reste plus une épaisseur assez grande de terre ou de ballast éntre la chape de la voûte et le dessous des traverses.

Lorsqu'un aqueduc supporte un remblai, on donne à la voûte et aux culées des épaisseurs croissant avec la hauteur de terre correspondante ; les maçonneries sont donc moins épaisses aux extrémités qui affleurent les talus que dans la partie médiane où le remblai a toute sa hauteur.

Quelquefois, et notamment lorsque le remblai est en sable, il peut se produire des infiltrations entre le remblai et les maçonneries. On évite cet inconvénient, lorsqu'on a lieu de le redouter, en construisant autour des culées et de la voûte un ou deux massifs de 0^m 40 d'épaisseur faisant saillie autour du corps de l'ouvrage vers le milieu et formant collerette.

On construit la plupart du temps les aqueducs sur radier. Le radier sert à relier les culées et à empêcher les affouillements du plafond en cas d'écoulement abondant ; il sert aussi, au cas où on ne peut pas fonder sur le solide, à répartir sur une large surface le poids de l'ouvrage. Mais lorsqu'on peut fonder les culées sur un terrain solide, le radier est inutile et on peut, soit le supprimer, soit le remplacer par un pavage. En général, il est bon de préserver les aqueducs qui ne sont pas fondés directement sur un terrain non affouillable par un *mur de garde* construit à l'amont. Ce mur a en outre pour effet d'empêcher les eaux de s'infiltrer sous le radier. On l'établit en avant du radier et on le fait descendre au-dessous du niveau le plus bas des affouillements que l'on peut prévoir, en lui donnant de 0^m 40 à 1^m d'épaisseur selon sa hauteur. On fait aussi des murs de garde à l'aval, mais ils sont moins utiles et leur profondeur doit être moindre, parce que, à la sortie de l'aqueduc, les eaux trouvent un débouché plus grand qui leur permet de s'épanouir et par suite ne produisent pas d'affouillements.

Lorsque les aqueducs sont chargés d'une épaisseur de remblai assez forte, s'ils ne sont pas fondés sur le terrain solide, il arrive souvent soit qu'ils s'enfoncent, soit surtout qu'ils se cassent ; ce dernier effet est presque inévitable parce que le milieu, soumis à une charge plus forte que les côtés, s'abaisse davantage ; mais il a peu d'inconvénients, si l'enfoncement est faible. Il est même arrivé quelquefois que des aqueducs se sont entièrement enfoncés dans le sous-sol. On en est quitte alors pour les refaire ; mais il vaut mieux évidemment prévoir ce cas si on le peut et augmenter la surface d'appui de l'aqueduc en le fondant par exemple sur une couche épaisse et large de sable.

Les aqueducs et ponceaux en maçonnerie se font en plein cintre, en anse de panier ou en arc de cercle ; on les accompagne, en général, de murs en aile. Même lorsqu'on dispose d'une hauteur suffisante pour adopter le plein cintre, il y a très souvent avantage à faire la voûte en arc de cercle à cause des facilités de construction qui en résultent : on peut, en effet, si le rayon moyen est assez grand, maçonner la voûte avec de simples moellons dressés en forme de parallélipipèdes en regagnant sur l'épaisseur des joints la différence du développement de la voûte à l'intrados et à l'extrados. Avec le plein cintre, au contraire, si l'ouverture est petite, cette différence est trop forte pour pouvoir être compensée par cet artifice et, si on emploie des moellons d'appareils, il faut les tailler spécialement en leur donnant une section trapézoïdale.

Dans les remblais élevés, il y a intérêt à faire les aqueducs en forme d'œuf comme les égouts ; on peut ainsi diminuer l'épaisseur des culées dont la forme se prête, mieux que la forme droite, à la résistance aux poussées latérales.

On emploie souvent, lorsqu'un débouché important est nécessaire, le type dit à *culées perdues,* formé d'une voûte dont les culées sont noyées dans le remblai. Ce type a plusieurs avantages : il est d'une construction fort simple, son débouché augmente avec la hauteur des eaux, ce qui est fort important en cas de crue, il donne le minimum de parement vu, enfin on peut, en cas de besoin, aug-menter dans une forte proportion

Fig. 52.

son ouverture libre en mettant à nu les culées et en y ajoutant des murs en aile soutenant le remblai. Avec des fondations ordinaires, il devient économique lors-que l'ouverture utile atteint environ 8 mètres ; mais il y a un calcul à faire dans chaque cas pour tenir comp-te des fondations. Il faut aussi, lorsque la pente du cours d'eau est forte, tenir compte des dépenses à faire pour protéger le remblai contre les corrosions et pour éviter la production de courants latéraux qui pour-raient causer des affouillements.

99. — Aqueducs à poutres métalliques. — Les aque-ducs à poutres métalliques ne sont à recommander que lorsqu'on manque absolument de hauteur.

Il faut, dans tous les cas, éviter les systèmes qui al-tèrent la continuité de la pose de la voie et surtout les types spéciaux qu'on a employés autrefois et dans lesquels on faisait entrer la résistance du rail lui-même en ligne de compte pour franchir la portée.

Les observations à faire au sujet des fondations sur radier, des murs de garde et des murs en aile sont les mêmes pour les aqueducs à poutres métalliques que pour les aqueducs en maçonnerie.

100. — Ouvrages accessoires dans les vallées larges. — Lorsqu'un chemin de fer traverse une vallée large, on a souvent à établir, en dehors des ponts sur la rivière et sur les bras importants, des ouvrages accessoires qui sont soit des aqueducs sur les fossés, soit des ponts de décharge pour les eaux d'inondation. Il faut, pour la construction de ces ouvrages tenir compte non seulement des conditions normales dans lesquelles ils doivent fonctionner, mais encore du régime des eaux en temps de grande crue. S'il s'agit d'une rivière endiguée, comme la Loire, il faut même prévoir le cas où les digues seraient rompues.

Le remblai de la ligne forme en travers de la vallée un barrage qui, en temps d'inondations, occasionne en général une forte dénivellation entre les eaux d'amont et celles d'aval ; les ouvrages accessoires, à moins qu'on ne fasse des ponts de décharge à très grand débouché, ne modifient pas sensiblement cette situation. Il se produit alors sous ces ouvrages des courants violents qui peuvent les affouiller ; il est donc nécessaire de construire un radier général et un mur de garde solide à l'amont. Le pied du remblai doit également être protégé par un perré contre l'effet des courants latéraux et des remous.

101. — Protection des remblais contre les eaux des rivières. — A la suite des ouvrages destinés à assurer l'écoulement des eaux, on peut placer ceux qui sont destinés à protéger le chemin de fer contre les eaux des rivières. Les perrés dont nous venons de parler rentrent dans cette catégorie ; ils doivent souvent être prolongés sur une grande partie de la largeur de la vallée parce que, au moment de la décrue, les courants se produisent sur une grande longueur et sont souvent très violents.

A partir d'une certaine distance du thalweg, on peut substituer aux perrés des gazonnements et surtout des plantations d'acacias ou d'osiers qu'il est bon de pousser jusqu'à 3 mètres ou 4 mètres en avant du pied du remblai afin de créer un obstacle aux courants. Comme ces derniers sont moins à craindre à partir d'une certaine hauteur, le procédé des plantations est encore applicable dans la partie la plus exposée pour le haut du remblai, le bas restant perréyé.

Les moyens que nous venons d'indiquer protègent les talus non seulement contre les courants, mais aussi contre le batillage des eaux qui souvent est encore plus nuisible. Dans certains cas, comme par exemple, lorsque le remblai est en sable fin, il est nécessaire, dans toute la partie exposée aux courants violents, de prolonger le perré jusqu'en haut du remblai.

Les perrés peuvent être faits en maçonnerie ou à pierres sèches. La pierre sèche, qui procure une économie notable puisqu'il s'agit de grandes surfaces, est en général suffisante. Si le remblai est en terre et homogène, il n'y a pas à se préoccuper des infiltrations, parce que son épaisseur est assez grande pour que leurs effets ne soient pas à craindre ; mais il faut placer sous le perré une couche de pierre cassée ou de gravier pour protéger la terre contre le batillage des eaux. Si on omet cette précaution, le perré se déforme pendant les crues et on s'expose à être obligé de le reconstruire.

III. — OUVRAGES DESTINÉS AU RÉTABLISSEMENT DES COMMUNICATIONS.

A. — Ponts par dessous.

102. — Dimensions réglementaires. — Les cahiers des charges fixent pour les ponts par dessous des lignes à voie normale les dimensions suivantes :

Largeur entre parapets : 4ᵐ 50 pour les lignes à voie unique et 8ᵐ pour les lignes à double voie.

Hauteur minimum des parapets : 0ᵐ 80.

Hauteur libre : 5ᵐ sous clef pour les ouvrages voûtés et 4ᵐ 30 sous poutre pour les ouvrages métalliques à poutres droites.

Ouverture : 8ᵐ pour les routes nationales, 7ᵐ pour les routes départementales, 5ᵐ pour les chemins de grande communication et 4ᵐ pour les chemins vicinaux.

Pour les lignes à voie étroite, il n'y a naturellement que la largeur entre parapets qui change, et qui, pour la voie de 1ᵐ, est de 3ᵐ, 50 à 4ᵐ.

Les dimensions de 8ᵐ, 7ᵐ, 5ᵐ et 4ᵐ pour la largeur à réserver aux chemins ne sont pas absolues, elles peuvent varier avec l'importance de ces voies de communication. Dans l'intérieur et aux abords des villes, notamment, on peut avoir à faire des ouvrages de dimensions exceptionnelles.

103. — Etude des abords. — On est souvent conduit

à dévier les chemins ou les routes à la traversée du
chemin de fer ; mais il ne faut pas systématiquement
faire des déviations dans le seul but d'obtenir une traversée normale. Souvent les frais qu'occasionnent l'acquisition du terrain et l'exécution de la déviation sont
équivalents au supplément de dépense qu'entraîne la
construction d'un pont biais. Dans tous les cas, il faut
éviter les coudes brusques qui empêchent les conducteurs de voitures de s'apercevoir avant de s'engager
sous le pont.

On doit donner au profil en long du chemin une
pente continue sous l'ouvrage et aux abords ; sans cette
précaution, il se formerait un cloaque sous le pont.
Pour faire passer les eaux des fossés ou des caniveaux
d'un côté à l'autre du chemin de fer, on place quelquefois sous les trottoirs de petits aqueducs maçonnés ;
mais ces aqueducs ont l'inconvénient de s'engorger très
facilement à cause de leur faible section et d'exiger un
nettoyage dispendieux, parce qu'on est obligé, pour le
faire, de démolir les trottoirs ou d'en enlever les dalles.
Lorsqu'on le peut, il vaut mieux, si l'eau est en abondance, et surtout si elle est boueuse, ménager dans la
culée même un aqueduc, auquel on donne une section
suffisante pour le passage d'un homme ; mais ce système n'est pas applicable avec les murs en aile qui sont
les plus usités pour les ponts par dessous. — La plupart du temps, comme les ponts par dessous sont habituellement établis dans des vallées ou des bas-fonds qui
comportent des aqueducs pour l'écoulement des eaux
du thalweg, on peut diriger les eaux de la route vers
ce thalweg en établissant au besoin un fossé spécial au
pied du talus du chemin de fer : il ne reste plus alors à
faire passer sous le chemin de fer que les eaux de pluie

reçues par la route aux abords, et les caniveaux placés le long des trottoirs y suffisent.

On a quelquefois intérêt à réunir sous un seul ouvrage le chemin et le ruisseau qui donne écoulement aux eaux du thalweg.

104. — Ponts en maçonnerie. — La forme des ponts en maçonnerie varie avec les circonstances locales et surtout avec la hauteur dont on dispose. Nous avons déjà parlé des murs en aile, des murs en retour, et du type à culées perdues. Nous avons également donné les principales indications pour ce qui concerne les ouvrages sous remblai à propos des aqueducs.

Les chapes des ponts sur routes doivent être soignées tout particulièrement, et le mieux est de les faire en asphalte ; les ouvrages sous lesquels il pleut sont insupportables pour les passants.

105. — Ponts en métal. — Pour les ponts par dessous en métal on n'emploie plus aujourd'hui la fonte, non seulement par raison d'économie, mais encore par raison de sécurité ; elle est exposée à se briser aussi bien sous l'influence des variations de température que sous le passage des trains.

On emploie presque toujours les poutres droites : lorsqu'on manque de hauteur, on les fait à caisson. Deux poutres jumelles forment une caisse longitudinale dans laquelle on loge une longrine pour supporter le rail. Il ne faut pas abuser des poutres à caisson ; elles sont une sujétion pour la pose de la voie ; mais dans tous les cas, le caisson doit être évidé à la partie inférieure, et non plein comme on le faisait autrefois. On

obtient facilement ce résultat au moyen de deux poutres en U juxtaposées et reliées
simplement de distance en distance par des entretoises. Les
entretoises doivent être très solides et surtout solidement atta-
chées ; car chacune d'elles porte,
à un moment donné, le poids entier de chacune des roues qui
passent sur le rail. On peut d'ailleurs faire ici une remarque
commune à tous les ouvrages métalliques. Les éléments qui sont
appelés à recevoir directement le
poids d'une roue ou d'un essieu

Coupe AB

Coupe CD

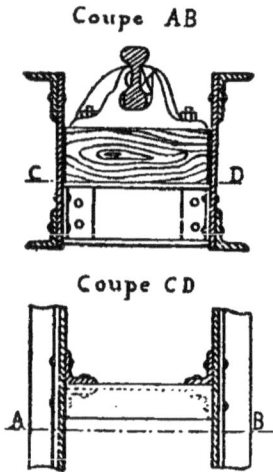

Fig. 53.

doivent être, proportionnellement, beaucoup plus robustes que ceux qui ont à supporter l'ensemble d'une
partie d'un train ou même simplement de la machine.
Nous verrons en effet plus loin que, par suite des effets
dynamiques, l'effort exercé par une roue ou par un essieu sur le rail peut, dans certains cas, atteindre et même
dépasser le double de la charge statique.

Lorsqu'on le peut, il convient de disposer les poutres
métalliques de manière à ce qu'on puisse y poser la voie
sur traverses ; contrairement à une idée assez répandue,
la pose sur traverses est très supérieure à la pose sur
longrines, parce qu'elle entretoise les rails et maintient
leur écartement.

Le platelage se fait aujourd'hui en tôle striée et non
en bois : l'entretien est plus économique et le platelage
en tôle constitue un entretoisement rigoureux qui peut
permettre de simplifier les pièces accessoires. On peut
aussi employer pour les platelages la tôle ondulée gal-

vanisée, qui coûte moins cher, et qui a l'avantage d'être beaucoup plus rigide que la tôle striée, et par suite de rendre inutiles les supports spéciaux entre les entretoises du pont. La tôle ondulée doit être à ondes étroites, de telle sorte que les agents qui ont à traverser le pont à pied puissent y marcher d'aplomb et sans fatigue.

B. — Ponts par dessus.

106. — Dimensions réglementaires. — Aux termes des cahiers des charges, l'ouverture minimum entre culées pour les ponts par dessus des lignes à voie normale doit être de $4^m 50$ si la ligne est à une voie, et de 8^m si la ligne est à deux voies. Ces dimensions correspondent à un centimètre près à une largeur libre de $1^m 50$ en dehors du rail.

La hauteur libre au-dessus des rails extérieurs de chaque voie ne doit pas être inférieure à $4^m 80$. Il est très important d'exécuter rigoureusement cette prescription, car des ponts construits avec une hauteur trop faible ont causé la mort de gardes-freins sur des trains en marche.

Les largeurs entre parapets admises pour les routes et chemins, à la traversée des ouvrages, sont les mêmes que pour les ponts par dessous. soit : 8^m pour les routes nationales, 7^m pour les routes départementales, 5^m pour les chemins de grande communication, et 4^m pour les chemins ordinaires.

Pour les lignes à voie de un mètre, on admet une largeur de $3^m 90$ à 4^m entre culées pour les ouvrages à une voie, et une hauteur libre de $4^m 30$ au-dessus du rail.

107. — Etude de l'emplacement et des abords. — L'étude de l'emplacement et des abords est ordinairement simple pour les ponts par dessus. On cherche pour le passage un point où la hauteur au-dessus de la voie soit suffisante, quitte à dévier le chemin. Si la hauteur est insuffisante, on rachète la différence de niveau en mettant le chemin en remblai et en rampe aux abords de l'ouvrage.

108. — Ponts en maçonnerie. — Dans l'intérêt de l'exploitation, il faut chercher, sous un pont par dessus, à dégager la vue autant que possible. A cet égard, la largeur de $4^m 50$ est très faible pour les lignes sur lesquelles des trains peuvent circuler à grande vitesse, pour peu qu'on soit en courbe. Ce motif de visibilité a beaucoup contribué à faire adopter le type à *culées per-dues* qui remplit parfaitement cette condition et qui est aujourd'hui d'un usage général. Le surbaissement de la voûte varie avec la nature et la profondeur des fondations ; en général, il y a avantage à ne pas dépasser de 1/4 à 1/6. Dans les tranchées très profondes, il faut examiner s'il n'y aurait pas économie à faire un viaduc à trois arches.

Il est utile d'évaser les tympans des ponts par dessus de chaque côté de la clef ; cette disposition offre deux avantages : elle facilite l'entrée du pont aux voitures, et elle supprime les ravinements qui se produisent aux abords des murs droits qui coupent les talus de déblais. Il est bon d'ailleurs de continuer les parapets sur une certaine longueur par des banquettes en terre pour protéger le talus du chemin de fer contre l'écoulement des eaux venant du chemin.

La précaution que l'on prend souvent de perréyer le

talus sous le pont et le long des tympans est le plus souvent inutile, au moins lorsque le talus est à pente douce.

Les ponts par dessus ont besoin de parapets solides, pour lesquels la maçonnerie convient le mieux ; en outre, à moins qu'il ne s'agisse d'un chemin de très peu d'importance et d'abords bien dégagés, il est prudent de placer des trottoirs assez élevés des deux côtés de la chaussée; ces trottoirs rendent beaucoup plus efficace l'effet des parapets dans le cas où un cheval, traversant le pont au moment du passage d'un train, vient à s'effrayer.

109. — Ponts en métal. — Les ponts en métal ont l'avantage d'exiger une hauteur moindre que les ponts en maçonnerie. Comme pour ceux-ci il faut leur donner une largeur notablement supérieure à la largeur réglementaire pour bien dégager la vue. Il y a d'ailleurs le plus souvent intérêt à le faire, même sous le rapport financier, grâce aux bas prix actuels du métal, parce que l'économie réalisée sur les culées et les murs en retour, lorsque le terrain est bas, compense, et au-delà, la dépense résultant de l'allongement du tablier. Il y a dans chaque cas une comparaison à faire, mais il faut toujours tenir compte des avantages qu'offre le dégagement de la vue.

Lorsque le terrain sur les flancs de la tranchée ne se prète pas à une bonne fondation, et notamment lorsqu'il est formé de mauvaise argile, on peut, comme l'a fait la Compagnie de l'Est sur la ligne de Gretz à Coulommiers, employer le système cantilever pour éviter d'avoir à construire des culées coûteuses. Le pont est alors formé de parties droites reposant sur deux pi-

les, et prolongées, en portée à faux, de chaque côté jusqu'à la rencontre des talus. La fondation des piles, qui
ne supportent aucune poussée et dont la charge est uniformément répartie, offre moins de difficultés que celle des culées, et on a d'ailleurs plus de chances de trouver un terrain solide au fond de la tranchée que sur ses

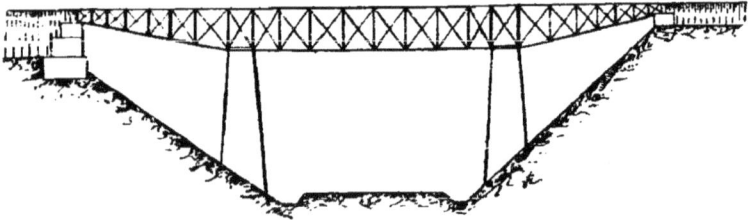

Fig. 54.

côtés. On peut avec un faible supplément de dépense donner aux poutres une section constante et supprimer ainsi
l'effet disgracieux produit par la forme trapézoïdale des
parties en portée à faux. Le système que nous venons
d'indiquer est d'autant plus rationnel que, dans les poutres continues, les pressions sur les culées deviennent,
dans certains cas, nulles ou négatives, lorsque le rapport de la longueur des travées de rive à celle des travées intermédiaires est faible.

On a fait autrefois beaucoup de ponts par dessus en
arcs en fonte ; on n'en fait plus guère, quoiqu'ils se
comportent bien lorsqu'ils ont été bien construits. Aujourd'hui on emploie à peu près exclusivement les ponts
en fer à poutres droites, qui n'exigent qu'une faible
hauteur et qui réduisent les maçonneries au minimum
puisque la poussée est nulle.

Dans les ponts à poutres droites, les poutres principales se placent soit sous la chaussée, soit latéralement ;
au point de vue économique, le choix à faire dépend

du rapport entre la largeur de l'ouvrage et sa portée. Lorsqu'il n'y a pas de considération importante d'économie en jeu, il vaut mieux placer les poutres principales latéralement, parce qu'elles forment alors de solides parapets, ou tout au moins de solides chasse-roues; cette disposition permet d'ailleurs de gagner de la hauteur dès que l'ouverture devient un peu forte.

Il est important, dans les ponts pour routes, de ne pas noyer les pièces principales dans des voûtes en briques ou dans du béton, et de laisser entre les poutres de rive et les chapes, voûtes, chaussée, etc., un vide pour la circulation de l'eau et l'entretien de la peinture.

Pour l'écoulement des eaux, on peut faire des aqueducs soit devant les culées soit dans les culées mêmes.

C. — Passages à niveau.

110. — Conditions réglementaires. — En général les seules conditions imposées par les cahiers des charges pour les passages à niveau sont les suivantes : les rails doivent être posés sans saillie ni dépression sur la surface du chemin, et le croisement ne doit pas se faire sous un angle inférieur à 45°.

L'obligation de poser les rails sans saillie ni dépression est interprétée habituellement comme entraînant la pose de contre-rails à la traversée du passage à niveau ; le contre-rail est placé parallèlement au rail de manière à former une ornière de 5 à 7 centimètres ; à ses extrémités il est recourbé de manière à faciliter l'entrée des roues. Au point de vue de la circulation du matériel, il y a avantage à augmenter la largeur de l'ornière, mais à un autre point de vue, il y a avantage à la diminuer, pour que les talons des piétons et les sabots des animaux de petite taille aient moins de chance de s'y engager et de s'y coincer. En France, les contre-rails sont presque toujours des rails ordinaires coudés à leurs extrémités ; en Allemagne, ce sont des lisses en bois renforcées au besoin par des cornières le long des arêtes.

L'obligation de ne pas faire le croisement sous un angle inférieur à 45° s'explique d'elle-même : si l'angle était plus faible, les chevaux et les bestiaux pourraient trop facilement s'engager sur la voie qui forme piste, au lieu de suivre le chemin. L'angle de 45° lui-même doit être considéré comme une limite extrême dont il faut éviter de se rapprocher, et on doit chercher autant que possible à faire des traversées normales ou à peu près.

111. — Etude de l'emplacement et des abords. — On est très souvent obligé de dévier les chemins ou de modifier leur profil pour les amener à traverser la voie à niveau. Les cahiers des charges indiquent des limites de déclivités. Ces limites dépendent en outre de la configuration de la contrée traversée par le chemin de fer ; la déclivité de cinq centimètres par mètre, qui est exceptionnelle dans certaines régions, est dans d'autres notablement au-dessous du maximum habituellement admis ; il faut en outre se donner une limite pour les rayons des courbes, et il est bon de ne pas admettre moins de 25^m pour les routes importantes et de 15 mètres pour les chemins secondaires. Il arrive très souvent que des chemins déviés ou des chemins latéraux viennent aboutir à un passage à niveau en longeant le chemin de fer ; il est mauvais qu'en ce point les voitures aient à tourner brusquement, et cela est tout à fait dangereux lorsque les passages ne sont pas gardés, parce que les charretiers peuvent alors s'engager sur la voie, sans avoir le moyen de s'assurer qu'aucun train n'est en vue dans la direction qu'ils viennent de suivre.

Il est sage de réserver de chaque côté du passage un palier sur le chemin. Si celui-ci est en rampe aux a-bords, le palier permet aux voitures d'attendre sans fatiguer le cheval ; si le chemin est en pente, le palier évite que les voitures entraînées par la gravité ne soient jetées contre les barrières ou même sur la voie.

Il n'est pas possible de fixer des limites pour les longueurs des paliers et pour les déclivités aux abords des passages. Elles dépendent de la configuration du pays, de l'importance du chemin de fer, etc.

112. — Disposition des passages. — Autrefois. on pavait généralement la chaussée à la traversée du chemin de fer. Il vaut beaucoup mieux l'empierrer. Il n'y a pas, entre les traverses de la voie et le dessus des rails dont le niveau correspond à celui de la chaussée, une hauteur suffisante pour permettre d'établir un pavage dans de bonnes conditions ; les pavés qui reposent sur les traverses ne tassent pas. tandis que les autres tassent ; enfin pour maintenir la voie en bon état, il faut de temps en temps la dégarnir afin de bourrer les traverses. et les ouvriers de la voie. qui n'ont ni l'habileté ni les outils des paveurs, remettent les pavés en place très maladroitement. Ces inconvénients n'existent pas avec un simple empierrement ; à chaque réparation de la voie, la chaussée reste bien désagrégée quelque temps, mais le passage des voitures la remet bientôt en état pour peu qu'elle soit entretenue.

Lorsque le chemin de fer et le chemin qui le traverse ne sont pas tous deux en remblai, il faut assurer l'écoulement des eaux de leurs fossés. S'il s'agit de maintenir la continuité des fossés de la voie, on établit sous le chemin de simples tuyaux en poterie, des buses ou des aqueducs de 0^m 40 sur 0^m 40; s'il s'agit des fossés du chemin, on les réunit en général pour n'avoir qu'un aqueduc sous la ligne. La distance minimum prescrite par les décisions ministérielles pour les obstacles de toute nature sur les lignes à voie normale est de 1^m 35 à partir du rail le plus voisin, mais elle ne doit être admise qu'à titre tout à fait exceptionnel; quand il s'agit de barrières, il faut adopter comme minimum normal 1^m 50 c'est-à-dire la largeur réglementaire à réserver au voisinage des ouvrages d'art. Il y a tout intérêt à éloigner les barrières de manière à ce qu'elles ne risquent pas de former un obstacle sur la voie, dans le cas où un accident tel que le choc d'une voiture viendrait à les fausser et à les rejeter à l'intérieur du chemin de fer; en outre, une charrette surprise par un train sur le passage peut se garer, si elle en a le temps, lorsque les barrières laissent à cet effet un espace suffisant. On peut reprocher aux barrières trop éloignées d'augmenter la facilité qu'aurait une charrette mal dirigée de s'engager sur la voie, mais on remédie à cet inconvénient au moyen de banquettes en terre placées de chaque côté de la traversée jusqu'au voisinage de la voie. Une bonne distance est celle qui correspond à l'alignement des clôtures en terrain plat, c'est-à-dire de 3^m 50 à 4^m du rail le plus voisin. Lorsque le passage est biais, on place presque toujours les barrières normalement à l'axe du chemin de manière à ne pas les allonger inutilement.

Les barrières à pivot qui sont les plus nombreuses peuvent s'ouvrir soit à l'intérieur soit à l'extérieur. Les avis sont partagés à ce sujet, mais la dernière solution nous paraît préférable ; de cette façon, un véhicule engagé sur la voie, et trouvant la barrière qui lui fait face encore fermée, n'a pas à reculer pour en permettre l'ouverture. Cette simple perte de temps peut suffire à amener un accident au moment du passage d'un train. On a fait à ce système l'objection que les voitures qui s'approchent trop près des barrières pendant leur fermeture doivent reculer pour les laisser ouvrir. Mais pratiquement, il n'y a pas là un inconvénient bien sérieux, et en tout cas, il n'y a aucun danger.

Lorsque le passage est *gardé*, la maison de garde se place dans l'un des quatre angles formés par l'intersection du chemin de fer et du chemin ; on est guidé dans le choix par le terrain dont on dispose, mais il est bon d'établir la maison dans la situation qui permet à la garde-barrière d'apercevoir les trains le mieux possible, même de chez elle et sans ouvrir les fenêtres ; dans les courbes, il vaut mieux la construire en dedans qu'en dehors de la courbe.

Le sol du rez-de-chaussée ne doit jamais être en contre-bas du rail, mais c'est une erreur de croire qu'il ne peut pas être en contre-haut ; au contraire, il faut éviter de déblayer l'emplacement des maisons de garde, si ce n'est de la hauteur nécessaire pour avoir tout autour une plateforme ; la maison est ainsi plus saine et surtout la vue est plus dégagée. On ménage une rampe en pente douce pour l'accès aux barrières.

Les maisons de garde ne doivent pas être placées

trop près de la voie ; il faut au contraire les en éloigner de manière à ce que la garde-barrière, en sortant pour fermer ses barrières, ne risque pas de se précipiter sur le train sans l'avoir vu dans le cas où elle est en retard ; une bonne distance est de 5 à 7 mètres de l'axe du rail le plus voisin. Quelques ingénieurs vont même jusqu'à séparer la maison de garde de la voie par une clôture ; la garde-barrière ne peut alors y pénétrer qu'en faisant le tour par le chemin. Cette précaution paraît excessive ; elle est, dans certains cas, une gêne pour le service.

Les maisons de garde doivent se trouver près du chemin qui traverse la voie, et à portée de celui-ci, car il faut que les charretiers puissent, surtout la nuit, aller demander l'ouverture des barrières en frappant au besoin aux volets.

On annexe en général aux maisons de garde un jardin d'un à quatre ares de superficie et un puits, à moins qu'il n'y ait à portée une bonne eau potable ; on y ajoute des cabinets d'aisance lorsque la maison est dans le voisinage d'un chemin fréquenté ou d'un endroit habité. Il n'est pas nécessaire que le jardin entoure la maison de garde ; il peut être placé dans un des autres angles formés par l'intersection des chemins, et, s'il le faut divisé, en deux parcelles différentes : l'important, c'est que la garde-barrière puisse y travailler sans perdre de vue son passage.

113. — **Barrières**. — *Barrières pivotantes.* — Les barrières se font aujourd'hui exclusivement en fer sur les lignes de quelque importance ; sur les lignes à très petit trafic, on peut sans inconvénient sérieux les remplacer par de simples lisses en bois.

Les barrières en fer ont la forme d'une poutre à treillis ; on double quelquefois le treillis à la partie inférieure par des fers plats pour empêcher le passage des animaux de petite taille. Il faut avoir soin de faire les barrières non seulement assez solides dans le sens vertical, (ce qui est toujours assuré par l'emploi de poutres à treillis), mais encore assez rigides dans le sens transversal : c'est une condition qu'on oublie souvent, et il arrive alors que la barrière *flambe*, et surtout que le moindre choc d'une voiture ou d'un animal emporté suffit pour la tordre.

Lorsque l'ouverture des barrières ne dépasse pas 4 à 5 mètres, elles sont formées d'un seul vantail ; au delà on les fait à deux vantaux ; mais à partir de 7 mètres les barrières roulantes sont préférables.

On accole toujours aux barrières placées sur les chemins publics un portillon qui permet aux piétons de traverser la voie même lorsque la barrière est fermée.

Les barrières pivotantes sont suspendues par des gonds à des poteaux formés soit de fers à U ou à I, soit, la plupart du temps, de vieux rails ; ces poteaux sont encastrés dans des massifs de maçonnerie ou de béton. Il faut avoir soin de laisser la maçonnerie faire une bonne prise avant de pendre la barrière au poteau ; autrement celui-ci se penche et on est presque toujours obligé de le redresser en démolissant une partie de la maçonnerie. L'établissement des barrières à un seul vantail comporte en outre l'établissement de deux autres poteaux, l'un pour la butée de la barrière, l'autre pour la butée du portillon ; enfin on place au point où vient se placer l'extrémité de la barrière lorsqu'elle est ouverte, un arrêt qui sert à la maintenir.

Les barrières à deux vantaux n'ont pas de poteau

de butée : le nombre des poteaux est donc également de trois.

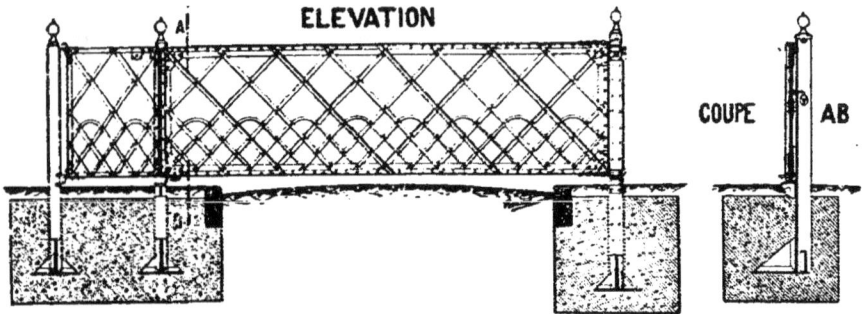

ELEVATION

COUPE AB

Fig. 55.

Les portillons sont disposés de manière à se fermer de *chute*, c'est-à-dire par leur propre poids ; à cet effet la ligne des axes des gonds est placée obliquement par rapport à la verticale, et un butoir empêche le portillon de dépasser la position à partir de laquelle son poids cesse de le ramener à la fermeture. Dans certains pays, on attache beaucoup d'importance à empêcher absolument l'introduction du bétail par les portillons : on place autour de ceux-ci une *crinoline*, c'est-à-dire une clôture en forme de V entre les branches de laquelle se meut leur extrémité : de cette façon la traversée est à peu près impossible aux quadru-

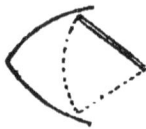

Fig. 56.

pèdes. Les crinolines ont un inconvénient, c'est que le passage est assez mal commode pour les hommes, et leur devient presque impossible s'ils portent des fardeaux lourds.

Barrières roulantes. — Les barrières roulantes sont habituellement formées, comme les barrières pivotantes, de poutres à treillis, mais au lieu d'être suspendues à des gonds, elles sont supportées par des galets de 0^m 40 environ de diamètre placés à la partie inférieure et qui se déplacent sur un *chemin de roulement* formé d'un rail à gorge qui sert à les guider ; chaque barrière est de plus guidée par des poteaux verticaux placés en dehors du passage et munis à leur partie supérieure de galets horizontaux disposés par paires ; quand elle est fermée, chaque barrière est maintenue par un poteau arrêt contre lequel elle vient s'appuyer.

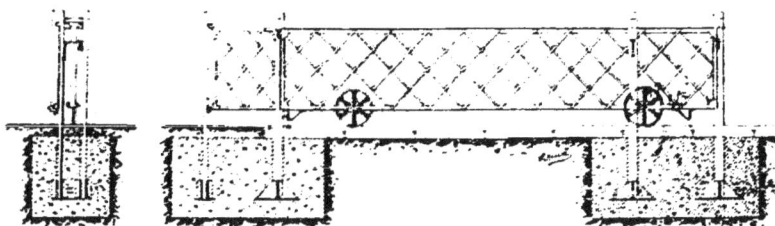

Fig. 57.

Il faut munir les barrières roulantes d'arrêts qui les empêchent de s'échapper de leurs guides, même à fond de course, car autrement la barrière peut tomber sur l'agent qui la manœuvre et le blesser grièvement.

Les barrières roulantes sont comme les barrières pivotantes munies de portillons.

Barrières à bascule. — Les barrières manœuvrées à distance sont presque exclusivement des barrières à bascule : en Allemagne, elles sont formées tout simplement d'un tronc de sapin armé à son extrémité d'un contrepoids en fonte qui tourne autour d'un axe placé environ au quart de sa longueur à partir de sa base ; en France on fait généralement des barrières en fer avec un contrepoids en fonte, elles portent à leur partie inférieure une sorte de rideau articulé formé de

fers plats qui se rabat sur la lisse lorsqu'elle est relevée.

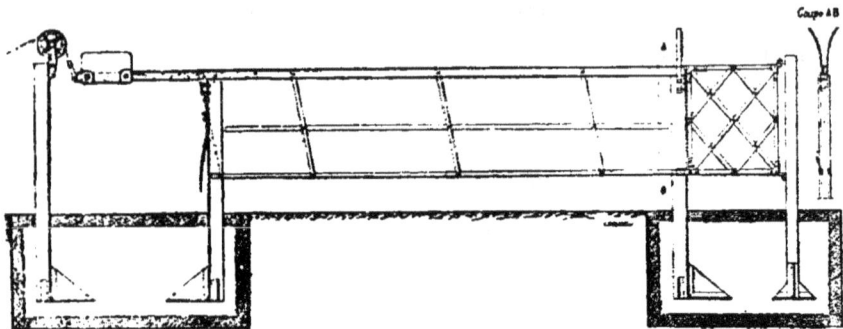

Fig. 58.

Les transmissions sont constituées par un fil de fer ou
mieux d'acier de $1^m/_m$ de diamètre ordinairement, supporté par des poulies reposant sur des piquets; lorsque
les poulies sont fixes, les unes sont verticales, dans les
alignements droits, les autres sont horizontales, dans

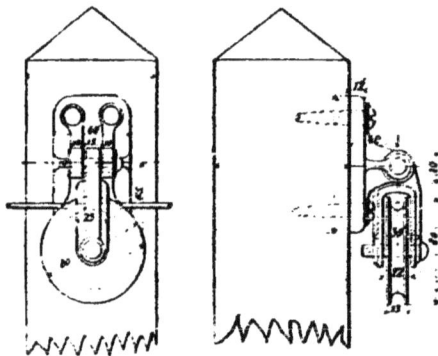

Fig. 59.

les courbes : mais il vaut beaucoup mieux employer les
poulies *universelles* dont la chape est mobile autour
d'un axe qui leur permet de s'orienter d'elles-mêmes.
La longueur des transmissions peut atteindre jusqu'à
800 et même 900^m. Il est très important que les trans-

missions soient bien posées pour que les résistances passives soient faibles. Les agents sont portés à multiplier les poulies, mais il faut se garder de le faire, pour ne pas augmenter les frottements : il suffit largement d'avoir une poulie tous les 20 à 30^m sauf dans les courbes de très faible rayon où on peut les rapprocher davantage. Si on craint que, dans l'intervalle, le fil ne prenne une trop forte flèche, on installe des piquets intermédiaires supportant des crochets dans lesquels on le fait passer. On peut n'avoir qu'une seule transmission pour les deux barrières, en la dédoublant aux abords du passage au moyen de fils posés sous la voie.

La traction nécessaire à la manœuvre de la barrière s'obtient par l'intermédiaire d'un treuil placé à côté de la maison du garde chargé de la manœuvre. Il y a grand avantage à employer des engrenages à vis ; on évite ainsi que le contrepoids de la barrière puisse faire dévirer rapidement le treuil, lors-

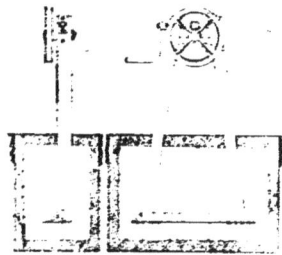

Fig. 60.

que le cliquet est relevé, et blesser l'agent chargé de la manœuvre.

Pour compléter l'installation d'une barrière à bascule, il faut un jeu de deux sonnettes : l'une permettant aux passants de demander l'ouverture des barrières, l'autre permettant à l'agent chargé de la manœuvre d'annoncer qu'il va fermer. On emploie le plus souvent des sonnettes ordinaires actionnées par des fils, en se servant des mêmes piquets de transmission que pour la manœuvre de la barrière ; mais il est bien préférable d'avoir des sonnettes électriques qui s'en-

tendent mieux, ont un fonctionnement beaucoup plus
sûr, et n'exigent qu'un entretien insignifiant.

114. — Maisons de garde. — Il existe aujourd'hui
un type de maison de garde qui est à peu près universellement admis; il se compose d'un rez-de-chaussée
et d'un étage, avec un appentis placé en arrière. On
adopte généralement les dimensions suivantes :

Longueur 7^m 50.

Largeur 5^m 00.

Hauteur du faîtage au-dessus du sol 6^m 50.

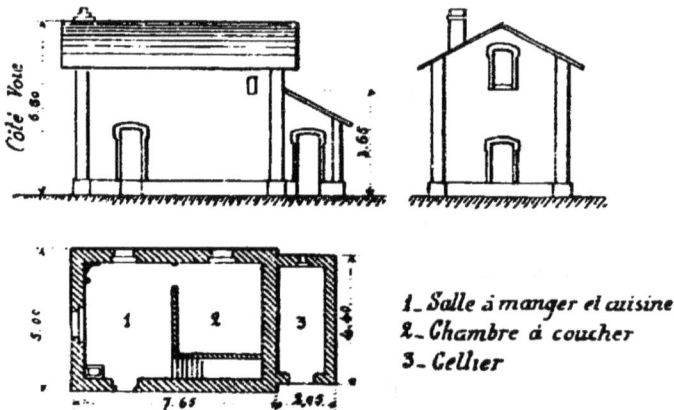

1_ Salle à manger et cuisine
2_ Chambre à coucher
3_ Cellier

Fig. 61.

La pièce du rez-de-chaussée placée du côté de la voie
sert à la fois de cuisine et de pièce de service : la garde-barrière y a ses outils (drapeau, lanterne, cadenas,
etc.) pour lesquels il est bon d'installer des planchettes
et des clous de suspension. La porte doit toujours être
pratiquée sur le côté de manière à ce qu'en sortant, si
elle est en retard au moment du passage d'un train, la
garde-barrière ne puisse pas se précipiter sur la voie.
Lorsque la maison de garde est en remblai, on l'é-
lève sur cave et, dans ce cas, on supprime l'appentis.

Les puits sont du type ordinaire ; quelquefois, lorsque l'eau manque, on les remplace par une citerne. Pour les cabinets d'aisance il suffit d'un type très simple, et le mieux est de les faire sans fosse, avec un simple baquet formant tinette. Les fosses sont très coûteuses et leur vidange est une opération gênante.

115. — Prix des passages à niveau. — Les prix des diverses paires de barrières, y compris la pose, la peinture, etc., mais non compris le transport, sont approximativement les suivants :

1° Barrières pivotantes.

Paire de barrières pivotantes de 4ᵐ avec portillons. 380.00
Paire de barrières pivotantes de 5ᵐ avec portillons. 400.00
Paire de barrières pivotantes de 6ᵐ à deux vantaux et avec
  portillons. 500.00
Paire de barrières pivotantes de 8ᵐ à deux vantaux et avec
  portillons 540.00

2° Barrières roulantes.

Paire de barrières roulantes de 4ᵐ 50 avec portillons. 700.00
Paire de barrières roulantes de 5ᵐ 25 avec portillons. 740.00
Paire de barrières roulantes de 8ᵐ 00 avec portillons. 900.00

3° Barrières à contrepoids manœuvrées à distance.

Paire de barrières à bascule avec une transmission de 800ᵐ 00 . . . 1300.00

Le prix d'une maison de garde est en moyenne de 5.000 à 6.000 fr.

Un puits de 6ᵐ 00 de profondeur et de 0ᵐ 80 de diamètre intérieur coûte environ 300 fr.

Les cabinets d'aisance d'un passage à niveau coûtent de 200 fr. à 250 fr. suivant qu'ils sont avec ou sans fosse.

Les dépenses accessoires d'un passage à niveau (buses, aqueducs, etc.) s'élèvent à 150 ou 200 fr.

§ 4. — OUVRAGES D'ART EXCEPTIONNELS.

I. — OUVRAGES A CIEL OUVERT.

116. – Grands ponts. — Lorsque la construction
d'une ligne comporte l'exécution d'un grand pont, il
est très important d'en étudier les dispositions générales au moment même où on s'occupe du tracé, parce
qu'on peut être amené à modifier ce dernier en tenant
compte de la difficulté des fondations. du débouché à
donner, etc.

117. – Viaducs. — Les viaducs sont des ponts. généralement d'une grande hauteur. destinés à franchir
des vallées. Sauf dans des cas exceptionnels. on n'emploie les viaducs que lorsqu'ils permettent de réaliser
une économie sur les remblais. Si la hauteur est supérieure à vingt mètres. il n'y a habituellement pas à
hésiter ; c'est le viaduc qui coûte le moins cher. Au-
dessous de douze à quinze mètres. au contraire. l'avantage est en faveur du remblai. Il n'y aurait donc
d'étude comparative à faire que pour les hauteurs comprises entre douze et vingt mètres ; mais la question
ne se présente pas toujours aussi simplement : dans
beaucoup de cas et. si l'on est en pays accidenté. dans
tous les cas. la hauteur de la voie au-dessus du fond de
la vallée varie sur toute la longueur de la traversée :
il faut chercher le point de passage du remblai au viaduc. Il y a en outre à tenir compte des ouvrages à faire
sous remblai pour la traversée des chemins. pour l'é-
coulement des eaux, etc., de la valeur du terrain qui
peut augmenter considérablement le prix des grands

remblais par suite de leur large empattement, de la difficulté des fondations, de la nature des terres à employer
en remblai qui peut obliger à adoucir les talus ou à
faire des consolidations, enfin de la nature du sous-sol
dans lequel il peut se produire des enfoncements. En outre la provenance des remblais à employer est un des éléments les plus importants de la comparaison ; leur prix
est insignifiant s'ils sont constitués par un excédent
de déblais provenant des tranchées, tandis qu'ils coûtent de 1 franc à 2 francs le mètre cube s'ils nécessitent un emprunt. Une étude comparative est donc nécessaire dans la plupart des cas, et cette étude doit être
faite en même temps que celle du tracé, car le profil
le plus économique avec un viaduc n'est généralement
pas le plus économique avec un remblai, et inversement. Le second comporte en effet l'emploi d'un cube
considérable de terre qui n'est pas utilisé dans le premier, et, en outre, l'augmentation de prix avec la hauteur est moindre pour le viaduc que pour le remblai.

Lorsqu'on est conduit à donner la préférence au viaduc, il y a en général avantage à le prolonger plus loin
que ne l'indiquerait la question d'économie envisagée
seule. Le tassement des très hauts remblais qui succè-
dent aux viaducs produit, surtout dans les débuts de
l'exploitation de la ligne, des dénivellations qui sont
toujours une gêne et quelquefois un danger.

L'uniformité n'est nullement nécessaire pour toute
la longueur du viaduc. On peut très bien continuer un
viaduc métallique par un viaduc en maçonnerie, ou,
pour un viaduc en maçonnerie, adopter des ouvertures
d'arches différentes, plus grandes dans la partie centrale, plus petites aux extrémités : dans ce dernier
cas, il suffit de masquer la différence de niveau des

naissances par un contrefort épais au point de transition. L'effet n'est pas du tout désagréable et on y trouve avantage, car les petites arches sont plus économiques lorsque la hauteur est faible et que les fondations sont bonnes, comme cela arrive habituellement à flanc de coteau.

Un viaduc est en général un ouvrage coûteux ; il ne faut donc se décider à adopter cette solution qu'après s'être assuré par une étude consciencieuse qu'elle est la meilleure, et surtout il ne faut pas se laisser entraîner par le désir d'avoir à construire un bel ouvrage. La probité professionnelle de l'ingénieur consiste avant tout à ne jamais faire entrer en ligne de compte son intérêt personnel dans les décisions qu'il doit prendre au sujet des travaux qui lui sont confiés ; la construction d'un viaduc n'offre d'ailleurs aujourd'hui, quand les fondations sont faciles, qu'un intérêt bien médiocre à l'ingénieur qui en est chargé.

118. — Viaducs en maçonnerie. — Il y a pour les viaducs en maçonnerie un rapport architectural classique entre l'ouverture et la hauteur sous clef, c'est un demi ; mais il ne faut pas y attacher une trop grande importance. Les viaducs ne sont habituellement vus de presque personne et de plus, dans les vallées qui ne sont pas plates, le rapport classique n'existe que pour une ou quelques arches. On peut faire de très beaux ouvrages avec un rapport quelconque entre la hauteur et l'ouverture. Chaque fois qu'on y trouve une économie sérieuse, il faut régler l'ouverture des arches uniquement d'après la dépense, en tenant compte des fondations et des cintres. Ces derniers jouent un rôle important, et il faut toujours les compter dans les estimations. Dans beaucoup de cas, on est conduit à donner les mêmes ouvertures aux arches de plusieurs viaducs de hauteurs différentes, par la seule raison qu'on profite ainsi du remploi des cintres si ces viaducs ne doivent pas être construits dans la même campagne.

Les conseils donnés dans ce cours en ce qui concerne l'exécution des maçonneries, à propos des ouvrages d'art ordinaires, s'appliquent également aux viaducs ; nous ajouterons seulement les recommandations suivantes. Il est inutile d'employer, comme on le faisait autrefois, la pierre de taille pour les angles et les bandeaux ; on peut parfaitement les faire en moellons tétués, en prenant simplement la précaution de relever les angles saillants par des ciselures, de manière à avoir des lignes bien pures ; pour les angles rentrants, lorsqu'on fait des contreforts, il suffit de faire un joint ordinaire en découpant les moellons comme l'indique le croquis ci-contre. En supprimant la

Fig. 62.

pierre de taille on n'obtient pas seulement une économie, on a aussi une construction plus homogène, dont toutes les parties tassent également. Pour les piles de grande hauteur il est avantageux d'adopter des fruits croissants depuis le haut jusqu'à la base, suivant les types des viaducs de Vezouillac et de Crueize[1]. Les parements sont alors constitués par une série de plans de 2^m à 4^m de hauteur à inclinaisons croissantes, qui

Coupe d'une pile
suivant la   suivant la
longueur du   largeur
viaduc   du viaduc.

Fig. 63.

donnent l'illusion d'une surface courbe. Ce système

1. Voir le compte-rendu des expositions du Ministère des Travaux publics de 1878 et 1880.

de construction évite les inconvénients des piles à fruit unique qui conduisent à une mauvaise répartition des maçonneries. On peut également employer les piles

Coupe d'une pile par un plan horizontal.

avec contreforts ronds comme celles du viaduc de Montrond (compte-rendu de l'Exposition de 1878) ; elles ont pour effet de supprimer les angles.

Fig. 64.

Cette dernière solution est certainement bonne, à la condition bien entendu qu'on fera les parements des contreforts simplement en moellons tétués, ou même en maçonnerie brute si les matériaux s'y prêtent. Lorsque les viaducs sont en courbe de faible rayon, il arrive quelquefois que les plinthes en pierre de taille du couronnement, qui sont taillées en forme de coins, se détachent et s'avancent du côté du vide ; on observe le même effet dans les avant-becs en pierre de taille des ponts, si les pierres n'ont pas une queue suffisante. On obvie facilement à cet inconvénient en creusant dans les joints verticaux des *abreuvoirs*, c'est-à-dire des canaux obtenus en creusant symétriquement les deux faces du joint, qu'on remplit en mortier mou de ciment Portland. Le tenon en mortier qu'on forme ainsi suffit pour s'opposer au déplacement relatif des pierres. Si, pour gagner de la largeur, on fait un en-corbellement, il faut, pour éviter des inconvénients analogues, placer celui-ci à l'intérieur seulement de la courbe. La symétrie des deux faces d'un viaduc, par rapport à son plan médian, n'a aucune raison d'ê-tre, puisque ces faces ne peuvent être vues en même temps.

119. — **Viaducs métalliques.** — Comme pour les ouvrages secondaires, et plus encore que pour les ouvrages secondaires, la maçonnerie est préférable au métal pour les grands viaducs, car les ouvrages métalliques sont plus dangereux en cas de déraillement, d'un entretien plus coûteux et d'une surveillance plus difficile ; mais ils n'en offrent pas moins des avantages considérables et ils sont les seuls qui permettent de franchir les très grandes portées. Il ne faut pas d'ailleurs s'exagérer leurs inconvénients : les ouvrages dont les rivets s'ébranlent, dont certaines pièces flambent, qui éprouvent sous l'influence du vent des vibrations excessives, sont tout simplement des ouvrages mal faits ; ils ne doivent pas plus entrainer la condamnation du métal que la chute de voûtes construites avec de mauvais mortier ou avec une épaisseur insuffisante ne doit faire proscrire l'emploi de la maçonnerie.

Quand on fait de grands viaducs, il est bon de disposer le tablier de manière à éviter les déraillements ou à en atténuer les conséquences. Dans certains pays, en Autriche par exemple, on emploie sur ces ouvrages des contre-rails : c'est une précaution à recommander. Autrefois, pour diminuer la hauteur des piles, on plaçait la voie à la partie supérieure, les poutres supportant directement les rails ; mais il vaut mieux la placer un peu plus bas de telle façon que le haut des poutres forme chasse-roues. Toutefois,

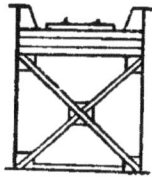

Fig. 65.

pour les très grandes portées, il peut être préférable, pour assurer un contreventement parfait, de relever les entretoises jusqu'au niveau des tables supérieures des poutres ; mais on ajoute dans ce cas de solides garde-corps pouvant, au besoin, former chasse-roues ; c'est, notamment, la solution adoptée par le viaduc du Viaur.

Pour les piles, la maçonnerie est préférable au métal qui est sujet à une flexion beaucoup plus grande. On peut très bien faire des piles en maçonnerie de grande hauteur. Au viaduc de la Tarde elles ont l'une 48^m et l'autre 60^m avec des fruits croissant du sommet à la base.

Lorsque les tabliers des viaducs sont à poutres droites, l'emploi de travées solidaires permet de réaliser une économie importante. Il se produit actuellement parmi les ingénieurs une réaction contre ce système ; elle est, à notre avis, exagérée. Si les fondations sont bonnes et si les piles sont bien de niveau, les poutres à travées solidaires se comportent parfaitement et, même sur les très grandes longueurs, le jeu de la dilatation se produit régulièrement quand les précautions nécessaires ont été prises pendant le montage. Il existe à Saumur un pont à travées solidaires de 1100^m de longueur : les poutres sont fixées en leur milieu, et la dilatation s'opère par conséquent sur une longueur de 550^m de chaque côté : elle se fait très régulièrement. D'un autre côté, avec les grandes portées, les travées non solidaires éprouvent, sous l'influence des surcharges et même simplement sous l'action du soleil, des déformations beaucoup plus fortes.

Emploi de l'acier. — L'acier est appelé à rendre de très grands services dans la construction des ponts et viaducs, mais il ne faut pas perdre de vue qu'en raison même de son mode de fabrication il est exposé à des irrégularités beaucoup plus grandes que le fer et exige plus de soin dans sa mise en œuvre. Le corroyage et le laminage donnent au fer une texture fibreuse ; s'il y a des éléments faibles, ils sont disséminés dans une sorte de feutrage où les parties résistantes soutiennent les parties faibles. L'acier provenant au contraire de coulées, les soufflures ou les défauts chimiques qui peuvent exister dans les lingots persistent après le laminage et peuvent enlever toute résistance au métal sur une fraction importante de la section des barres. Autrefois, on considérait en France, et on considère encore dans certains pays étrangers l'acier comme un métal *traître*; et en effet, il est quelquefois tellement fragile qu'il suffit d'un coup de marteau pour rompre une barre: mais aujourd'hui les usines françaises sont en mesure de fournir des aciers parfaitement sains, d'une fabrication régulière, et dont l'emploi, dans les qualités douces, n'exige que du soin. On peut donc faire sans crainte des ouvrages en acier, mais à condition de ne pas s'en rapporter simplement, comme beaucoup d'ingénieurs le faisaient pour le fer, à l'habileté et à la bonne foi du constructeur pour leur exécution. En outre, il ne faut pas perdre de vue que l'acier a sensiblement le même coefficient d'élasticité que le fer, et que, comme il permet l'adoption de coefficients de travail supérieurs, les déformations auxquelles il est normalement exposé sont plus fortes.

Calcul des pièces. — Il importe de se rendre compte d'une manière détaillée, par le calcul, des conditions dans lesquelles travaille le métal de chaque pièce. On peut calculer entièrement et dans leurs détails les plus minimes les différents éléments des ponts métalliques, et le calcul, appliqué avec discernement, conduit à des résultats certains; lorsqu'il donne des mécomptes, ce n'est pas lui qui est en faute, c'est la manière dont il est appliqué, et, en fait d'ouvrages métalliques, il n'y a de progrès sérieux possibles que grâce à lui.

120. — **Murs de soutènement et arcades**. — Comme nous l'avons dit précédemment, on emploie rarement les murs de soutènement comme moyens de consolidation, mais ils sont parfois nécessaires pour soutenir les remblais, notamment dans les cas suivants : 1° quand le prix du terrain est très élevé et que la hauteur est trop faible pour justifier la construction d'un viaduc, 2° quand le pied du talus tomberait sur un obstacle qu'on ne peut déplacer (maison, cours d'eau, etc.), 3° quand le terrain sur lequel on doit asseoir le remblai à une inclinaison inférieure, égale ou peu supérieure à celle du talus de remblai.

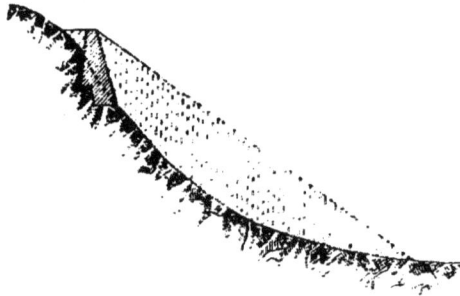

Fig. 66.

Murs à pierres sèches. — Les murs à pierres sèches résistent par leur masse, et ils ont en outre l'avantage de bien assainir les terres en arrière. Lorsqu'on a du moellon à bas prix, leur construction est économique, car en arrière du parement on peut, si l'épaisseur est grande, se contenter de ranger les moellons à la main sans s'attacher à faire de la maçonnerie proprement dite. C'est surtout pour soutenir le pied des remblais qu'on peut les recommander. Bien entendu, avec des murs de cette nature, on ne peut compter sur la répartition des pressions suivant une courbe géométrique.

Murs en maçonnerie. — Quand on fait des murs en maçonnerie d'une certaine hauteur, de plus de trois mètres par exemple, il faut non seulement calculer leur épaisseur à la base, mais déterminer la courbe des pressions, de manière à leur donner sur toute leur hauteur les dimensions les plus favorables. L'étude de la courbe des pressions conduit à augmenter autant que possible le fruit extérieur, qui doit d'ailleurs avec les profils ordinaires croître à mesure qu'on se rapproche de la base. Au contraire, il y a intérêt à faire le parement intérieur vertical et même en surplomb, comme cela se pratique en Angleterre. Toutefois, dans les terres argileuses et humides, le parement intérieur en surplomb peut être dangereux, si le fruit est excessif ; le retrait de l'argile pendant les chaleurs de l'été suffit en effet pour que le mur ne soit plus soutenu en arrière et, si son centre de gravité tombe en dehors ou trop près de l'arête placée de ce côté, il peut en résulter sa destruction. Il est facile d'éviter ces inconvénients en plaçant de distance en distance des contreforts qui s'opposent au renversement du mur en arrière.

Quelquefois on est obligé de laisser le parement extérieur vertical : dans ce cas, c'est au parement intérieur qu'on donne du fruit ; on peut alors diminuer le cube des maçonneries au moyen de voûtes de décharge. Dans les murs construits par la Compagnie de l'Est aux abords de Paris les voûtes de décharge sont inclinées vers l'arrière. Ce système est surtout avantageux lorsqu'on est obligé de descendre les fondations à une grande profondeur ; on fonde alors le

mur sur piliers, en faisant reposer sur des voûtes placées à un niveau convenable
le masque qui forme parement.
On arrive ainsi à un type analogue à celui qui est usité pour
les quais maritimes sous le
nom de quais Grimsby.

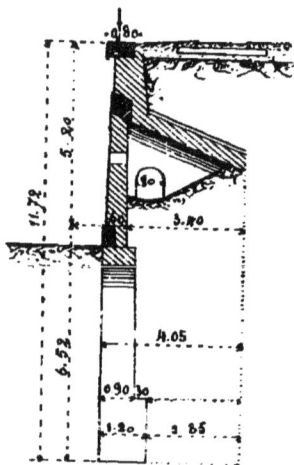

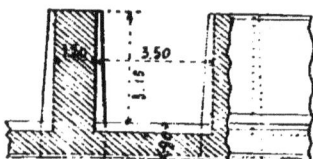

Quel que soit le type adopté, il faut toujours assurer
l'assèchement des terres derrière les murs en maçonnerie
au moyen de barbacanes, et,
lorsqu'on le peut, au moyen
d'un massif à pierres sèches
ou, au moins, d'une couche
de pierrailles placée entre la
terre et la maçonnerie. Les
barbacanes doivent être assez
rapprochées et bien apparen-

Fig. 67.

tes, avec de larges orifices. Un espacement de 2 mètres
d'axe en axe pour les grands murs et de 1^{m}50 pour les
petits, et des orifices de 0^{m}10 sur 0^{m}20 sont à conseiller.

Arcades. — Les arcades sont des voûtes coupées par
le terrain naturel et supportant un côté de la plateforme
dont l'autre côté est établi en
déblai. Elles ne sont justifiées
que sur les flancs de coteaux
abrupts, lorsque l'établissement d'un mur serait plus
coûteux. Il convient de construire les arcades très sim-

Fig. 68.

plement et en général de faire les parements entièrement en maçonnerie brute ou en moellons tétués ; on

peut donner aux piles plus de hardiesse que lorsqu'il
s'agit de viaducs, parce que la paroi de rocher à laquelle elles sont reliées contribue à les soutenir. L'ouverture des voûtes varie selon les conditions dans lesquelles elles se trouvent ; elle est comprise le plus
souvent entre cinq et dix mètres.

II. — SOUTERRAINS.

121. — Généralités. — On est amené à construire
des souterrains, soit lorsqu'on doit traverser un faîte
ou un contrefort à une profondeur trop grande pour
qu'on puisse, sans dépense excessive, ouvrir une tranchée à ciel ouvert, soit lorsqu'on a affaire à des terrains tellement mauvais qu'il soit dangereux d'y faire
une coupure continue, soit, quelquefois, lorsqu'il se
présente un obstacle qu'un motif quelconque empêche
de franchir par dessus. On peut citer, dans ce dernier
cas, la traversée de torrents dans les pays montagneux,
et les tunnels sous les estuaires de certains fleuves, ou
même sous des bras de mer, comme le tunnel projeté
sous la Manche.

122. — Profil type. — Le profil type des tunnels est
défini par les conditions suivantes : laisser pour le passage des trains l'espace libre minimum réglementaire,
et permettre la construction aussi facile que possible
d'un revêtement capable, au besoin, de soutenir le terrain. Les dimensions réglementaires sont les mêmes
que pour les ouvrages d'art, c'est-à-dire : pour la voie
normale 8^m de largeur entre les piédroits sur les chemins à deux voies, 4^m 50 sur les chemins à une voie,
6^m de hauteur sous clef et 4^m 80 de hauteur minimum

au-dessus des rails extérieurs. Il est prudent, surtout en voie unique et lorsque les souterrains sont longs, de ne pas s'en tenir rigoureusement aux dimensions règlementaires. D'abord on rend ainsi sans inconvénient les petites déformations qui peuvent se produire dans les voûtes sous l'influence des fortes poussées ; ensuite on facilite la ventilation et, comme nous le verrons plus loin, l'insuffisance du renouvellement de l'air peut causer des accidents sérieux aux agents des trains.

Lorsque le terrain est de bonne qualité, on peut faire les piédroits verticaux ; la voûte est généralement en plein cintre ou, pour diminuer le cube des déblais, en anse de panier. Lorsque le terrain a besoin d'être soutenu, on donne aux piédroits maçonnés la forme courbe. Une forme très simple est celle d'un cercle de 4m 33 de rayon, avec une hauteur sous clef de 6 mètres ; la section du souterrain est alors circulaire dans toute la partie située au-dessus de la plateforme et parfaitement disposée pour résister aux pressions extérieures ; enfin lorsque le terrain est d'assez mauvaise qualité pour qu'on puisse craindre qu'il reflue par la plateforme, ou lorsqu'on est amené à contrebuter les piédroits pour faire équilibre à la poussée, on complète le revêtement par un radier maçonné pour lequel on adopte le plus souvent la forme de voûte renversée. Dans ce dernier cas, le revêtement fait voûte dans tous les sens ; on raccorde d'ailleurs les diverses parties du parement intérieur qui sont des arcs de cercle, de manière à éviter les jarrets. Il faut, dans les souterrains en courbe, tenir compte pour la section à adopter *du dévers*, c'est-à-dire de l'inclinaison transversale qui doit être donnée à la voie. Ce dévers peut atteindre 1/10 et entraine une inclinaison égale de l'axe des véhicules ; lorsqu'il n'en a pas été tenu compte dans la construction d'un souterrain, on en atténue les effets en reportant la voie vers l'extérieur de la courbe ; mais on déforme ainsi le tracé, on réduit le jeu existant entre les véhicules et le piédroit, et on ne supprime pas entièrement les inconvénients qui résultent de l'adoption d'une section étudiée dans l'hypothèse d'une voie horizontale. Cette section peut être insuffisante pour la voie inclinée, même lorsqu'elle est ripée.

Pour les lignes à voie unique, on dispose souvent le profil des souterrains de telle manière qu'on puisse facilement le transformer en profil à deux voies, au cas où un élargissement serait nécessaire. La forme en anse de panier permet de faire la modification avec le moins de démolitions possible. Lorsqu'on est dans un bon terrain, on se contente quelquefois d'amorcer la voûte pour deux voies et de supprimer le piédroit du côté où on prévoit l'élargissement, en coupant le terrain en forme de talus (Profil du souterrain de Midrevaux. — *Annales des Ponts et chaussées*, 1886 (2ᵉ semestre).

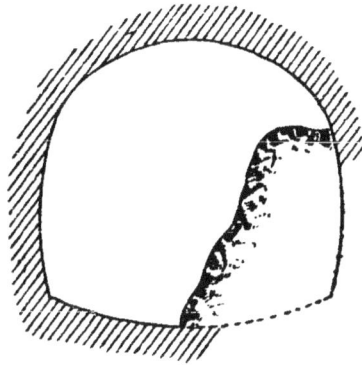

Fig. 69.

123. — Aqueducs. — Il se produit fréquemment des infiltrations d'eau dans les souterrains ; on y ménage soit des fossés ouverts, soit des aqueducs. Il vaut mieux placer les aqueducs le long des côtés de la voie qu'au milieu, quitte à en faire deux ; cependant quand le radier est courbe, on est obligé de les faire au milieu pour les placer au point le plus bas ; il faut alors

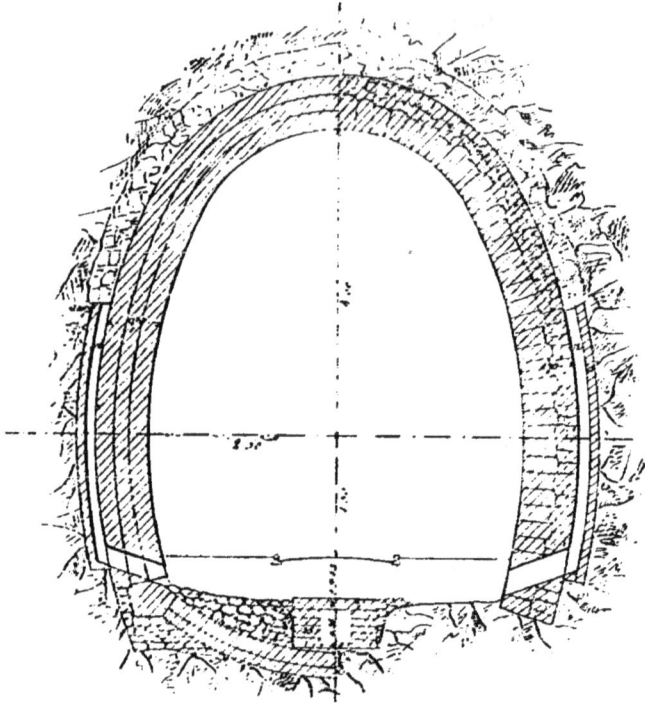

Fig. 70. — Aqueduc sous la voie.

prendre les précautions nécessaires pour qu'ils ne soient pas obstrués, car leur nettoyage est très difficile. Il va sans dire que, si on fait un radier courbe pour s'opposer à la sous-pression, l'aqueduc doit être construit au-dessus du radier ; ce serait une faute que de l'établir soit en *dessous*, ce qui rendrait les réparations et les visites impossibles, soit dans le radier même, ce qui affaiblirait ce dernier à la clef et lui enlèverait la plus grande partie de sa résistance.

124. — Profil en long. — On n'est pas toujours maître du profil en long des souterrains. Néanmoins, lorsqu'on franchit un faîte, il est bon de ménager une pente des deux côtés pour faciliter l'écoulement des eaux et le sortage des déblais ; cela est même tout à fait indispensable dans les souterrains très longs pour que l'écoulement des eaux n'y devienne pas impossible. Il ne faut pas oublier que, comme nous l'avons dit, les déclivités doivent toujours être plus faibles en souterrain qu'à ciel ouvert parce que l'adhérence y est moindre.

C'est surtout sur les lignes à une voie ayant de faibles déclivités qu'il faut se préoccuper de la diminution de l'adhérence. Il arrive en effet quelquefois, lorsqu'un train tombe en détresse, c'est-à-dire s'arrête contre la volonté des agents qui le conduisent, dans un souterrain dont la section ne laisse pas beaucoup de vide autour des wagons, que l'accumulation des gaz provenant de la combustion produit chez les agents placés en queue une véritable asphyxie. Ce fait s'est produit à différentes reprises au tunnel d'Albespeyres, sur la ligne d'Alais à Brioude.

125. — Caponnières. — Pour permettre aux agents de se garer au passage des trains, on pratique en général dans les piédroits des niches ou caponnières ; on peut les espacer de 50^m en 50^m de chaque côté, en les plaçant en quinconce, ce qui réduit à 25^m l'intervalle entre les refuges.

126. — Têtes. — On faisait autrefois aux souterrains des têtes monumentales ; elles sont tout à fait inutiles, car, en général personne ne les voit ; aujourd'hui, on se contente simplement d'un mur perpendiculaire à l'axe du tunnel pour soutenir les terres, à moins que la tête du souterrain ne soit à proximité d'une ville et visible des abords du chemin de fer.

EXÉCUTION DES TRAVAUX.

127. — Étude géologique. — Quand il s'agit d'une
tranchée, les sondages permettent de reconnaître la
nature du sol. Quand il s'agit d'un souterrain, il n'en
est plus de même. Cependant il est nécessaire de savoir
aussi exactement que possible à quel terrain on aura
affaire, car non seulement la dépense, mais les moyens
d'exécution eux-mêmes, varient selon la nature de ce
terrain. On peut presque toujours arriver à la connaître suffisamment au moyen d'une étude géologique ;
lorsqu'on ne se sent pas capable de la faire soi-même.

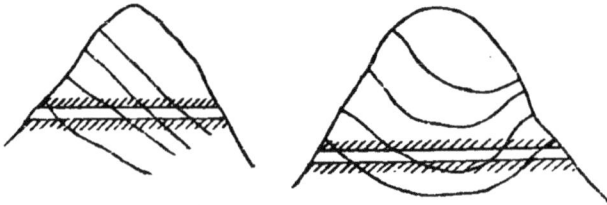

Fig. 71. — Exemples de stratifications.

il faut s'adresser à un ingénieur des mines. Il ne s'a-
git pas, bien entendu, de faire une détermination pa-
léontologique : il suffit de chercher la direction des
couches d'après la forme de la stratification et d'étudier
leur nature aux points où elles affleurent.

Lorsque la hauteur du sol au-dessus de l'axe du tracé
n'est pas très considérable et qu'on ne trouve pas dans
l'étude du terrain aux abords des données suffisamment précises sur les couches que l'on doit à rencontrer, on peut faire des puits de sondage qui donnent
une coupe géologique très nette. Mais, au moins lorsqu'on est dans des terrains aquifères, il faut, comme
pour les fondations des ouvrages d'art, faire les sondages en dehors et assez loin de l'emplacement de l'ou-

vrage. La raison n'est pas de même nature, mais l'importance de cette précaution est ici encore plus grande. Un puits ouvert dans un souterrain aquifère y forme un drain dans lequel affluent les eaux de toutes les couches traversées; celles-ci viennent donc s'accumuler au droit de la galerie et lorsque dans le percement on approche du puits, les difficultés contre lesquelles on a à lutter se trouvent augmentées dans une proportion souvent considérable. En outre les puits de sondage sont toujours ouverts plusieurs mois et souvent plusieurs années avant la galerie, et leurs parois sont toujours consolidées d'une manière imparfaite ; si on a affaire à des terrains fluents, il y a beaucoup de chances pour qu'ils se désagrègent et coulent dans le puits ; on rencontre alors en perçant la galerie dans le voisinage de l'emplacement de celui-ci des masses désagrégées dans lesquelles l'avancement est toujours très difficile, et dont la consolidation exige parfois beaucoup de temps et de dépense.

Les petites galeries de recherche horizontales présentent les mêmes inconvénients lorsqu'elles sont percées en terrain aquifère. Lorsqu'on y a recours dans les terrains de cette nature, il faut les faire à côté et, s'il est possible, plus bas que le souterrain à ouvrir; de cette manière, au lieu d'appeler les eaux dans celui-ci, elles assèchent son emplacement et rendent le percement beaucoup plus facile. Mais il est en général plus prudent de ne pas recourir à ces petites galeries en mauvais terrain.

Les observations qui précèdent ne s'appliquent qu'aux galeries percées en terrain aquifère ; mais par cette expression il ne faut pas entendre seulement les terrains imbibés d'eau comme les sables argileux. Du moment qu'il existe de l'eau dans la masse, le drain puissant formé par le puits ou la galerie l'attire, parcequ'il existe toujours des vides à travers lesquels elle peut se faire jour ; les canaux presque imperceptibles par lesquels se produisent de simples suintements s'agrandissent peu à peu, il s'établit des courants et la roche, si elle est attaquable par l'eau, finit par se désagréger. Il se produit un effet analogue à celui qu'on observe sur le bord des plateaux, aux points où les torrents prennent naissance. Là où il n'existait d'abord qu'une simple rigole, il se produit un vaste entonnoir et les effets destructifs deviennent de plus en plus grands.

Lorsqu'on est dans des terrains sans eau, et qu'il s'agit seulement d'en déterminer la dureté, on peut percer dans l'axe même du tracé des galeries d'expérience à petite section (en général 2^m sur 2^m environ), qui permettent de se renseigner à ce sujet. L'ingénieur peut ainsi établir ses prix et l'entrepreneur son rabais en connaissance de cause. Ces galeries ont en outre, lorsqu'on les entreprend avant le commencement des travaux, l'avantage d'avancer la date d'achèvement du tunnel, car le percement d'une petite galerie est toujours la première et la plus longue phase du travail.

128. — Direction. — Il est très important de suivre dans le percement une direction rigoureuse. En effet, on attaque toujours les souterrains par les deux têtes et quelquefois par des points intermédiaires auxquels on accède par des puits verticaux ou des galeries horizontales ; la moindre erreur de direction donnerait à la rencontre des diverses attaques un écartement qui les empêcherait de se rejoindre. Il est vrai que, comme on commence généralement par ouvrir une petite galerie, on pourrait ensuite corriger ce défaut s'il n'était pas trop grand ; mais cela entraînerait au moins des fausses manœuvres. En général on met son amour-propre à ce que les axes des petites galeries se rejoignent sinon rigoureusement, au moins à quelques centimètres près.

Pour tracer un souterrain on se sert de balises extérieures qui donnent l'alignement et, pour plus de garantie, dans les grands souterrains, on opère au moyen du théodolithe qu'on installe sur des points élevés ou au besoin sur des échafaudages. Dans l'intérieur des souterrains, on se dirige à l'aide de fils à plomb pendus à la calotte, et on fait des vérifications fréquentes au moyen d'instruments de précision ; la lumière qu'on obtient en brûlant des fils de magnésium est très commode dans ce cas. C'est aussi le fil à plomb qui sert à projeter l'alignement extérieur au fond des puits verticaux.

Lorsque les souterrains sont en courbe, on se guide à l'intérieur au moyen d'instruments angulaires comme pour le tracé extérieur ; il faut des opérateurs exercés et très soigneux, parce que leur travail est très incommode en souterrain.

129. — **Procédés d'extraction.** — Les procédés courants d'extraction sont les mêmes qu'à ciel ouvert : on emploie la pioche, le pic et la mine ; c'est cette dernière qu'on utilise le plus souvent, car presque tous les souterrains sont creusés dans le rocher sur la plus grande partie de leur longueur. Depuis trente ans, on a beaucoup augmenté la rapidité du percement des grands souterrains par l'emploi de *perforateurs mécaniques.*

On a commencé au Mont-Cenis par les perforateurs Sommeiller destinés à produire mécaniquement le travail du mineur sur un certain nombre de barres à mines. Ce travail consiste à désagréger la roche par une

Profil du fleuret   Vue par dessus   Travail prod.

Fig. 72. — Barre à mine.

série d'entailles en étoile en frappant sur la barre et la faisant tourner après chaque coup d'un petit angle. La percussion était obtenue dans l'appareil Sommeiller par le mouvement alternatif d'un cylindre à double effet mû par l'air comprimé ; un mécanisme spécial annexé au cylindre produisait la rotation saccadée ; et le jet d'eau d'une lance était envoyé au fond de chaque trou. Le nombre de coups de barre à mine par minute était très grand. Au Saint-Gothard, on a employé les perforateurs Dubois et François, les perforateurs Ferroux et les perforateurs Mac Kean ; à l'Arlberg on a employé les perforateurs Ferroux et les perforateurs Brandt. Les premiers fonctionnent par percussion comme les appareils Sommeiller ; le perforateur Brandt perce les trous en *grattant* la roche au moyen d'un couteau d'acier très dur muni de dents, qui tourne sous une très forte pression (100 atmosphères). Toutes ces machines sont destinées à opérer dans la roche dure et à faire seulement des trous de mines ; on emploie ensuite la dynamite ou la poudre. Pour le tunnel de la Manche, qui serait percé dans la craie, c'est-à-dire dans une roche tendre, on a essayé avec succès les machines Brunton et Beaumont qui creusent elles-mêmes la galerie entière ; la première se compose d'un arbre ariné de bras aux extrémités desquels sont des molettes en acier qui *rabotent* la roche : la seconde agit par rotation comme une sorte de *machine à fraiser*. Les perforateurs mécaniques sont toujours actionnés par un moteur placé en dedans du souterrain ; la transmission de la force se fait le plus souvent par l'air comprimé, qui sert en même temps à la ventilation ; mais on emploie aussi l'eau sous forte pression, et depuis quelques années l'électricité.

130. — **Boisage.** — Lorsqu'on se trouve dans des terrains susceptibles de s'ébouler en exerçant des poussées, il faut les maintenir jusqu'à ce qu'on puisse exécuter le revêtement, ou tout au moins pendant le temps qu'on l'exécute ; on les maintient au moyen de *boisages*. Le boisage comprend toutes sortes d'appuis depuis la simple *chandelle* destinée à retenir un bloc insuffisamment solide, jusqu'à l'étrésillonnement complet du terrain. Les boisages sont des charpentes, mais, en raison de leur caractère provisoire et des conditions difficiles dans lesquelles ils s'exécutent, ce sont des charpentes d'une nature particulière et extrêmement simples. On y emploie presque toujours des bois ronds, souvent en grume ; le pin et le sapin sont tout indiqués pour cet usage à cause des formes bien droites qu'ils présentent généralement ; les assemblages se composent surtout d'embrèvements maintenus au besoin par des clous, et le serrage des pièces est obtenu par des cales en bois. L'ouvrier boiseur est habituellement un ouvrier mineur qui se détache du chantier lorsqu'il en est besoin. Il n'a en général que deux outils : la scie pour couper les pièces de longueur et une hachette (qui sert en même temps de marteau) pour tailler les embrèvements.

Les principaux éléments du boisage sont les suivants :
1° les *étais*, pièces de bois verticales ou inclinées. A
leur pied on les cale avec des morceaux de bois qu'on
chasse au marteau ; à l'autre extrémité, on les appuie
contre le terrain directement, ou, si cela est utile, en
interposant des madriers.

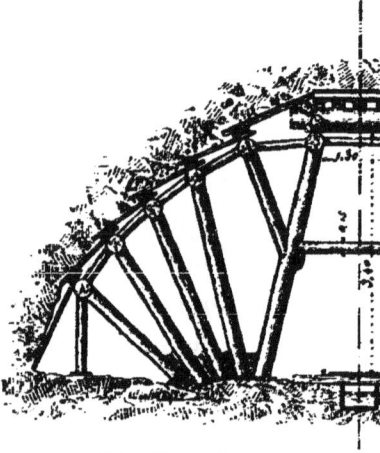

Fig. 73. — Étais.

Fig. 74. — Cadre.

2° Les *cadres*, formés d'un chapeau horizontal soutenu par deux poteaux verticaux. S'il y a des poussées
latérales, les poteaux sont en outre maintenus à leur
partie inférieure par une traverse.

Coupe A B

Coupe C D

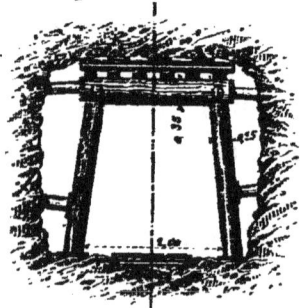

Fig. 75. — Cadre avec revêtements de madriers.

Lorsque le terrain n'est pas suffisamment consistant, on pose entre lui et les cadres des madriers qu'on force contre la paroi au moyen de cales en bois ; s'il est nécessaire de faire un revêtement complet, on place les madriers à la suite les uns des autres par recouvrements successifs suivant la disposition des écailles d'un poisson. On maintient au besoin l'écartement des cadres au moyen de pièces horizontales qui servent d'entretoises. Au lieu de soutenir directement le terrain, les cadres forment souvent le point d'appui des étais.

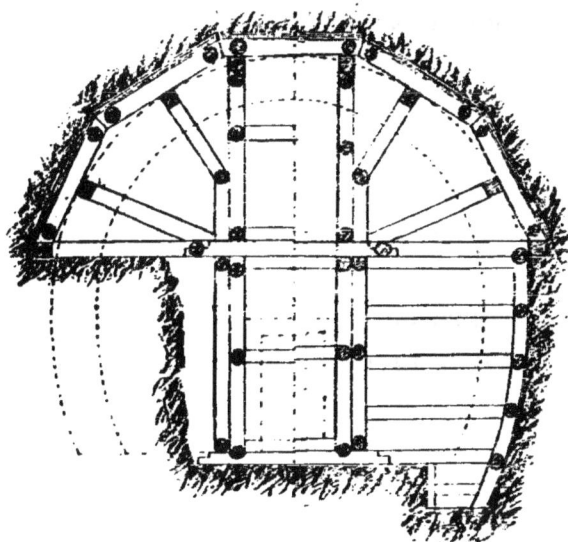

Fig. 76. — Cadres servant d'appui à des étais.

Les bois dont on se sert sont le plus souvent courts, de 3ᵐ à 4ᵐ, parce qu'on éprouve beaucoup de difficulté pour amener et surtout pour placer les pièces longues dans des espaces étroits et sans aucun moyen de levage. On n'emploie guère les entretoisements obliques, comme les croix de St-André et les écharpes, et pres-

que toutes les pièces tiennent par le *coinçage*; cela
suffit parce qu'on n'a affaire qu'à des efforts statiques,
dont la direction reste constante. Il faut d'ailleurs que
les boisages soient faciles non-seulement à établir,
mais encore à enlever. Il faut en effet, autant que possible, éviter de laisser dans les maçonneries, ou derrière elles, des bois qui sont exposés à pourrir ; dans
les terrains ébouleux l'enlèvement de ces bois, qui ne
peut se faire qu'à mesure de l'exécution des maçonneries, présente souvent de grandes difficultés.

131. — Boisage métallique. — Les boisages métalliques sont peu en faveur en France. En Autriche, on
a fait usage du système Rziha qui se compose d'une
série d'éléments de voûtes. C'est surtout en Angleterre
et en Amérique qu'on a utilisé le métal pour les consolidations de souterrains : dans le tunnel sous l'Hudson
le revêtement est formé d'anneaux en fonte.

132. — Transport des déblais. — Le transport des
déblais se fait à peu près invariablement sur voie ferrée, comme dans les mines. On emploie des voies De-
cauville ou des voies ordinaires ; dans les souterrains
courts, on obtient une voie très suffisante en posant
de champ sur des rondins en bois des fers plats avec
ou sans boudin encastrés et maintenus par des coins
également en bois. Un des caractères essentiels de ces

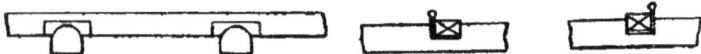

Fig. 77.

voies est d'être faciles à déplacer. Dans les longs souterrains les transports prennent beaucoup d'impor-

tance et il faut, au moins sur une partie de la longueur.
effectuer la traction à l'aide de chevaux et même de locomotives à air comprimé.

133. — Écoulement des eaux. — Il est bien rare
qu'on exécute un souterrain de quelque longueur sans
rencontrer des eaux en quantité plus ou moins abondante; le mieux est de les faire écouler par la gravité
en donnant au souterrain une pente convenable. Même
lorsque le profil en long ne comporte pas de pente, on
peut effectuer les travaux comme s'il y en avait une,
sauf à enlever en dernier lieu, et quand le souterrain
est percé de part en part, la couche inférieure de déblai qu'on a laissée à dessein à cet effet. Mais ce moyen
n'est pratique que s'il n'y a pas de radier à faire, et
en outre il est une cause de retard dans l'exécution ;
aussi la plupart du temps enlève-t-on les eaux au moyen
de pompes, mais il faut alors qu'elles ne soient pas en
très forte quantité. Enfin lorsqu'il s'agit de souterrains
à grande section et qu'on craint une grande affluence
d'eau, on peut quelquefois exécuter à côté du souterrain et à un niveau plus bas une galerie spéciale destinée à l'assèchement.

134. — Exécution des revêtements. — Les revêtements des souterrains, dont on ne peut se dispenser
qu'exceptionnellement, ont pour but soit de mettre les
roches rencontrées à l'abri de l'air qui les désagrége-
rait, soit de soutenir les blocs de la voûte dont l'équilibre peut être instable, soit enfin de résister à une
poussée réelle produite par le terrain. Dans tous les
cas, il ne s'agit que de faire des voûtes de faible portée ou de simples revêtements. Les parements sont ab-

solument invisibles dans l'obscurité du souterrain, et
d'ailleurs ils ne tardent pas à être recouverts d'une
épaisse couche de fumée. Aussi faut-il proscrire non-
seulement le luxe, mais encore toute recherche quelconque d'aspect. C'est donc la maçonnerie brute qui
est indiquée, à moins que l'emploi de la brique ne soit
plus économique. Mais il faut tenir compte des conditions spéciales dans lesquelles s'exécutent les maçonneries ; l'approche des matériaux et le transport des
déblais sont très coûteux et très encombrants ; les maçons sont si gênés que, dans beaucoup de cas, ils ne
peuvent même pas se tenir debout pour travailler.
Pour toutes ces raisons, il y a la plupart du temps
économie à leur donner, pour exécuter les parements,
des moellons tout équarris qu'ils n'ont qu'à poser les
uns sur les autres ; le blocage par derrière se fait avec
des moellons de forme quelconque. Si ce blocage n'est
pas seulement destiné à remplir les vides, et s'il doit
contribuer à la résistance de la voûte, comme il est
prudent de le prévoir dans la plupart des cas, il faut
le construire *en coupe*, c'est-à-dire diriger les lits de
pose perpendiculairement à la douelle ; on doit toujours
faire de même pour les maçonneries des piédroits et
des radiers lorsqu'ils sont courbes. Lorsque les piédroits sont à parements verticaux, il est bon de conduire leurs maçonneries, comme celles de toutes les
culées de voûtes, non pas horizontalement mais suivant
des lits à peu près normaux à la courbe de pression ;
lorsque le radier doit résister à une poussée possible
des culées, les moellons qui le forment, même en dessous du parement, doivent être posés de champ et non
à plat. Avec des maçonneries ordinaires *théoriques*,
c'est-à-dire dans lesquelles les moellons seraient par-

faitement enchevêtrés, ces précautions seraient super-
flues, mais, par suite même du mode d'exécution des
maçonneries, il existe des lits de pose des moellons
plus ou moins marqués selon l'habileté des maçons et
il peut se produire des décollements et des glissements
suivant ces lits s'ils sont obliques par rapport aux
pressions.

Lorsque les pressions sont très fortes, on peut augmenter considérablement la résistance des voûtes, sans
augmenter leur épaisseur, en les maçonnant entièrement avec des moellons équarris. Bien entendu les
piédroits et radiers courbes doivent être traités comme
des voûtes. Au souterrain de Braye, dans l'Aisne, on
a rétabli avec la même épaisseur des revêtements qui
s'étaient d'abord écrasés, en faisant toutes les maçon-
ries en coupe avec des moellons appareillés ; il ne s'est
plus produit aucune déformation.

L'épaisseur à donner aux revêtements varie suivant
les conditions dans lesquelles ils s'exécutent. S'il s'a-
git de protéger simplement le terrain contre l'action
de l'air ou de maintenir l'équilibre des roches en place, il suffit, dans les souterrains à voie unique, de donner une épaisseur de 0^m22 avec les briques et de 0^m35 à
0^m50 avec la maçonnerie ordinaire et, dans les souterrains à double voie, de 0^m33 avec les briques et 0^m40
à 0^m70 avec la maçonnerie ordinaire. Lorsque le terrain
exerce des poussées, il faut augmenter ces dimensions :
on porte l'épaisseur des maçonneries jusqu'à 0^m80 et
1^m00 et même au delà, et on emploie au besoin le ciment
Portland et des moellons appareillés sur toute l'épaisseur de la voûte. L'emploi du ciment et des matériaux
taillés est tout indiqué dans ce cas où la main d'œuvre
d'approche et la façon coûtent en général beaucoup plus

cher que les matériaux eux-mêmes, parce qu'il permet,
à égalité de résistance, de réduire de beaucoup les dimensions. Lorsque, comme cela arrive quelquefois, les
poussées à craindre ont des valeurs très différentes des
deux côtés du souterrain, on fait varier les épaisseurs
en conséquence.

Beaucoup d'ingénieurs croient utile, lorsqu'il y a
des infiltrations, d'extradosser régulièrement la voûte
et de la recouvrir d'une chape séparée du terrain naturel par de la pierraille. La chape se fait simplement en
mortier lissé à la truelle, qu'on recouvre, si les infiltrations sont abondantes, avec des feuilles de feutre gou-
dronné disposées en recouvrement comme des tuiles. On
obtient ainsi une étanchéité parfaite, mais on accroît
inutilement le déblai et surtout on ne fait pas porter
directement la roche sur la voûte. A moins qu'on ne soit
dans un terrain crayeux dont l'équilibre est assuré, il
nous paraît en général préférable de relier absolument
le rocher à la voûte en le taillant grossièrement de manière à laisser des arrachements et de *bourrer* fortement la maçonnerie en arrière avec des cales noyées
dans le mortier. Pour éviter les infiltrations, ou tout
au moins pour les rendre inoffensives, on pratique de
distance en distance au-dessus de la voûte des petits
drains en pierrailles qui conduisent l'eau derrière les
piédroits et, de là, dans l'aqueduc d'écoulement, ou
simplement jusqu'à des barbacanes percées dans les
piédroits. Lorsqu'on fait des déblais en souterrain, on
reconnaît en effet qu'il n'est pas nécessaire de laisser
couler l'eau là où elle apparaît, mais qu'il suffit de lui
donner un écoulement au même niveau ou à un niveau
peu différent ; si on bouche une source ou une fissure,
on est à peu près certain de la voir reparaître à très

peu de distance dans la partie non encore revêtue, et
la pression qui en résulte sur la voûte est insignifiante, car la communication se fait par des canaux situés
dans les intervalles des roches. En revanche, il est
absolument indispensable de ne pas obstruer complètement le passage des eaux, car alors elles s'accumulent derrière le revêtement et la pression augmente
progressivement ; le moindre mal qui puisse en résulter, c'est qu'elles délavent le mortier avant sa prise
complète et qu'elles produisent des infiltrations nombreuses qu'il est impossible d'aveugler. Il faut donc
leur ménager de distance en distance des moyens d'é-
coulement. Des barbacanes pratiquées dans les piédroits sont, en général, ce qu'il y a de préférable.

En maçonnant contre la roche, on est quelquefois
gêné par les sources, qui se trouvent disséminées dans
les fissures du rocher ; pour pouvoir travailler on n'a
souvent qu'à les aveugler avec une poignée de ciment,
mais cela ne suffit pas toujours, parce que la source
reparait immédiatement à côté, ou bien qu'elle est trop
forte pour laisser au ciment le temps de faire prise.
Un procédé très simple consiste dans ce cas à la mettre *en bouteille* : on place au droit
de la source un petit tube de fer
blanc muni d'un collet conique
qu'on fixe au moyen de ciment ;
l'eau s'écoulant librement par le
tuyau ne prend pas de pression et
n'empêche pas de maçonner tout
autour ; plus tard, lorsque les maçonneries ont entièrement fait pri-

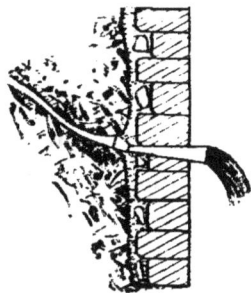

Fig. 78.

se, on ferme l'orifice avec un bouchon en bois entouré
d'un chiffon qu'on chasse à coups de marteau en écra-

sant le tuyau et recouvrant le tout de ciment ; la source est alors bouchée et l'eau va, d'elle-même, chercher un des drains les plus voisins.

Malgré les précautions prises, il arrive assez souvent que l'eau s'écoule à travers les maçonneries qui ne sont jamais parfaites, et qu'il *pleut* dans les souterrains. Si cet inconvénient n'est pas très grave, il est du moins très gênant pour les mécaniciens des trains et pour les ouvriers de la voie. On peut l'éviter grâce au procédé suivant : on refouille les joints sur trois ou quatre centimètres de profondeur, et on y place des boudins de caoutchouc qu'on recouvre de ciment à prise rapide ; lorsque celui-ci a fait bonne prise, on retire le caoutchouc, qui, en se rétrécissant par suite de l'allongement, sort très facilement ; en agissant ainsi de proche en proche, on forme dans les joints de petits canaux par où l'eau s'écoule jusque sur les reins de la voûte. Cette méthode est de beaucoup préférable à celle du rejointoiement qui ne donne que des résultats insignifiants.

Il existe quelquefois au-dessus du profil normal du revêtement de vastes espaces vides provenant soit de l'éboulement de roches ébranlées par les mines, soit de poches remplies d'argile ou de matériaux sans cohésion qui se sont dégarnis au moment du déblai. Si le terrain est bon, il suffit de bourrer ces cavernes avec de la pierre sèche ; mais il est prudent de toujours les remplir, au moins sur une certaine hauteur, ou d'y établir une solide contrevoûte appuyée sur le rocher, parce que dans le cas contraire il pourrait s'y produire des éboulements, et que la chute des blocs pourrait crever la voûte.

135. — Ventilation. — Lorsque le percement d'un souterrain est achevé, il s'établit un courant d'air entre les têtes et, si le souterrain est en pente et un peu long, cette ventilation peut devenir très énergique, au point d'obliger parfois à y installer des portes pour permettre d'y travailler ; mais, tant que les galeries ne se sont pas rejointes, l'air ne se renouvelle pas naturellement ; or il faut qu'il soit renouvelé non seulement pour entretenir la respiration des ouvriers, mais encore pour enlever les produits de la combustion des lampes et les gaz provenant de l'explosion des mines. Ces derniers sont quelquefois assez dangereux : la dynamite dégage notamment de l'acide hypoazotique qui donne aux ouvriers des maux de tête et peut même les empoisonner ; aussi au bout d'un certain avancement est-on obligé de renouveler l'air artificiellement. On emploie, à cet effet, des ventilateurs à bras ou mus par une machine à vapeur, qui envoient l'air pur au fond du souterrain au moyen d'un tuyau. Lorsqu'on utilise les perforatrices mécaniques, on se sert souvent, depuis le percement du Mont Cenis où ce système a été inauguré, de l'air comprimé pour faire mouvoir tous les engins mécaniques. On absorbe en outre fréquemment les gaz provenant de l'explosion en faisant tomber de l'eau en pluie dans la partie où on a tiré les mines.

136. — Température. — Dans les très longs tunnels, la température s'élève à mesure qu'on s'enfonce ; ainsi au Mont Cenis et au St-Gothard elle a atteint jusqu'à 30°. Le seul moyen de l'abaisser est une ventilation énergique.

137. — Mode d'exécution. — *Méthode Anglaise.* —
Le moyen le plus simple en théorie pour percer un souterrain est d'ouvrir la section entière par avancement
en maçonnant à mesure du déblai. Cette méthode s'appelle la *méthode Anglaise* ; elle offre un grand avantage qui est celui de donner, à très peu de distance de
l'attaque, une grande section libre dans laquelle on
peut se mouvoir à l'aise pour les transports, les appro-
visionnements, etc. et de permettre d'exécuter le revêtement en une seule fois et de bas en haut. Mais elle
a certains inconvénients.

D'abord la difficulté des boisages. Il faut boiser entièrement la surface, avant de la revêtir, au moyen de
cintres maintenus par des étais ; ensuite, si le terrain
est mauvais, il faut soutenir le front lui-même ; on est
alors obligé d'y placer un *bouclier* appuyé par des étais
et qu'on déplace par parties pour avancer l'excava-
tion.

Fig. 79.

Fig. 80.

Un second inconvénient quelquefois assez grave est
l'impossibilité de reconnaître à l'avance le terrain : si
on tombe sur une veine mauvaise, on n'a pas d'appro-
visionnements spéciaux prêts, on n'a pas eu le temps
de se rendre compte de l'épaisseur à donner au revêtement, etc. Pour éviter cet inconvénient, les Anglais
percent aujourd'hui en avant du front d'attaque sur

quelques mètres de longueur une galerie à petite section, de 10^{m2} de surface par exemple.

Un troisième inconvénient est l'encombrement des
déblais au droit de l'attaque, d'où résultent des pertes
de temps pour leur enlèvement.

La méthode Anglaise est très usitée en Angleterre
et aux Etats-Unis où on l'a appliquée avec des revêtements métalliques. Elle a été aussi employée dans l'Europe centrale et en France ; elle paraît surtout avantageuse dans les terrains assez solides pour ne pas exiger
des boisages considérables.

138. — Méthode Belge. — La méthode la plus usitée en France est la *méthode Belge* ; elle consiste à
percer d'abord au sommet de la section une *petite*

Exécution de la petite galerie   Exécution de la voûte
et abatage au large.   sur cintres.

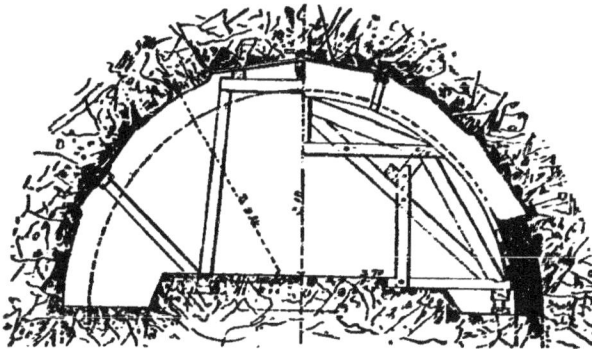

Fig. 81. — Procédé belge.   Fig. 82.— Déblai du strosse
                                            par côté.

galerie de 2^m à 4^m de largeur sur autant de hauteur que
l'on boise au moyen de cadres ; ensuite on élargit la
section des deux côtés de manière à pouvoir faire immédiatement la voûte ; enfin on enlève le déblai inférieur qu'on appelle strosse et on construit les piédroits

en sous-œuvre. Si le terrain est mauvais, on peut enlever le strosse en commençant par les côtés, ce qui
permet d'étrésillonner fortement en appuyant les étais
sur le noyau qui reste au milieu ; mais il faut remonter
les déblais pour les charger, ce qui est un inconvénient.
Si le terrain s'y prête, on enlève d'abord au contraire le
milieu et on termine par les côtés. L'abaissement du

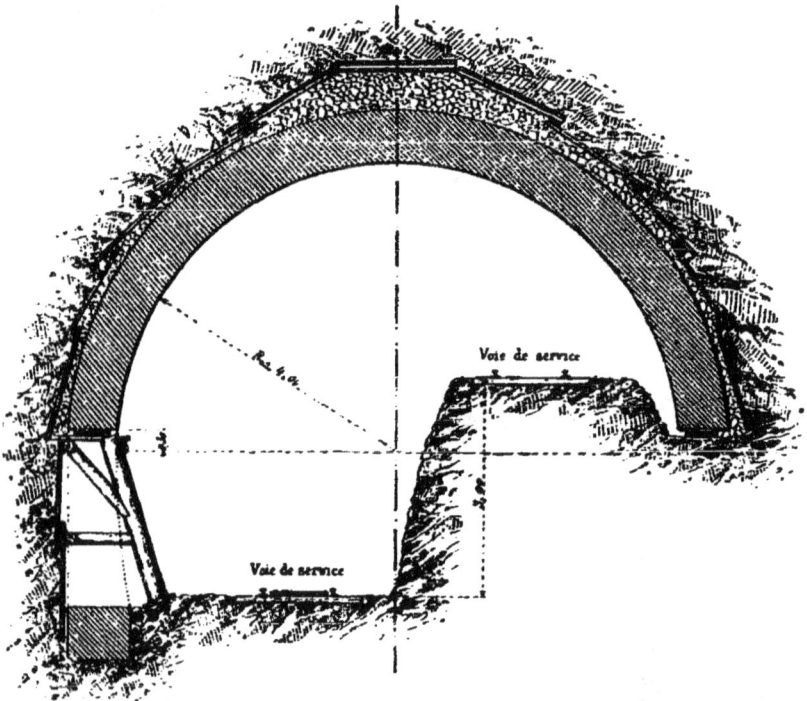

Fig. 83. — Déblai du strosse et reprise des piédroits en sous-œuvre.

strosse peut d'ailleurs se faire en deux étages, et c'est
ainsi qu'on opère si le terrain est difficile.

La méthode Belge permet de travailler par petites
sections, ce qui est très avantageux dans les mauvais
terrains, et de construire de suite la voûte. Il n'y a
pas à s'effrayer de la reprise en sous-œuvre de cette
dernière, car il est facile, en étayant solidement les

parties de voûte déjà construites, d'empêcher les tasse-

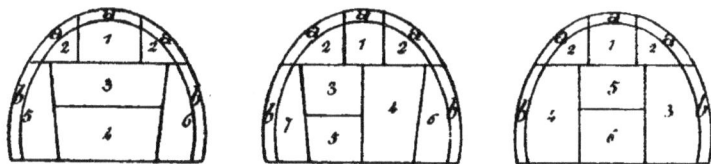

Fig. 84. — Diagrammes indiquant l'ordre des opérations successives dans divers cas.

ments qui pourraient les disloquer ; on peut toujours, avec du soin, obtenir une liaison parfaite des maçon- neries. D'ailleurs, lorsqu'on est dans un terrain vrai- ment mauvais, on est, dans tous les cas, obligé de maçonner par petites parties, au milieu des bois, et les sujétions qu'on rencontre sont bien autrement gê- nantes qu'une reprise en sous-œuvre.

Deux inconvénients plus graves de la méthode Belge sont les suivants : d'abord on est obligé de charger les déblais de bas en haut, ce qui est d'autant plus incom- mode qu'on n'a pas assez de place pour les lancer à la pelle ; ensuite et surtout, il faut constamment déplacer les voies, et, lorsqu'on passe d'un étage à l'autre, il

Fig. 85.

faut en outre faire un transbordement, ou ménager des plans inclinés incommodes. Enfin, s'il y a beau- coup d'eau elle vient gêner successivement le travail à chaque étage.

139. — Méthode Autrichienne. — La méthode Au- trichienne, très employée dans l'Europe centrale, a

pour but d'éviter toutes ces fausses manœuvres. Elle
repose en principe sur l'exécution d'une galerie dans
l'axe et au bas du souterrain. Cette galerie a deux
avantages, qui sont précieux surtout lorsque le souterrain est long ; elle permet dès le début l'établissement
d'une voie définitive, ou même de deux voies si on le
juge utile ; elle assèche en général complètement le
reste des chantiers.

Après avoir ouvert la galerie inférieure, on attaque
la partie située immédiatement au-dessus. On peut à

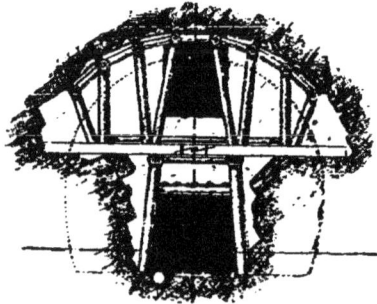

Fig. 86.

cet effet employer deux procédés : dans le premier, on
enlève par avancement sur la même largeur jusqu'au
ciel toute la tranche située au-dessus de la galerie ;

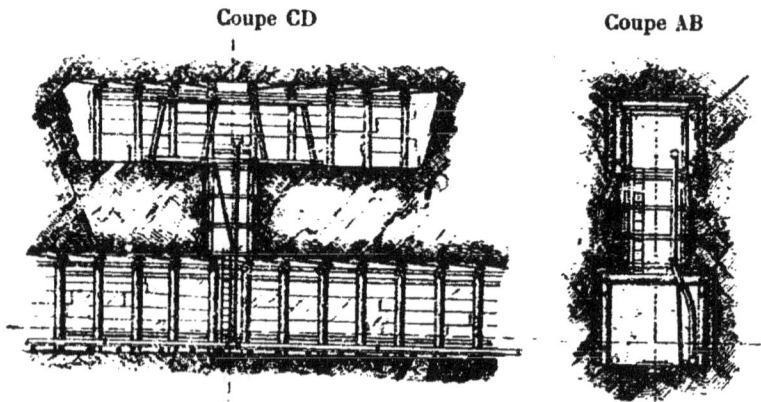

Coupe CD   Coupe AB

Fig. 87. — Exécution de la seconde galerie.

dans le second, on ouvre au-dessus de celle-ci une série de cheminées verticales, à partir desquelles on déblaie sur toute la largeur et jusqu'au sommet en laissant au-dessus de la galerie inférieure une certaine épaisseur de rocher qu'on enlève ensuite. L'ordre des diverses opérations est indiqué par les diagrammes ci-dessous : l'avantage de la seconde galerie placée au-dessus de la première est de faciliter les boisages et l'organisation des chantiers.

Procédé autrichien. — Exécution des déblais.

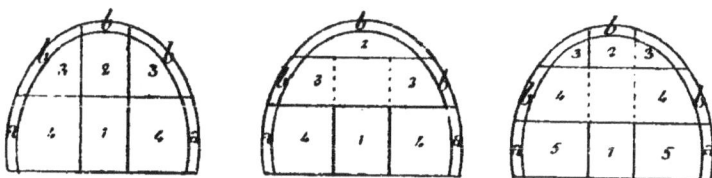

Fig. 88. — Diagramme indiquant l'ordre des opérations successives des différents cas.

Dans le procédé autrichien proprement dit, on maçonne la section entière après l'avoir au besoin boisée complètement ; mais rien n'empêche de maçonner par parties, en commençant par le haut, et, si le terrain n'est pas bon, cela est préférable. Dans ce système comme dans les autres, ce qu'il faut considérer, c'est la méthode d'ensemble ; mais les détails et l'ordre des diverses attaques varient selon les circonstances.

Choix de la méthode. — Dans la plupart des cas, il n'y a pas lieu de déterminer à l'avance la méthode à employer et il vaut mieux laisser à l'entrepreneur le soin d'en faire le choix, qui est très souvent à peu près indifférent. Il est sage de laisser les mineurs chefs de chantiers se servir d'un procédé qu'ils connaissent bien, plutôt que d'un autre qui ne leur est pas familier, si celui-ci n'est pas absolument préférable. Mais il y a des cas où il est nécessaire de spécifier le système qui sera suivi pour éviter de se heurter ensuite contre des difficultés qu'une étude attentive au début et le choix judicieux du procédé à suivre auraient permis d'éviter. Ainsi, pour les souterrains de grande longueur, la méthode autrichienne est reconnue la meilleure, notamment au point de vue du temps. Cette condition ne peut être négligée en raison de l'importance des capitaux engagés.

Les méthodes que nous venons d'indiquer ne sont pas les seules connues. On peut mentionner aussi la *méthode Française* qui n'est qu'une variante de la méthode belge, et la *méthode Allemande* qui consiste à commencer par les côtés, mais qui est si peu avantageuse qu'elle n'est même plus employée en Allemagne.

140. — Durée de l'avancement. — Le travail souterrain est toujours très lent avec les procédés ordinaires à la main. L'avancement dans chaque attaque est en moyenne de 15^m à 25^m par mois, soit de 0^{m}50 à 0^{m}80 par jour, et il est quelquefois moindre. Le jour est ici de 24 heures ; on relève en général les ouvriers toutes les 8 heures, mais le travail est ininterrompu. Avec les procédés mécaniques, on va beaucoup plus vite : au St-Gothard l'avancement moyen des petites galeries a été de 2^{m}25 par jour ; mais le percement à pleine section et le revêtement sont restés en retard et le tunnel n'a été fini que 20 mois après le percement en petite galerie.

Au souterrain de l'Arlberg, on a fait en moyenne 1^m,50 environ par jour, y compris les attaques des têtes qui ont été faites à la main ; mais à la fin des travaux on dépassait six mètres par jour.

141. — Puits. — Pour hâter l'avancement, on a souvent recours, dans les longs souterrains à l'emploi de *puits*. Les puits étaient même indispensables

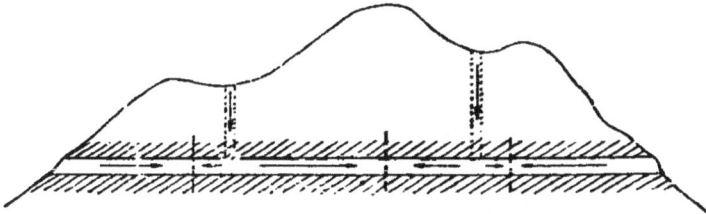

Fig. 89.

pour les souterrains un peu longs avant l'invention des perforateurs mécaniques. Leur emplacement se détermine en tenant compte d'une part de la durée du fonçage des puits et de l'autre de l'avancement journalier de chaque attaque. Théoriquement les puits doivent être disposés de manière que toutes les attaques se rejoignent en même temps ; mais les calculs à ce sujet sont entachés d'erreurs, et pratiquement il s'en faut bien qu'on obtienne ce résultat, car les différences dans la nature des terrains et les incidents du percement produisent toujours des mécomptes.

Le fonçage des puits à la main est extrêmement lent ; on ne dépasse guère dans le rocher 0^m50 par jour, et bien souvent on n'atteint pas ce chiffre : mais le développement des puits de mines a amené de grands perfectionnements dans ces travaux pour lesquels on emploie aujourd'hui des procédés mécaniques. On se sert en général de trépans pour les puits très profonds ; pour les autres on peut simplement se servir de perforateurs. Le sortage des déblais se fait la plupart du temps au moyen de bennes mues par un treuil, qu'on utilise aussi pour enlever l'eau lorsqu'elle est peu abondante. Le déblai des puits est assez lent pour qu'on n'ait pas besoin de méthodes d'extraction plus énergiques. On donne en général aux puits une section de 6^{m2} à 10^{m2}. On les place soit dans l'axe du souterrain, soit latéralement.

Les puits placés dans l'axe ont l'avantage d'activer la ventilation et de bien se prêter à la vérification des

Fig. 90.

alignements du souterrain. Les puits placés en dehors de l'axe ont l'avantage de rendre beaucoup plus facile l'extraction des déblais en plaçant le point de chargement des bennes en dehors de la galerie, de ne pas exposer les mineurs à la chute des objets tombant par le puits, enfin de ne pas créer de danger d'obstruction dans le cas où il se produit un éboulement dans celui-ci. En revanche, il y a plus de difficulté à reporter les alignements dans la galerie au moyen de puits latéraux qu'au moyen de puits dans l'axe. Quoiqu'il en soit, les puits latéraux sont presque toujours préférables.

142. — Galeries latérales. — On remplace avantageusement les puits verticaux, lorsqu'on le peut, par des galeries horizontales perpendiculaires à l'axe du

Fig. 91.

souterrain et aboutissant à ciel ouvert. L'usage de ces galeries est fréquent dans les souterrains percés à flanc de coteau dans des vallées très escarpées ; dans ce cas le travail est encore simplifié parce qu'il suffit le plus souvent de jeter les déblais dans le cours d'eau par une fenêtre pratiquée à l'extrémité de la galerie.

143. — Tranchées couvertes. — On est parfois conduit à exécuter des souterrains à une profondeur très faible ; cela arrive par exemple à la traversée des villes, quand il faut faire passer le chemin de fer longitudinalement sous une voie publique, ou dans les terrains très difficiles dans lesquels le meilleur moyen de maintenir les talus est souvent de les *entretoiser* par une voûte. Dans ces deux cas, on a le plus souvent intérêt à ouvrir une tranchée à ciel ouvert, puis à la recouvrir d'une voûte et à remblayer ensuite. Il y a une telle différence entre le prix du déblai à ciel ouvert et le prix du déblai en souterrain qu'il faut une épaisseur de terre assez forte pour qu'on ait intérêt à procéder en galerie ; néanmoins, dans les très mauvais terrains, la difficulté de maintenir les talus peut être un obstacle à l'ouverture d'une tranchée à ciel ouvert.

Lorsqu'on exécute les tranchées couvertes à ciel ouvert, il peut y avoir intérêt à construire les piédroits en fouilles blindées et à monter les voûtes sur le terrain préalablement dressé à la pioche et dont on rend la surface parfaitement régulière au moyen d'une couche de plâtre ; on évite ainsi les frais de cintre, et on diminue les frais d'étrésillonnement. Si le terrain est bon, on peut d'ailleurs comme l'ont fait les ingénieurs de la Compagnie d'Orléans pour le souterrain établi sous le boulevard St-Michel, former les piédroits de piliers reliés entre eux par des arcs en maçonnerie sur lesquels reposent les naissances de la voûte ; on remplit après coup les intervalles entre les piliers au moyen de masques en maçonnerie destinés à mettre le terrain à l'abri de l'air et à empêcher les éboulements partiels.

On a, dans les mêmes travaux, construit la voûte par
tranches longitudinales séparées suivant la direction
des génératrices au lieu de la construire par anneaux;
ce système a donné de grandes facilités pour le maintien de la circulation sur le boulevard ; il aurait été
irréalisable si l'on avait déblayé avant de construire
les maçonneries.

144. — Accidents. — Dans la construction des souterrains, il faut toujours compter avec les accidents.
Dans bien des cas on a à déplorer la mort d'hommes
tués par des mines, par la chute de blocs, écrasés
sous des éboulements, etc. Il n'y a pas de moyen absolu d'éviter les accidents, mais une surveillance attentive peut le plus souvent les prévenir.

Outre les accidents de personnes, il y a des accidents
de travaux : ce sont des éboulements, des ruptures de
voûtes, l'irruption des eaux ou des incendies. On pré-
vient les éboulements par un boisage énergique ; il faut
toujours sous ce rapport faire plutôt plus que moins : il
faut surtout être très attentif aux changements dans la
nature du terrain ; on rencontre souvent dans la roche
des poches argileuses qui peuvent se vider et entraîner
de graves accidents ; on doit, dès qu'on s'en aperçoit,
renforcer le boisage. Il y a aussi des terrains qui, lorsqu'on les attaque paraissent très solides, qui souvent
même ne peuvent se travailler qu'à la mine, mais qui,
dès qu'ils sont au contact de l'air, se boursoufflent et
exercent des poussées puissantes ou se divisent en blocs
qui se détachent. Pour éviter les accidents qu'ils peuvent causer, il faut surveiller les boisages avec un très
grand soin, et ne pas hésiter, au besoin, à interrompre
le travail d'avancement pour les renforcer : on ne sait

jamais où s'arrêtera un éboulement quand il est commencé, et il en résulte toujours une perte importante d'argent et de temps. Il faut donc, à l'inverse de ce que nous avons conseillé pour la consolidation des tranchées, faire trop pour être sûr de faire assez, et s'efforcer d'empêcher des mouvements du terrain, si faibles qu'ils soient, de se produire.

Dans la pratique, la reconnaissance du terrain se fait avec beaucoup de peine, parce qu'on est mal éclairé, qu'on est gêné par l'encombrement des bois, et qu'on ne peut voir qu'une petite surface de la paroi à la fois. Il faut donc beaucoup d'attention, des visites fréquentes et un examen attentif des déblais extraits.

Lorsqu'un éboulement s'est produit, l'enlèvement des terres est souvent très difficile parce qu'elles descendent à mesure qu'on déblaie ; il y a quelquefois intérêt à accéder par une galerie déviée dans la poche qui s'est produite, pour la boiser ou la maçonner.

L'écrasement des voûtes est un accident très grave, parce qu'il est toujours accompagné d'un éboulement considérable, aussi ne doit-on pas hésiter lorsqu'on est en mauvais terrain à renforcer les maçonneries ; il faut assurer avec soin l'écoulement des eaux, dont la pression peut augmenter jusqu'à devenir irrésistible si on ne prend pas cette précaution. Enfin, il est indispensable de surveiller avec une attention particulière l'exécution des maçonneries ; cette surveillance est d'autant plus nécessaire que cette opération, au milieu des bois, est toujours difficile et pénible pour les ouvriers.

L'irruption des eaux peut quelquefois causer de très graves embarras ou des difficultés exceptionnelles en noyant les chantiers. Lorsqu'on prévoit la possibilité de pareils accidents, il faut toujours, dès le début, s'assu-

rer des moyens d'épuisement beaucoup plus importants
que ceux qui paraissent strictement nécessaires ; mais,
comme nous l'avons dit, c'est surtout avant le commencement des travaux qu'il faut tâcher d'être fixé sur les
difficultés qu'on rencontrera, et, lorsqu'on craint l'irruption des eaux, le mieux à faire est de leur donner,
si on le peut, un écoulement naturel par les têtes.

Il peut se produire quelquefois des incendies dans les
bois et aussi dans le terrain lui-même, si les couches
sont carbonifères ; les incendies de bois peuvent compromettre très gravement le travail en provoquant des
éboulements, et il est quelquefois difficile de lutter contre eux rapidement à cause de la fumée qui envahit le
souterrain. Mais on peut les éviter ; ce n'est qu'une
question de précautions. Les incendies du terrain lui-
même sont très rares ; nous devons cependant les mentionner, car dans un travail récent (le percement du
souterrain de Braye), un accident de ce genre a en-
traîné des difficultés extrêmement graves et causé la
mort de dix-sept hommes.

145. — Souterrains en terrains aquifères. — On a
quelquefois à percer des souterrains dans des couches
aquifères, formées de sables imbibés d'eau qui *coulent*
aussitôt qu'on essaie de les déblayer. Il est toujours très
difficile de venir à bout de ces terrains, et il faut les éviter autant qu'on le peut ; lorsque cela n'est pas possible,
on emploie les moyens suivants.

Galerie d'assèchement. — On peut abaisser le plan
d'eau et rendre le terrain plus consistant en creusant
une galerie spéciale d'assèchement qui doit naturellement se trouver dans le terrain perméable. On la place
donc soit à côté du souterrain, soit en contrebas du pla-

fond suivant la position de ce dernier par rapport à la couche aquifère. La galerie d'assèchement est beaucoup plus facile à ouvrir que le souterrain, parce qu'elle est à petite section, ce qui permet de la boiser solidement au moyen de simples cadres, et qu'on peut lui donner une pente assurant un écoulement facile des eaux. Comme nous l'avons indiqué précédemment, les galeries de recherche que l'on ouvre pour reconnaitre la nature des terrains à traverser peuvent, si elles sont placées convenablement, servir de galeries d'assèchement.

Air comprimé. — Un des moyens les plus simples ou du moins les plus radicaux auxquels on ait eu reccurs, notamment au souterrain de Braye, est l'emploi de l'air comprimé. Mais cet emploi est beaucoup moins facile que dans les fondations parce que la fouille se fait par avancement au lieu de se faire en profondeur. On fait équilibre à la pression de l'eau pour en diminuer l'afflux, mais il y a toujours difficulté à travailler. De plus, si on se sert d'une chambre de travail comme au souterrain de Braye, il faut néanmoins un boisage très puissant.

Un procédé particulier d'utilisation de l'air comprimé est le procédé Fraysse : il consiste dans l'emploi des palplanches creuses, percées de trous du côté du terrain, dans lesquelles on envoie de l'air comprimé et qui s'emploient en remplacement des madriers de blindage placés derrière les cadres ; à l'avancement, on emploie des tubes ronds également creux et remplis d'air entre lesquels on laisse seulement l'espace nécessaire pour déblayer successivement. Le procédé Fraysse a été employé avec succès dans une partie du souterrain de Marot sur la ligne de Montauban à Brives.

Procédé Pœtsch. — Enfin on peut citer le procédé

Pœtsch, dont on a beaucoup parlé il y a quelques années et qui consiste à *congeler* le terrain autour de la galerie ou du puits. C'est une solution très élégante en théorie, mais dont l'application en pratique est difficile et coûteuse[1].

Nous nous bornerons à donner l'indication sommaire de ces procédés ; lorsqu'on se trouve conduit à les employer, il faut en faire une étude spéciale qui ne serait pas ici à sa place ; mais avant d'y recourir, il faut d'abord s'assurer qu'on ne peut pas supprimer la difficulté, dût-on, pour y arriver abandonner des travaux déjà commencés ; ce dernier moyen est souvent le plus sage et le plus économique. Mais c'est surtout avant le commencement des travaux qu'on peut, soit par une déviation du tracé, soit par un changement de niveau du souterrain, soit enfin par des ouvrages préparatoires tels que des galeries d'écoulement, éviter de rencontrer des masses d'eau dangereuses ; fût-il impossible de déplacer le souterrain et d'assainir à l'avance les couches aquifères, on a du moins la latitude, si on connaît avant le commencement des travaux les difficultés probables, d'organiser en conséquence son personnel et son outillage. Une fois à l'œuvre, avec un chantier organisé, on est poussé par les événements, et il est rare qu'on puisse employer exactement les moyens auxquels on aurait eu recours si on avait eu le loisir de les préparer. Nous terminerons donc par l'observation faite au début : du moment qu'il ne s'agit pas de percer un simple contrefort dont la nature géologique ne soit pas douteuse, on doit faire une étude consciencieuse et précise du terrain, en s'aidant au besoin des lumières d'un géologue expérimenté.

1. Voir *Annales des Ponts et Chaussées*, avril 1885.

146. — Prix de revient des souterrains. — Les prix des déblais en souterrain varient naturellement dans une très forte proportion selon la nature du terrain rencontré, la longueur de la galerie, sa section, etc. On peut toutefois admettre comme moyennes les prix ci-dessous.

En appelant p le prix du déblai à ciel ouvert

le déblai en petite galerie coûte de. . . . . 9 à 12 p

le déblai en élargissement de . . . . 4 à 5 p

le déblai du strosse de. . . . . 2 à 4 p

En appliquant ces prix aux sections des galeries, on peut admettre que le déblai en souterrain à grande section coûte environ cinq fois autant que le même déblai à ciel ouvert : toutefois, comme l'indique le détail des prix qui précède, le mètre cube de déblai coûte plus cher pour les souterrains à voie unique que pour les souterrains à deux voies. On comprend aussi que la méthode anglaise, supprimant la petite galerie, présente en théorie les meilleures conditions de prix ; la méthode autrichienne, au contraire, qui comprend deux petites galeries, serait la moins économique si, à d'autres points de vue, elle n'était plus avantageuse pour les souterrains de grande longueur.

Le prix de la maçonnerie varie en général, entre 25 fr. et 50 fr.

Le prix du mètre courant de souterrain à une voie peut s'évaluer moyennement entre 800 fr. et 1200 fr. et celui des souterrains à deux voies entre 1200 fr. et 2200 fr.[1]

---

1. Nous renvoyons, pour de plus amples détails sur la construction des souterrains à l'ouvrage que M. Pontzen a publié dans l'*Encyclopédie* et auquel nous avons fait de nombreux emprunts.

§ 5. — ACQUISITIONS DE TERRAINS.

147. — La surface nécessaire par kilomètre courant pour l'établissement d'un chemin de fer à voie normale varie en général selon les accidents de terrain, selon l'économie plus ou moins grande à laquelle on s'est astreint pour la largeur d'emprise, selon le nombre et l'importance des stations, entre 1 hectare et 2 hect. 1 /2 en voie unique, et entre 1 hect. 1 /2 et 3 hectares en double voie.

Ce serait une erreur complète de croire que le rôle des Ingénieurs se borne à l'accomplissement des formalités administratives nécessaires pour l'expropriation ; en réalité, pour faire les acquisitions de terrain dans de bonnes conditions, il faut en réaliser la plus grande partie à l'amiable, et ne se présenter devant le jury que pour avoir raison des propriétaires déraisonnables ou même intraitables. Les arrangements à l'amiable permettent presque toujours d'effectuer à des prix admissibles l'acquisition de la plupart des terrains, mais à une double condition : il faut d'abord une connaissance exacte des valeurs immobilières, et ensuite beaucoup de pratique et de persévérance.

Certains ingénieurs constituent pour les acquisitions des services spéciaux confiés à des hommes expérimentés et pris généralement dans le pays ; d'autres en chargent simplement des agents techniques. Ces derniers s'en tirent très souvent tout aussi bien que les premiers, surtout si on a le soin de faire estimer d'abord le terrain à acquérir, contradictoirement avec eux, par des experts choisis dans les localités.

On ne paie pas les terrains à leur valeur vénale, et

cela est juste, car on dépossède les propriétaires malgré eux et, de plus, on leur cause un dommage réel en morcelant leur propriété, ce qui la plupart du temps diminue les commodités de culture et augmente la difficulté des accès pour une des parties restantes ; on leur cause encore d'autres dommages si on coupe des propriétés closes, si on fait passer le chemin de fer auprès de bâtiments qu'on expose à la fumée et à la vibration des trains, si on traverse des pâturages dans lesquels se trouvent des bestiaux qui seraient exposés à se faire écraser par les trains, etc. Tout cela se paie, et si, par suite de toutes ces causes d'indemnités, la valeur du terrain n'est majorée que de trente à cinquante pour cent, on doit considérer le prix d'acquisition comme modéré. Il faut en tout cas prendre garde que les agents chargés des acquisitions, dans le but de baisser le prix apparent des terrains, n'accordent aux propriétaires des concessions en nature souvent très coûteuses, telles que l'établissement et l'entretien aux frais du chemin de fer de clôtures défensives contre les bestiaux, la multiplication des passages à niveau, le droit de passage sous des ponts par dessous, auxquels on est obligé de donner à cet effet plus de hauteur et plus de largeur, etc. Si on fait des concessions en nature, il faut en chiffrer la valeur en argent aussi exactement que possible, et la faire entrer en ligne de compte dans le calcul de l'indemnité.

Enfin, quand on doit faire des acquisitions, il faut toujours s'y prendre assez tôt et se réserver beaucoup de temps, au moins six mois, pour amener les propriétaires à traiter à l'amiable et pour pouvoir les laisser enlever leur récolte : un terrain nu a toujours une valeur apparente moindre qu'un terrain sur lequel se prépare une bonne récolte.

CHAPITRE QUATRIÈME

BATIMENTS

§ 1. — PRINCIPES GÉNÉRAUX.

148. — L'établissement des chemins de fer comporte l'exécution de bâtiments qui représentent une part assez importante des dépenses de construction ; les dispositions qu'il convient de leur donner ne peuvent être discutées utilement qu'après l'étude des services auxquels ils sont affectés, mais les règles générales relatives à leur construction trouvent naturellement leur place dans cette première partie du cours.

A l'exception des gares établies dans les grandes villes, auxquelles on s'attache à donner un caractère monumental, les bâtiments de chemins de fer diffèrent en général assez peu entre eux, et les tentatives, le plus souvent malheureuses, faites pour leur donner un caractère moins banal, ont conduit les ingénieurs à se contenter d'un certain nombre de types très simples. Toutefois cette simplicité n'exclut pas le goût et on peut, sans augmenter les dépenses, donner aux bâtiments, comme aux ouvrages d'art, le cachet que comportent des constructions rationnelles et étudiées avec soin. La facilité des transports permet de se procurer à peu près partout, à peu de frais, de la pierre de taille tendre pour les angles, les corniches et les encadrements des baies ; lorsque le prix en est trop élevé on la remplace par de la brique, mais on peut l'employer

encore dans les clefs de voûte, les sommiers et les cha-
piteaux pour rendre la construction moins sombre et
plus variée de tons.

149. — Fondations. — Pour les bâtiments, comme pour les ouvrages d'art, les fondations doivent faire
l'objet d'une étude sérieuse ; si cette étude n'est pas bien
faite, on peut être conduit à augmenter sans aucune
utilité les dépenses.

Lorsqu'on rencontre à une faible profondeur un terrain suffisamment solide, on y asseoit directement les
murs ; on peut se contenter dans ce cas d'un terrain
beaucoup moins résistant que pour les ouvrages d'art,
parce qu'il est facile de répartir les
pressions en donnant au besoin de l'empattement à la fondation, comme le
montre le croquis ci-contre ; on a moins
à tenir compte de l'ébranlement produit
par le passage des trains. Si on a des
doutes sur l'homogénéité de la fon-
dation, on peut éviter les dislocations au moyen d'un
chaînage établi au niveau du plancher du premier étage, mais il est inutile d'y recourir si on n'a pas à craindre des tassements inégaux.

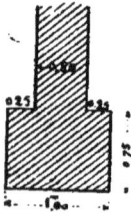

Fig. 92.

Dans le cas où on ne trouve pas le terrain solide à
une faible profondeur, on peut recourir aux moyens
suivants que nous avons déjà indiqués pour les ouvrages d'art.

Le premier moyen consiste à répartir les pressions
au moyen d'une couche de sable ou de gravier d'une
épaisseur de un à deux mètres selon la qualité du terrain et l'importance de la construction : naturellement
il n'est pas nécessaire de remblayer en sable ou en gra-

vier tout l'emplacement du bâtiment ; il suffit d'en mettre sur une largeur suffisante au droit des murs de façade et de refend.

On peut aussi, comme pour les petits ouvrages
d'art, consolider le sol au moyen de piquets ou de
pieux de sable.

Enfin le moyen le plus sûr, lorsque le terrain solide n'est pas à une grande profondeur, consiste à fonder les murs sur des voûtes reposant sur des piliers
qu'on descend jusqu'au terrain solide. On place, bien

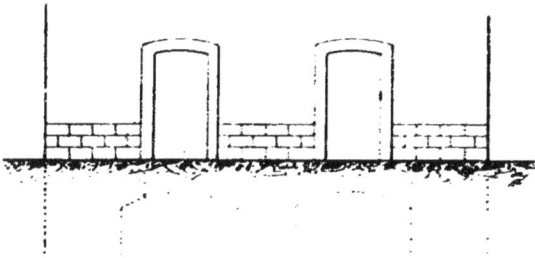

Fig. 93.

entendu, de préférence les piliers sous les trumeaux
et les voûtes sous les baies ; comme d'ailleurs les piliers d'angles, qui forment culées, sont chargés d'une
grande hauteur de maçonnerie, on peut faire des voûtes très surbaissées et par suite très faciles à construire. Ces voûtes, lorsque la fondation est en déblai,
se construisent sur le terrain grossièrement dressé ou
recouvert d'un cintre très léger ; on fait la maçonnerie
brute, sans autre préparation des moellons que celle
qui leur est donnée sur le tas par les maçons. L'écartement et la largeur des piliers dépendent naturellement des dispositions de la construction qu'ils doivent supporter et de la qualité du sol sur lequel ils
reposent.

Le mode de fondation avec piliers et voûtes est surtout à recommander pour les corps de bâtiments principaux des stations et pour les murs d'ateliers, rotondes, etc., qui supportent des fermes de grandes portées.
Dans le premier cas, comme une partie du bâtiment
repose sur la cave et la fosse d'aisance qui forment
un étage inférieur, on risque d'avoir des dislocations
si on ne descend pas tous les murs à la même profondeur, lorsque le terrain n'est pas incompressible, ou
bien on fait une dépense inutile de maçonnerie si on
fait tous les murs pleins. Dans le second cas, les murs
des façades sont en général isolés, sans murs de refend
ni planchers pour augmenter leur stabilité, et exposés
à des poussées quelquefois assez fortes par suite de la
dilatation des charpentes qui portent la toiture ; les
mouvements qui peuvent s'y produire risquent de déformer et quelquefois de faire écrouler la construction.
On peut au contraire employer sans crainte les fondations sur le terrain compressible pour les ailes des bâtiments qui n'ont qu'un rez-de-chaussée, pour les constructions légères telles que les abris, les remises à voitures ou à machines peu importantes, etc. En fondant
sur le terrain compressible les ailes d'un bâtiment
dont les murs reposent sur le terrain solide, on s'expose
à des cassures qui effraient souvent les constructeurs.
Ces cassures ne sont pas bien graves, l'équilibre s'établit lorsque le bâtiment est achevé, et, les lézardes bou-
chées à ce moment ne se rouvrent plus la plupart du
temps. On peut d'ailleurs les éviter par un artifice
très simple ; il suffit de laisser un vide de 0m30 à
0m50 à la jonction des murs de façade des bâtiments
pour lesquels on craint des tassements inégaux. Lorsque la construction de cette dernière est terminée et

que son tassement est effectué, on ferme le vide en construisant à l'aplomb du pare-
ment extérieur une cloison en
briques à plat ou de champ
qu'on peut recouvrir d'un enduit, et du côté intérieur une
cloison semblable ou un pan-

Fig. 94.

neau en menuiserie. S'il se produit de nouveaux tassements, le plus grand dommage qui puisse en résulter est la nécessité de reconstruire les cloisons. Ce
système est particulièrement commode lorsqu'il s'agit
d'ajouter après coup des ailes à un bâtiment entouré
d'un remblai déjà ancien et dont le tassement est effectué. On évite ainsi des fouilles coûteuses et la dépense
de la maçonnerie qui serait nécessaire pour descendre
sur le terrain solide. On est d'ailleurs beaucoup moins
exposé à des dislocations en fondant les bâtiments sur
le terrain compressible avec une couche de sable qui répartit les pressions, qu'en les fondant sur un terrain
douteux sans précautions spéciales.

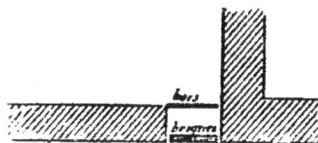

Les procédés de fondation que nous venons d'indiquer s'appliquent aux terrains ordinaires. On est quelquefois obligé de fonder des bâtiments sur un terrain
tout à fait instable ; le plus sage est dans ce cas de les
construire en fer et briques, en donnant aux cadres en
fer entre lesquels sont placées les briques une disposition et des dimensions qui rendent toute déformation
impossible. On peut même, comme cela a été fait à
St-Etienne[1] et à Meulan, prendre les mesures nécessaires pour permettre de corriger l'effet des tassements, si besoin est, en relevant le bâtiment d'un seul
bloc au moyen de vérins.

[1]. Voir *Revue des Chemins de fer*, 1887, 1er semestre.

§ 2. — BATIMENTS AFFECTÉS AU SERVICE
DE L'EXPLOITATION.

150.—Bâtiments des stations. — Il convient de disposer les bâtiments des stations de manière qu'il soit aussi facile que possible de les agrandir ou de changer leurs dispositions intérieures, lorsque cela est nécessaire. D'une manière générale ces bâtiments comprennent au rez-de-chaussée les locaux affectés au service des voyageurs et des messageries, au premier le logement du chef de station, ou, lorsqu'il s'agit d'une gare importante, du chef et du sous-chef. On est ainsi conduit à établir un corps principal à un et quelquefois deux étages, auquel on ajoute des ailes latérales pour agrandir l'espace disponible du rez-de-chaussée lorsque l'importance du service l'exige.

A l'exception du vestibule et de l'escalier dont l'entrée doit être du côté de la cour, presque tous les locaux placés dans les bâtiments des stations doivent être placés du côté de la voie ou tout au moins avoir une communication facile avec le trottoir placé de ce côté. Il faut se garder néanmoins de faire des bâtiments étroits, dont la distribution est incommode et qu'on ne peut agrandir qu'avec les plus grandes difficultés ; le mètre carré de surface revient d'ailleurs moins cher dans les bâtiments profonds, et il est bien rare qu'on ne puisse utiliser réellement toute la profondeur dont on dispose, sinon pour les nécessités du service, du moins pour sa facilité et pour la commodité du public. Une largeur convenable est celle de huit mètres pour les stations de faible importance et de dix mètres pour les stations d'importance moyenne.

Lorsqu'on doit agrandir un bâtiment existant dont le corps principal manque de profondeur, un artifice très simple et d'une application facile consiste à y ajouter, du côté de la cour, un avant-corps formé d'un rez-de-chaussée éclairé par le haut ; on peut ainsi, à peu de frais, agrandir le vestibule sans toucher à la distribution intérieure des autres locaux et lui donner une largeur en rapport avec les besoins. Pour faciliter les changements de distribution, on réduit au strict nécessaire les murs de refend, en soutenant les planchers par des poutres dont la portée a toute la largeur comprise entre les deux façades, de façon à éviter les appuis intermédiaires ; enfin, on évite les distributions compliquées, dans lesquelles la position et la forme de chaque pièce dépendraient de la position et de la forme des pièces voisines.

A l'exception des salles d'attente de première et de seconde classe qui sont parquetées, les pièces à l'usage du public sont en général asphaltées, dallées en ciment ou carrelées, de manière que le lavage en soit facile. Pour les carrelages on n'emploie pas les carreaux ordinaires en terre cuite qui se détériorent trop rapidement, mais des carreaux céramiques très solides, qui se prêtent à des dessins d'un effet agréable ; on fait aussi des mosaïques dont les éléments sont assemblés avec du ciment. Les vestibules doivent toujours être de plain-pied avec les trottoirs sur cour et sur voie pour faciliter le transport des colis.

Il est bon dans les vestibules et dans les salles d'attente de recouvrir les murs de lambris en menuiserie jusqu'à 1^m au moins de hauteur, pour les protéger contre le choc des colis qui sont posés soit à terre soit sur les bancs et qui détériorent très rapidement les enduits lorsque ceux-ci sont à nu ; on peut aussi employer dans ce but des feuilles minces de tôle appliquées sur les murs. Il est également sage d'abattre, pour les remplacer par des chanfreins, les arêtes des pierres de taille qui forment l'encadrement des baies par lesquelles passent habituellement les colis portés à bras ou les cabrouets ; on peut aussi protéger ces arêtes par des cornières en fer, appliquées avec soin sur la pierre à laquelle elles sont fixées par des vis, et qu'on peint en blanc pour les dissimuler.

On fait aujourd'hui, pour les portes et les fenêtres des châssis en fer destinés à remplacer les menuiseries ; ces châssis, lorsqu'ils sont bien faits, se comportent bien, mais ils sont chers. Presque toujours la menuiserie suffit, mais il faut avoir soin de lui donner de bonnes épaisseurs, d'en surveiller l'exécution et notamment d'en examiner attentivement les assemblages avant qu'elle soit peinte, enfin de renforcer les angles par de solides ferrures.

Les logements doivent être appropriés aux besoins des agents auxquels ils sont destinés et qui ont en général beaucoup d'enfants et peu de mobilier. Il est bon d'y faire des cuisines spacieuses et bien éclairées, d'y établir des placards et des armoires, de mettre aux fenêtres des persiennes que l'on dissimule dans les faces d'ébrasement pour éviter qu'elles soient d'un effet disgracieux, enfin, sauf dans les simples haltes, d'y établir des cabinets d'aisances réservés spécialement au chef de gare et à sa famille, et dont la fosse peut en même temps recevoir les eaux de l'évier. Si plusieurs agents sont logés dans le même bâtiment, on doit séparer entièrement les logements.

Il faut toujours établir un grenier dans les combles.

Les chefs de station ne disposent en dehors de leur logement d'aucun local à leur usage personnel ; s'ils n'ont pas un grenier pour garder leurs provisions, faire sécher leur linge, etc., ils éprouvent une gêne réelle, et trop souvent pour s'en affranchir ils emploient comme débarras une partie des locaux affectés au public, ou bien ils établissent aux abords du bâtiment des voyageurs des constructions en planches ou en branchages par trop rustiques, dont l'aspect donne à la station une apparence de désordre et de malpropreté.

Il importe de donner au chef de gare et à sa famille de l'eau de bonne qualité ; lorsqu'il n'y a pas de distribution d'eau dans la localité, ce qui est le cas général pour les stations peu importantes, on réserve à leur usage exclusif un puits placé à peu de distance du bâtiment. Les puits sont presque toujours nécessaires, même lorsqu'il existe dans la gare une alimentation d'eau, parce que l'eau de celle-ci, exposée au soleil et à l'air dans les réservoirs où on l'approvisionne, n'est pas toujours d'une fraicheur et d'une pureté suffisantes.

Les caves doivent être disposées de manière à ce qu'on puisse facilement y descendre les fûts de vin des dimensions en usage dans le pays. Il est bon de les diviser en deux parties indépendantes qui servent à renfermer : l'une les provisions du chef de gare, et l'autre le charbon destiné au chauffage des pièces affectées au service. Lorsque le sous-sol est humide, on rend les caves étanches en les établissant sur un radier en béton et en recouvrant les murs *à l'extérieur* d'un enduit en ciment, ou bien on remplace la cave par un cellier recouvert de terre construit au dehors.

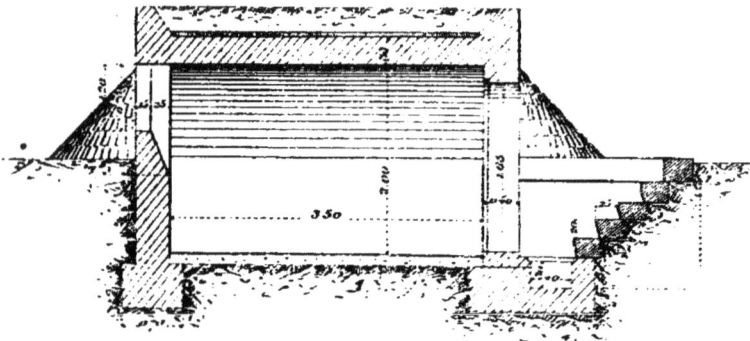

Fig. 95.

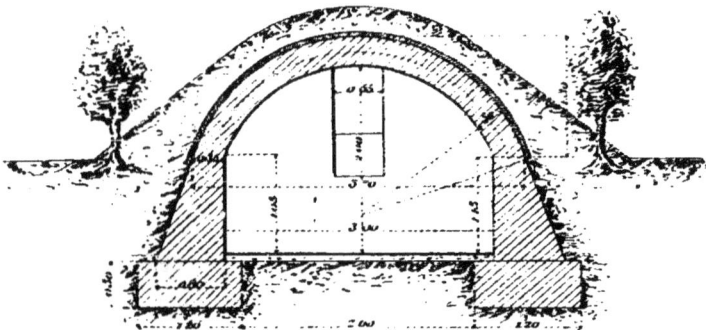

Fig. 96.

151. — Cabinets d'aisance et bâtiments accessoires.
— En dehors du bâtiment principal, les stations comportent des locaux accessoires affectés à divers usages
et notamment des cabinets d'aisance que l'on isole presque toujours.

L'importance des cabinets d'aisance varie avec celle
de la gare ou de la station dans laquelle ils sont placés ;
souvent on y accole la lampisterie qu'il y a intérêt, au
point de vue du danger d'incendie, à éloigner du bâtiment principal. Il convient de les placer à dix ou quinze
mètres de celui-ci, de manière à pouvoir les dissimuler
un peu et à réserver l'espace nécessaire pour la construction ultérieure d'annexes.

Pour qu'on puisse tenir propres des cabinets d'ai- ·

sance, il faut de l'air, du jour, de l'espace et de l'eau ; il est toujours facile de donner de l'air aux cabinets isolés ; il suffit pour cela soit de placer un lanterneau au-dessus du toit, soit d'élever celui-ci en laissant au-dessous sur une certaine hauteur, un parement à claire-voie. On donne du jour par la partie supérieure au moyen de châssis vitrés et quelquefois de tuiles en verre ; quant à l'espace, il est bon de donner au moins 1^m 50 par cabinet. Les portes doivent, autant que possible, s'ouvrir en dehors des cabinets pour ne pas en restreindre l'espace libre, et elles doivent se fermer d'elles-mêmes, car les voyageurs ne prennent presque jamais la peine de les tirer.

On faisait autrefois à peu près exclusivement des sièges à la turque dans les cabinets publics pour hommes, et des sièges en bois dans les cabinets réservés et les cabinets des dames. On peut employer aujourd'hui des appareils en faïence ou en terre cuite qui sont bien préférables au point de vue de la propreté. Quel que soit le type, pour peu que les cabinets soient fréquentés, il est très difficile de les tenir propres, si on ne dispose pas d'eau en abondance ; aussi doit-on y établir un branchement spécial chaque fois qu'il y a une conduite d'eau dans le voisinage, notamment dans les stations où il existe un réservoir pour l'alimentation des machines. Afin de ne pas avoir à vider trop souvent les fosses, ce qui représente une dépense et un embarras, on établit à la partie supérieure un tuyau de trop plein qui déverse les liquides dans un fossé ou dans un égout voisin ; si l'eau est employée en abondance, elle est, lorsqu'elle s'écoule au dehors, assez peu chargée de matières solides, pour qu'il n'y ait pas à craindre d'émanations nuisibles ou désagréables. Dans tous les cas la fosse doit être pourvue d'un tuyau d'évent qui appelle les gaz au-dessus du toit du bâtiment.

Les murs peuvent être enduits en ciment, mais il vaut mieux, quoique cela soit un peu cher, les revêtir jusqu'à deux mètres environ de hauteur en carreaux vernissés, ou carreaux céramiques, en briques émaillées, en faïence, ou en porcelaine. Les carreaux vernissés, qui sont les moins chers, offrent l'inconvénient de s'écailler facilement sous l'influence de la gelée. On entoure les panneaux revêtus de baguettes en menuiserie.

Dans les haltes et les petites stations, les cabinets d'aisance peuvent ne comprendre qu'une seule place ; lorsqu'il y a plusieurs places, on sépare celles qui sont affectées aux hommes ; on y ajoute des urinoirs, qui, sauf dans les gares importantes, sont le plus souvent accolés au bâtiment à l'extérieur, sous un auvent. Lorsque le nombre des voyageurs qui fréquentent les cabinets est important, il est bon d'y placer une gardienne qui est chargée de les nettoyer ; on lui réserve un local de 2 mètres sur 2 mètres environ, dans lequel elle se tient habituellement. Enfin dans les grandes gares on place souvent dans le local affecté aux cabinets d'aisance des cabinets de toilette et des lavabos.

152. — Abris. — On construit habituellement sur les trottoirs qui ne sont pas accolés au bâtiment des voyageurs, des abris destinés à garantir ceux-ci de la pluie et du soleil depuis le moment où ils ont à traverser les voies jusqu'au moment où ils peuvent monter dans le train. Sur les trottoirs qui ne sont accessibles que d'un côté, ces abris sont généralement formés soit d'un petit bâtiment rectangulaire avec une large baie sans

porte du côté de la voie, soit d'un hangar fermé seulement sur trois côtés. On les construit en maçonnerie

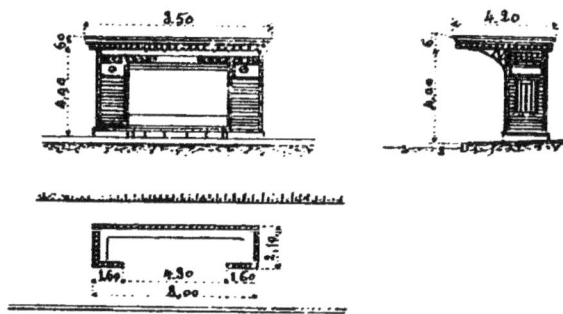

Fig. 97.

ordinaire, ou en briques et fer avec auvent avançant
sur le trottoir.

Sur les trottoirs d'entrevoie on fait également des
abris fermés avec deux grandes baies placées en face

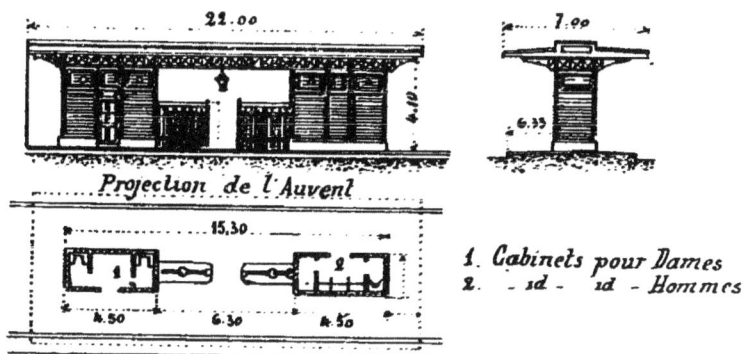

Fig. 98.

l'une de l'autre. Dans les pays où le climat n'est pas rigoureux, on se contente en général d'abris couverts
formés d'un toit qui recouvre un banc double placé dans
le sens de la longueur du trottoir. On y ajoute souvent,
dans les gares de bifurcation, des cabinets d'aisance de
manière à éviter aux voyageurs d'avoir à traverser les
voies pendant le stationnement des trains.

Pour ne pas gêner la circulation, les murs ou les supports de la toiture des abris d'entrevoie doivent être éloignés des bordures de trottoirs d'au moins 1ᵐ 50 et mieux de 2 mètres, de manière à permettre la circulation des cabrouets qui portent les bagages et les bouillottes, et surtout à ne pas entraver la circulation des voyageurs lorsqu'un train stationne les portières ouvertes devant l'abri. On est ainsi conduit à les construire en fer et briques ou, dans certains cas, lorsqu'ils ne comportent pas de cabinets d'aisance, en fer et vitrage ; il est bon dans ce dernier cas de ne pas descendre trop bas le vitrage, car, à une faible hauteur, les carreaux sont constamment brisés par les colis que les voyageurs portent avec eux ; on peut, pour ne pas augmenter l'épaisseur, les remplacer par de la tôle.

153. — **Marquises.** — Lorsqu'on veut couvrir une grande longueur de trottoirs, on se contente de simples toits portés par des colonnes, et qu'on désigne sous le nom de marquises.

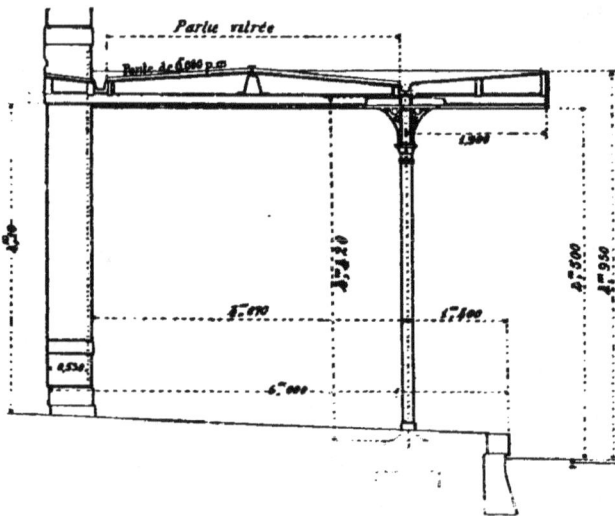

Fig. 99.

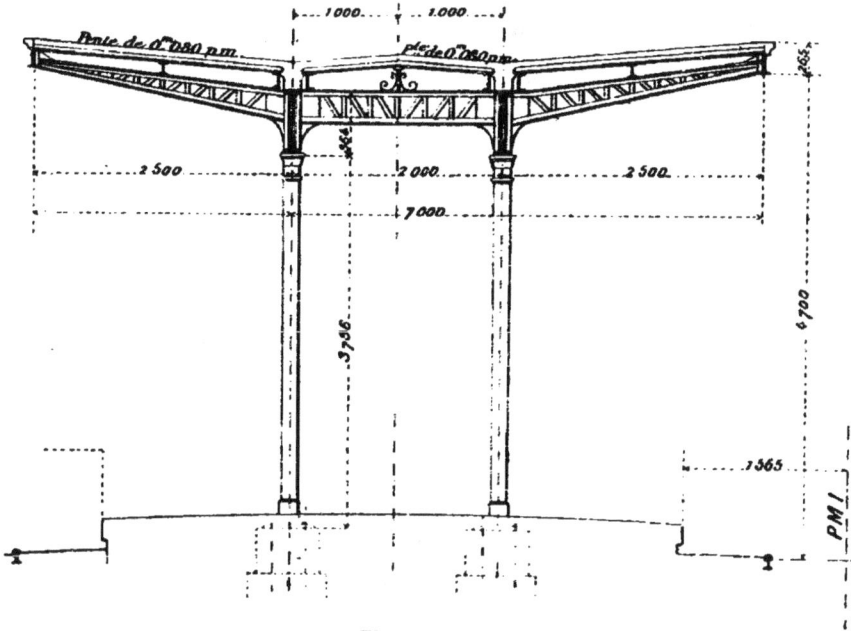

Fig. 100.

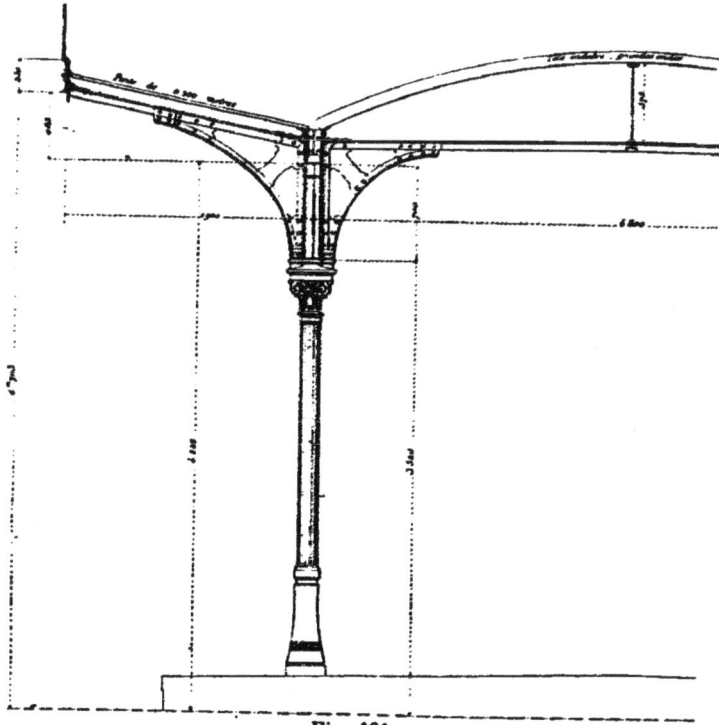

Fig. 101.

Les marquises peuvent être soit accolées à un bâtiment ou à un mur, soit isolées ; souvent aussi elles
sont mixtes lorsqu'elles recouvrent un trottoir le long
duquel sont disposés plusieurs bâtiments séparés les
uns des autres par des intervalles vides, bâtiment principal, cabinets d'aisance, buffet, etc. Elles sont formées aujourd'hui exclusivement de charpentes en fer
reposant sur des colonnes en fonte ou en fer assemblé
qui servent en même temps à l'écoulement des eaux. La
toiture est en zinc, en tôle ondulée, et quelquefois en
verre pour les marquises accolées aux bâtiments ; dans
ce dernier cas, on a l'avantage de conserver le jour,
mais on ne protège pas les voyageurs contre le soleil.
Le choix du type est une question de goût et d'économie ; quel qu'il soit, il faut autant que possible augmenter l'espacement des colonnes et la largeur du toit.
Sauf dans le cas où, placées au milieu du trottoir, elles
servent de point d'appui à des bancs longitudinaux, les
colonnes sont toujours une gêne, et il y a intérêt, non
seulement à réduire au minimum leur diamètre à la
base, mais aussi à en diminuer le nombre. En faisant
reposer le toit sur des sablières formées de poutres en
treillis, on peut très facilement et sans augmentation
notable de dépense espacer les colonnes de 8ᵐ à 12ᵐ.
Il importe de faire le toit aussi large que possible, car
la pluie ne tombe pas toujours verticalement et une
partie seulement de la largeur couverte peut être considérée comme offrant réellement un abri contre elle
lorsqu'il fait du vent. Il en est de même en ce qui concerne le soleil.

Les colonnes doivent être placées de manière à ne
pas former des obstacles gênants ou dangereux. Aux
termes d'une circulaire ministérielle du 31 décembre

1890, les obstacles isolés placés le long des voies, et par conséquent les colonnes, doivent être éloignés du rail le plus voisin d'au moins 1ᵐ 35 ; mais il faut autant qu'on le peut augmenter cette distance, pour que les colonnes ne rendent pas difficile l'accès des voitures au droit de leur emplacement. On doit compter à partir de la bordure du trottoir au moins 1ᵐ 20, et mieux 1ᵐ 50, ce qui donne des distances au rail de 2ᵐ et de 2ᵐ 20.

Le toit doit être placé à la hauteur minimum qui correspond au gabarit libre sous les ouvrages d'art ; faute de tenir compte de cette dimension, on s'expose soit à voir des marquises démolies au passage de chargements exceptionnels, soit à réduire sans motifs sérieux la limite des chargements. Un type très recommandable, aux deux points de vue que nous venons d'indiquer, lorsque les trottoirs sont étroits, est celui dans lequel il n'existe qu'un seul rang de colonnes supportant de part et d'autre un toit incliné vers l'axe du

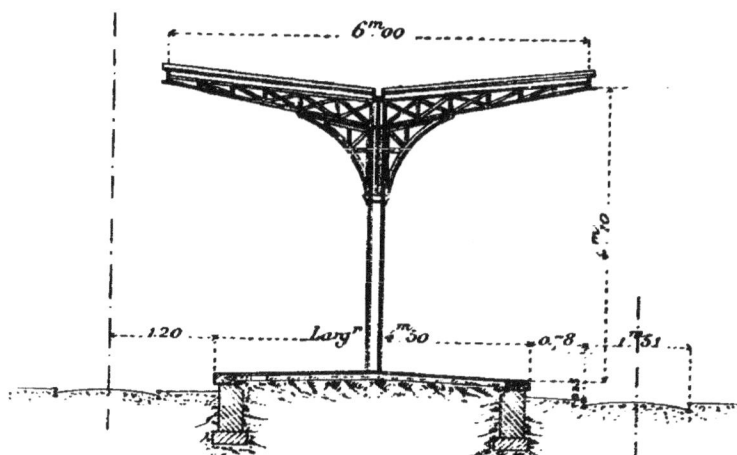

Fig. 102.

trottoir. Les colonnes, qui sont dans ce type exposées

à des effets de flexion, sont en fer. On place le plus souvent les tuyaux de descente dans les colonnes ; lorsque
celles-ci sont en fonte elles servent elles-mêmes de
tuyaux. On doit dans ce cas, surtout dans les pays
froids, prendre les précautions nécessaires pour empêcher que des matières solides et notamment des feuilles
puissent pénétrer dans les colonnes et les obstruer ;
faute de cette précaution, on est exposé à des ruptures
par la gelée.

On place quelquefois à l'extrémité des trottoirs des
écrans destinés à protéger les voyageurs contre le vent.
Pour les marquises sur les trottoirs d'entrevoies l'effet de ces écrans est très peu sensible ; ils offrent au
contraire un abri sérieux contre les courants d'air lors-

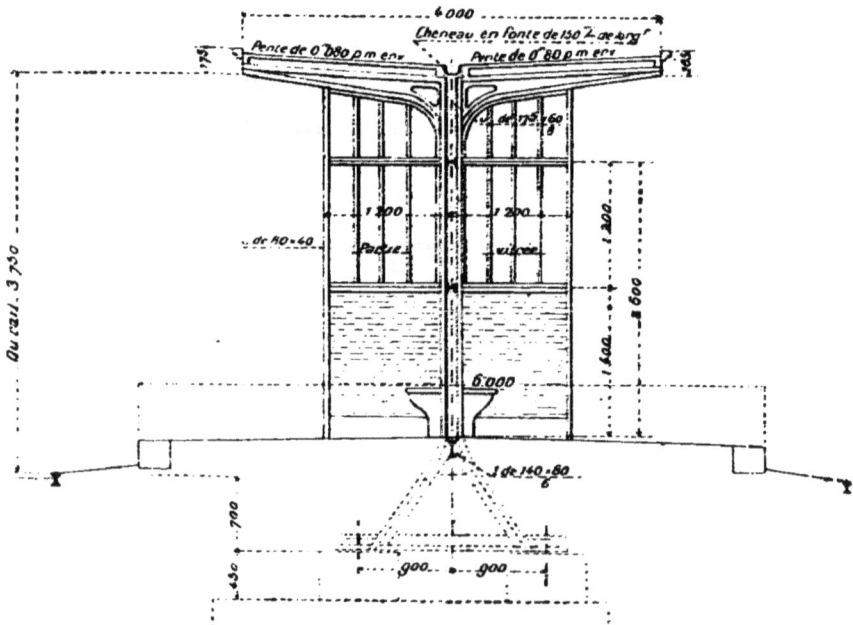

Fig. 103.

qu'ils sont placés au droit des extrémités d'un bâtiment ; mais pour qu'ils soient efficaces sans gêner la

circulation, il faut que le trottoir soit large; ils doivent en effet s'arrêter à au moins 1^m50 de la bordure du côté de la voie pour permettre la circulation des voyageurs et des cabrouets à bagages.

Dans les gares importantes on établit des trottoirs du côté de la cour pour permettre aux voyageurs de descendre des voitures ou d'y monter à l'abri ; ces marquises n'offrent rien de particulier. Lorsqu'elles n'ont

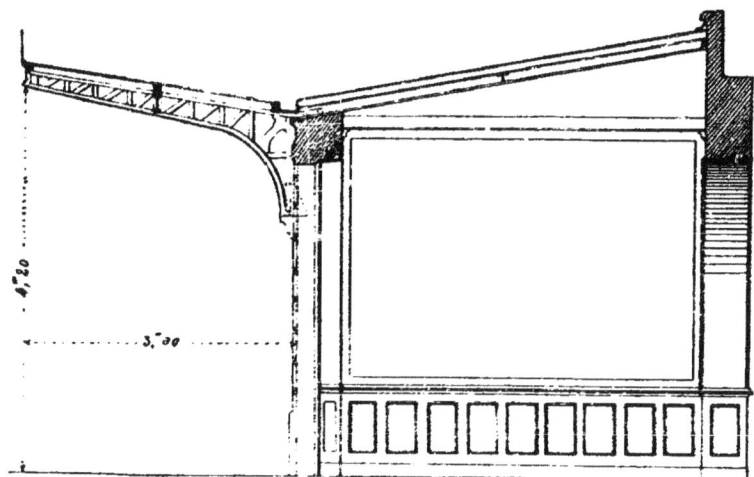

Fig. 104.

qu'une faible largeur, on les construit souvent en forme d'auvent de manière à supprimer entièrement les colonnes.

154. — Halles couvertes. — On désigne habituellement sous ce nom de vastes toitures destinées à abriter à la fois les trottoirs et les voies.

On employait autrefois presque exclusivement dans les halles couvertes les fermes Polonceau, d'abord en bois et fer, puis tout en fer ; il en existe un très bel exemple à la gare d'Orléans à Paris. Ce type est aujourd'hui abandonné ; il est coûteux à cause des pièces

de forge dont il exige l'emploi et peut toujours présenter des points faibles au droit des soudures. On a renoncé également aux fermes rigides disposées suivant
la forme des fermes Polonceau, qui se prêtent mal à
l'assemblage des fers, exigent beaucoup de métal, et
sont d'un aspect très lourd. Les fermes qu'on construit
aujourd'hui sont en fers du commerce assemblés ; on
emploie surtout les types suivants :

Arbalétriers en treillis droits ou courbes, réunis à
leur partie inférieure par un tirant.

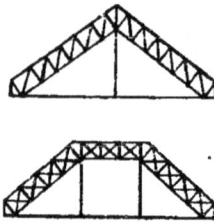

Fig. 105.

Fermes en croix de St-André ou à triangles.

Fig. 106.

Fermes à la de Dion avec ou sans rotules.

Nous donnons ci-dessous les croquis de halles appartenant aux deux premiers de ces types.

On peut remarquer dans le dessin de la seconde
que les fermes sont formées de triangles sur les côtés avec une croix de St-André au milieu ; cette addition de diagonales croisées est nécessaire pour que la
ferme puisse supporter les charges dissymétriques et
notamment la pression du vent, sans que les pièces qui
la composent soient soumises à des efforts de flexion.

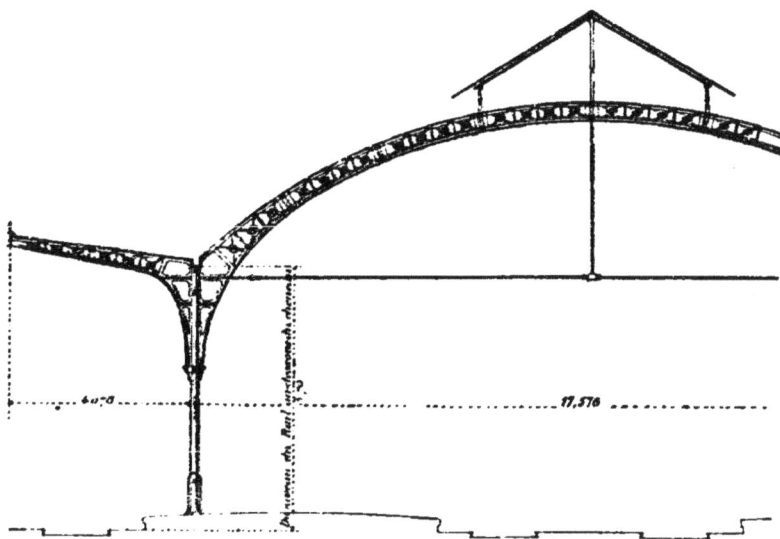

Fig. 107.

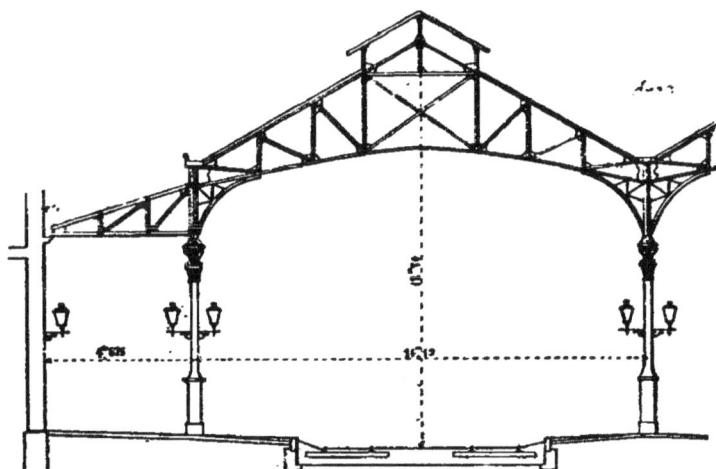

Fig. 108.

En effet, dans les fermes composées exclusivement de
triangles, pour qu'il y ait
équilibre au sommet entre
les forces dirigées suivant
les pièces qui aboutissent à
ce nœud, il faut que les com-
pressions des arbalétriers

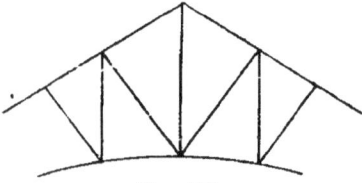

Fig. 109.

soient égales.

Dans les fermes à faible portée et dans les couvertures des bâtiments abrités, on construit encore des fermes à triangles avec poinçon vertical sans qu'il se révèle d'inconvénient sérieux ; mais pour des fermes à
grande portée et qui sont dans beaucoup de cas exposées
à l'effet du vent, il est au moins prudent d'éviter la
flexion des pièces qui ne sont pas disposées en vue de
résister à des efforts transversaux.

Le troisième type s'applique surtout aux grandes
portées ; nous en donnons ci-dessous deux exemples.

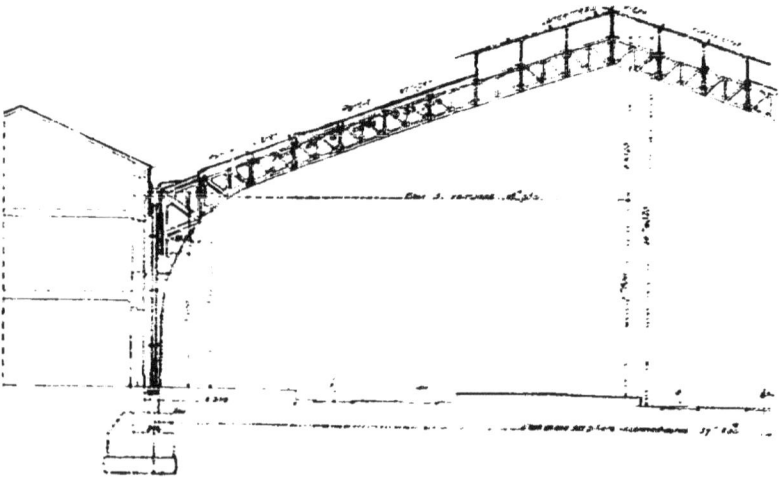

Fig. 110.

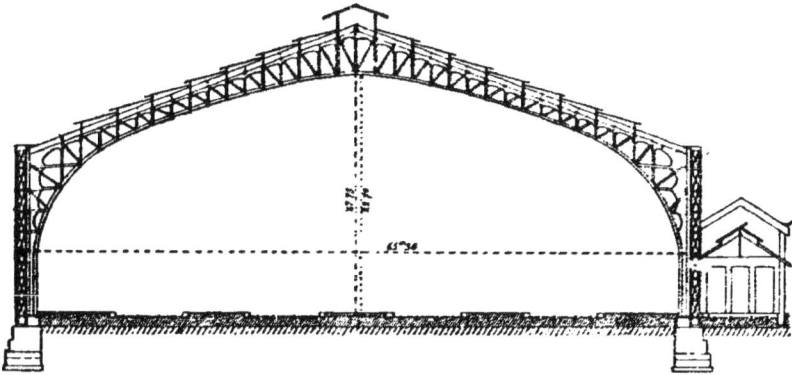

Fig. 111.

Les fermes à triangles sont les plus économiques, au moins pour les portées moyennes et, lorsqu'elles sont étudiées avec soin, elles ont un aspect très satisfaisant.

Lorsque la portée est grande, on double souvent les fermes en formant chacune d'elles de deux pièces jumelles, de manière à leur donner une grande rigidité transversale et à rendre ainsi le montage plus facile. On ne recourt à cet artifice que pour les fermes à tirants et les fermes à la de Dion.

Les fermes à la de Dion descendent jusqu'au massif en maçonnerie qui leur sert de support. Les fermes à tirants et les fermes à triangles reposent sur ces massifs par l'intermédiaire d'appuis indépendants ; autrefois elles étaient presque toujours supportées, au moins d'un côté, sur des pilastres en maçonnerie accolés aux bâtiments. Il paraît préférable de les faire reposer sur deux rangs de colonnes en couvrant par des auvents les trottoirs extrêmes. Ce système offre plusieurs avantages ; il donne une économie par suite de la réduction de la portée des fermes, et il diminue l'importance du ché-

neau placé contre les maçonneries, qui peut y entretenir de l'humidité.

Il faut avoir soin d'éclairer largement les halles couvertes; pour cela, on doit vitrer au moins un tiers de la
surface, en choisissant de préférence les parties latérales plutôt que le milieu, parce que la lumière est mieux
répartie. On place au milieu, sur toute la largeur, un
lanterneau qui permet à la fumée de s'échapper.

Les colonnes des halles couvertes, comme celles des
marquises, doivent être aussi distantes que possible, et
n'avoir à leur base qu'un faible diamètre, car elles forment sur les trottoirs des obstacles gênants : un bon espacement est de 8 à 15 mètres. Si la portée n'est pas
grande, il y a intérêt à rapprocher davantage les fermes ; on les fait alors supporter dans l'intervalle des colonnes par des sablières reposant sur celles-ci. Enfin,
comme pour les marquises, il faut éloigner autant que
possible les colonnes de la bordure du trottoir.

A moins que les halles couvertes ne soient très bas-
ses, on les ferme à leurs extrémités par des masques qui
arrêtent la pluie lorsqu'elle est chassée obliquement par
le vent. La partie inférieure de ces masques doit être
assez élevée pour permettre le libre passage des machines et des voitures ; elle doit donc être au moins de $1^m 80$
au-dessus du rail. Ces masques sont toujours entièrement vitrés, de manière à ne pas intercepter le jour ; il
est essentiel de leur donner non seulement une résistance mais aussi une rigidité suffisantes, pour éviter
que les vitres soient brisées par les vibrations que
produisent les grands vents. Le moyen le plus simple
de rendre les masques rigides, consiste à placer à
leur partie inférieure une poutre analogue à une poutre de pont, mais posée à plat, à laquelle on relie

les montants qui forment les divisions principales.

On couvre les halles en tuiles, en ardoises, en zinc ou en tôle ondulée ; la couverture en zinc n'est pas justifiée pour ces grandes surfaces auxquelles on peut toujours donner une pente suffisante pour permettre l'emploi des autres systèmes de couverture.

155. — Halles à marchandises. — Les halles à marchandises sont des hangars servant à abriter les marchandises entre le moment où elles sont déchargées dans les wagons et celui où elles sont chargées sur les voitures qui doivent les transporter au domicile du destinataire, ou inversement entre le moment où elles sont déchargées des voitures et celui où elles sont mises en wagons. Elles peuvent être soit fermées, de manière à mettre les marchandises à l'abri des vols en l'absence des agents chargés de la surveillance, soit ouvertes.

Il y a deux types principaux de halles fermées : le premier, qui paraît aujourd'hui préféré, consiste dans une construction percée latéralement du côté de la voie comme du côté de la cour par de larges ouvertures munies de portes pour l'entrée et la sortie des marchandises et espacées de la longueur d'un wagon, c'est-à-dire de 7 à 8 mètres. Au-dessus de ces portes, et en général sur toute la longueur du bâtiment, sont placés des deux côtés des auvents permettant de faire les manutentions à l'abri de la pluie.

Dans le second type, la voie de halle pénètre dans le bâtiment par deux portes

Fig. 112.

percées dans les pignons. On est alors plus à l'aise pour faire les manutentions, surtout si les marchandises sont placées sur des wagons découverts, mais la dé-

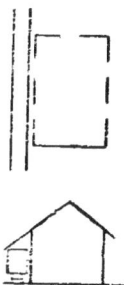

pense par mètre courant est plus grande et la manutention des wagons est moins com-
mode.

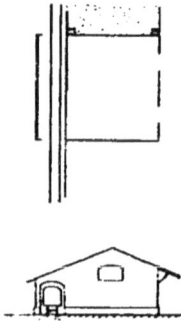

Le sol des halles est toujours au niveau du plancher des wagons, soit à
un mètre environ au-dessus du rail
ou au-dessus du niveau de la cour qui
est le même que celui des voies ; il est
habituellement bitumé ou dallé en
ciment.

Fig. 113.

Il est inutile de donner aux ouvertures sur voie ou
sur cour des dimensions exagérées ; une largeur $2^m 20$
et une hauteur de $3^m 50$ sont suffisantes. Jusqu'à ces
dernières années on employait à peu près exclusivement pour fermer ces ouvertures des portes roulantes
en bois, que l'on plaçait soit à l'intérieur soit à l'extérieur. La première disposition avait l'avantage de laisser contre les murs un espace libre commode pour appuyer les sacs et les colis ; mais du côté de la cour les
portes ainsi placées sont rapidement détériorées par les

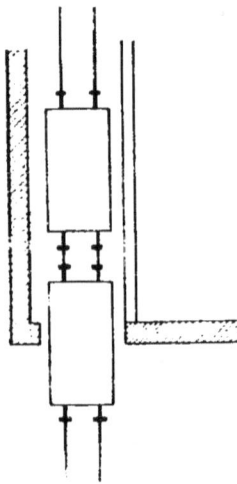

charrettes qui les heurtent ; aussi
vaut-il mieux les placer à l'intérieur. Aujourd'hui, on substitue
aux portes roulantes des rideaux
en tôle ondulée analogues à ceux
qu'on emploie pour la fermeture des
magasins dans les grandes villes.

Les portes qui ferment les ouvertures par lesquelles les voies
pénètrent dans les halles du second
type se font habituellement en bois
à deux vantaux, et souvent à claire-
voie pour obtenir plus de légèreté.

Fig. 114.

Il faut avoir soin de les faire assez larges pour donner passage à un homme entre un wagon arrêté au droit de l'ouverture et le pilastre placé du côté du mur extérieur ; faute de cette précaution il peut arriver qu'un agent soit serré dans une manœuvre entre un wagon et le pilastre et plus ou moins grièvement blessé.

La fermeture des portes des halles à marchandises se fait toujours à l'intérieur ; un portillon placé dans un des murs du pignon permet aux agents de sortir après les avoir fermées. On obtient ainsi des fermetures plus solides et moins coûteuses en même temps qu'on évite la multiplicité des clefs.

On adopte pour les halles ouvertes des dispositions analogues à celles qu'on emploie pour les halles fermées ; mais, dans le premier type, les murs sauf les pignons sont remplacés par des colonnes ou des poteaux et, dans le second, la halle est en général complètement ouverte du côté de la cour.

On peut construire les halles en maçonnerie, en fer et briques ou en bois ; ce dernier type est plus économique, mais il exige plus d'entretien et augmente les chances d'incendie ; il est toutefois à recommander pour les halles ouvertes, qui peuvent sans inconvénient ne se composer que d'un simple hangar.

Lorsqu'on construit des halles en bois, et surtout des hangars découverts, il faut éviter que les poteaux ou les colonnes placés le long de la voie puissent être accrochés par le côté tombant d'une plate-forme qu'on aurait oublié de relever ou qu'on aurait mal fixée, car dans ce cas la halle ou le hangar peut être renversé d'un seul coup. Pour éviter ce danger, il suffit de placer contre les poteaux exposés à être heurtés un coupon de rail, debout, encastré à sa partie inférieure dans la maçonnerie du mur qui les supporte.

Lorsqu'on construit des halles en maçonnerie et qu'elles paraissent susceptibles d'être agrandies dans un délai peu éloigné, on peut remplacer un des murs du pignon par un pan de bois qu'il suffit de déplacer en cas d'agrandissement.

Il faut donner aux halles couvertes un jour suffisant pour rendre les manutentions faciles ; mais il ne faut pas exagérer l'éclairage parce qu'on facilite ainsi, en été, l'élévation de la température qui est nuisible à certaines marchandises. On donne du jour au moyen de fenêtres ouvertes dans les pignons et de châssis vitrés placés dans le toit ; il est inutile de percer des fenêtres dans les murs latéraux car elles seraient masquées à l'extérieur par les auvents, et, dans le second des types indiqués précédemment, à l'intérieur par les wagons.

156. — Prix des bâtiments, cabinets et abris. — Les prix moyens des bâtiments affectés au service de l'exploitation, des cabinets et des abris peuvent être évalués de la manière suivante :

Abri isolé ou annexé à une maison de garde (type le plus réduit) .   .   .   .   .   .   de 1500 à 2000 fr.

Bâtiment des voyageurs de dernière classe, avec un étage et quatre ouvertures sur chacune des deux façades   .   .   .   .   de 15000 à 18000 fr.

Bâtiment des voyageurs de dernière classe avec un étage et six ouvertures sur chacune des deux façades de .   .   .   .   de 20000 à 25000 fr.

Même bâtiment plus vaste. .	de 30000 à 40000 fr.
Bâtiment pour station plus importante avec salles d'attente des trois classes, bureau spécial pour le télégraphe et bureau du sous-chef de gare. . .	de 40000 à 50000 fr.
Cabinets d'aisance à une seule place.	de 250 à 300 fr.
Cabinets d'aisance à deux places avec urinoir extérieur et lampisterie	de 2500 à 3000 fr.
Cabinets d'aisance pour stations plus importantes (hommes et dames séparés), urinoirs à l'intérieur	de 8000 à 10000 fr.
Abri simple sur trottoir . .	de 2500 à 3000 fr.
Abri avec cabinets d'aisance.	de 4000 à 5000 fr.
Marquises sur trottoirs . .	de 30 à 40 fr. le m. q.
Halles couvertes de 15 à 50ᵐ de portée	de 35 à 60 fr. le m. q.
Halles à marchandises le m. q. de surface couverte . .	de 50 à 70 fr.
Halles à marchandises, le m. q. de surface utile . . .	de 50 à 120 fr.
Magasins à bestiaux . . .	300 fr.

§ 3. — BATIMENTS AFFECTÉS AU SERVICE DE LA TRACTION.

157. — Voitures et machines. — Les remises à voitures sont toujours rectangulaires ; les remises à machines sont, ou rectangulaires, ou en forme de secteur de cercle, ou entièrement circulaires ; nous ferons connaître plus loin, lorsque nous étudierons les installations nécessaires au service de la traction, les motifs qui justifient l'adoption de ces différentes formes. Nous indiquerons seulement ici, comme pour les bâtiments affectés au service de l'exploitation, les détails de construction qui peuvent présenter de l'intérêt.

La construction des remises rectangulaires est très simple, le pourtour est formé de murs pleins, percés seulement de baies pour donner du jour. Sur les grands réseaux, on ne construit guère en bois que les remises provisoires pour une ou deux machines ; dans ce cas, il est bon de les faire démontables, en composant les charpentes d'éléments simples, faciles à séparer et à réunir, et en formant les côtés de panneaux mobiles qu'on assemble aux charpentes avec des boulons. Sur les petits réseaux, et notamment sur les tramways, on fait souvent les remises en bois par économie ; elles peuvent durer très longtemps si on prend la précaution de faire reposer les poteaux sur des dés en pierre de taille et d'établir, jusqu'à trente centimètres au moins au-dessus du sol, un soubassement en maçonnerie de moellons ou de briques, de manière à mettre les bois à l'abri de l'humidité du sol ; mais leur entretien exige une certaine dépense de peinture, à moins qu'on ne se résigne à les coaltarer simplement, ce qui leur donne un aspect très déplaisant et les expose à être incendiées assez facilement.

Lorsqu'on construit les remises rectangulaires en maçonnerie, le pourtour est formé de murs pleins percés seulement de fenêtres destinées à donner du jour, et de portes pour le passage des machines. On peut

donner aux murs, qui ont seulement de six à sept mètres de hauteur et ne supportent rien, une très faible

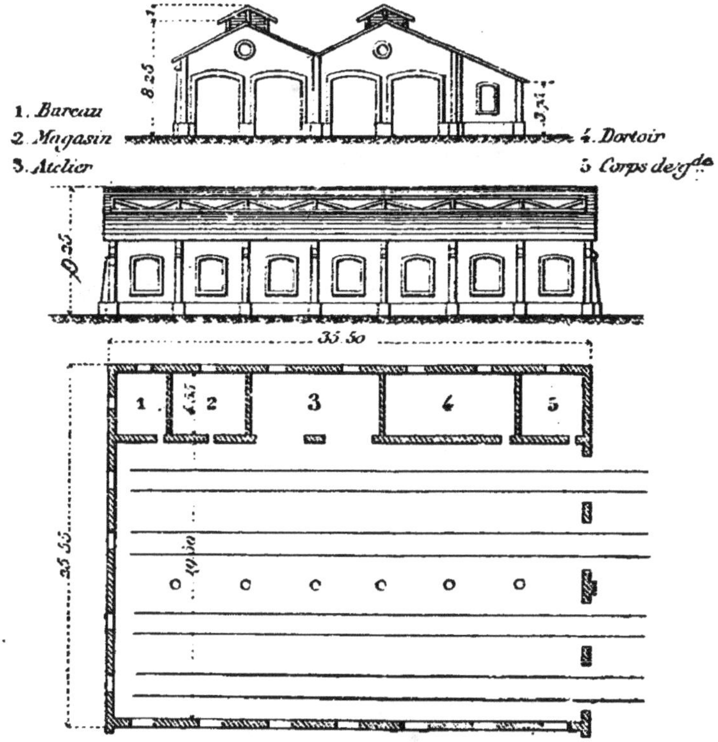

1. *Bureau*
2. *Magasin*
3. *Atelier*
4. *Dortoir*
5. *Corps de g^{de}*

Fig. 115.

épaisseur (de 0,35 à 0,45 avec la maçonnerie ordinaire et 0,22 avec la maçonnerie de briques), en ayant
soin de les couper par des pilastres qui leur servent
de contreforts et sur lesquels on fait reposer les fermes de la charpente. Les charpentes se font en bois ou
en fer; ces dernières se répandent de plus en plus, et
on les emploie à peu près exclusivement pour les remises importantes; lorsque la remise comporte plusieurs travées, les supports intermédiaires des fermes
sont formés de poteaux ou de colonnes. Autrefois
on employait le plus souvent les fermes Polonceau pour

supporter les toitures ; aujourd'hui, on emploie surtout les fermes à triangles, et les fermes de Dion ; ces
dernières sont surtout indiquées pour les constructions
en briques et fer.

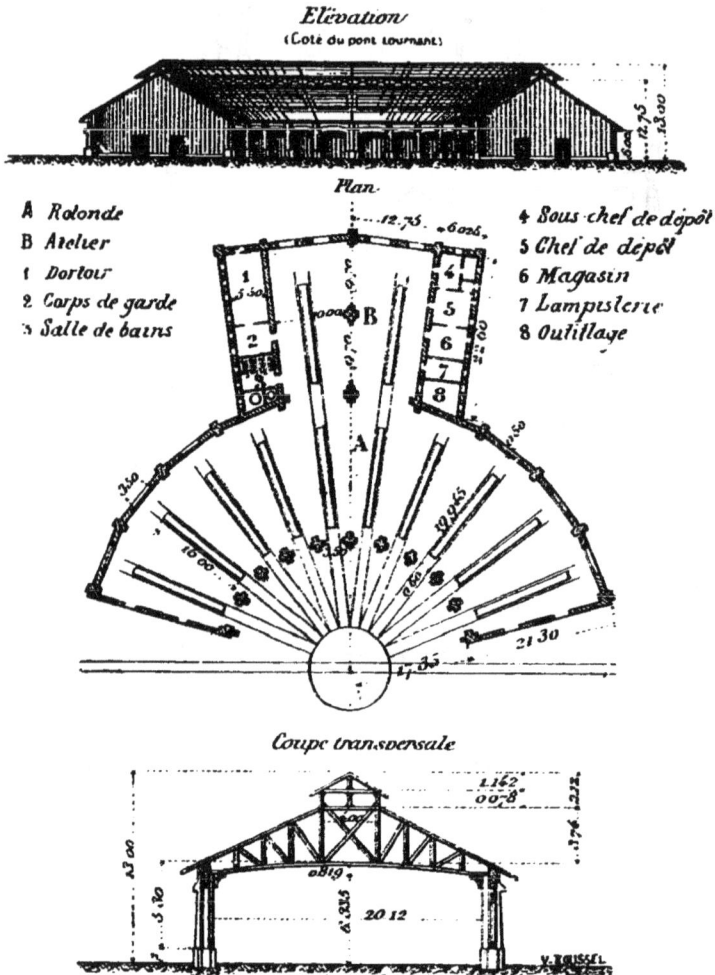

Fig. 116.

Les remises en forme de secteur de cercle se construisent d'après les mêmes principes que les remises
rectangulaires ; mais les maçonneries du côté intérieur
sont réduites à des pilastres en pierre de taille qui

supportent les fermes de la toiture et les vantaux des portes.

Les remises entièrement circulaires ou rotondes, sont de deux sortes ; on peut les faire annulaires avec la partie centrale couverte par un dôme, ou en

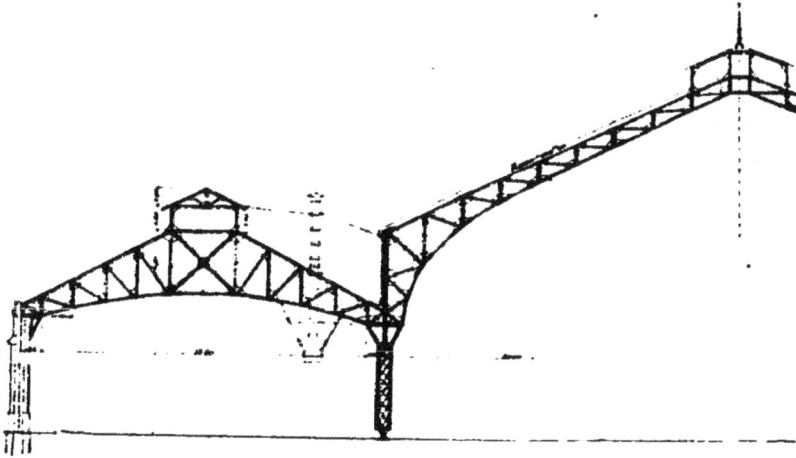

Fig. 117.

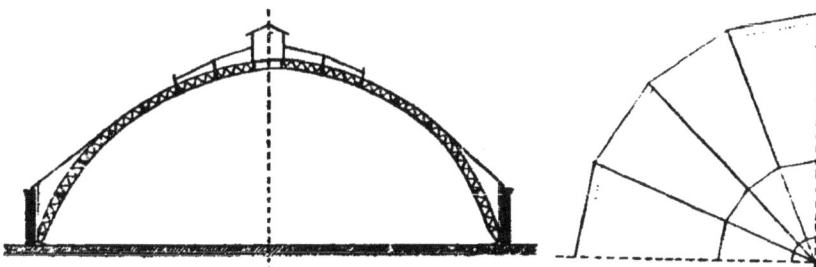

Fig. 118.

forme de cloches. Le second type a l'avantage de supprimer les supports intermédiaires sur lesquels reposent le dôme central et une des extrémités des fermes de l'anneau circulaire. Les fermes du type de Dion sont particulièrement indiquées pour les rotondes en forme de cloches ; elles peuvent également être

employées avec avantage pour les rotondes à dôme central.

Le sol des remises peut être en terre battue, mais
on le recouvre souvent d'un revêtement en ciment, en
bitume ou en carreaux céramiques. Le bitume a l'inconvénient d'être détérioré par l'huile et de se défon-
cer lorsqu'on y pose des pièces lourdes comme les bielles de locomotive. On dispose dans les angles des bor-
nes-fontaines pour le lavage des chaudières.

On ferme les baies d'entrée par des portes ; comme
ces portes sont de grandes dimensions, elles sont très

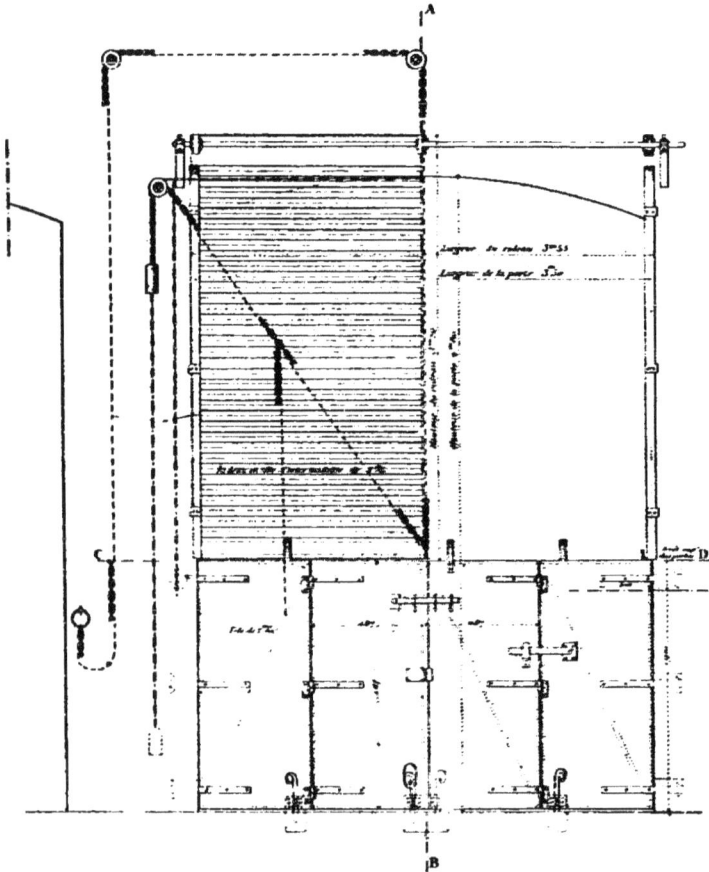

Fig. 119.

lourdes et très coûteuses ; dans les remises en forme de secteur elles sont un embarras, car il faut les faire s'ouvrir en dehors et une fois ouvertes les retenir en place. Les fermetures métalliques et les fermetures à rideau en tôle sont indiquées dans ce cas ; les dernières sont faciles à établir dans les remises carrées ou rectangulaires, où on peut pratiquer des portillons indépendants pour le passage des agents. Dans les rotondes annulaires, où la place manque pour ces portillons, si on veut éviter des détours aux agents, on ne peut fermer par un rideau que la partie supérieure de la baie, et il faut fermer la partie inférieure par une porte à vantaux brisés (fig. 119). Ce système est plus compliqué et donne une fermeture moins parfaite, au point de vue du froid.

Il faut donner beaucoup de jour dans les remises ; il est à peu près indispensable de placer des châssis dans le toit ; mais il faut aussi percer les murs de grandes baies.

Dans tous les cas, il faut placer à la partie supérieure des remises à machines des lanterneaux munis de persiennes qui facilitent l'écoulement de la fumée et des gaz. Pour éviter que les verres des châssis placés dans le toit soient obstrués et en général que la remise soit salie par la fumée, on place souvent, au droit de l'emplacement de la cheminée de chaque machine, une hotte en tôle galvanisée ou en zinc surmontée d'un tuyau qui traverse la toiture.

On accole habituellement aux remises des locaux accessoires (dortoirs, magasins, petits ateliers, etc.) qu'on place le plus souvent en appentis sur les côtés, et qu'on peut construire très légèrement.

158. — Ateliers. — Les ateliers se composent de vastes espaces couverts dans lesquels on place l'outillage. L'expérience conduit à renoncer de plus en plus aux divisions intérieures qui rendent la surveillance difficile ; celles qui sont nécessaires doivent autant que possible être formées par des cloisons légères, de manière à permettre les changements de distribution.

Le mode de construction des ateliers est analogue à celui des grandes remises rectangulaires ; mais, pour faciliter le travail des ouvriers, il faut à la fois leur donner beaucoup de jour et éviter le soleil : on emploie aujourd'hui couramment dans ce but, pour les combles, la forme dite des toits de filature avec pans inégaux dont l'un, exposé au nord et presque vertical, est entièrement vitré. On peut conserver aux fermes qui supportent ces toits leur forme ordinaire en prolongeant l'un des arbalétriers ; mais il vaut mieux approprier les dispositions des pièces qui les composent à leur forme et à direction des efforts qu'elles ont à supporter. Ces fermes peuvent être très légères. Nous

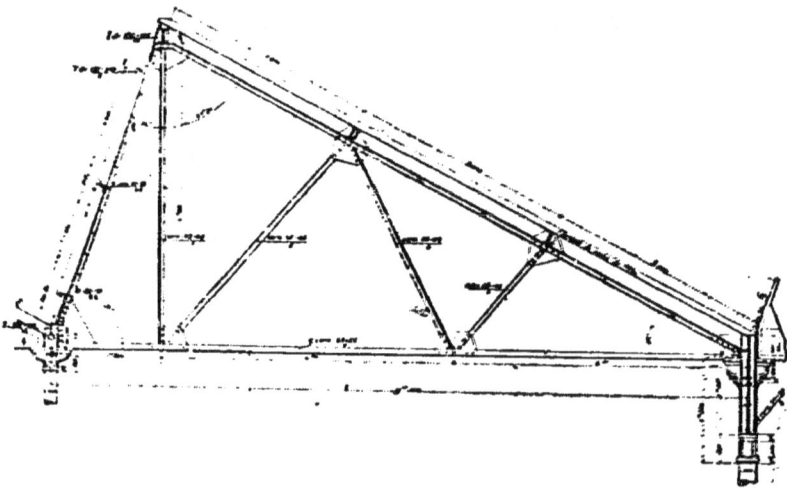

Fig. 120.

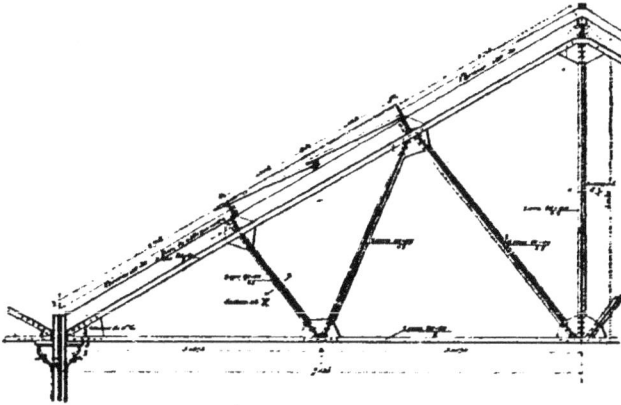

Fig. 121.

donnons comme exemple celles des ateliers de Saintes
sur le réseau de l'État (fig. 120 et 121), qui pèsent seulement 20 kilogs par mètre carré.

La plupart des ateliers comportent l'installation de
transmissions. Il faut autant que possible éviter d'ac-
crocher ces transmissions aux fermes qui supportent
la toiture car elles finissent presque toujours par les
fatiguer ; il vaut beaucoup mieux installer, pour recevoir les transmissions, des supports indépendants qu'on
renforce au besoin lorsqu'on modifie les installations
intérieures des ateliers. On fait aussi des transmissions souterraines qui ont l'avantage d'écarter les dangers qu'offrent les courroies, mais qui sont très coûteuses.

Prix des bâtiments. — Les prix moyens des bâtiments affectés au service de la traction peuvent être
évalués de la manière suivante.

Remises à machines ordinaires, 10000 fr. par machine.

Rotonde avec dôme central, type P.L.M. pour 54 machines (y compris les aménagements intérieurs)
700000 fr., soit 13000 fr. par machine.

Rotonde avec cloche, type Est, pour 32 machines
(non compris les aménagements intérieurs), 275000 fr.
soit 8600 fr. par machine.

§ 4. — CONSTRUCTIONS ACCESSOIRES DES GARES.

I. — CONSTRUCTIONS ACCESSOIRES DES SERVICES
DE VOYAGEURS.

159. — Trottoirs. — Dans les gares importantes
les trottoirs sont bitumés ou recouverts d'un pavage
en pierres ou en briques, d'un enduit en ciment ou
d'un dallage en carreaux céramiques. Ce dernier revêtement est le plus solide, mais il est plus cher que le
bitume qu'on lui préfère souvent par raison d'économie. On emploie peu les pavages ; les enduits en ciment
ont le défaut de se fendre s'ils ne sont pas très bien faits.
Dans les pays chauds, le bitume est à éviter, parce que
sous l'action d'un soleil ardent il se ramollit et se déforme.

Le revêtement des trottoirs est à peu près indispensable dans les stations où on fait le service des bouillottes des voitures, car autrement les chariots qui portent ces bouillottes, et qui sont très lourds, forment des
ornières dans le sol. Dans les petites stations, on peut
supprimer le revêtement sur presque toute la surface :
mais il est bon de le maintenir devant le bâtiment des
voyageurs. Les parties de trottoirs qui ne sont pas re-
vêtues sont recouvertes de sable et de gravier, de manière à former un sol résistant, et, autant que possible,
imperméable. On donne aux trottoirs une inclinaison
de 3 à 4 c. par mètre vers la voie, ou, s'ils sont placés

entre deux voies, un bombement équivalent pour assurer l'écoulement des eaux superficielles.

Les trottoirs sont limités habituellement du côté de la voie par une bordure en pierres, en briques, en bois ou en gazon. Les bordures en pierres se font habituellement en granit ou en calcaire dur taillé ; il faut arrondir l'arête extérieure, car les arêtes vives ne tardent pas à s'épaufrer. Si la pierre manque absolument, on peut la remplacer par de la brique ; mais il est

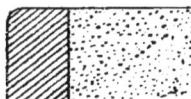

Fig. 122.

rare que l'écart des prix soit suffisant pour justifier cette substitution. On a l'habitude de poser les bordures de trottoirs en pierre ou en briques sur une fondation en maçonnerie : cette fondation peut être supprimée et remplacée par une bonne couche de sable, de gravier ou de pierre cassée ; on peut aussi employer du béton maigre en diminuant l'épaisseur. Les bordures n'ont en effet aucune charge à supporter et il suffit de leur donner une bonne assiette. Il est d'ailleurs très facile de redresser les bordures fondées sur sable, sur gravier ou sur pierre cassée.

Les bordures en bois qu'on emploie quelquefois ne sont pas à conseiller ; elles coûtent assez cher d'établissement, sont d'un effet peu satisfaisant et se détériorent rapidement ; elles peuvent seulement servir pour l'établissement de trottoirs provisoires ; on les forme alors de madriers retenus par des piquets verticaux.

Les bordures en gazon sont très économiques, leur emploi est justifié, même sur des lignes assez importantes, dans les stations de très faible importance. Pour qu'elles restent en bon état, il faut choisir du gazon qui ne contienne que des herbes courtes, poser les plaques horizontalement en les superposant, les recouper ensuite obliquement en donnant à la bordure un fruit assez prononcé pour permettre à la végétation de se maintenir sur la face latérale (de un tiers à un de

Fig. 123.

base pour un de hauteur), tondre de temps à autre le gazon et le renouveler lorsque la bordure est déformée.

Enfin on peut supprimer toute espèce de bordure saillante en donnant aux trottoirs une très faible hauteur, de manière à pouvoir les raccorder avec le ni-

Fig. 124.

veau des voies par des surfaces à inclinaison très faible. On peut sans difficulté les bitumer ou les paver, pourvu que la partie ainsi revêtue ne fasse pas saillie et qu'elle s'arrête à au moins 0^{m}75 des rails, de manière à permettre le bourrage des traverses. Les trottoirs ainsi abaissés donnent moins de facilité aux voyageurs pour monter dans les voitures et pour en descendre, à moins qu'il ne s'agisse de lignes comme les lignes à voie étroite où le matériel est spécialisé et sur lesquelles on peut alors laisser les marchepieds des voitures au niveau convenable ; en outre, il y a moins de sécurité pour le public parce que la limite de l'emplacement sur lequel on peut se tenir en sûreté au moment du passage des trains n'est pas marquée d'une manière bien nette. Ce système n'est pas à recommander pour les lignes de quelque importance ; il est bon, au moins jusqu'à ce que l'augmentation des recettes permette l'établissement de trottoirs moins primitifs, pour les tramways et les lignes de dernier ordre.

A leurs extrémités les trottoirs sont terminés par des plans inclinés qui descendent au niveau du ballast.

160. — Traversées de voies. — Jusqu'à ces dernières années les voyageurs et les bagages traversaient à peu près exclusivement les voies à niveau. On remplace aujourd'hui ces traversées dans les gares très fréquentées par des passages souterrains et par des passages par dessus.

Les traversées de voies à niveau sont formées d'un simple plancher en madriers reposant sur le ballast et dont le dessus se trouve au niveau de la table supérieure du rail ; on les raccorde avec les bordures de trottoirs au moyen d'un plan incliné, de manière à permettre la circulation des cabrouets qui portent les bagages. Pour diminuer l'inclinaison de ce plan, qui peut être dangereuse pour les voyageurs, on abaisse habituellement les bordures au niveau de la traversée.

Les passages souterrains qui sont aujourd'hui très répandus, surtout en Allemagne, sont formés d'un couloir transversal placé au-dessous des voies et relié aux trottoirs par des escaliers. Il est indispensable qu'ils soient parfaitement étanches. Pour obtenir ce résultat, on peut faire les murs à double parois ou assainir le terrain aux abords par des drains aboutissant à un aqueduc placé plus bas que le radier du passage ; il est bon, dans tous les cas, de faire reposer ce radier sur une couche de béton et de recouvrir les murs, *à l'extérieur*, d'un bon enduit en ciment. Le dessus du radier doit être en pente douce avec un ou plusieurs puisards pour faciliter l'écoulement des eaux de lavage.

On revêt habituellement les murs des passages souterrains de briques vernissées ou de faïence blanche,
de manière à augmenter l'éclairement qui est rarement
suffisant. On peut, comme la Compagnie d'Orléans le
fait en ce moment pour sa gare souterraine de la place
de Médicis à Paris, substituer à la faïence des briques
en porcelaine. Les passages souterrains sont recouverts
d'un plancher en fer, supportant un dallage de recouvrement que l'on fait en verre sur une surface aussi
grande que possible pour donner du jour. Les voies
sont supportées au droit du passage par des poutres à
caisson, de manière à diminuer la différence de niveau
que les voyageurs ont à franchir. Les escaliers sont
placés dans le sens de la longueur des trottoirs, et par
suite perpendiculairement au passage souterrain.

Les passages supérieurs sont formés de passerelles
métalliques avec escaliers. Leur construction n'offre
rien de particulier.

II. — CONSTRUCTIONS ACCESSOIRES DU SERVICE DES MARCHANDISES.

161. — Quais. — Les quais à marchandises ont pour
but de permettre le chargement et le déchargement des
marchandises à découvert ; ils sont formés d'une plateforme placée à un mètre au-dessus du niveau de la voie ;
cette plateforme repose sur un remblai soutenu par un
mur. Pour que la crête du mur ne soit pas détériorée par
les chocs qu'elle reçoit dans les manutentions, on la couronne par une bordure en bois ou en fer. Les bordures en
bois sont formées de pièces équarries de $0^m 15$ environ
d'épaisseur, fixées à la maçonnerie par des racineaux

en bois qui y sont encastrés ou plus simplement par

Fig. 125.

des boulons barbelés. On fait aujourd'hui des bordures
en vieux rails qui sont de beaucoup préférables, parce qu'elles sont plus solides et n'exigent aucun entretien.

La surface des quais est empierrée de manière à
permettre la circulation des charrettes et la manutention des colis pesants.

Pour certains quais affectés à des opérations spéciales on applique des dispositions en rapport avec ces
opérations. Lorsqu'ils sont destinés au chargement du
bétail, on les termine par un plan incliné du côté de la

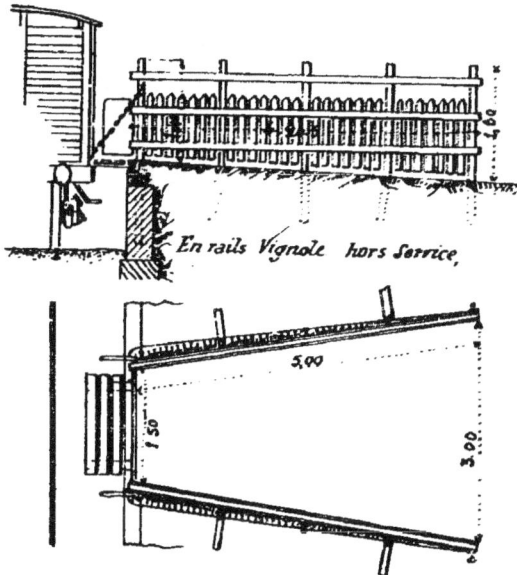

Fig. 126.

cour et sur toute leur longueur, de manière à permettre d'y faire monter facilement les bestiaux. On y dispose en outre, à une distance égale à la longueur moyenne d'un wagon couvert soit environ sept mètres, des
chargeoirs en forme d'entonnoirs pour maintenir les
bœufs et les chevaux dans la direction du wagon où ils
doivent prendre place. En avant des chargeoirs, du
côté de la voie, se trouve un pont-levis à charnières
qu'on tient habituellement relevé et qu'on abat lorsqu'il s'agit de charger un wagon, de manière à faire
reposer son extrémité sur la planche de celui-ci.

Les quais à chaux ou à charbon sont plus hauts que
les quais ordinaires, ils ont environ 2^m de hauteur, de
manière à permettre le déchargement direct des charrettes dans des wagons tombereaux ou dans des wagons plateformes munis de rebords.

162. — Cours. — Les cours à marchandises sont
généralement empierrées. Dans les gares très importantes on les pave quelquefois. Il faut y assurer soigneusement l'écoulement des eaux. Lorsqu'il n'y a pas
de voie de cour cela n'offre aucune difficulté ; mais s'il
y a une voie de cour, ce qui est aujourd'hui le cas le
plus habituel, il est difficile de donner une pente transversale, et de plus les rails sont un obstacle à l'écoulement.

Dans les gares peu importantes, on se contente en
général de diriger les eaux du côté de la voie de cour
en plaçant au droit de celle-ci un caniveau le plus souvent pavé avec saignées transversales à travers la
voie de distance en distance. Lorsque cela ne suffit pas,
le meilleur moyen d'assurer l'écoulement est de faire
un caniveau central avec des puisards peu distants les

uns des autres qui jettent les eaux dans un aqueduc souterrain. On doit attacher une grande importance à cette question d'écoulement des eaux dans les cours des gares à marchandises importantes, car celles dans lesquelles circulent et stationnent des charrettes nombreuses, ne tardent pas à devenir en temps de pluie de véritables cloaques si l'eau y séjourne.

III. — CLOTURES.

163. — Clôtures ordinaires. — Il y a deux sortes de clôtures, les clôtures sèches et les haies vives. Même quand on plante des haies, il faut établir des clôtures sèches, car il faut au moins cinq ou six ans pour qu'une haie devienne défensive.

On fait des clôtures sèches soit avec du treillage mécanique formé de lattes de chataignier maintenues par deux ou trois rangs de liens en fils de fer, et fixées à des pieux espacés de 2 à 3^m, soit simplement avec des piquets réunis par deux ou trois tours de fil de fer. Les clôtures de ce dernier type sont extrèmement simples, mais peu défensives, surtout dans les pays de bétail : on peut les améliorer en employant la *ronce artificielle* formée de fils de fer entrelacés, portant, de distance en distance, des arètes piquantes, en forme d'étoiles ou de crochets.

C'est généralement l'aubépine qui forme les haies vives en France ; mais il faut se garder de la planter indifféremment dans tous les terrains. Dans certains terrains où elle ne pousse pas, on peut obtenir de meilleurs résultats avec de l'acacia, du frène, de l'épicéa ou de l'osier ; mais dans les sols trop ingrats, rien ne

pousse et il vaut beaucoup mieux ne rien planter, car
on ne peut jamais arriver à supprimer les clôtures sèches, et les dépenses de plantation et d'entretien des
haies vives sont alors en pure perte.

Autrefois toutes les lignes d'intérêt général étaient
clôturées, et les cahiers des charges en faisaient une
obligation. Les idées à ce sujet se sont beaucoup modifiées depuis quelques années ; sur les lignes peu importantes, et surtout sur les lignes à voie étroite, on
ne place plus de clôtures en pleine voie, on en met
seulement aux abords des passages à niveau. En fait,
on ne s'en trouve pas plus mal ; dans les pays de bétail, il est vrai, on écrase plus souvent des bestiaux,
mais il est bien rare que cela occasionne des accidents
aux trains.

Les clôtures sèches coûtent de 0 fr. 60 à 1 fr. 25 le
mètre courant selon le type ; les haies vives de 0 fr. 75
à 1 fr. le mètre courant, y compris les frais d'entretien
jusqu'à ce qu'elles soient devenues défensives.

164. — Clôtures des gares. — Pour séparer l'intérieur des gares des cours extérieures et des chemins latéraux, les clôtures ordinaires sont souvent insuffisantes et elles sont toujours d'un entretien difficile et d'un
aspect peu satisfaisant. Dans les grandes villes, on y
substitue des grilles en fer ou en fonte ou des murs.
Dans les localités moins importantes, on emploie des
barrières en menuiserie ou des grilles en fers du commerce. Les premières sont formées en général de poteaux supportant des lisses en bois auxquelles sont
fixées des lattes de dimensions uniformes. Ces clôtures sont assez coûteuses et on peut aujourd'hui subs-
tituor au bois, sans supplément de dépense, le fer qui

lui est bien préférable. On fait des clôtures très économiques au moyen de cornières formant lisses qui sont fixées à des poteaux en vieux rails ou en fers à double T et qui supportent soit des fers ronds, soit, si on veut diminuer la dépense, des fers en forme de demi cylindre, de cornières, ou de T.

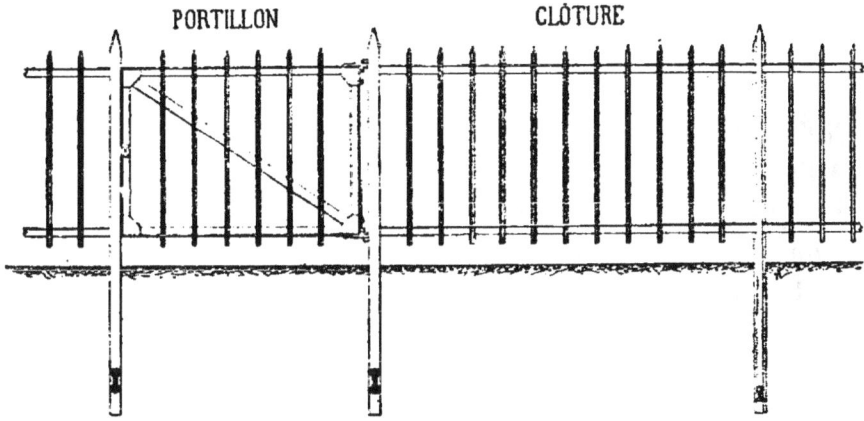

Fig. 127.

Le prix des clôtures en menuiserie varie de 1 fr. à 10 fr. selon les conditions dans lesquelles elles sont exécutées, les clôtures en fers du commerce légers coûtent de 6 à 10 fr. le mètre courant.

CHAPITRE V

PRÉSENTATION DES PROJETS

165. — Nous avons passé en revue les principales questions que soulèvent l'étude et l'exécution des travaux de chemins de fer ; il nous reste, pour terminer ce qui a rapport à la construction, à dire quelques mots de la préparation matérielle des projets.

La forme dans laquelle doivent être présentés les projets de chemins de fer a été déterminée par une circulaire ministérielle en date du 28 juin 1879.

Le premier dossier à présenter est celui de l'*avant-projet*. C'est sur le vu de l'avant-projet que le tracé à suivre est adopté ; sa présentation ne constitue donc pas seulement une formalité ayant pour objet de renseigner l'Administration sur le montant approximatif des dépenses ; c'est souvent lui qui donne lieu à la discussion des questions les plus importantes relatives à l'établissement de la ligne, et des erreurs graves peuvent être commises faute d'une étude suffisante de ces questions.

Les pièces à fournir sont d'abord :

1° La carte générale au 1 80000, le plan d'ensemble au 1 10000 avec courbes de niveau, et le plan au 1 10000. qui sont, comme nous l'avons dit, ceux qui servent à l'étude préliminaire du tracé.

2° Deux profils en long : l'un d'ensemble au 1 10000 pour les longueurs et au 1 2000 pour les hauteurs.

l'autre au 1/10000 pour les longueurs et au 1/1000 pour les hauteurs.

3° Des profils en travers types au 1/100 et des profils en travers spéciaux au 1/200.

4° Un devis descriptif et l'estimation sommaire des dépenses.

5° Le procès-verbal des conférences avec les services intéressés, accompagné d'une carte destinée au Ministre de la Guerre.

6° Le rapport des ingénieurs où sont discutées les questions soulevées par l'étude de l'avant-projet.

Lorsque l'avant-projet est approuvé, on présente le *projet du tracé et des terrassements*. Les pièces à fournir sont les mêmes que celles du premier dossier, sauf l'addition de l'avant-métré des terrassements et des bases d'estimation des ouvrages.

Mais de ce que les plans et profils sont à la même échelle et que les pièces portent le même titre, il ne faut pas conclure qu'il suffit de reproduire purement et simplement le tracé de l'avant-projet. Ce que le projet du tracé et des terrassements doit représenter, c'est le résultat de l'étude définitive du projet, sauf l'étude de détail des ouvrages d'art. Si, pour faciliter l'examen et simplifier les expéditions, la circulaire prescrit seulement de fournir un plan au 1/10000, il n'en est pas moins nécessaire que l'étude soit faite sur des plans à l'échelle de 1/2500 ; on ne doit donc présenter le projet du tracé et des terrassements que lorsque l'étude définitive du tracé est complètement arrêtée ; l'étude des ouvrages d'art elle-même doit être assez avancée pour qu'il n'y ait plus à modifier leur emplacement.

Après le projet du tracé et des terrassements, on

présente le *projet d'exécution de l'infrastructure*. Il
comprend un extrait de carte au 1/80000, un plan au
1/10000, un profil en long au 1/5000 pour les longueurs et au 1/500 pour les hauteurs, des profils en
travers types au 1/100, des profils en travers principaux au 1/200 avec indication des sondages, les dessins des ouvrages d'art, un avant-métré, un bordereau
des prix, un détail estimatif, un devis et cahier des
charges, puis un procès-verbal de conférence, lorsqu'il
y a lieu, et le rapport des ingénieurs.

Les projets d'exécution de la *superstructure* (pose de
voie, construction des bâtiments) ne sont en général
présentés que pendant l'exécution de l'infrastructure.
Ils sont dressés dans une forme analogue à celle des
projets d'infrastructure.

Les projets d'exécution renferment tous les éléments
nécessaires à l'exécution ; ils sont soumis à l'approbation de l'Administration avant que la mise en adjudication des travaux. Il doit donc être dressé un projet
par lot, si la ligne est assez longue pour motiver sa di-
vision en plusieurs lots, comme cela arrive habituellement.

Il ne faut pas croire, comme on le fait quelquefois,
que les projets d'exécution doivent, en outre des
pièces visées explicitement par la circulaire ministérielle, être composés exclusivement des documents
du dossier d'adjudication. Pour les ouvrages d'art notamment, il y a un grand nombre d'études, telles que
les courbes de pression des voûtes, des culées ou des
murs de soutènement, les études comparatives de
fondations, etc., qui sont nécessaires pour compléter
le dossier d'exécution d'un projet bien étudié, tandis
qu'elles n'intéressent en aucune façon les entrepreneurs

et même que, dans certains cas, il y a des inconvénients à les leur communiquer.

Une autre erreur qu'il importe de signaler est celle qui consiste à considérer la rédaction des pièces à présenter comme le *but* de la préparation du projet, tandis qu'elle n'en est que la conclusion. On constitue le dossier avec les pièces les plus intéressantes des études faites, mais celles-ci doivent être absolument complètes ; la méthode qui consiste à ne faire que des études sommaires, en se réservant de changer le projet en cours d'exécution, aboutit invariablement à créer des embarras à l'Ingénieur chargé des travaux et des augmentations de dépense à l'Administration ou à la Compagnie intéressée. Si on se trouve contraint de présenter un projet à la hâte, il faut profiter des délais qu'exige son approbation pour continuer les études de façon à ce qu'elles soient complètes avant le commencement des travaux. En exécution, on est pressé par le temps, on n'a plus le loisir de mûrir ses idées, ni de revenir sur un entraînement ; on est toujours tenté de se fier à son coup d'œil, ce qui est dangereux. L'ingénieur n'est pas toujours présent, et, en son absence, lorsque tout n'a pas été prévu et arrêté, c'est souvent un agent subalterne qui prend sur lui de modifier le projet ; d'ailleurs l'ingénieur lui-même, fût-il très expérimenté, n'est pas infaillible : en changeant en cours d'exécution le projet approuvé, il se prive et il prive l'Administration pour le compte de laquelle il dirige les travaux de garanties qui sont reconnues salutaires. Enfin, l'entrepreneur qui a soumissionné sur le projet trouve toujours dans les changements matière à réclamations. Il faut donc, dans un projet, qu'il n'y ait d'imprévu que ce qu'il est réellement impossible de prévoir à l'avance ou ce qui, dans le détail, est assez peu important pour ne pas influer soit sur d'autres parties des travaux, soit sur les dépenses.

Les pièces du projet d'exécution doivent être, pour la plupart, des extraits ou des résumés des pièces qui ont servi à l'étude ; mais il en est deux qui sont préparées spécialement en vue de compléter ce dossier : ce sont le cahier des charges et la série des prix. Beaucoup de jeunes ingénieurs sont portés à croire que pour éviter des difficultés avec les entrepreneurs, il suffit d'avoir de bons modèles de marchés et de les copier plus ou moins exactement : c'est une erreur, il en est des modèles de marchés comme des types d'ouvrages d'art, ils ne sont bons que s'ils sont appliqués avec discernement. Pour qu'un marché soit bien fait, il faut que l'ingénieur en le rédigeant se soit rendu compte exactement à l'avance des conditions dans lesquelles seront exécutés les travaux, de la limite de tolérance qu'il est disposé à admettre dans l'exécution des mesures qu'il a prescrites, des difficultés qui paraissent pouvoir résulter de la nature du terrain, de la saison, du climat, etc. ; enfin, que son projet soit étudié à fond, de manière à laisser à l'imprévu une part aussi restreinte que possible. Il ne faut pas perdre de vue que le cahier des charges ne lie pas seulement l'entrepreneur ; il lie aussi les ingénieurs qui ne peuvent s'écarter de ses conditions sans danger pour les intérêts qu'ils sont chargés de défendre. Il ne faut pas oublier non plus que, dans l'interprétation des contrats, les tribunaux appliquent l'article 1156 du Code civil d'après lequel « on doit, dans les conventions, rechercher quelle a été la commune intention des parties contractantes, plutôt que de s'arrêter au sens littéral des mots », et l'article 1162 aux termes duquel « dans le doute la convention s'interprète contre celui qui a stipulé, et en faveur de celui qui a contracté l'obligation », c'est-à-dire contre l'Administration qui a rédigé le marché et en faveur de l'entrepreneur qui l'a seulement accepté. Il faut, pour qu'un article du cahier des charges soit valable, que l'entrepreneur ait été, au moment de l'adjudication, en mesure de se rendre compte de son sens et de sa portée ; il faut aussi que les prix soient bien étudiés. Les prix qui sont manifestement trop bas exposent l'Administration ou la Compagnie à des mécomptes, car l'entrepreneur a chance d'être écouté en prétendant qu'il y a eu erreur à leur sujet.

DEUXIÈME PARTIE

LA VOIE

CHAPITRE VI

VOIE PROPREMENT DITE

§ 1. — CONDITIONS GÉNÉRALES D'ÉTABLISSEMENT DE LA VOIE.

166. — Description sommaire de la voie. — Toute voie ferrée est formée de deux files de rails entretoisées de manière à ce que leur écartement soit invariable, et reposant sur le sol par l'intermédiaire de supports qui répartissent la pression sur le ballast.

Dans les voies primitives, les supports étaient des dés en pierres ; les dés avaient l'inconvénient de coûter cher et de n'établir aucune solidarité entre les deux files de rails. Ils ont depuis longtemps disparu ; cependant il en existe encore quelques-uns dans des voies de garage en Bavière.

Les supports longitudinaux ou longrines ont été

essayés à diverses reprises, et notamment il y a une quinzaine d'années en Allemagne, où ils ont été employés sur une très vaste échelle. Ils n'ont pas donné de bons résultats pour des causes que nous expliquerons plus loin ; et quoiqu'il existe encore dans ce pays un très grand développement de voies sur longrines, celles-ci sont à peu près abandonnées pour la pose des voies nouvelles. Il en a été de même des essais de rails rigides, à grand moment d'inertie, reposant directement sur le ballast, notamment des rails Barlow et Hartwich qui peuvent être considérés comme une variété des voies sur longrines. Le système de voie à peu près exclusivement employé aujourd'hui est la voie sur traverses. C'est le seul que nous décrirons en détail, et nous nous bornerons à donner sur les autres systèmes quelques renseignements sommaires.

Le rail peut être fixé à la traverse soit directement, soit par l'intermédiaire d'un coussinet. Le premier type est le rail Vignole, à base plate ; le second est le rail à coussinets. Avant de décrire ces deux types et les éléments qui s'y rattachent, nous examinerons les conditions de stabilité de la voie, dont la connaissance est nécessaire pour leur étude.

167. — Efforts supportés par la voie. — Les efforts qui agissent sur la voie sont de trois natures : ils peuvent être verticaux, transversaux ou longitudinaux.

Efforts verticaux. — Les efforts verticaux supportés par le rail sont ceux qui résultent du passage des roues des véhicules. Examinons d'abord les efforts produits par les roues des machines.

La charge des essieux des machines va en croissant à raison de l'augmentation du trafic et de la vitesse ;

elle a été pendant longtemps limitée à douze tonnes sur les lignes à voie normale, puis à quatorze. Ce dernier chiffre est encore admis comme limite par l'Association des chemins de fer allemands ; mais depuis quatre ou cinq ans on fait, en Angleterre et en France, des machines dans lesquelles la charge par essieu atteint seize et même dix-sept tonnes, soit huit tonnes à huit tonnes et demie par roue. Cette charge est la charge statique, mesurée au repos ; en marche elle peut être augmentée :

1° par la variation que subit la répartition du poids de la locomotive entre les essieux qui la portent. Au droit des dénivellations de la voie, l'essieu qui passe au point le plus bas est en partie déchargé malgré l'action des ressorts. Cet effet est plus sensible pour les machines à trois essieux que pour les machines à quatre essieux, parce que les premières peuvent basculer autour de l'essieu du milieu [1].

2° par la composante verticale des efforts obliques de la bielle sur les essieux moteurs.

3° par des efforts dus à l'i-
nertie des pièces de mouvement liées à la roue.

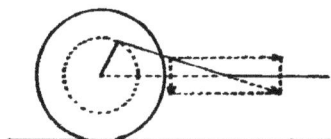
Fig. 128.

4° dans les courbes, par l'inégalité de répartition du poids d'un même essieu entre les deux roues qu'il relie. Dans les alignements droits, la résultante des charges des roues passe par l'axe de la voie. Mais dans les courbes vient s'ajouter la force centrifuge. Comme le devers est toujours ou trop fort ou trop faible, en

1. Dans certaines machines on cherche à atténuer la variation des charges par l'emploi de balanciers ; mais l'efficacité de ce système est contestée.

raison de l'inégalité de la vitesse des trains, la résultante du poids et de la force cen-
trifuge tombe ou en dedans ou en
dehors de l'axe, ce qui surcharge
soit la roue intérieure, soit la roue
extérieure.

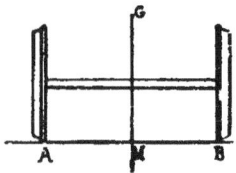

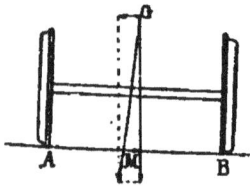

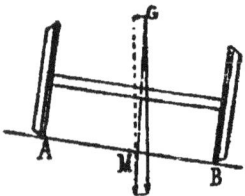

Il est difficile de mesurer avec
précision l'augmentation accidentelle de la charge des essieux qui
peut résulter de ces diverses causes
et qui varie avec le type des machines, avec les conditions de la
voie, etc. M. Brière, Ingénieur en
chef à la Compagnie d'Orléans, qui
a fait à ce sujet des expériences très
précises, a trouvé que la charge
statique était, à certains moments,

Fig. 129.

presque doublée sur l'essieu d'avant
d'une machine. Un expérimentateur allemand, M. de
Weber, est arrivé au même résultat ; M. Considère, Ingénieur en chef des Ponts et Chaussées, a trouvé davantage encore. On peut donc admettre que l'effort vertical
supporté par les rails au passage des roues les plus chargées d'un train, qui est à l'état statique de 6 tonnes à 8
tonnes 500, peut dans certains cas atteindre et même
dépasser une valeur de 15 à 18 tonnes. Si les efforts
verticaux agissaient seuls, il n'y aurait à considérer,
au point de vue de la résistance de la voie, que leurs
valeurs moyenne et maximum ; mais la valeur minimum a aussi une grande importance, car, ainsi que
nous le verrons plus loin, ces efforts se composant avec
des efforts horizontaux, la direction de la résultante
peut être modifiée au point de devenir dangereuse

par la diminution de la composante verticale. C'est pour l'essieu d'avant des machines que cette diminution offre des inconvénients ; dans les machines à trois essieux, surtout lorsque le centre de gravité est en arrière de l'essieu du milieu, elle peut atteindre une valeur très considérable. M. Brière a trouvé que, pour un des types en usage sur le réseau d'Orléans, la charge de l'essieu d'avant se trouvait, à certains moments, réduite de 6 tonnes 500 à 1 tonne 500, et des expériences récentes, faites sur le réseau du Midi avec des types de machines dont la stabilité avait été reconnue insuffisante, ont montré que la charge sur l'essieu d'avant peut dans certains cas devenir nulle et même négative par l'action des forces d'inertie en jeu.

Les essieux moteurs des machines sont toujours plus chargés que ceux des tenders et des véhicules des trains ; toutefois l'action des freins, en supprimant le roulement et en paralysant, au moins en partie, l'effet des ressorts, donne aux efforts dynamiques une influence beaucoup plus grande. D'après les expériences faites par M. Couard, Ingénieur à la Compagnie P. L. M. et par M. Flamache, Ingénieur des chemins de fer de l'État Belge, les efforts verticaux produits sur la voie par les tenders et wagons freinés pourraient atteindre le triple de l'effort statique correspondant à leur poids et dépasser ainsi les efforts produits par les essieux moteurs des machines.

Sur les lignes desservies par des machines spéciales, et notamment sur les lignes d'intérêt local à voie normale et sur les lignes à voie étroite, la charge statique par essieu ne dépasse pas de huit à dix tonnes, et, comme la vitesse est toujours modérée avec les machines légères, la majoration accidentelle est certainement moindre que celle que nous avons indiquée ; le rail a donc à supporter un effort normal maximum de 5 tonnes, et il parait peu vraisemblable que les efforts accidentels dépassent 7 à 8 tonnes.

Sur les tramways, la charge statique des essieux est en général encore moindre, et ne dépasse pas la plupart du temps 6 tonnes, soit 3 tonnes par roue à l'état statique.

Il n'est utile de considérer dans les efforts transversaux que les effets produits par les machines. Les tenders et les wagons sont en effet guidés par les attelages, qui les maintiennent dans une direction voisine de leur direction normale.

168. — Efforts transversaux. — Les efforts transversaux peuvent agir soit vers l'extérieur soit vers l'intérieur de la voie. En ligne droite ils dépendent du mode de construction des machines, de leur attelage, des inégalités de la voie, du mouvement de lacet produit par le jeu alternatif des bielles et de beaucoup d'autres causes accessoires. Les efforts les plus dangereux sont ceux qui résultent des chocs, et, à ce point de vue, la rigidité des machines est avantageuse pour la sécurité ; les machines trop flexibles peuvent exercer un effort moyen plus faible, mais leur ballottement devient dangereux si une cause quelconque fait coïncider le mouvement de lacet résultant du déplacement des pièces du mécanisme avec celui qui résulte des inégalités de la voie.

En courbe, il se produit en outre des efforts spéciaux. Ils sont dus soit à la force centrifuge si le devers est trop faible pour la vitesse du train, soit au contraire à la force centripète si le devers est trop fort, soit encore au glissement des roues sur les rails qu'entraîne le calage des essieux. Mais ces efforts, qui s'exercent normalement, ne sont pas les plus à craindre, car, surtout aux grandes vitesses, la force centrifuge applique contre le champignon du rail le boudin de la roue extérieure qui se trouve ainsi guidée. Le ballottement cesse et avec lui les chocs transversaux beaucoup plus dangereux que les efforts statiques.

Les efforts transversaux peuvent se produire soit au contact du rail et du bandage de la roue, soit au contact du rail et du boudin. Dans le premier cas, ils ont une limite qui est celle du frottement : ils ne peuvent dépasser le produit de la charge P de la roue par le coefficient de frottement f. En prenant.pour P la valeur maximum de 16 tonnes environ que nous avons trouvée précédemment, et pour f une valeur comprise entre 0,15 et 0,20 comme on le fait généralement, on voit que le maximum de ces efforts est compris entre 2500^K et 3500^K. Si la limite qui résulte du frottement est dépassée, le bandage glisse transversalement et le mentonnet vient s'appliquer contre le rail. On rentre alors dans le second cas et il n'y a plus de limite théorique. Il est très difficile d'évaluer le maximum des efforts qui s'exercent ainsi dans la pratique. M. Brière, dans le travail cité plus haut, a constaté que, du moins pour certains types de machines, ils doivent atteindre et dépasser fréquemment 1500^K. Mais les mesures de M. Brière s'appliquent aux efforts normaux ; un Ingénieur anglais, M. Mackensie, en analysant les effets de certains déraillements est arrivé à conclure que l'effort doit quelquefois s'élever à 7000 ou 8000^K.

169. — Efforts longitudinaux. — Les efforts longitudinaux résultent de l'adhérence ; ils sont égaux soit à l'effort que la machine exerce pour se mouvoir et remorquer le train qui la suit, soit, lorsque les freins agissent, à l'effort retardateur qu'ils produisent.

170. — Mode d'action sur la voie des efforts qu'elle a à supporter. — *Efforts verticaux agissant isolément.* — Lorsque les efforts verticaux agissent isolément, ils tendent à faire travailler le rail à la flexion comme une poutre posée sur plusieurs appuis. Il faut non seulement que le rail résiste, mais encore que sa limite d'élasticité ne soit pas dépassée, sans quoi il éprouverait une déformation permanente. Il faut aussi, pour que le rail ne soit pas faussé, que les points d'appui soient fixes ou du moins n'éprouvent pas de dénivellation importante ; car, quel que soit son moment d'inertie, le rail n'est jamais assez robuste pour résister sans déformation, si plusieurs appuis cèdent sous le passage des trains. C'est un des buts de l'entretien de la voie que de maintenir la fixité des traverses ; on retarde ainsi la déformation du rail qui se produit à la longue sur toutes les voies, et au bout de peu de temps sur celles qui sont mal entretenues. On n'arrive jamais à éviter certaines déformations locales, notamment au droit des éclisses.

Sur les appuis, le rail est soumis à un effort d'écrasement qui se transmet à la surface de contact avec la traverse. Mais la répartition de la pression sur la base n'est pas uniforme comme on pourrait le croire au premier abord. Cela tient : 1° à ce que, pour des raisons dont il sera parlé dans la suite, l'axe du rail est incliné par rapport à la verticale, de façon à ce que le champignon soit penché vers l'intérieur de la voie ; 2° à ce que la surface de contact entre le bandage de la roue et le rail et par conséquent aussi le point d'application C de la résultante CD des charges transmises par la roue n'est pas au milieu du champignon. Pour ces deux causes, la résultante ne coïncide pas avec l'axe du rail, mais vient tomber à l'intérieur de la voie, ce qui entraîne une inégale répartition des pressions sur la traverse. Il en résulte en même temps une

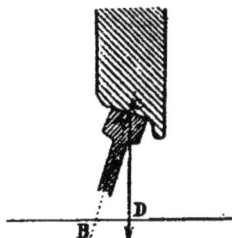

Fig. 130.

tendance au renversement du rail vers l'intérieur. Dans leur dernier type de voie, les chemins de fer de l'Etat Belge ont supprimé l'inclinaison du rail sur la verticale, et comme, ainsi que nous le verrons plus loin, les bandages sont coniques, il en résulte qu'ils ne doivent porter sur le rail que dans la partie la plus voisine de l'arête du champignon. Jusqu'à présent on n'a pas constaté que cet abandon d'une pratique admise presque universellement ait offert d'inconvénients sérieux ; il offre l'avantage, qui n'est pas à négliger avec la voie Vignole, de rapprocher l'axe du rail de la résultante des efforts verticaux qui agissent sur lui ; l'usure doit en outre atténuer à la longue les différences d'inclinaison de la table de roulement du rail et du bandage des roues.

Composition des efforts horizontaux avec les efforts transversaux. — Lorsque les efforts transversaux interviennent, ils ont pour effet d'incliner la résultante et, selon leur sens et leur intensité, de rapprocher son point d'intersection avec la base d'appui soit de l'arête intérieure, soit du centre, soit de l'arête extérieure ou même de le rejeter en dehors.

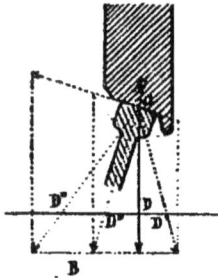

Fig. 131.

La résultante de l'effort vertical et de l'effort transversal produits par une roue, varie en grandeur et en direction, non seulement avec la grandeur propre de chacun de ces efforts, mais encore avec leurs grandeurs relatives; lorsque l'essieu d'avant d'une machine est déchargé en partie par ce qu'on appelle le mouvement de galop, c'est-à-dire, par les oscillations de la machine dans le sens vertical, la résultante peut se rapprocher beaucoup de l'horizontale.

Les efforts horizontaux considérés isolément font travailler le rail à la flexion dans le sens transversal et produisent également un couple de torsion, puisqu'ils s'exercent à la partie supérieure du rail, tandis que la résistance des appuis s'exerce à la partie inférieure. En raison de la rigidité des rails et de leur continuité, l'effort exercé en un point se répartit, non seulement sur les deux appuis entre lesquels ce point est compris, mais encore sur les appuis voisins. C'est grâce à cette solidarité des appuis que les attaches résistent, car, dans certains types, elles ne sont pas capables de supporter un effort horizontal dépassant sensiblement 3000^K.

Jusqu'ici nous n'avons envisagé que les efforts sur une file de rails isolée. Par suite de la solidarité des deux files de rails établie par les traverses, et des deux roues d'une même paire établie par les essieux, la somme des efforts horizontaux exercés par les roues tend à riper la voie, c'est-à-dire à la déplacer dans le sens transversal.

171. — **Efforts longitudinaux.** — Les efforts longitudinaux tendent à entraîner la voie en sens inverse de la marche du train. Leur influence est contrebalancée par le frottement du rail sur la traverse ou dans le coussinet. Néanmoins, lorsque les rails ne sont pas maintenus autrement, il se produit à la longue, surtout sur les lignes à deux voies où chacune de celles-ci n'est parcourue que par des trains de même sens, un glissement du rail qui annule peu à peu le jeu réservé aux joints pour la dilatation. Cet effet est dangereux, car lorsque les abouts des rails se touchent, il suffit d'une faible augmentation de la température pour soulever la voie tout entière qui n'a plus alors aucune stabilité. Autrefois on corrigeait les effets du glissement en ramenant les rails en place de temps en temps. Dans la voie à coussinets, on fait aujourd'hui buter les éclisses contre les coussinets. Dans la voie Vignole, on a pendant quelque temps ménagé dans le patin du rail des encoches à travers lesquelles passaient les crampons ou les tirefonds. Cela avait l'inconvénient d'affaiblir le rail. L'emploi des éclisses cornières qu'on fait assez longues pour qu'elles portent sur les traverses de joint a permis d'y pratiquer des encoches pour les tirefonds. L'éclisse est ainsi fixée et, de même que dans la voie sur coussinets, le déplacement du rail ne peut dépasser le jeu des trous de boulons d'éclisses.

172. — **Stabilité de la voie.** — Pour que la voie soit stable, il ne suffit pas qu'aucun de ses éléments ne se rompe, il faut encore que toutes ses parties restent, au moment du passage des trains, à la place qu'elles occupent. Le rail, sous l'action des efforts horizontaux qu'il subit, ne doit donc ni se renverser, ni se déplacer

19

latéralement, car dans le premier cas les roues qu'il supporte seraient rejetées en dehors de la voie, et dans le second elles tomberaient en dedans. La voie tout entière doit en outre rester dans une position invariable et ne pas glisser sur le ballast sous l'influence des efforts transversaux, car, s'il en était autrement, elle prendrait une forme tellement irrégulière que les machines, rejetées brusquement d'une file de rails sur l'autre, ne tarderaient pas à dérailler.

Les conditions que nous venons d'indiquer sont les conditions nécessaires pour qu'il n'y ait pas déraillement; mais cela n'est pas encore suffisant. Dans une voie bien établie, il ne doit pas y avoir usure anormale des éléments qui la composent; il faut donc que la résultante des efforts horizontaux et verticaux qui agissent sur le rail ne se rapproche jamais de l'arête du patin, ou du coussinet qui repose sur la traverse, de manière à produire l'écrasement de celle-ci; il faut aussi que les efforts transversaux ne puissent pas disloquer les attaches; il faut enfin que la variation incessante des efforts en grandeur et en direction ne produise sur le rail et sur ses attaches que des déplacements relatifs aussi faibles que possible, car les parcelles de sable provenant du ballast qui s'interposent entre les surfaces en contact produisent par le frottement une usure inévitable.

§ 2. — ÉLÉMENTS DE LA VOIE.

173. — Rail. — *Métal des rails.* — Les premiers rails étaient en fonte et avaient la forme qu'on appelle en ventre de poisson; puis pendant longtemps on les a fait exclusivement en fer laminé. Aujourd'hui on n'emploie plus que l'acier laminé. La durée des rails

Fig. 132.

d'acier est en moyenne de cinq à dix fois plus grande que celle des rails en fer, et actuellement leur prix n'est pas plus élevé.

Les rails en fer sont appelés à disparaître à bref délai, et il est inutile de parler des conditions de leur fabrication. Il suffit de dire que lorsqu'ils sont bons, leur section se compose de fer nerveux sauf à la partie supérieure du champignon qui est composée de fer à grains ; la liaison entre ces deux qualités de fer est très difficile à obtenir, parce que la température à laquelle elles se soudent n'est pas la même ; aussi le rail périt-il presque toujours, avant usure complète, par le détachement de la partie supérieure qui s'en va en lamelles. Les rails à double champignon destinés au retournement avaient leurs parties inférieure et supérieure formées de fer à grains.

L'acier a un grain plus fin que le fer ; il est plus homogène et beaucoup plus dur. C'est à tort que l'on définit l'acier à rails, et d'une manière générale l'acier produit en grandes masses par les procédés Bessemer et Martin, comme un composé de fer et de carbone. C'est en réalité un composé de fer, de carbone, de manganèse, de silicium, de soufre et de phosphore. Parmi ces éléments, les deux derniers sont toujours nuisibles, et on les élimine avec le plus grand soin ; néanmoins on n'y arrive qu'imparfaitement. Il n'y a pas à s'occuper du soufre ; ses propriétés à froid offrent peu d'inconvénients ; à chaud il rend l'acier rouverin et impropre au laminage. On a donc l'assurance que les rails qui ont pu supporter le laminage ne contiennent pas de soufre en proportion notable. Mais l'ennemi à redouter, c'est le phosphore : il est à peu près inoffensif tant que sa proportion ne dépasse pas 0, 001 à 0, 0012 ; mais, au delà, il rend le métal cassant et devient d'autant plus nuisible que l'acier renferme plus de carbone. Les autres éléments, carbone, manganèse, silicium, ont une influence variable suivant leurs proportions. Le carbone et le silicium ont pour effet d'augmenter la dureté de l'acier ; la proportion de carbone doit toujours être supérieure à 0, 003 dans l'acier dur à rails ; le silicium a été pendant longtemps considéré comme nuisible ; aujourd'hui, les métallurgistes admettent qu'il est avantageux, pourvu toutefois qu'il ne soit pas en proportion trop forte, et que l'acier n'ait pas été fabriqué à une température trop élevée ; dans ces deux derniers cas, il facilite les tapures des lingots et peut rendre le métal fragile et surtout sujet à se fissurer. Le manganèse existe nécessairement dans l'acier, car il est un agent indispensable des opérations de décarburation de la fonte ; il améliore la qualité s'il n'est pas en excès, mais dans les aciers durs, quand il dépasse la proportion de un pour cent, il devient nuisible en facilitant la trempe et en rendant ainsi le métal fragile. Lorsqu'il est en proportion convenable, il augmente l'allongement pour une résistance donnée ; c'est une propriété précieuse pour les rails qui sont soumis à des chocs fréquents. Mais, nous le répétons, on ne peut pas considérer isolément l'influence des corps combinés au fer dans l'acier, car ils modifient réciproquement leur action. Ainsi le phosphore,

qui rend les aciers carburés fragiles comme du verre,
donne des aciers capables même de supporter les épreuves imposées aux rails s'il existe en grande quantité,
à la condition que le carbone ait été éliminé ; l'usine
de Terre-Noire avait même basé sur ce principe, il
y a quelques années, la fabrication d'aciers spéciaux.

Qualité de l'acier à rails. — On a discuté pendant
longtemps la question de savoir quelle était la qualité
d'acier préférable pour les rails. En France, on a toujours employé de l'acier aussi dur qu'il a été possible
de l'obtenir et dont la résistance à la rupture est comprise entre 70^K et 75^K. Cependant la Compagnie de
l'Est a adopté un acier un peu moins dur, et la Compagnie du Midi un acier plus dur dont la résistance
atteint 80^K à 85^K. En Angleterre, on emploie de l'acier
moins résistant, mais qui peut encore figurer dans la
catégorie des aciers durs ; sa résistance est de 60 à
65^K. Enfin, en Allemagne, on préfère l'acier presque
doux dont la résistance ne dépasse pas de beaucoup
50^K ; cela tient surtout à ce que les usines allemandes
produisent difficilement de bon acier dur non cassant.

Il paraît aujourd'hui démontré qu'au point de vue
de l'usure, comme au point de vue des détériorations
accidentelles et même au point de vue du danger de
rupture, l'acier dur de bonne qualité est de beaucoup
préférable à l'acier doux. Dans les pays comme la
Suisse où, pour les fournitures de rails, on s'adresse
tantôt à la France, tantôt à l'Allemagne, l'acier dur
ne casse pas plus et s'use moins que l'acier doux. Mais
le bon acier dur ne s'obtient pas facilement ; jusqu'à
ces derniers temps, il a fallu pour le produire employer
de très bons minerais, ne renfermant qu'une très faible

proportion de phosphore. Depuis peu de temps, certaines aciéries françaises, qui emploient le procédé Bessemer basique, sont arrivées à obtenir de bon acier dur par la déphosphoration ; mais c'est seulement à la suite de longues recherches et en opérant avec un soin extrême, qu'elles ont atteint ce but.

Fabrication de l'acier à rails. — On fabrique l'acier à rails soit par le procédé Bessemer, soit par le procédé Martin. Dans les premiers temps de la fabrication de l'acier Martin, on a essayé d'employer une plus ou moins grande quantité de vieux rails en fer pour cette fabrication ; ce procédé a donné généralement des produits détestables, parce que le fer des rails est le plus souvent phosphoreux : c'était une des conditions de sa résistance à l'usure. On y a aujourd'hui renoncé et c'est surtout au Bessemer qu'on fabrique les rails.

Laminage. — L'acier fondu produit comme nous venons de l'indiquer est coulé en lingots, qui sont immédiatement transformés en rails au moyen d'un certain nombre de passes au laminoir. Les lingots sont réduits en barres de sections de plus en plus faibles jusqu'au profil définitif qui leur est donné par des cylindres finisseurs.

Dans certaines usines, la fonte passe à la cornue Bessemer immédiatement à sa sortie du haut-fourneau, et les lingots sont portés au laminoir presque aussitôt après la coulée ; on peut dire que la transformation de minerai en rail se fait d'un seul coup. La plupart du temps la fonte employée est refondue au cubilot ; cela est plus sûr parce qu'on peut alors connaître exactement sa composition chimique avant de l'employer et diriger les opérations en faisant des mélanges en conséquence. Il vaut mieux aussi laisser refroidir les lingots pour les réchauffer ensuite avant le laminage ; on obtient ainsi une répartition de la chaleur plus uniforme et meilleure en ce sens que la partie centrale est moins chaude que la surface, ce qui est préférable pour le laminage. Quand on ne procède pas ainsi, on laisse ordinairement séjourner les lingots, avant de les laminer, dans des fosses de Giers pour faciliter l'égale répartition de la chaleur. La température à laquelle se fait le laminage a une grande importance sur la qualité des rails ; il ne suffit pas qu'elle soit également répartie, il faut encore que les barres ne soient pas trop chaudes au début de l'opération ni surtout trop froides à la fin. Il se produit dans ce dernier cas des tensions moléculaires qui peuvent rendre cassant un acier dont la composition chimique est bonne.

Lorsqu'on fabriquait les rails en fer, on ne pouvait souder convenablement que des paquets de 200 à 300 kilogs ; la longueur des rails qui à cette époque pesaient normalement environ 35 kilogs le mètre courant ne pouvait par conséquent pas dépasser de 6 à 8^m. Avec l'acier, on peut faire des lingots de toutes dimensions ; ceux qu'on emploie pour les rails pèsent en général de 800 à 1000 kilogs et permettent de faire des barres de 22 à 25 mètres de longueur utile ; on les coupe en deux pour avoir des rails de 11 à 12^m de long.

On coupe les rails à la sortie du laminoir en les sciant à chaud avec une scie circulaire ; on fait tomber aux deux extrémités de la barre des bouts ou *chutes* qui ont généralement de 0^{m}50 à 0^{m}75 de longueur, afin d'enlever la partie détériorée par l'entrée dans les cylindres du laminoir et aussi la partie qui correspond au haut du lingot et qui renferme souvent des soufflures.

Les rails ne sortent pas toujours du laminoir rigoureusement droits ; ·en outre, ceux qui ont un profil dyssymétrique, surtout les rails Vignole, se courbent parce que le patin se refroidit plus vite que le champignon qui est plus large ; on atténue les effets de l'inégalité du refroidissement en empilant les rails encore chauds. Il faut néanmoins, pour les rendre parfaitement droits, les redresser à froid à la presse ; c'est un procédé très primitif qui écrouit le métal par places, mais on n'a pas encore trouvé mieux.

Pour *finir* le rail, on dresse ses extrémités, ce qui se fait au burin ou à la fraise, et on y perce les trous nécessaires pour le passage des boulons d'éclisses. Ces trous se font toujours ou presque toujours au foret ; on a constaté que le poinçonnage altère l'acier aux bords du trou et favorise les ruptures. On peut se dispenser de la sujétion de percer entièrement les trous au foret, en faisant au poinçon un trou d'un diamètre un peu moindre que le diamètre définitif et qu'on alèse ensuite. Cela est moins cher et plus rapide.

Contrôle de la qualité des rails. — On contrôle la qualité des rails par deux procédés. On s'assure de la bonne qualité du métal au moyen d'essais spéciaux, que l'on fait sur des barrettes prélevées sur les rails, et on vérifie la résistance des rails eux-mêmes à la pression et au choc, en choisissant dans chaque lot un certain nombre de rails (par exemple un sur cent) qu'on essaie. Ces derniers essais sont considérés en France comme seuls décisifs. Ils consistent à soumettre un bout de rail posé sur des appuis distants de 1^m à $1^m.10$, d'une part à une pression croissante, qui s'élève d'abord jusqu'à celle qui correspond au minimum de la limite d'élasticité exigé, puis jusqu'à celle qui produirait la rupture, et, d'autre part, au choc d'un mouton tombant d'une hauteur qui varie selon le type de rail entre deux et trois mètres. Le poids du mouton était autrefois de 300 à 400 kilogs ; avec les rails lourds, et par conséquent à fort moment d'inertie, qu'on emploie depuis quelques années, ce poids est insuffisant et on le porte à 500 ou 600 kilogs. On sait que les effets du choc ne dépendent pas uniquement de la force vive du mobile, et que la masse de celui-ci joue aussi un rôle important.

Les flèches que prend la barre sous l'influence de la pression et du choc ne doivent pas dépasser certaines limites fixées à l'avance. Par exemple, les conditions imposées par les cahiers des charges de la Compagnie P. L. M. sont les suivantes : les rails reposant sur deux appuis espacés de 1ᵐ doivent supporter au milieu de cet intervalle pendant 5 minutes, sans prendre de flèche sensible, une pression qui varie de 25 à 40 t. selon le type, et, sans prendre une flèche supérieure à vingt millimètres, une pression varient de 40 à 60 t. De plus, ils ne doivent pas se rompre ni prendre une flèche supérieure à douze millimètres sous la chute d'un mouton de 600 kilogs, tombant d'une hauteur de 1ᵐ 20 à 1ᵐ 75 selon le type au milieu de l'intervalle de deux appuis espacés de 1ᵐ 10.

Les essais ayant pour but de constater la qualité de l'acier consistent à fabriquer avec ce métal soit une lame à ressort, soit un burin, qui doivent remplir certaines conditions données. L'État français dans son dernier cahier des charges exige en outre des épreuves de traction et une analyse chimique déterminant la proportion de phosphore, qui ne doit pas dépasser 0, 12 0/0. Cette dernière condition a été insérée surtout en vue du cas où le fournisseur emploierait pour la fabrication le procédé de déphosphoration.

À l'étranger, les épreuves ne se font pas partout dans les mêmes conditions. En Angleterre, on se contente presque exclusivement de l'épreuve au choc, mais celle-ci est faite avec un mouton plus lourd qu'en France (il pèse de 800 à 1000 kilogs) et une hauteur de chute moindre. En Allemagne, jusqu'à ces derniers temps, on exigeait seulement des essais de résistance à la traction et d'allongement du métal ; mais on a reconnu qu'ils étaient insuffisants : ils ne donnent en effet aucune garantie contre les aciers cassants qui peuvent avoir une résistance et un allongement très satisfaisants ; l'épreuve au choc a été adoptée récemment.

Quel que soit le système adopté, les essais chimiques et mécaniques du métal et les épreuves de rails fabriqués ne peuvent donner des garanties absolues, quand même on les ferait porter sur toutes les coulées et même sur tous les lingots. On trouve en effet toujours, non seulement dans la même coulée mais, dans la même barre, des différences notables de composition et de texture par suite des phénomènes de liquation et des variations de la température pendant le laminage et le refroidissement ; ces différences sont d'autant plus importantes que la fabrication est moins régulière et moins soignée. L'homogénéité des produits est donc une des conditions essentielles à rechercher dans la fabrication des rails. Les usines françaises donnent à cet égard des garanties très sérieuses.

Prix des rails. — Le prix des rails d'acier a été au

début très élevé : 300 fr. à 400 fr. la tonne. Aujour-
d'hui, il est beaucoup moindre. Il oscille actuellement
entre 150 fr. et 170 fr. la tonne ; il y a quelques années,
il s'était abaissé jusqu'à 120 fr.

174. — Forme et attache des rails. — *Rail Vignole*.
— Le système de voie le plus simple est le système Vignole. Le rail est formé d'un champignon relié par une
âme à un patin. Celui-ci repose sur la traverse soit directement soit par l'intermédiaire d'une plaque de fer
ou d'acier appelée selle ou platine, et il est fixé au
moyen de crampons ou de tirefonds, qui dans le second
cas traversent la selle.

Pour la voie normale, les dimensions principales sont
ordinairement les suivantes. Le champignon a une largeur de 60^{mm} ; toutefois la Compagnie P. L. M. pour son
nouveau rail, a adopté, à
l'exemple de ce qui se fait
en Angleterre, une largeur
de 66^{mm}, et l'on constate une
tendance à l'élargissement
du champignon dans le nouveau rail Belge et dans le
nouveau rail de l'État Prussien. Dans les rails Améri-
cains, la largeur va jusqu'à
71 et 72^{mm}. L'âme a une
épaisseur de 12^{mm} à 18^{mm} ; le

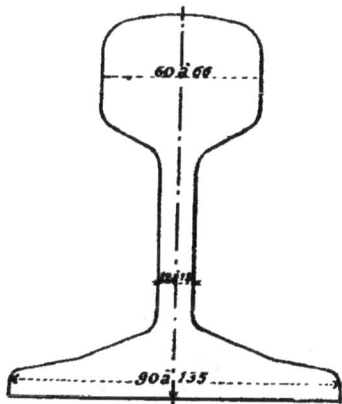

Fig. 133.

patin a une largeur comprise entre 90^{mm} et 135^{mm}. La
hauteur totale varie de 120^{mm} à 150^{mm} et le rapport de
la hauteur du rail à la largeur du patin entre 1, 30 et
1, 00. Le laminage du rail est naturellement d'autant
plus difficile que la largeur à la base est plus grande,

mais la rigidité et la résistance sont d'autant plus fortes que le rail est plus haut, et d'autre part la stabilité augmente avec le rapport de la hauteur à la largeur du patin. Il semble admis aujourd'hui que ce rapport ne doit pas descendre au dessous de 10/9, soit 1, 10 environ.

La hauteur du champignon varie de 25 à 50^{mm}. Dans la plupart des nouveaux types créés en France, on a augmenté la hauteur du champignon pour permettre une usure plus grande avant la mise au rebut du rail et, par suite, pour augmenter sa durée. En Amérique, au contraire, on préfère les champignons bas et plats.

Sur les lignes à voie étroite et même sur les lignes à voie normale parcourues par des machines légères, le rail est plus faible ; mais la forme est à peu près la même, les dimensions sont seulement réduites sensiblement dans la même proportion. Toutefois la largeur du champignon ne descend jamais au-dessous de 40^{mm} à 45^{mm}.

Le profil affecte en général la forme suivante. Le champignon est terminé par une face supérieure plane ou en arc de cercle de grand rayon, par deux faces latérales verticales et par deux faces inférieures inclinées qu'on appelle *portées d'éclisses*. Toutes ces faces sont reliées entre elles par des congés à petit rayon. Les portées d'éclisses sont destinées à permettre aux éclisses de s'y appliquer ; leur inclinaison par rapport à l'horizontale est en France de 2 de base pour 1 de hauteur ; en Allemagne, l'inclinaison est souvent moindre, mais cela rend le laminage plus difficile.

Les faces latérales de l'âme sont planes ou en arc de

cercle de grand rayon, et reliées au champignon et au patin par des congés.

La base du patin est plane. Le profil de ses faces supérieures est généralement brisé ; il est formé, sur deux on trois centimètres à partir de l'âme, de deux parties symétriques des faces inférieures

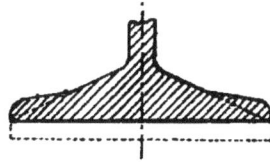

Fig. 134.

du champignon et qui forment également portées d'éclisses ; au delà, le patin est aplati de manière à diminuer son épaisseur.

L'inclinaison du rail sur la verticale est en général obtenue en sabotant la traverse à l'emplacement du patin suivant la même inclinaison. Primitivement, le rail reposait directement sur la traverse et était maintenu transversalement par les crampons dont la tige touchait son arête ; cela se fait encore sur les lignes à faible circulation. Mais, sous l'effet des mouvements transversaux du rail, cette tige est rongée, et le crampon est mis assez rapidement hors d'usage ; cet inconvénient est encore plus sensible avec les tirefonds dont la tige ronde ne touche le rail que par un point. Aussi, a-t-on pris l'habitude de ménager, dans le sabotage de la traverse, un

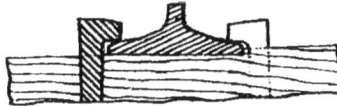

Fig. 135.

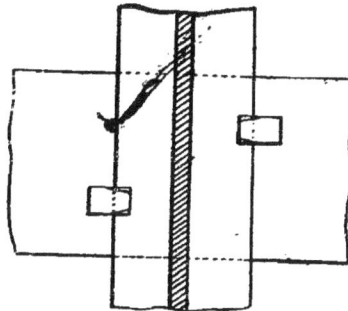

Fig. 136.

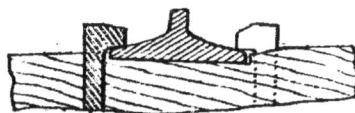

Fig. 137.

épaulement contre lequel on fait buter le patin ; le
tirefond est un peu éloigné de l'arête de ce dernier
et c'est seulement par la tête qu'il agit. Si l'épaulement en bois est rongé, on le rafraîchit à l'herminette.

Sur les lignes très fréquentées et parcourues par des
machines lourdes, lorsque le patin repose directement
sur la traverse, la résistance du bois est insuffisante
pour supporter la pression que lui transmet le rail
et il se produit un écrasement des fibres. Pour éviter
cet inconvénient, et dans le but d'amortir les trépidations, les Compagnies de l'Est et du Nord interposent
entre le rail et la traverse une simple semelle de feutre.
Ce système est assez économique, car les semelles ne
coûtent que 0 fr. 05 en moyenne, et durent jusqu'à sept
ans.

Dans le double but de répartir sur une plus grande
surface la pression que le patin transmet à la traverse
et de rendre solidaires les deux tirefonds ou crampons
qui le maintiennent à l'intérieur et à l'extérieur, on
emploie, à la Compagnie P. L. M. en France et sur un

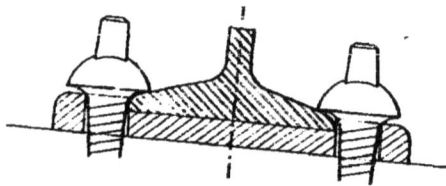

Fig. 138.

grand nombre des lignes allemandes, des selles en fer ou
en acier. Ces selles font travailler les tirefonds au cisaillement. Autrefois on leur donnait une épaisseur faible,
de 8^{mm} à 10^{mm}, et elles se pliaient ou se cassaient au
droit de l'arête du patin. Pour les rendre plus rigides,

on leur donne actuellement une épaisseur de 12ᵐᵐ à 13ᵐᵐ, et on les fait en acier doux dont la résistance est d'environ 45 kilogs par mmq. Les selles sont générale-

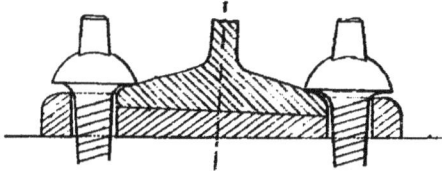

Fig. 139.

ment munies de part et d'autre du patin d'un rebord ou épaulement qui l'encastre, s'oppose aux mouvements transversaux et augmente la rigidité dans le sens perpendiculaire à l'axe de la voie.

Le rail était autrefois fixé sur les traverses en bois au moyen de crampons, simples clous à tige carrée ou hexagonale dont la tête en forme de crochet s'appuyait sur le patin. Ils travaillaient au cisaillement dans le sens transversal, s'opposaient au renversement du rail, et, du moins tant qu'il n'y avait pas de jeu entre leur tête et le patin, rendaient plus uniforme la répartition de la pression sur la traverse. Ce système est encore en faveur dans plusieurs pays étrangers. On préfère aujourd'hui en France, surtout depuis l'emploi des selles, le *tirefond*. C'est une vis à bois à tête ronde qui porte à sa partie supérieure un carré permettant de la visser avec une clef. Son avantage est de ne point s'arracher comme le crampon dans le cas où, le rail tendant à se déverser, le patin exerce

Crampons

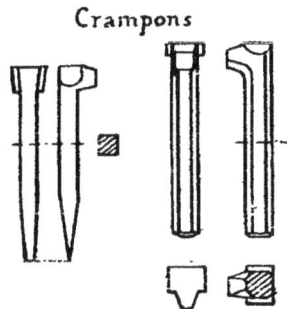

Fig. 140.

Tirefond

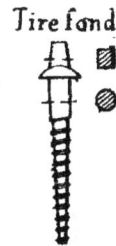

Fig. 141.

sur sa tête un effort de bas en haut. On reproche quelquefois au tirefond le temps qu'exige son enfoncement ; on dit que, pour aller plus vite, les ouvriers, au lieu de le visser se contentent de l'enfoncer à coups de marteau, ce qui mâche le bois, détériore le filet, et donne finalement beaucoup moins de garantie contre l'arrachement que l'enfoncement d'un simple crampon. Il est très facile avec un peu de surveillance d'éviter cet inconvénient ; la tête du tirefond porte d'ailleurs généralement en relief une lettre qui, s'aplatissant sous les coups de marteau, décélerait la fraude.

Rail à coussinets. — Le rail à coussinets ou rail à double champignon remonte à la création des chemins de fer et a été pendant longtemps le seul employé. On l'a fait d'abord en fonte, puis en fer. Avec le fer, on donnait au rail un profil symétrique formé de deux champignons identiques reliés par une âme pleine. On avait ainsi l'avantage de pouvoir le retourner de manière à doubler, théoriquement du moins, sa durée ; il est vrai que le champignon usé et par suite déformé ne s'adaptait plus parfaitement dans le coussinet, mais comme l'épaisseur usée était relativement faible et que d'autre part on n'atteignait pas les vitesses de trains admises aujourd'hui, il n'en résultait pas d'inconvénients bien sérieux. Lorsqu'on a substitué l'acier au fer, on a conservé la même forme ; mais avec ce nouveau métal le retournement est illusoire ; si le champignon supérieur s'use complètement, l'épaisseur enlevée est trop grande pour permettre son adaptation, même imparfaite, dans le coussinet, et d'ailleurs le rail est trop

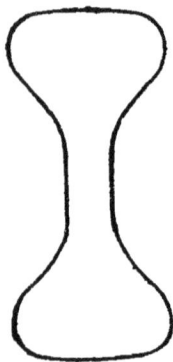

Fig. 142.

affaibli pour pouvoir rester en service : si, au contraire, c'est une détérioration accidentelle qui se produit
au champignon supérieur, elle est assez grave pour
faire mettre le rail au rebut.

Aussi la forme symétrique est-elle aujourd'hui complètement abandonnée dans les deux
seuls pays où le rail à coussinets soit
en usage, c'est-à-dire en France et en
Angleterre ; on lui a substitué le rail
à double champignon dissymétrique
ou, comme disent les Anglais, bull
headed (à tête de boule dogue). Dans
ce cas, la partie inférieure n'est plus,
à proprement parler, un champignon :
c'est une simple embase à laquelle on
donne la forme arrondie qui s'adapte
plus facilement dans les coussinets ;
on continue cependant à lui conser-

Fig. 143.

ver le nom de champignon et, dans la plupart des
types, à lui donner la même largeur qu'au champignon
supérieur, soit six centimètres environ, pour permettre l'emploi des modèles de coussinets usités antérieurement, ou simplement par habitude. Il n'est nullement
nécessaire de donner la même largeur aux deux champignons, et il vaut certainement mieux élargir la base,
ce qui augmente la surface de contact entre le rail et
le coussinet et par conséquent diminue l'usure qui se
produit à la longue sur chacun d'eux. Dans le nouveau
type de rails adopté pour les chemins de fer de l'État
français, la largeur du champignon inférieur a été
portée de six à sept centimètres. Une différence de largeur de un centimètre existe également dans le rail à

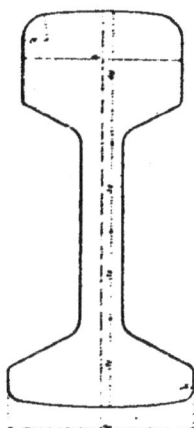

double champignon employé dans les voies étroites du réseau Corse.

Il n'y a pas de raison pour que le champignon supérieur ne soit pas identique à celui du rail Vignole ; dans beaucoup de types cependant il en diffère notablement. Les portées d'éclisses sont beaucoup plus inclinées sur la verticale qu'elles ne le sont habituellement dans les rails Vignole ; cela tient à ce qu'on a voulu pouvoir éclisser facilement les nouveaux rails avec les anciens ; ces derniers avaient été étudiés à une époque où les procédés de laminage ne permettaient pas d'obtenir des angles rentrants bien accusés ; cela tient aussi quelquefois à ce qu'en changeant le champignon inférieur on n'a pas cru devoir modifier entièrement le profil du rail qui donnait par l'ensemble de ses formes des résultats satisfaisants. C'est pour des motifs analogues que l'épaisseur de l'âme est généralement supérieure à celle des rails Vignole ; toutefois il peut y avoir réellement un certain intérêt à cette augmentation d'épaisseur, à cause de l'usure qui se produit au contact des mâchoires des coussinets.

Le coussinet a pour but de répartir la pression du rail sur les traverses et de rendre solidaires les attaches qui servent à l'y fixer. Il se fait invariablement en fonte ; le rail n'y est pas fixé, il est seulement calé au moyen d'un coin chassé à coups de marteau dans le vide ou *chambre* destiné à le recevoir. Jusqu'à ces dernières années les coins étaient faits exclusivement en bois. Les coins en bois ont l'avantage de coûter très bon marché, de 7 à 10 centimes, d'être très rustiques et de produire un bon serrage lorsqu'ils sont bien enfoncés. Ils ont le grand inconvénient d'être hygrométriques, même lorsqu'ils sont en cœur de chêne bien sec, et de se desserrer par suite des vibrations et des variations de température ou d'humidité atmosphérique. Il faut très fréquemment les resserrer et, dans certains cas exceptionnels, comme par exemple sur les ponts métalliques, il est impossible de les maintenir en place.

On emploie depuis quelque temps des coins métalliques. Le coin David, qui est à peu près le seul employé en France jusqu'ici, est constitué par une lame de ressort en acier trempé repliée sur elle-même. Il est excellent et ne se desserre pour ainsi dire jamais, ce qui augmente dans une notable proportion la rigidité de la voie dans le sens longitudinal et dans le sens transversal ; il a malheureusement le grand défaut d'être cher (il coûte de 0 fr. 30 à 0 fr. 40 la pièce) et occasionne en outre une dépense supplémentaire à cause du déchet. Lorsque la pose

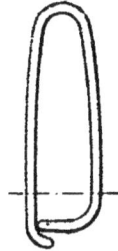

Fig. 144.

des coins métalliques est faite par des ouvriers peu expérimentés, ou que leur forme n'a pas été étudiée avec une précision suffisante, il y a en effet un déchet assez considérable et il se produit des ruptures fréquentes de coussinets ; mais ces inconvénients peuvent être évités avec du soin.

Les coussinets étaient primitivement fixés sur les traverses en bois au moyen de clous ronds appelés chevillettes ; on y a aujourd'hui renoncé d'une manière à peu près complète en France pour employer les tirefonds, qui sont bien supérieurs parce qu'ils maintiennent le coussinet appliqué sur la traverse et empêchent son soulèvement. Le mode ordinaire d'attache au moyen de tirefonds a néanmoins encore un inconvénient ; il n'est pas possible d'obtenir une précision parfaite d'ajustage entre les trous venus de fonte dans

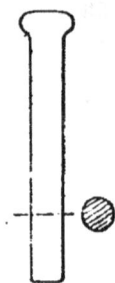

Chevillette. les coussinets et les tirefonds qui sont fabriqués à la matrice ; il y a toujours un jeu qui
peut atteindre environ un millimètre ; la rigidité est bien suffisante au début, mais peu
à peu sous l'action du sable qui s'introduit
dans le joint, les surfaces en contact s'usent,
le trou du coussinet s'ovalise et le col du
tirefond se ronge. Le jeu n'est plus alors
Fig. 145. d'un millimètre, mais quelquefois d'un centimètre. Depuis assez longtemps

en Angleterre, on remédie à cet
inconvénient en interposant entre
le tirefond et le trou du coussinet
une bague en bois conique : cette
bague introduite à force par le
serrage du tirefond forme un vé-
Fig. 146. ritable stuffing-box ; il n'y a plus
aucun jeu, et l'usure est à peu près supprimée. Les
bagues en bois ont été adoptées en France dans le
nouveau type de voie des chemins de fer de l'État.

On emploie également en Angleterre une autre méthode pour assujettir le coussinet dans le sens horizontal. Elle consiste à substituer à l'un des tirefonds
une cheville en bois ou *treenail* légèrement conique
qu'on chasse à force et qui remplit complètement le
trou du coussinet. On renforce quelquefois ces chevil-
les en les formant d'une bague creuse dans laquelle on
chasse au marteau une broche en fer ; ce système diffère assez peu de celui du tirefond avec bague en bois.

Enfin sur certaines lignes anglaises, notamment
sur le Métropolitain de Londres, on emploie des boulons spéciaux (appelés *fang-bolt*) dont l'écrou est placé

sous la traverse et armé de pointes qui l'empêchent de
tourner, de telle façon qu'on puisse obtenir le serrage en faisant tourner la
tête du boulon ; ils ne paraissent offrir
aucun avantage sur le tirefond qui est
beaucoup plus simple.

On peut employer les coussinets non
seulement avec le rail à double champignon, mais encore avec le rail Vignole ;
l'essai en a été fait par la Compagnie

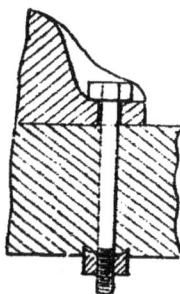

Fig. 147.

de l'Ouest qui, trouvant insuffisante la stabilité de ses
rails Vignole sur des lignes où il existe de nombreux
rayons de 300^m, y a adopté la pose sur coussinets. Cette
voie se comporte parfaitement et il ne peut en être autrement ; mais la largeur du patin a l'inconvénient
de rendre nécessaire l'emploi de coussinets très larges
et par suite très lourds.

**175. — Comparaison entre le rail Vignole et le rail
à double champignon**. — La question du choix à
faire entre le rail Vignole et le rail à double champignon fait depuis plus de trente ans l'objet de con-
troverses souvent passionnées entre les Ingénieurs de
chemins de fer. Le Vignole a paru un moment, quelques années après son introduction en Europe, devoir
l'emporter d'une manière définitive : dans son *Traité
des chemins de fer* qui fait encore autorité sur beaucoup de questions, Couche, en 1867, annonçait comme prochain son triomphe définitif.

Le rail à double champignon n'en est pas moins encore aujourd'hui exclusivement employé sur toutes les
voies d'Angleterre et d'Écosse, et sur quatre des sept
grands réseaux français ; et au dernier congrès des

chemins de fer de 1889, on a pu constater, même chez les Ingénieurs des pays étrangers, un mouvement d'opinion prononcé en faveur de ce type pour les lignes parcourues par des trains à grande vitesse. Toutefois, le rail Vignole est le seul qui existe dans toute l'Europe centrale, en Russie, en Italie, en Espagne et en Amérique.

On ne peut sérieusement, dans ces conditions, soutenir qu'un de ces deux types est mauvais, dangereux même, comme on l'a dit souvent tantôt à propos de l'un tantôt à propos de l'autre ; la diversité des opinions montre que chacun d'eux a ses avantages dont l'importance varie selon les conditions dans lesquelles ils sont employés. Nous nous efforcerons, malgré notre préférence personnelle pour le rail à double champignon, de les faire ressortir aussi nettement que possible.

Au point de vue de l'économie, il n'y a pas de contestation possible : le Vignole qu'on peut appeler pur, c'est-à-dire sans les selles qu'on lui ajoute généralement aujourd'hui et qui font en partie l'effet d'un coussinet, est bien plus économique, puisqu'il supprime purement et simplement ce dernier.

L'emploi des selles diminue la différence, mais sans la supprimer.

Voilà pour la question d'économie : examinons la question de résistance. Au point de vue de la rigidité propre du rail, qui dépend seulement du moment d'inertie et de la répartition de la matière, il n'y a aucune différence entre les deux types dans le sens vertical. Mais dans le sens transversal, l'avantage est en faveur du rail Vignole. Au point de vue de la rigidité de la voie, l'encastrement produit par le coussinet est théoriquement avantageux au moins dans le sens transversal. Si on suppose des traverses absolument

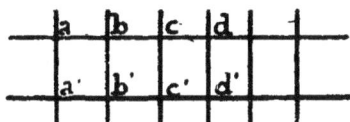

Fig. 148.

rigides et un encastrement parfait aux points a b c
d... a' b' c' d'..., l'ensemble de la voie résistera aux
efforts transversaux comme une poutre de hauteur a a',
tandis que, s'il y a articulation avec les traverses aux
mêmes points, les deux files de rails ne résisteront
plus qu'isolément par leur moment d'inertie propre.
Mais l'encastrement produit par le coussinet est très
imparfait et il est compensé par l'augmentation du
moment d'inertie transversal qui résulte de la forme
du rail Vignole : d'expériences faites aux réseaux de
l'Est et de l'État il résulte qu'à poids égal le désavan-
tage est en somme du côté du rail à double champignon.

Examinons maintenant la question du mode d'attache et reportons-nous, à cet égard, à ce que nous avons
dit précédemment des efforts qui agissent sur la voie ;
les uns sont parallèles à la base du patin, de la selle ou
du coussinet et tendent à faire glisser le rail sur son
appui ; les autres sont normaux et tendent à écraser
la traverse. Le glissement ne peut se produire que si
le rapport des premiers efforts aux seconds est supérieur au coefficient de frottement ; mais, comme nous
l'avons vu, ce fait arrive constamment, toutes les fois
qu'il se produit un effort horizontal notable au moment
où, par suite d'irrégularités de la voie, de l'inertie des
pièces du mouvement, etc... une roue se trouve déchar-
gée en partie. C'est alors que les attaches entrent en

jeu. Dans le type Vignole pur, il n'y a qu'un seul crampon ou tirefond pour résister. Si la traverse porte un
épaulement, c'est lui qui supporte l'effort. Mais s'il y
a une selle, les deux ou trois crampons ou tirefonds
qu'elle rend solidaires contribuent à la résistance et,
surtout avec la selle munie d'un rebord, les attaches
sont exactement dans les mêmes conditions que celles
d'un coussinet.

L'effort qui tend à écraser la traverse est l'effort
R, normal à la base d'appui. La répartition de cet effort sur la surface de contact AB dépend du point d'application P de la résultante
des efforts horizontaux et
verticaux et par conséquent
de la valeur relative de ces
efforts. La pression s'exerce
sur une largeur triple de la
distance PB de ce point d'application à l'arête la plus
voisine, et l'effort maximum

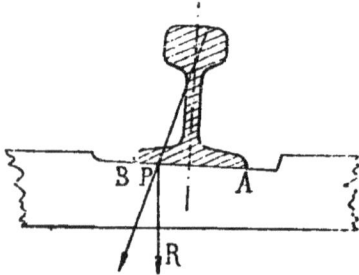

Fig. 149.

qui se produit sur cette arête est égal au double de
l'effort moyen, soit $\frac{2R}{3PB}$. Cet effort est d'autant plus
faible que la base AB est plus grande. Les coussinets
sont donc très avantageux à cet égard, parce qu'on
peut leur donner une grande largeur et qu'on y est
d'ailleurs obligé à cause des nervures qui maintiennent
les joues.

Il n'en est pas de même avec le type Vignole pur. La
largeur du patin varie, en général, pour la voie normale, entre 9^{cm} et 13^{cm}5. Si on admet que le rail porte
sur la traverse sur une longueur de 15^{cm}, un effort vertical de 18^T réparti uniformément donnera par centimètre carré une pression de 90 kilogs à 130 kilogs;

mais cette pression augmente rapidement s'il survient un effort horizontal. Le rapport de la demi largeur du patin à la hauteur du rail est compris entre 2/3 et 1/2; il suffit que le rapport entre l'effort vertical et l'effort horizontal atteigne cette valeur pour que la pression sur l'arête devienne infinie. Il est vrai que, du côté opposé, la tête du tirefond exerce un effort tendant à maintenir le rail et à empêcher son déversement; mais il faut de bien grandes précautions pour que le tirefond ne se desserre pas à la longue et, dans tous les cas, s'il atténue le mal, il ne le fait pas disparaître.

La résistance des traverses à la compression ne dépasse pas, d'après des expériences faites par M. Jules Michel, 240 kilogs par c. q. pour le chêne, 200 kilogs pour le pin, 120 kilogs pour le mélèze et 80 kilogs pour le sapin ; elle diminue à mesure que les traverses vieillissent. On voit par ces chiffres que, même avec des essieux chargés seulement de 12 à 14 tonnes, l'écrasement du bois des traverses en chêne et à plus forte raison des traverses en bois plus tendre est inévitable dès qu'il se produit des efforts transversaux de quelque importance.

Il y a une autre cause d'inégalité de répartition des pressions dans le Vignole ; c'est la flexion du rail qui en se courbant sous le poids d'une charge appliquée en-

Fig. 150.

tre les traverses, exerce sur le bord de ces dernières un effort beaucoup plus considérable qu'en leur milieu et augmente encore la pression maximum.

Avec le coussinet, la largeur de la base sur laquelle se répartit la pression peut être élargie à volonté. Pour que la pression au droit de l'arête soit assez forte pour entraîner l'écrasement du bois, il faudrait que le rapport de la composante horizontale à la composante verticale et la grandeur absolue de cette dernière atteignissent en même temps des proportions inadmissibles ; et en effet tandis que, avec la voie Vignole, le bois est fréquemment écrasé, ce qui exige des resabotages, c'est-à-dire l'enlèvement de la partie endommagée, il ne se produit pas d'écrasement sous un coussinet de bonnes dimensions.

Le coussinet permet aussi l'emploi des traverses en bois tendres tels que mélèze ou le sapin qui ne résiste pas à la pression exercée par le patin du rail Vignole, à moins que la ligne ne soit parcourue que par des trains peu rapides. Cette question a bien son importance, car dans beaucoup de régions la différence de prix entre les bois tendres et les bois durs est considérable : en Angleterre notamment on se sert à peu près exclusivement de sapin de Norwège.

La selle produit évidemment, au point de vue de la répartition des pressions, les mêmes effets que le coussinet ; mais c'est à la condition qu'elle soit assez épaisse pour ne pas céder sous l'effet de la pression exercée au droit de l'arête du patin ; en cas contraire, elle finit par se plier et même par se fendre.

Enfin, pour compléter la comparaison, il faut faire entrer en ligne de compte le coin ; celui-ci est une sujétion pour l'entretien lorsqu'il est en bois, parce qu'il se desserre souvent et qu'il faut l'enfoncer à nouveau ; il occasionne une dépense notable lorsqu'il est en acier ; néanmoins, il n'est jamais en réalité, comme le disent les partisans de la voie Vignole, un danger dans le cas où il se desserre. Mais, à côté de ces

inconvénients, il a un très grand avantage : il constitue un tampon qui absorbe une certaine quantité de
force vive ; or, les efforts transversaux qui agissent
sur la voie sont les seuls qui soient dangereux, soit
par leur action directe, soit par le déplacement de la
résultante auquel ils donnent lieu, et ces efforts,
lorsqu'ils atteignent une valeur élevée, sont presque
toujours instantanés ; ce sont des chocs latéraux, qui
ne sont susceptibles de produire qu'un faible déplace-

Fig. 151.

ment : si l'obstacle cède même très peu, la force s'atténue et arrive à s'annuler ; en outre, dès que le coin
s'aplatit sous la pression qu'il supporte, la résistance
du rail à la flexion transversale entre en jeu et une partie de l'effort se reporte sur les deux appuis voisins.

Enfin il nous reste à parler de quelques points accessoires. Le rail à double champignon est plus facile à laminer que le rail Vignole et, fabriqué avec la même
qualité d'acier dur, il a moins de chances de se rompre,
parce que le patin du rail Vignole, très mince, fatigue
au laminage et subit un commencement de trempe au
refroidissement. Avec les coussinets, les traverses durent
plus longtemps ; d'une part, elles ne sont pas affaiblies
par des resabotages fréquents, et, d'autre part, on peut
les laisser dans la voie jusqu'à ce qu'elles soient entièrement hors de service, parce qu'on n'est jamais in-
quiet sur la solidité des attaches. Les partisans du rail
Vignole font valoir les inconvénients des ruptures de
coussinets en cas de déraillement : un essieu d'avant

d'une machine, déraillé, peut briser à son passage plusieurs milliers de coussinets. Cela est bien peu de chose ; le fait est extrêmement rare et, lorsqu'il se produit,
il n'arrête pas la circulation : en ralentissant la vitesse, on passe sans danger sur les coussinets cassés jusqu'à ce qu'on ait eu le temps de les remplacer.

De la comparaison qui précède, on peut tirer cette
conclusion qui nous paraît être la vraie. La supériorité
de la voie à coussinets sur la voie Vignole, dépend de
l'intensité des efforts horizontaux auxquels la voie est
exposée. Or, sauf dans les courbes de très petits rayons,
les efforts horizontaux, au moins ceux qui sont dangereux, sont presque exclusivement des forces d'inertie,
ils croissent en raison de la vitesse des trains et de la
masse des machines. C'est donc avec la vitesse et la
masse des trains que la supériorité de la voie à coussinets se révèle ; en même temps, la différence de prix entre les deux types devient négligeable parce que l'importance du trafic permet alors de moins se préoccuper
de la question d'économie. Si les Anglais ont pu toujours tenir la tête du progrès en ce qui concerne la vitesse, cela tient certainement en partie à ce qu'ils ont
toujours eu des voies sur lesquelles ils pouvaient absolument compter au point de vue de la résistance aux efforts horizontaux.

Est-ce à dire que le rail Vignole soit inadmissible
avec les grandes vitesses ? L'exemple des réseaux du
Nord, de l'Est et du Paris-Lyon-Méditerranée est là
pour prouver le contraire. D'abord on peut, même
avec des rails à patin étroit, augmenter la résistance
de la voie Vignole en multipliant les traverses ; en outre, les efforts horizontaux dépendent non seulement

de la vitesse, mais de la masse des machines, de leurs dispositions, etc.

Dans une étude sur les types de rails employés en France[1], M. Mussy a remarqué que, à égalité de trafic, les compagnies de chemins de fer ont adopté pour les grandes lignes un rail plus lourd de un vingtième environ avec le type Vignole qu'avec le type à double champignon ; c'est une expression de la confiance relative qu'inspirent les deux types à ceux qui les emploient.

On a proposé de proscrire l'emploi du rail Vignole pour les lignes à courbes de très petits rayons. Cela est trop absolu ; on ne peut pas changer le type de matériel selon le plan de la ligne ; et on peut parfaitement renforcer les rails Vignole dans les courbes en les faisant reposer sur des selles avec trois tirefonds, ou même, comme l'a fait la Compagnie de l'Ouest, sur des coussinets. Ce ne serait pas une complication notable que de poser la voie Vignole sur coussinets seulement dans les courbes de petits rayons, en faisant reposer les rails directement sur les traverses dans les alignements droits et les courbes de grands rayons.

176. — Moment d'inertie et poids des rails. — On calcule quelquefois la résistance des rails en les assimilant à des poutres à travées solidaires. Ce calcul ne peut donner que des résultats inexacts, car il s'en faut de beaucoup que les appuis soient toujours rigoureusement en ligne droite, et leur dénivellation modifie profondément la répartition des efforts. Mais, s'il n'est pas possible de calculer d'une manière précise

---

1. *Annales des Ponts et Chaussées*, juillet 1890.

les efforts auxquels sont soumis les rails, on peut comparer mathématiquement leur résistance au moyen du module d'inertie, et leur rigidité au moyen du moment d'inertie.

On est arrivé depuis longtemps, soit pour le rail Vignole, soit pour le rail à double champignon, à des formes peu différentes pour chaque type ; le poids du rail se trouve par suite presque indépendant de sa forme. Néanmoins, dans ces derniers temps, on a fait en France des champignons très hauts pour avoir plus de marge d'usure ; il en résulte un supplément de poids qui augmente peu la résistance, parce qu'il déplace l'axe neutre ; mais l'écart est faible, et en général on peut admettre que pour le même type (Vignole ou coussinet), à environ un vingtième près, le poids est proportionnel à la résistance. C'est pour cela qu'on est arrivé à définir simplement les rails par leur type (Vignole, double champignon, ou rail à coussinets dissymétrique) par la nature du métal et par le poids.

La charge des essieux a augmenté notablement depuis vingt ans ; il est probable qu'elle augmentera encore. Au point de vue de la résistance, un rail de 36 kilogs en fer et un rail de 30 kilogs en acier (ancien type du Nord et de l'Est) sont équivalents et peuvent parfaitement suffire pour porter des charges d'essieux de 14 à 15 tonnes et même davantage ; mais il faut tenir compte de la *rigidité*. C'est ce qu'on n'avait pas fait au début quand on a réduit le poids des rails de 36 kilogs à 30 kilogs en raison de la supériorité de résistance de l'acier sur le fer ; la flèche prise par ces derniers était plus considérable que pour les premiers ; cet excès de flexibilité a été une des causes pour lesquelles on a dû, sur les voies parcourues par des trains à grande vitesse, rapprocher beaucoup les appuis dans les voies formées avec des rails de 30 kilogs.

Les Anglais ont été les premiers à adopter comme principe de l'établissement de leurs voies l'emploi d'un matériel beaucoup plus lourd qu'il n'était rigoureusement nécessaire ; ils y ont gagné, comme nous l'avons dit, de pouvoir augmenter progressivement les vitesses sans être arrêtés par la stabilité de la voie. Leurs rails à double champignon pèsent actuellement de 39 à 43 kilogs.

En France, le poids des rails à double champignon est resté, jusqu'à ces dernières années, de 36 à 38 kilogs, ce qui constitue déjà une voie très robuste ; mais en raison de l'augmentation des vitesses et du poids des machines, il a été porté à $42^k,5$ pour l'Orléans, à 43 kilogs pour l'Ouest et à 40 kilogs pour l'Etat ; le Midi conserve son ancien rail de $37^k,600$.

Le poids des rails Vignole en fer était généralement autrefois de 35 à 38 kilogs. Quand on a remplacé le fer par l'acier, le Nord, puis l'Est ont réduit le poids à 30 kilogs, ce que justifiait alors le prix élevé de ce dernier métal. Ces deux réseaux ont conservé longtemps le rail de 30 kilogs ; mais ils viennent d'adopter, pour leurs grandes lignes, le Nord un rail de 45 kilogs et l'Est un rail de $44^k,2$. Le Paris-Lyon-Méditerranée a adopté successivement des types de 39 kilogs pour les grandes lignes et 34 kilogs pour les lignes secondaires, puis, pour les grandes lignes, $42^k, 5$, et en dernier lieu 47 kilogs.

A l'étranger, la Belgique et la Hollande ont suivi le même mouvement. La Belgique a adopté récemment son rail *Goliath* de 53 kilogs, le plus lourd qui

existe à notre connaissance ; le réseau de l'État Néer-
landais a adopté un rail de 47^k 8.

L'Allemagne et l'Autriche-Hongrie ont conservé
jusqu'à une époque récente des rails relativement légers.
En Allemagne, le rail normal de l'État Prussien pesait
seulement 33^k, 4 ; on ne dépassait guère 36 kilogs
dans les autres États d'Allemagne. En Autriche, le
poids du rail était sur les lignes principales de 35^k, 3,
sur les lignes secondaires de 31^k, 7. En Hongrie, pour
les lignes principales, le poids du rail était de 33^k, 25.
Il faut remarquer, à ce propos qu'en Allemagne et en
Autriche-Hongrie les Administrations de chemins de
fer sont peu portées à l'adoption de grandes vitesses.
La question de l'augmentation du poids du rail y est
néanmoins à l'étude, on a commencé à poser des voies
avec rails lourds et il très probable que, d'ici à peu de
temps les anciens types seront abandonnés.

En Amérique, où on commence à marcher très vite
sur les chemins de fer, on adopte aujourd'hui des
poids de 40 à 46 kilogs sur les grandes lignes.

Sur les lignes qui ne sont pas destinées à recevoir la
circulation de lourdes machines et de trains rapides,
on peut diminuer dans une forte proportion le poids du
rail. On le fait peu en France sur les grands réseaux
qui n'ont chacun seulement un ou deux types de rails,
parce que l'organisation des services de traction ne permet pas de spécialiser les machines. On peut d'ailleurs,
sans changer le rail, proportionner la résistance de la
voie aux efforts qu'elle a à supporter en augmentant l'é-
cartement des traverses sur les lignes les moins chargées. Presque tous les réseaux ont ainsi, comme nous
le verrons plus loin, deux ou plusieurs plans de répartition des traverses pour le même type de rail.

Néanmoins, au moins jusqu'à nouvel ordre, les compagnies qui ont adopté récemment des rails pesant plus de 40 kilogs ne les emploient que sur les lignes parcourues par des trains à grande vitesse. Mais sur les réseaux secondaires, où les machines sont spécialisées et n'ont qu'un faible poids à cause du peu d'importance du trafic, on en profite avec raison pour réduire la section du rail suivant la charge des essieux. Avec la voie normale, on ne fait pas descendre le poids par mètre courant au-dessous de 25 kilogs, parce que, au-dessous de cette limite, les machines ordinaires des grands réseaux ne pourraient plus, même à faible vitesse, circuler sans danger sur les voies ; or, tout en spécialisant le matériel normal, il y a de très grands avantages à pouvoir, dans certains cas, faire circuler à faible vitesse sur une ligne des machines étrangères.

Pour les lignes à voie d'un mètre, le poids du rail varie en raison de la charge d'essieu des machines, et celle-ci dépend elle-même des déclivités de la voie et de la nature du trafic. Le rail le plus robuste qui existe est celui du réseau à voie de 1^m de la Cie de l'Ouest ; c'est un rail à double champignon du poids de 25 kilogs. Les rails du réseau Corse sont également à double champignon ; ils ne pèsent que 22 kilogs. Pour les autres lignes, le rail est du type Vignole et son poids varie généralement de 15 à 20 kilogs : la limite de 15 kilogs est un peu faible, même avec des machines très légères et qui fatiguent peu la voie, et on préfère aujourd'hui adopter des poids de 18 kilogs pour les tramways et 20 kilogs pour les lignes d'intérêt local où le service des marchandises exige des machines un peu plus lourdes.

177. — Dimensions des accessoires du rail. — Les dimensions des accessoires du rail (coussinets, selles et attaches) sont naturellement en rapport avec celles du rail lui-même.

Au début, les coussinets avaient de très petites dimensions et leur poids n'était que de 4 kilogs à 5 kilogs ; on a été promptement amené à les renforcer. En France, jusqu'à ces dernières années, leur poids normal était de 10 à 12 kilogs et leur surface de base d'environ 300^{cm2} ; les Anglais, qui emploient des traverses en bois tendres, et qui ont, comme nous l'avons dit, des voies très robustes, ont été amenés à dépasser ces dimensions, tant pour répartir la pression sur une plus grande surface que pour pouvoir augmenter le nombre et les dimensions des tirefonds et chevillettes. Le poids et les surfaces d'appui de leurs coussinets atteignent et dépassent le double de ceux que nous venons d'indiquer, et le nombre des tirefonds ou chevillettes est porté à trois ou quatre.

L'adoption des nouveaux rails dont nous avons parlé plus haut devait naturellement conduire en France à l'augmentation du poids et de la surface d'appui des coussinets. Le nouveau coussinet de la Compagnie d'Orléans pèse 18 kilogs, celui de la Compagnie de l'Ouest 15 kilogs, celui des chemins de fer de l'État 14^k 500 ; la surface d'appui sur la traverse est de 592^{cm2} pour l'Orléans, 480^{cm2} pour l'Ouest et 535^{cm2} pour l'État. On a adopté pour ces nouveaux coussinets la règle très sage admise par les Anglais qui est d'élargir la surface d'appui du rail dans le coussinet, autant que le permet la traverse, de manière à diminuer les portées effectives, et en même temps l'usure provenant du frottement.

Les chevillettes ou tirefonds ont habituellement de 18 à 22 millimètres de diamètre.

Avec le rail Vignole, on adopte des selles dont les dimensions varient : en longueur de 0ᵐ 100 à 0ᵐ 200, en largeur de 0ᵐ 180 à 0ᵐ 200 et en épaisseur de 0ᵐ 009 à 0ᵐ 013. Les selles actuelles du P. L. M. ont 0ᵐ 15 de largeur sur 0ᵐ 21 de longueur et 0. 12 d'épaisseur. Leur poids est de 2ᵏ 85. Les tirefonds ou crampons ont de 20ᵐᵐ à 25ᵐᵐ de largeur ou de diamètre.

Sur les lignes à faible trafic, où on emploie des rails légers, les dimensions du petit matériel sont réduites en proportion des dimensions des rails ; ainsi les coussinets du réseau Corse, à trois tirefonds, pèsent environ 10 kilogs ; les crampons, tirefonds et chevillettes ont habituellement de 15ᵐᵐ à 20ᵐᵐ.

178. — Durée des rails et du petit matériel d'attaches. — La durée des rails en fer était très variable selon leur qualité ; en moyenne, ils pouvaient supporter le passage de 50 000 à 100 000 trains, ce qui pouvait faire varier leur durée de quinze à trente ans pour les lignes moyennement chargées.

Les rails en acier durent de cinq à dix fois plus que les rails en fer. On admettait jusqu'à ces dernières années que les rails s'usaient parallèlement jusqu'au moment où, le champignon étant devenu trop mince pour supporter la charge des trains, son remplacement devenait nécessaire ; c'est en effet ce qui a pu se produire pour les rails en acier fondu au

Fig. 152.

creuset et laminés avec toutes sortes de soins avec lesquels ont été faits les premiers essais. Mais, lorsque l'emploi de l'acier s'est répandu, on l'a produit en grand

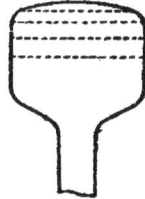

au Bessemer et au four Martin ; et on constate aujour-d'hui[1] que les rails périssent en grande majorité non plus par usure normale du champignon, mais par dété-riorations accidentelles (fentes provenant de soufflures, criques dans le patin des rails Vignole etc.). En sera-t-il toujours ainsi ? cela est loin d'être certain, car la fabrica-tion de l'acier a fait depuis vingt ans des progrès énor-mes ; on a renoncé à certains procédés vicieux, tels que la refonte des vieux rails de fer au four Martin ; on sait éliminer les éléments dangereux tels que le phosphore et le silicium en excès ; enfin on a perfectionné l'outillage et les procédés de laminage. Quoiqu'il en soit, en France où on emploie de l'acier dur, non seulement notre gé-nération, mais aussi la génération qui nous suit, ne verra pas la fin des rails d'acier qu'on pose actuelle-ment sur la plupart des lignes et qui, selon les prévi-sions, doivent durer plus de cent ans.

Il n'en est pas de même en ce qui concerne le maté-riel des attaches : coussinets, selles, tirefonds, cram-pons. Les conditions dans lesquelles il se trouve ont été considérablement modifiées par l'emploi des rails d'a-cier. Lorsqu'on remplaçait une voie en fer arrivée à sa limite d'usure, on remplaçait presque toujours en même temps le petit matériel ; il n'y avait donc pas à re-chercher pour celui-ci une très longue durée, qui eût été plus grande que celle des rails, et si, dans les derniè-res années, son état d'usure entraînait du jeu dans les attaches et un commencement de dislocation de la voie, ce n'était pas un inconvénient bien grave puisque la voie devait être refaite à bref délai. Aujourd'hui la

---

1. Article de M. Coüard, *Revue générale des chemins de fer* (2ᵐᵉ Se-mestre 1889).

situation est différente ; la durée du rail est beaucoup plus grande que celle de ses attaches qu'on peut évaluer de 15 à 30 ans. Mais ce qu'il faut surtout envisager, c'est que ces dernières sont exposées à une usure rapide ; leur déformation entraîne presque toujours celle du rail lui-même ; si on n'y prenait pas garde, on arriverait au bout de peu de temps à avoir des rails faussés, des attaches ébranlées, et cette situation pourrait durer long-temps sans que le petit matériel fut mis complètement hors de service. Cette considération, jointe à l'accrois-sement des charges des essieux et à celle de la vitesse, a contribué à faire augmenter les dimensions des cous-sinets, selles, tirefonds, chevillettes et crampons, et elle a certainement une importance très réelle.

179. — Eclisses. — Jusqu'ici, nous n'avons étudié que le rail et ses attaches ; mais une voie se compose de deux files de rails qui sont placés les uns au bout des autres, et qui doivent être reliés ensemble de manière à assurer leur continuité. Pendant longtemps on a em-ployé les joints *appuyés ou soutenus* : les deux bouts de

Joint appuyé

Fig. 153

rails reposaient sur une traverse et étaient réunis dans un coussinet spécial ou sur une selle commune ; aujour-d'hui on emploie presque partout exclusivement les joints *en porte à faux* placés au milieu de l'intervalle

Joint en porte-à-faux

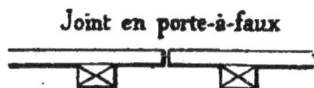

Fig. 154.

entre deux traverses consécutives, et on réunit les rails
par des *éclisses* qui les embrassent et assurent la rigidité du joint aussi bien dans le sens vertical que dans le
sens horizontal.

Les éclisses sont reliées entre elles par des boulons
dont le diamètre est de $0^m 020$ à $0^m 025$: il y en a généralement quatre, quelquefois six ;
ces boulons traversent chacun l'âme
du rail interposé entre les deux
éclisses, au moyen de trous d'un diamètre un peu supérieur au leur, de
façon à laisser un jeu de quelques
millimètres permettant à la dilatation de s'effectuer librement.

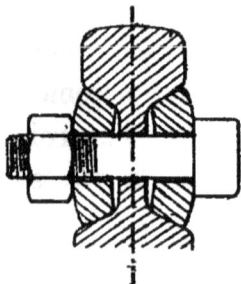

Fig. 155.

Pour faciliter le serrage des boulons d'éclisses et permettre l'emploi d'une seule clef, on dispose les boulons
de telle façon que l'écrou puisse
seul tourner : tantôt on les arme
d'un ergot et on donne une forme
ovale au trou dans lequel s'engage
cet ergot, tantôt on donne à leur
tête la forme d'un *chapeau de
gendarme* et on l'emprisonne
dans une rainure de l'éclisse. Les
boulons, après leur pose, se des-
serrent facilement sous l'influen-
ce des vibrations ; on a inventé un grand nombre de
systèmes destinés à les rendre indesserrables, ils sont
presque tous ou compliqués ou peu sûrs. En pratique,
lorsqu'on a soin de resserrer fréquemment les boulons
ordinaires dans les premiers temps de la pose, l'oxydation des filets de la vis ne tarde pas à les immobiliser ;

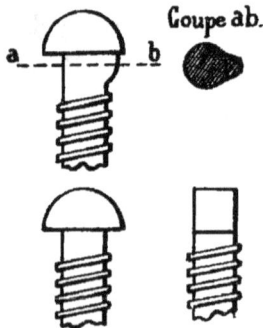

Coupe ab.

a   b

Fig. 156.

ils deviennent ainsi indesserrables, sans qu'on ait besoin de recourir à des artifices compliqués.

Pour assurer la rigidité du joint et diminuer autant que possible l'écartement des éclisses au passage des charges, il y a intérêt à augmenter le serrage des boulons. Mais il faut toutefois que l'effort maximum supporté par ces derniers ne dépasse pas la limite d'élasticité correspondante à leur section totale. Cet effort se compose de l'effort permanent provenant du serrage et de l'effet des charges mobiles. Plus ce dernier sera faible, plus les éclisses pourront être serrées énergiquement et moins elles seront exposées à bâiller. Cette considération a conduit à diminuer l'inclinaison des éclisses sur l'horizontale.

Soit en effet P le poids que le rail chargé reporte sur l'éclisse. Ce poids peut se décomposer en deux forces normales aux portées et égales chacune à

$$\frac{P}{2\cos\alpha}$$

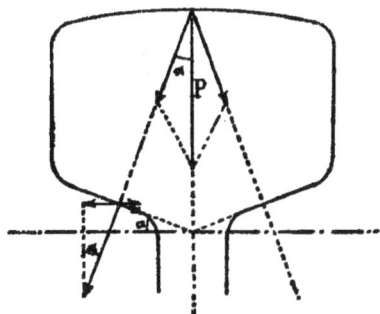

Fig. 157.

Leur composante horizontale qui est égale à

$$\frac{P}{2}tg\alpha$$

tend à écarter les éclisses. Mais il faut en retrancher la composante horizontale du frottement qui agit en sens inverse. Le frottement de l'éclisse sur les portées sous une pression normale $\frac{P}{2\cos\alpha}$ est égal à $\frac{Pf}{2\cos\alpha}$ et sa composante horizontale est $\frac{Pf}{2\cos\alpha}\cos\alpha = \frac{Pf}{2}.$

Les éclisses sont donc en somme soumises à un effort horizontal

$$F = \frac{P}{2}(\text{tg } \alpha - f)$$

Autrefois, en raison des nécessités du laminage, les portées d'éclisses étaient très inclinées sur l'horizontale : dans l'ancien rail type Orléans et État on avait, en adoptant pour f la valeur 0, 20,

$$F = 0{,}40\,P$$

Dans ces conditions, on ne pouvait pas serrer les boulons assez énergiquement, et les éclisses bâillaient au bout de peu de temps.

Actuellement en France, l'inclinaison des portées d'éclisses sur l'horizontale est de 1/2, ce qui réduit F à

$$F = 0{,}15\,P$$

Cette valeur est relativement faible, car, en donnant à P la valeur de 16 T, elle ne dépasse pas 2400 kilogs. En Allemagne on va encore plus loin, et l'inclinaison est réduite à 1/2,5, 1/3 et même 1/4. Dans ces conditions, les boulons n'ont guère plus à supporter que l'effort provenant du serrage, mais, avec le profil qui en résulte pour le champignon, les rails deviennent difficiles à laminer.

Les éclisses étaient autrefois de simples plaques de fer ; on a reconnu progressivement la nécessité de renforcer leurs sections pour augmenter la rigidité du joint on les a allongées pour la même raison et en outre, comme nous l'avons déjà indiqué, pour empêcher le cheminement du rail dans le sens longitudinal ; aujourd'hui on les fait en acier et on leur donne diverses formes profilées destinées à augmenter leur moment d'inertie.

Avec les rails à double champignon, on prolonge les éclisses
par la partie inférieure jusqu'en
dessous du rail, ce qui augmente
leur hauteur et par conséquent
leur moment d'inertie ; on leur

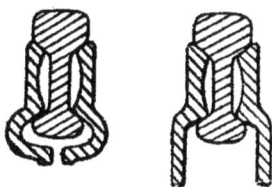

Fig. 158.

donne en outre une longueur suffisante pour qu'elles
butent contre les coussinets afin d'empêcher le cheminement du rail. Avec le rail Vignole, on donne aux
éclisses la forme de cornières, ce qui augmente également leur moment d'iner-
tie ; et en outre, dans le
même but que précédem-
ment, on appuie leur base
sur les traverses entre les-

Fig. 159.

quelles se trouve le joint, et on y perce des trous
dans lesquels passent les crampons ou les tirefonds.
On emploie également avec le rail Vignole en Allemagne des éclisses dont le prolongement inférieur descend
au-dessous du patin dans toute la partie comprise entre
les traverses de joint.

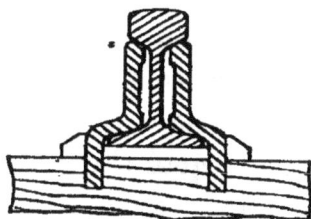

Fig. 160.

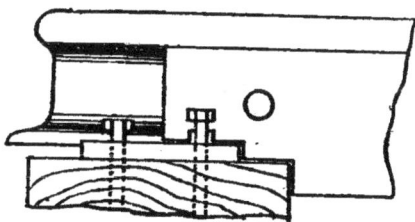

Fig. 161.

Le poids des éclisses, qui n'est guère que de 9 à 10
kilogs dans les anciennes voies, s'élève jusqu'à environ
20 kilogs dans les nouveaux modèles ; il est même beaucoup plus élevé dans certains types et atteint 26 kilogs

dans la nouvelle voie du Nord, et 35 kilogs dans la voie
du P. L. M. à rails de 47 kilogs.

180. — Traverses. — *Rôle des traverses.* — Les traverses répartissent sur le ballast la charge que supporte
la voie ; elles entretoisent les rails et maintiennent leur
inclinaison constante. Sur une voie normale et avec les
charges actuelles, les traverses en bois doivent avoir
au moins de 0^m20 à 0^m30 de largeur, 2^m50 de longueur et de 0^m14 à 0^m18 de hauteur. La largeur a
une très grande importance ; en effet, on ne bourre pas
les traverses sur toute leur longueur, car, comme elles
fléchissent au passage du train, elles risqueraient de se
briser ou de basculer ; c'est seulement au droit du point
d'application de la charge, c'est-à-dire sous les rails et
à environ 0^m20 de part et d'autre de l'axe de ceux-ci
que les traverses reposent sur le ballast ; au delà, l'intensité du bourrage va en décroissant comme l'indique

Fig. 162.

la courbe ci-dessus qui est conforme aussi bien à la pratique qu'à la théorie. Lorsque la pression par cent. carré
sur le ballast est trop forte, la traverse tend à se dé-
bourrer, parce que le bloc de ballast sur lequel elle repose se désagrège, ou que le sol placé en dessous s'é-
crase. Il est bon de ne pas descendre au-dessous de la
largeur de 0^m22.

La longueur des traverses est, comme leur largeur,
commandée par les conditions dans lesquelles se fait
le bourrage ; leur assiette est beaucoup meilleure lorsqu'elles sont longues que lorsqu'elles sont courtes. La -

longueur ne doit pas descendre au-dessous de $2^m 40$ et il est bon qu'elle atteigne au moins $2^m 50$.

Il est important de ne pas donner aux traverses une épaisseur trop faible, parce qu'en diminuant leur résistance, on s'expose à les voir se briser et que la solidarité entre les rails qu'elles supportent est d'autant mieux assurée qu'elles sont plus rigides. Il faut tenir compte en outre avec les voies Vignole sans selles, et même avec les voies Vignole munies de selles et avec les voies à coussinets si la surface d'appui est insuffisante, de la diminution d'épaisseur qui résulte des resabotages successifs et qui affaiblit la traverse sur une largeur de $0^m 15$ à $0^m 30$ au droit de chacun des rails.

Pour les voies parcourues par des machines de faible poids la largeur des traverses peut descendre à $0^m 18$ et pour les voies étroites leur largeur peut descendre à $1^m 80$.

181. — Traverses en bois. — *Bois employés habituellement.* — Les traverses en bois sont généralement en chêne, hêtre, pin ou sapin. Dans certains pays on emploie également quelques autres essences notamment le mélèze. Le chêne, le hêtre et, dans une certaine mesure, le pin, supportent seuls le Vignole sans selle.

Les traverses, dès qu'elles sont mises en place, sont dans de mauvaises conditions de conservation ; elles sont écrasées par le rail, la selle ou le coussinet ; les resabotages les affaiblissent progressivement avec le rail Vignole, et même avec le rail à double champignon si le coussinet est trop petit ; elles sont soumises à des alternatives de sécheresse et d'humidité et exposées à la pourriture qu'il est impossible d'éviter. Quand le ballast est très perméable elles se conservent mieux ; mais le ballast finit toujours par se mêler plus ou moins à la terre de la plateforme et à celle qu'apporte le vent, et sa perméabilité diminue.

La durée des traverses blanches, c'est-à-dire qui n'ont pas subi de préparation spéciale destinée à empêcher la pourriture, est variable selon l'importance des causes de destruction que nous venons d'énumérer, selon l'essence et la qualité du bois dont elles sont formées, selon le climat, la nature du ballast et celle de la plateforme. On peut admettre qu'en France les traverses en chêne durent en moyenne de douze à quinze ans ; il y en a qui durent beaucoup plus, mais il y en a aussi qui durent notablement moins. La qualité du chêne est extrêmement variable : les arbres qui ont poussé dans un terrain sec et rocailleux donnent un bois très dur et qui résiste pendant longtemps à la pourriture ; ceux qui ont poussé dans des terrains bas et humides donnent un bois mou et qui pourrit très vite. La proportion d'aubier qu'on tolère dans les traverses a aussi une grande influence, car l'aubier s'attaque très rapidement. Les cahiers des charges stipulent en général, il est vrai, que les traverses doivent être sans aubier ; mais cette clause n'est pas exécutable d'une manière absolue dans les conditions de prix admises habituellement.

Les traverses en hêtre, pin et sapin dureraient très peu si elles n'étaient pas injectées, mais on les emploie rarement sans préparation.

Injection. — Le but de l'injection des bois est de remplacer dans leurs canaux les substances putrescibles par des substances imputrescibles et antiseptiques.

On a imaginé un certain nombre de procédés d'injection. Le premier, celui du docteur Boucherie, consistait à utiliser la force ascensionnelle de la sève pour aspirer le liquide injecteur à sa suite dans l'arbre encore sur pied ; à cette méthode, trop primitive bien que très ingénieuse, on a ensuite substitué l'injection sous pression après abatage de l'arbre, mais on opérait encore sur le terrain même en installant un réservoir surélevé. Actuellement on procède uniquement en vase clos ; on fait le vide dans un récipient contenant les traverses, puis on introduit du liquide qu'on comprime à six atmosphères environ. Dans certaines compagnies notamment à la compagnie de l'Est, on étuve d'abord les traverses à 80° pour les sécher.

Les antiseptiques en usage sont de deux sortes : les sels métalliques solubles et les huiles lourdes de houille désignées généralement sous le nom de créosote. Les sels métalliques employés le plus habituellement sont le sulfate de cuivre et le chlorure de zinc. Le sulfate de cuivre a été pendant longtemps seul en usage ; il a l'inconvénient d'attaquer le métal des rails et de ne pas former une solution assez fluide pour bien pénétrer dans les vaisseaux du bois. Le chlorure de zinc est d'un usage général en Allemagne, il a l'avantage d'être d'un emploi très économique ; on le fabrique avec de l'acide chlorhydrique, qui est un résidu encombrant de la fabrication de l'acide sulfurique. Mais il est incolore, ce qui ne permet pas de constater facilement sa pénétration dans le bois. On emploie pour l'injection une dissolution concentrée à raison de 33 litres de chlorure par mètre cube d'eau. Les traverses en pin et sapin et en hêtre absorbent de 25 à 35 litres de dissolution, les traverses en chêne de 2 à 4 litres.

L'emploi des sels solubles présente certains inconvénients. Ils peuvent rendre les traverses gélives ; mais cela n'est à craindre que dans les pays très froids et où l'hiver dure longtemps. En France les gelées ne sont pas assez fortes et assez prolongées pour pénétrer le bois, et le climat est assez chaud pendant une partie de l'année pour permettre l'évaporation de l'eau contenue dans les traverses ; il suffit de les faire sècher en les empilant en grilles, de manière à permettre à l'air de circuler facilement dans les tas. Les sels solubles ont aussi l'inconvénient de se délaver facilement ; c'est-à-dire d'être emportés par l'eau qui se trouve en contact avec la traverse lorsque celle-ci est dans un lieu humide.

La créosote a l'avantage de n'être pas soluble, ce qui rend impossibles le délavage et l'action de la gelée ; en outre il paraît résulter d'essais faits en Allemagne et en Russie qu'elle augmente de 25 à 30 0/0 la résistance à la compression, tandis que l'emploi des sels solubles la diminuerait. Le défaut de la créosote est d'être très chère et, comme elle est un sous-produit de la fabrication du gaz, l'extension de son emploi ne peut qu'en augmenter le prix. La quantité de créosote employée est très variable selon le degré auquel on pousse l'injection. En général, on arrête celle-ci avant qu'elle soit complète pour diminuer la dépense. Le chêne absorbe de 5 à 8 kilogs de créosote ; le hêtre, le pin et le sapin de 8 à 30 kilogs. L'injection doit être faite à une température de 40° environ pour rendre la matière plus fluide.

La composition chimique de la créosote a une grande importance. Cette substance doit ses propriétés à la naphtaline et à l'acide phénique ; il faut par conséquent qu'elles y entrent en proportion suffisante. En France elle renferme habituellement au moins 15 0/0 de naphtaline et 5 0/0 d'acide phénique ; mais en Angleterre elle ne contient que 10 0/0 de naphtaline et 4 0/0 d'acide phénique. En Allemagne, elle renferme seulement 3 0/0 de naphtaline et 8 0/0 d'acide phénique. Ces différences expliquent que, d'après les renseignements recueillis, l'injection de la créosote donne en Allemagne des résultats beaucoup moins satisfaisants qu'en France. Toutefois la quantité de naphtaline ne doit pas dépasser 25 0/0, parce que, si elle est en proportion plus grande, elle diminue la fluidité dans une trop forte proportion.

Pour supprimer les inconvénients des sels métalliques, on a imaginé depuis quelques années de faire l'injection avec un mélange de créosote et de dissolution de chlorure de zinc. Sur le réseau de l'Etat français, où ce procédé est en usage, on ajoute un vingtième de créosote à la dissolution de chlorure de zinc. Le chlorure pénètre dans les parties profondes du bois et la créosote empâte les couches superficielles de manière à rendre le délavage impossible. Ce procédé n'est employé que depuis quelques années ; il paraît devoir donner de bons résultats.

L'injection augmente la durée des bois dans une proportion variable, selon leur essence et selon les conditions dans lesquelles elle a été faite. Elle est nécessaire pour les bois tendres, dont elle peut au moins doubler la durée lorsqu'elle est bien faite ; en particulier les traverses en hêtre, qui pourrissent très vite lorsqu'elles sont employées vierges, peuvent d'après les Ingénieurs des compagnies de l'Est et de l'Ouest durer au moins 25 ans lorsqu'elles sont injectées d'une quantité suffisante de créosote. L'injection est moins utile pour le chêne ; elle paraît néanmoins, d'après les résultats déjà constatés, augmenter sa durée d'au moins un quart à un tiers, en retardant la destruction de l'aubier.

D'après les données qui précèdent on peut admettre actuellement comme durée moyenne pour le chêne et le hêtre injectés de 16 à 25 ans, pour le pin et le sapin de 12 à 16 ans, et il est permis d'espérer qu'avec les perfectionnements apportés à l'injection les résultats seront encore meilleurs dans l'avenir.

Les prix de l'injection sont très variables, selon les matières employées et les conditions dans lesquelles s'effectue l'opération. La dépense de créosotage peut être évaluée de 1 franc à 2 francs par traverse selon que les traverses sont ou non étuvées et selon la quantité de matière employée. L'injection au chlorure de zinc revient à environ 0 fr. 20 pour le chêne et 0 fr. 60 pour le pin. Lorsqu'on mélange de la créosote au chlorure de zinc, le prix s'élève à 0 fr. 30 pour le chêne et 0 fr. 70 pour le pin. Quelque soit le procédé employé, il y a, à notre avis, intérêt à faire l'injection complète, c'est-à-dire à faire absorber à la traverse tout ce qu'elle peut absorber.

Fig. 163.

Avant leur emploi, on conserve les traverses empilées. Pour les empêcher de se fendre ou pour empêcher les fentes déjà faites de s'aggraver, on les consolide par des fers plats repliés en S ou des boulons.

Traverses en bois exotiques. — Le bas prix des transports rend aujourd'hui possible en Europe l'emploi de bois exotiques, qui peuvent être appelés à rendre de très grands services en raison de leur dureté et de leur résistance à la pourriture. On essaie en Hollande, depuis quelques années, le bois de Teck de Java. Il est probable également que des essais seront faits à bref délai

en France avec le Quebracho Colorado de l'Amérique
du Sud, qui renferme une quantité considérable de tan-
nin et résiste presque indéfiniment à la pourriture même
dans les conditions les plus défavorables. Ces bois sont,
malgré leur dureté, assez faciles à travailler avec les
outils en usage pour le sabotage des traverses.

Équarrissage et sabotage des traverses. — Les traverses sont équarries à la hache ou à la scie. Le sabotage à la main se fait à l'herminette. Le travail diffère
suivant que la traverse est destinée à supporter des
rails à double champignon ou des rails Vignole. Dans
le premier cas, il suffit d'aplanir et de rendre horizontale la face supérieure au droit de l'embase du coussinet, et de percer les trous pour les chevillettes ou les
tirefonds. Le perçage doit toujours se faire de part en
part de la traverse afin que l'eau ne puisse pas séjourner dans la cavité. Pour s'assurer que les faces dressées sont bien planes, horizontales et exactement au
même niveau, et pour fixer l'emplacement des trous, on
se sert d'un gabarit de sabotage. Cet outil se compose de
deux bouts de rails qu'on emmanche dans les coussinets et qui sont réunis au moyen d'une sorte de fourche et d'une entretoise très rigide, à la distance normale. On fait des retouches jusqu'à ce que le gabarit
s'applique exactement, puis on perce les trous. Avec
le rail Vignole, l'opération est un peu différente : les
faces à dresser sont toujours planes, mais elles sont inclinées sur l'horizontale, à 1/20 en général. Ce n'est
d'ailleurs pas une complication bien grande surtout si on
n'emploie pas de selle, à cause de la faible largeur de l'entaille. Le gabarit se compose de deux bouts de rails réunis et maintenus à l'inclinaison normale au moyen d'une
entretoise. Lorsqu'on veut produire un épaulement,

il suffit de faire l'entaille à la profondeur nécessaire.

Le travail à l'herminette est délicat et devient difficile quand le plan à dresser a des dimensions notables,
comme cela arrive avec les grands coussinets. Aussi
emploie-t-on de plus en plus le sabotage mécanique.
Quand il est exécuté avec de bonnes machines, il donne
des résultats qui satisfont mathématiquement aux conditions imposées, et par conséquent un ajustage presque parfait. L'inconvénient est que, si l'outil n'est pas
réglable, le sabotage se fait en laissant toujours la
même épaisseur de bois, et que parfois il entame la traverse sur une assez grande profondeur et l'endommage
par conséquent, tandis qu'un saboteur habile n'en enlève à la main que juste ce qui est nécessaire. Si les outils sont réglables, c'est un supplément de temps et de
dépense. On perce à la tarière les trous qui doivent recevoir les tirefonds ou les crampons. Le perçage se fait,
pour les traverses destinées à des voies à double champignon, en passant l'outil par les trous des coussinets ;
pour les traverses destinées à des voies Vignole, en le
faisant passer par des trous percés dans le gabarit de
sabotage. On perce toujours les trous avec un diamètre
inférieur à celui du tirefond ou du crampon. Pour les
tirefonds, le diamètre des trous ne doit pas être supérieur de plus d'un à deux millimètres au diamètre du
noyau ; pour les crampons, il doit être inférieur de
deux millimètres à celui de la tige.

On coaltare les entailles au pinceau avant d'appliquer sur le bois le coussinet ou le patin du rail, et l'on
trempe dans le coaltar les tirefonds et les crampons
avant de les enfoncer, de manière à préserver autant
que possible de la pourriture les parties en contact avec
le métal.

182. — Traverses métalliques. — L'emploi des traverses métalliques est justifié par différents avantages. D'abord, dans les pays chauds y compris l'Algérie, les traverses en bois durent si peu qu'elles entraînent une dépense considérable. En Europe, le développement progressif des voies entraîne une consommation de traverses de plus en plus forte; sans doute le bois ne viendra pas à manquer, mais son prix pourra augmenter notablement. Ce fait ne s'est pas produit jusqu'à présent parce que le développement des chemins de fer a permis d'exploiter successivement les bois de régions qui étaient jusqu'alors restées inexploitées; il faut néanmoins le considérer comme probable dans un avenir plus ou moins rapproché. On peut arriver de deux manières à réduire la consommation des traverses : la première est de prolonger la durée des traverses en bois par les procédés d'injection, et la seconde de se servir du métal pour leur fabrication.

Nous avons vu précédemment comment on cherche à prolonger la durée des traverses en bois, soit par l'injection, soit par le choix d'essences spéciales ; mais la question n'est pas actuellement résolue d'une manière suffisamment complète pour que l'étude des supports métalliques n'offre pas un très sérieux intérêt. Les traverses métalliques sont peu répandues en France ; le réseau de l'État seul les emploie (il en possède actuellement sur environ 170 kilomètres). Mais en Allemagne le développement des voies entièrement métalliques atteint 12000 kilomètres ; il s'élève en Suisse à 800 kilomètres et en Hollande à 600 kilomètres. En Asie, la moitié des voies est posée sur traverses métalliques.

Le seul type de traverses d'un usage courant en Europe est le type Vautherin en forme d'auge renversée.

Fig. 164.

Ces traverses, inventées par l'ingénieur français Vautherin vers 1860, ont été expérimentées en France notamment sur les réseaux du P. L. M. et de l'Est 1867. Elles n'ont pas réussi et ne pouvaient réussir à vers cette époque ; le prix élevé du métal ne permettait pas de leur donner les dimensions nécessaires pour qu'elles aient une bonne assiette et pour que les attaches ne finissent pas par se disloquer. Ces essais ont été abandonnés en France mais continués en Allemagne par la Direction des chemins de fer d'Elberfeld, qui est arrivée à rendre pratiques les traverses en métal en leur donnant des dimensions analogues à celles des traverses en bois. Le bas prix de l'acier permet actuellement de faire au prix de 140 à 170 francs la tonne des traverses de $2^m 50$ de longueur, de $0^m 22$ à $0^m 25$ de largeur à la base, pesant 55 à 60 kilogs, et ayant une rigidité suffisante et une épaisseur convenable pour recevoir les attaches. Dans ces conditions, la traverse coûte de 8 à 10 francs en chiffres ronds.

L'expérience a conduit à modifier légèrement le type Vautherin. On a adopté successivement la traverse Hilf en forme de ⌐‾⌐ avec une hauteur de 7^{cm} à 8^{cm} puis une traverse en forme de ⌐‾⌐ avec un bourrelet le long des arêtes inférieures : ce bourrelet a pour but de rendre la traverse plus résistante au choc des outils pendant le bourrage et d'augmenter le moment d'inertie dans le sens vertical. C'est ce dernier type qui est aujourd'hui adopté presque partout. On emploie toutefois aussi en Allemagne, sur une assez grande échelle, la traverse Haarman, ou traverse en forme de chapeau, ⌐⌐⌐ qui ne parait pas présenter de sérieux avantages. Une autre forme qui donne de bons résultats est la forme cannelée ⌐⌐⌐⌐ (type Boyenval et Ponsard). Elle a l'avantage d'augmenter le moment d'inertie en reportant une portion du métal à la partie inférieure ; mais, pour diminuer l'excédant de poids provenant des âmes verticales, on est conduit à donner à ces dernières une épaisseur qui paraît insuffisante.

Sauf en France, la traverse métallique est employée exclusivement avec le rail Vignole, ce qui s'explique non seulement parce que le rail Vignole est le seul en usage en Allemagne et dans les pays voisins, mais encore parce que l'inconvénient de l'écrasement sous le patin du rail, qui est à craindre avec le bois, l'est peu avec le métal. Le rail repose sur la traverse, soit directement, soit par l'intermédiaire d'une selle. La selle est dans ce cas en forme de coin, c'est-à-dire que sa face supérieure est inclinée sur sa face inférieure de façon à donner au rail l'inclinaison normale. Lorsque le rail repose directement sur la traverse, la forme de cette dernière doit donner au rail l'inclinaison voulue. Primitivement, on employait des traverses courbes, mais elles avaient l'inconvénient d'offrir une mauvaise assiette, et de se déformer suivant l'intensité du bourrage en changeant de courbure. On emploie actuellement des traverses coudées, horizontales dans leur partie médiane, recourbées aux extrémités. Ce

Fig. 165.

Fig. 166.

coudage est facile à obtenir avec l'acier doux en comprimant la traverse dans une matrice. Mais ce type est encore sujet à la déformation. Il n'en est pas de même

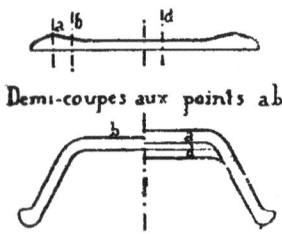

Demi-coupes aux points a,b

Fig. 167.

du type Post dans lequel la courbure est obtenue ou moyen d'un
laminoir de forme spéciale qui
donne une barre ondulée à section
variable. Cette méthode permet
en outre d'obtenir un renforcement de la table supérieure au
droit du rail ; elle présente toutefois des inconvénients,
car le laminage n'est pas très facile et le perçage des
trous, pour être fait avec précision, exige plus de précautions.

Les traverses sont fermées aux extrémités par le ra-
battement de la table supérieure, de façon à emprison-
ner le noyau de ballast rendu compact par le bourrage.
Ce noyau est souvent très solide et il adhère à la traverse au point que l'on peut quelquefois le soulever avec
elle. De cette façon, c'est le frottement du ballast sur
le ballast qui résiste aux mouvements horizontaux.

La forme des attaches du rail sur la traverse est très
variable. Elle peut se ramener à deux types : celui du
boulon avec crapaud et celui de la clavette avec prisonniers. Le crapaud est une équerre dont un des côtés
s'appuie sur la traverse et dont l'autre est serré au

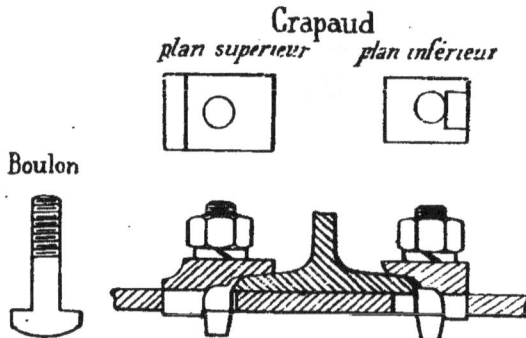

Fig. 168.

moyen d'un boulon sur le patin du rail de façon à l'empêcher de se soulever ; pour s'opposer aux mouvements
transversaux, le crapaud porte à sa partie inférieure
un talon qui pénètre dans une mortaise de la traverse.
Le crapaud a l'inconvénient de laisser du jeu dans le
sens horizontal. Il constitue cependant une bonne attache.

Lorsqu'on emploie la selle, on la munit quelquefois à
une de ses extrémités d'une double griffe qui saisit

Fig. 169.

d'une part le patin du rail et de l'autre la table supérieure de la traverse dans laquelle un trou est pratiqué
à cet effet. On supprime ainsi le crapaud et le boulon dont la griffe joue le rôle.

Les prisonniers sont également des pièces qui sai-
sissent à la fois le patin du rail et la table supérieure
de la traverse. On les maintient en place, et avec eux
le patin du rail, au moyen d'une clavette, pièce verticale en forme de coin qu'on chasse à coups de marteau.

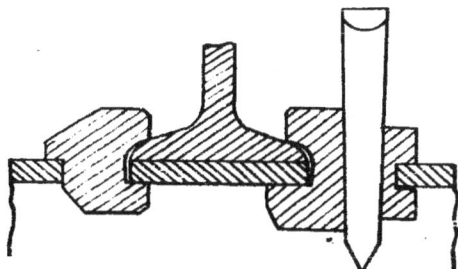

Fig. 170.

Cette attache est très simple et elle a l'avantage de s'opposer à tout déplacement horizontal du rail. Le reproche qu'on lui fait de se desserrer et d'être facile à enlever n'est pas fondé en réalité ; mais il faut beaucoup de précision dans la fabrication et les prisonniers prennent à la longue un jeu qui rend leur remplacement nécessaire.

Les traverses métalliques se prêtent également à la pose sur coussinets. On a employé en Angleterre sans succès le type Webb : le coussinet, dans ce type, est composé de trois pièces d'acier embouti rivées à la riveuse hydraulique sur la traverse, et formant une chambre dans laquelle le rail est maintenu par un coin. Le défaut de ce système est que les rivets y travaillent à l'arrachement des têtes plutôt qu'au cisaillement ; il n'a pas réussi.

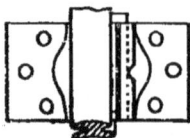

Fig. 171.

Au réseau de l'État français, on emploie tout simplement un coussinet ordinaire en fonte, fixé au moyen de boulons à tête en forme de chapeau de gendarme. L'embase porte en outre un talon qui pénètre dans une mortaise de la traverse et maintient le coussinet dans le sens transversal. Il y a cependant toujours un certain jeu comme dans l'attache à crapaud, mais cela n'a pas en fait une grande importance. La crainte exprimée par quelques ingénieurs qu'il ne se casse beaucoup de coussinets sur les traverses métalliques ne s'est pas réalisée ; il y a moins de ruptures de coussinets avec les traverses métalliques qu'avec les traverses en bois.

Les avantages du coussinet sur les traverses métalliques sont les suivants. Le coin forme tampon et amortit les chocs ; on est affranchi de la sujétion de déformer la traverse pour donner au rail son inclinaison ; enfin on n'a pas à craindre l'usure de la traverse par son contact avec le patin du rail sous l'influence du sable silicieux.

Les types de traverses métalliques que nous venons de décrire sont les seuls qui soient entrés dans la pratique courante en Europe ; il en existe un grand nombre d'autres qui ne diffèrent en général des précédents que par des détails, ou qui n'ont pas encore la sanction de l'expérience.

Durée des traverses métalliques. — Il n'y a pas assez longtemps que l'on emploie les traverses métalliques dans de bonnes conditions pour que l'expérience permette de se prononcer sur leur durée. Cependant, selon toute probabilité, cette durée sera très grande et c'est là un des principaux arguments en faveur de leur emploi. Les traverses jouissent de la même immunité que les rails contre l'oxydation, tant qu'elles sont en service. Sauf dans des cas très rares où elles peuvent être attaquées chimiquement, comme lorsque le ballast est formé de scories de forge, ou dans des souterrains où séjourne de la fumée contenant des sulfures, c'est par les attaches que les traverses doivent périr. On a beaucoup discuté au sujet des chances de destruction qu'offrent ces attaches ; il vaut mieux essayer de se rendre un compte précis des efforts et des résistances. Les efforts transversaux exercés par les essieux sur les attaches des rails ne paraissent pas dépasser 3000 kilogs normalement et dans des cas exceptionnels de 7000 kilogs à 8000 kilogs. Examinons l'effet de ces efforts sur les traverses du type État français. Des expériences directes ont permis de reconnaître que les parois des trous ne commencent à se fendre que sous un effort

d'environ 12000 kilogs; avec le coussinet, le frottement produit par le serrage des boulons doit suffire la
plupart du temps pour faire équilibre aux efforts transversaux. Dans ces conditions, même avec une répéti-
tion *indéfinie* des efforts, les traverses doivent se maintenir intactes. Certaines traverses ont éprouvé des ruptures aux lumières. C'est en effet là le point faible. Les
fissures qui se produisent ont surtout pour cause un poinçonnage défectueux. Sous l'influence de l'énorme pression qu'ils éprouvent au contact du métal à percer, les
poinçons se déforment peu à peu et il se produit des bavures qui déchirent les parois des trous; on peut s'en assurer en examinant les traverses avant leur emploi : si les
angles des trous sont trop vifs, et si le perçage n'a pas
été très soigné, on en trouve presque toujours dans lesquelles il existe des commencements de fissure. Avec
un poinçonnage bien fait et une forme de lumières rationnelle, cet inconvénient est moins à craindre et, en
tout cas, on peut y remédier en forant de petits trous
aux extrémités des fentes qui ont pu se produire ; cela
suffit pour en arrêter la propagation.

C'est au nombre des trains et non au nombre d'années qu'il faut compter la durée des traverses métalliques, puisque c'est le passage des charges, et non le
séjour dans le ballast, qui les altère. D'après les données
actuelles, les types satisfaisants pourront supporter le
passage d'au moins 150000 à 200000 trains ; sur les
lignes qui forment la très grande majorité du réseau
Français, cela correspondrait à une durée de 30 à 50 ans
et même plus. Avec des attaches bien étudiées et un
perçage soigné, le chiffre de 200000 trains pourra, selon toute probabilité, être dépassé de beaucoup. Il y a
actuellement, sur le réseau de l'État, des traverses qui,

après le passage de plus de 50000 trains sont absolument
dans le même état qu'au moment de leur pose. On a également
ment cité, au Congrès des chemins de fer de St-Pétersbourg, des traverses posées sur le réseau Nord Empereur Ferdinand, en Autriche, depuis 1883 et qui ont
supporté le passage de 80000 trains sans présenter la
moindre trace d'usure du métal ou de déformation des
trous.

*Avantages et inconvénients de la traverse métalli-
que*. — Les traverses métalliques ont pour avantages :
leur durée, leur valeur encore importante après usure
(0, 40 de la valeur primitive), leur plus grande résistance au ripage (puisque la résistance est alors le frottement du ballast sur ballast et non plus le frottement
du bois sur ballast), l'économie de ballast résultant de
leur insensibilité aux intempéries qui permet de ne pas
les recouvrir, la facilité de les réemployer sans déchet
en cas de dépose de la voie, enfin la conservation des
éléments de la voie dans le même état, qui affranchit
de toutes les sujétions telles que les resabotages, re-
tirefonnages et autres mains d'œuvre que l'emploi
des traverses en bois rend souvent nécessaires au bout
de six ou sept ans. La très longue durée des rails d'a-
cier, jointe à l'accroissement constant de la vitesse et
de la charge des essieux, augmente d'ailleurs l'importance de l'inaltérabilité relative des traverses. L'insuffisance fréquente de l'assiette des traverses en bois vers
la fin de leur existence, l'altération des surfaces d'appui
et le jeu que prennent dans les trous les tire-fonds et les
crampons sont aujourd'hui des inconvénients beaucoup plus sérieux qu'ils ne l'étaient autrefois, lorsque
les vitesses et les charges étaient relativement faibles
et les voies refaites à neuf tous les 20 ou 30 ans au

maximum. Il faut ajouter, toutefois, que si l'emploi du métal permet d'avoir des attaches beaucoup moins sujettes à se disloquer, lorsqu'elles sont bien étudiées, il supprime l'avantage, qu'offrent les traverses en bois, de permettre la réfection sur place du sabotage et du perçage dans des conditions peu coûteuses et avec une perfection suffisante.

Les inconvénients des traverses métalliques sont les suivants. D'abord leur prix est élevé ; puis elles sont moins rigides que les traverses en bois, du moins avec les dimensions qu'on peut pratiquement leur donner ; elles ne s'accommodent pas d'un mauvais ballast, parce qu'alors le noyau ne tient pas ; elles peuvent se déformer sous le passage des trains, si leur forme n'est pas bonne ; enfin elles ne paraissent pas indiquées pour les lignes exceptionnellement fréquentées puisque leur durée doit être comptée au nombre de trains, tandis que, au moins avec le rail à double champignon, la durée de la traverse en bois est à peu près indépendante de ce nombre. Il faut ajouter que l'injection soignée des bois augmente leur durée, et que les précautions prises pour améliorer les attaches, notamment celles des coussinets, et l'augmentation de la base de ceux-ci diminueront dans l'avenir les mains d'œuvre de resabotage, retirefonnage etc.; mais il est vrai aussi que le prix des traverses en bois doit augmenter.

La conclusion de cette étude est qu'il ne faut pas avoir de parti pris pour ou contre les traverses métalliques ; leur emploi est subordonné à leur prix et aux conditions dans lesquelles on se trouve. Le prix de 10 francs paraît être un maximum qu'il ne faut pas dépasser sensiblement, quand on fait la comparaison avec les traverses en chêne injecté qui reviennent entre

5 fr. 50 et 6 francs. Au-dessous de 10 francs, il faut considérer qu'on peut faire avec les traverses en métal une économie de 2 à 3 francs sur le prix du ballast et le poids des coussinets. On peut presque sûrement compter sur un entretien plus économique, au moins à partir de la dixième année, sur les lignes dont la fréquentation n'est pas exceptionnelle.

L'opinion des ingénieurs de chemins de fer est loin d'être unanime au sujet des avantages et des inconvénients des traverses métalliques. Tandis que certains, surtout en Allemagne, estiment que la traverse en bois a fait son temps et doit être remplacée dans un délai relativement court par la traverse métallique, d'autres condamnent au contraire celle-ci d'une manière absolue, ou tout au plus la reconnaissent admissible sur des lignes sans importance, à trafic réduit et à faible vitesse. L'absolutisme des premiers n'est pas justifié par les faits ; mais la condamnation prononcée par les seconds n'est pas mieux fondée. Si de pareilles divergences ont pu se produire, ce n'est pas seulement parce que la passion ou tout au moins des considérations en dehors de l'ordre technique sont intervenues dans la discussion ; c'est aussi parce qu'on a attribué aux traverses métalliques les conséquences de fautes imputables à ceux qui les ont employées sans précautions suffisantes. Les deux grands défauts qui leur ont été reprochés, la production rapide de fissures et le manque de stabilité, tiennent surtout, à notre avis, à un perçage défectueux. Les fissures sont le résultat de l'altération des poinçons dont le métal en s'écrasant produit des déchirures sur les bords des trous ; le manque de stabilité provient des mouvements transversaux résultant de l'inégalité de la largeur de la voie lorsque l'écartement des trous n'est pas rigoureusement constant.

183. — Ballast. — *Rôle du ballast.* — Le ballast répartit les pressions sur la plateforme et donne à la voie une assiette uniforme ; il doit être nécessairement perméable car, s'il renferme de l'argile, il se gonfle à l'humidité, et le bourrage ne se maintient pas ; sa perméabilité facilite l'écoulement des eaux et diminue par suite la rapidité de la pourriture des traverses.

Le meilleur ballast est celui qui peut faire sous la traverse un bloc incompressible et inattaquable à l'humidité : la pierre cassée, le sable siliceux, le gravier rugueux, le mélange de sable et de gravier sont également bons. Chacun d'eux a ses partisans et ses adversaires ; mais il importe peu d'avoir un avis sur le meilleur ballast théorique, parce qu'il faut se contenter de celui qu'on trouve, pourvu qu'il soit bon. La pierre cassée, dure, non gélive, bien cassée, donne un ballast parfait ; mais elle coûte cher. La pierre cassée médiocre ne vaut pas le bon gravier, et la pierre cassée gélive ne vaut pas même le mauvais sable. Certains ingénieurs pensent qu'il faut un peu d'argile dans le ballast pour l'agglomérer ; en fait, il vaut mieux qu'il n'y en ait pas du tout ; elle rend le ballast hygrométrique, ce qui nuit à la stabilité de la voie, et elle facilite son agglomération en une sorte de béton qui rend le bourrage difficile, et quelquefois impossible. L'important, c'est que le ballast prenne de la consistance sous la traverse ; ainsi le ballast en galets ronds est toujours plus ou moins dangereux, car il facilite le ripage de la voie qui peut occasionner des déraillements. On peut quelquefois employer les laitiers de hauts-fourneaux qui donnent de bons résultats quand ils sont vitrifiés. Il faut rejeter les gores ou granits en décomposition ainsi que le sable terreux.

Il ne suffit pas que le ballast soit de bonne qualité au moment de son emploi ; il faut qu'il conserve cette qualité. Aussi, du moment que la plateforme est un peu argileuse, elle doit être soigneusement assainie. Sans cela, l'humidité imbibe l'argile et la rend molle ; le ballast s'y enfonce au passage des trains, fait remonter la glaise qui s'y incorpore peu à peu, et on finit par n'avoir plus qu'un mélange de ballast et de terre qui est détestable, parce qu'il n'est pas perméable et parce qu'il empêche le bourrage de se maintenir. On a alors ce que l'on appelle des traverses *danseuses* qui sautent au passage des trains et manquent de stabilité. Un bon entretien de la voie est presque impossible tant que la plateforme n'est pas asséchée.

Dans tous les cas, le ballast exige un entretien comme le reste de la voie. On a l'habitude de donner aux banquettes de chaque côté du rail une largeur d'un mètre ; cette largeur, plus que suffisante pour l'assiette de la voie, fournit une réserve pour les bourrages successifs que rend nécessaire l'onfouissage du ballast dans la plateforme. Cette réserve finit à la longue par s'épuiser : sur les remblais élevés, ce fait se produit souvent dès les premières années ; il faut alors faire un rechargement. Mais cela ne suffit pas : le ballast s'altère, la glaise remonte, le vent y apporte des matières terreuses, et, quelque soin que l'on ait mis à enlever l'herbe, la végétation y forme de l'humus ; pour que la voie ne devienne pas mauvaise, surtout pour qu'elle puisse être entretenue avec économie, il faut, selon sa qualité, purger ou changer le ballast. On purge la pierre et le gros gravier en les passant à la claie ; on ne purge pas le sable, mais on le remplace quand il est devenu terreux. Le ballast peut durer de quinze à trente ans, si la plateforme est convenablement assainie ; dans le cas contraire, le délai peut être beaucoup moindre.

Le prix du ballast est très variable. Dans certaines ballastières de sable, on peut avoir ce dernier tout chargé pour 0 fr. 30 à 0 fr. 40 le mètre cube, ce qui, avec les frais accessoires (droits de carrière, ripage des voies, etc.), ne le fait pas revenir à plus de 0 fr. 50 ou 0 fr. 60 en wagons. Dans d'autres cas, il faut enlever une forte découverte, suivre des veines peu épaisses, quelquefois draguer, et le prix peut s'élever à 1 fr. 50, 2 francs et même 2 fr. 50. La pierre cassée coûte généralement de 1 franc à 1 fr. 50 d'extraction et de 1 fr. 25 à 2 francs de cassage, plus 0 fr. 35 pour chargement, soit une moyenne de 2 fr. 50 à 4 fr. 00 en ballastière. Avec le prix d'extraction on compte généralement les *droits de carrière*, c'est-à-dire les frais d'acquisition ou d'occupation temporaire des terrains dans lesquels on extrait le ballast. La plupart du temps ces frais sont très peu élevés, parce que le ballast se trouve en forte épaisseur dans des terrains de peu de valeur. Mais, dans les contrées où le ballast est rare, on est quelquefois obligé de l'extraire en faible épaisseur dans des vallées riches, près d'habitations, etc. ; le droit de carrière peut alors s'élever à 0 fr. 50 et même plus par mètre cube. Il faut ajouter le prix du transport ; celui-ci varie non seulement avec la distance, mais encore avec le profil de la ligne, et, si on est en voie exploitée, avec le nombre et la répartition des trains qui circulent ; on peut l'évaluer de 0 fr. 03 à 0 fr. 06 par mètre cube et par kilomètre. Enfin, on compte dans le prix du ballast son déchargement et habituellement son emploi,

parce qu'il y a intérêt à faire faire les deux opérations
par les mêmes hommes ; ces frais peuvent représenter
de 0 fr. 30 à 0 fr. 60 par mètre cube.

On voit que le prix du ballast est très variable ; lorsqu'il s'agit de choisir celui-ci, on doit comparer non seulement les dépenses, mais aussi et surtout les qualités. Il
faut avant tout avoir de bon ballast ; c'est à cette condition seulement qu'on peut avoir des lignes sur lesquelles la circulation à grande vitesse soit tout à fait sûre et
dont l'entretien ne soit pas coûteux. Pour cela, il ne
faut pas hésiter à faire venir le ballast de très loin : le
prix peut s'élever jusqu'à 6 francs par mètre cube sans
trop grever les dépenses de construction ou de renouvellement. Il faut se préoccuper du prix de revient total et de
la qualité, mais non du prix de transport en particulier. Ce serait une erreur que d'établir en principe qu'on
ne peut payer du sable ou du gravier aussi cher que de la
pierre cassée. Il vaut encore mieux payer 8 francs du bon
sable ou du bon gravier qu'on fera venir par exemple de
deux cents kilomètres de distance, que payer 4 francs
de la pierre cassée tendre et gélive.

§ 3. — POSE DE LA VOIE.

184. — Répartition des traverses. — L'espacement
moyen des traverses varie, sur les lignes à voie normale,
entre 0^m 70 et 1^m. Il est naturellement d'autant moins
grand que le poids du rail est plus faible et que le trafic
est plus fort. Théoriquement, pour des voies destinées à
supporter les mêmes charges, l'écartement des traverses devrait être en raison inverse du module de résistance $\frac{I}{n}$ du rail ; il y a, comme nous l'avons vu, d'autres

raisons de rapprocher les supports avec les rails Vignole à patin étroit, mais ces raisons conduisent également à adopter un espacement d'autant moindre que le rail est plus faible. Il faut tenir compte non seulement du poids des essieux qui circulent sur la voie, mais aussi du nombre des trains et de leur vitesse ; aussi sur le même réseau est-on conduit le plus souvent à faire varier le nombre des traverses par longueur de rail selon l'importance et le profil des lignes. On rapproche généralement les traverses dans les courbes de petits rayons ; le but que l'on poursuit dans ce cas est surtout de multiplier les attaches et de diminuer la flexion transversale du rail.

Les traverses ne sont pas distribuées uniformément sur toute la longueur du rail ; celles du joint sont toujours plus rapprochées que les autres : on réduit leur distance à 0^m 60 environ. De nombreuses expériences, et surtout la pratique de l'entretien qui montre que le bourrage tient moins bien au droit du joint qu'ailleurs, permettent de conclure qu'avec les éclisses en usage jusqu'à ces dernières années cet espacement est trop grand : mais il est difficile de le réduire à cause de la gène qu'on éprouve à faire le bourrage entre des traverses trop rapprochées : on cherche plutôt la solution dans le renforcement des éclisses qui sont, comme nous l'avons dit, beaucoup plus fortes aujourd'hui qu'autrefois. On fait néanmoins des essais intéressants pour réduire la distance des traverses de joint : la Compagnie de l'Est les a rapprochées à 0^m 40 ou 0^m 45 ; pour faciliter le bourrage, on taille alors un chanfrein sur deux traverses voisines du côté du joint, si elles sont en bois. Avec les traverses métalliques le chanfrein existe naturellement dans les types les plus usités, et l'éclisse ne sert plus qu'à empêcher les abouts des rails de s'écarter. L'expérience est trop récente pour qu'on puisse en tirer des conclusions fermes.

Il résulte d'expériences faites à la Compagnie P.L.M., qu'il y a intérêt à diminuer non seulement l'écartement des traverses de joint, mais aussi leur distance aux traverses qui les suivent immédiatement et qu'on appelle traverses de *contrejoint*.

185. — Joints parallèles et joints alternés. — Les joints sont dits *parallèles, concordants* ou *d'équerre* lorsqu'ils sont situés au droit de la même perpendiculaire

Fig. 172. — Joints parallèles.

à l'axe de la voie. Dans les autres cas, ils sont *alternés* ou *chevauchants,* et se présentent alternativement à droite et à gauche de la voie. Le second système a l'avantage de rendre le roulement plus doux en supprimant la concordance des chocs produits par les roues

Fig. 173. — Joints alternés.

d'un même essieu au passage des joints, mais, quand les joints alternés sont placés à une traverse d'intervalle

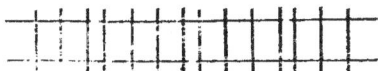

Fig. 174. — Joints alternés.

seulement, ils tendent à produire un mouvement de lacet désagréable ; quand ils sont éloignés, par exemple d'une demi-longueur de rail, l'inégalité de répartition des traverses qu'ils exigent amène à la longue la déformation des rails. Presque tous les Ingénieurs de la voie sont aujourd'hui d'accord pour reconnaître la supériorité des joints parallèles.

186. — Plan de pose. — Le plan de répartition des traverses constitue le *plan de pose*. Il y a, sur presque tous les réseaux, plusieurs plans de pose qu'on applique suivant l'importance des lignes. Il y a ordinairement symétrie par rapport au milieu du rail, cependant la Compagnie P. L. M. a adopté pour son rail de 47 kilogs une pose dissymétrique. On trouvera à la fin de ce volume un certain nombre de plans de pose de différents réseaux français.

187. — Largeur de la voie. — Il est très important, quand on parle de la largeur des voies, de définir si elle est comptée d'axe en axe des rails ou entre les bords intérieurs. En Algérie, où on voulait avoir une largeur uniforme, certaines voies ont $1^m 00$ de largeur d'axe en axe ; d'autres ont $1^m 06$, parce qu'on a compté la largeur d'un mètre entre les bords intérieurs des rails. Il en résulte que le même matériel roulant ne peut pas circuler sur les deux catégories de lignes. Maintenant on prend l'habitude de compter la largeur entre les bords intérieurs des rails.

La largeur de $1^m 45$, avec quelques variations assez faibles pour ne pas faire obstacle à la circulation du matériel roulant, est admise dans toute l'Europe, à

l'exception de l'Espagne et de la Russie : une conférence, réunie à Berne pour arrêter les bases de l'unité
technique des voies et du matériel de manière à permettre les échanges de machine et de wagons, a arrêté
comme il suit les limites admissibles de l'écartement
entre les bords intérieurs des rails :

$$\text{minimum.} \quad . \quad . \quad . \quad . \quad . \quad . \quad 1^m 435$$
$$\text{maximum.} \quad . \quad . \quad . \quad . \quad . \quad . \quad 1^m 465$$

En France, la largeur est en général de $1^m 450$;
néanmoins, sur certains réseaux, on la réduit aujour-
d'hui à $1^m 445$ pour diminuer le jeu entre les boudins des roues et les rails.

En Espagne, la largeur de la voie est de $1^m 75$;
en Russie, elle est de $1^m 521$; des raisons militaires
ont seules déterminé ces choix. En Irlande, la voie a
$1^m 68$; mais l'Irlande est une île.

En fait la largeur de voie de $1^m 45$, sur laquelle il
serait bien difficile de revenir, est excellente ; elle se
prête aux plus grandes vitesses, permet l'emploi d'un
matériel roulant de bonnes dimensions et s'accommo-
de d'une assez grande flexibilité dans les tracés. Il a
existé en Angleterre une voie de $2^m 135$ construite
par Brunel, sur la ligne de Londres à Bristol, qui fut
prolongée dans les mêmes conditions dans le comté de
Cornouailles et le pays de Galles ; les difficultés auxquelles donnait lieu la nécessité d'un transbordement
aux points de jonction avec les autres lignes ont conduit la Compagnie du Great-Western, qui exploite ces
lignes, à construire des voies mixtes, à trois rails,
pouvant recevoir à la fois le matériel de la voie normale et celui de la voie large, puis à supprimer cette
dernière. Il n'en restait au commencement de 1892

que 270 kilomètres, qu'on s'est décidé à faire disparaître d'un seul coup. Aujourd'hui la voie de 2^m 135
n'existe plus.

188. — Surécartement. — Les roues des véhicules
sont maintenues dans la voie par des boudins ou
mentonnets qui font saillie sur le bandage à l'intérieur et empêchent les roues de sortir des rails ; pour
qu'il n'y ait pas frottement du boudin sur le rail, l'é-
cartement entre les faces extérieures des boudins est
moindre que la largeur entre les faces intérieures des
champignons des rails ; la différence ou *jeu de la voie*
est de deux centimètres et demi à trois centimètres
pour les bandages non usés et de cinq centimètres
pour les bandages usés. Sur certains réseaux français et en Allemagne, on donne dans les courbes du
surécartement, c'est-à-dire qu'on augmente la largeur
de la voie pour faciliter l'inscription du matériel roulant ; en général, au moins en France, on ne donne de
surécartement que dans les courbes de rayon inférieur
à 500^m et on ne dépasse jamais deux centimètres d'augmentation de largeur. Sur les réseaux de Paris-Lyon-
Méditerranée, de l'Ouest et de l'État, qui représentent
plus de la moitié de la longueur du réseau français,
on ne donne pas de surécartement, et on s'en trouve
bien. Les calculs sur lesquels on base l'utilité du surécartement ne sont pas exacts, parce qu'ils ne tiennent
compte ni de l'orientation que peuvent prendre les véhicules, ni du jeu latéral et longitudinal des essieux.
En fait, les expériences et les études théoriques faites récemment sur la circulation des machines dans
les courbes de petits rayons ont montré que le matériel
n'éprouve aucune difficulté à circuler dans ces courbes

même sans surécartement, et on peut en conclure que si celui-ci peut être utile, ce n'est certainement que lorsque le rayon est inférieur à 300^m et même à 250^m.

189. — Inclinaison du rail sur la verticale. — Si la table supérieure du rail était horizontale et si les bandages des roues étaient tournés en forme de cylindres, les roues ne seraient guidées que par les boudins qui viendraient frotter contre les rails ; il en résulterait un mouvement de lacet nuisible à la voie et au matériel. Pour éviter cet inconvénient, on donne aux bandages une forme conique ; de cette façon, dès que l'essieu s'écarte de sa position moyenne, comme les roues sont solidaires, celle qui tend à sortir de la voie roule sur un cercle de diamètre supérieur à celui sur lequel roule la roue opposée et le frottement qui en résulte ramène le véhicule dans la position médiane. La conicité facilite également le mouvement dans les courbes parce que, la force centrifuge chassant le véhicule à l'extérieur, le roulement se fait sur des courbes de diamètres différents ; toutefois, il intervient dans la circulation en courbes beaucoup d'autres éléments ; aussi ne s'est-on pas préoccupé d'augmenter la conicité lorsqu'on a été amené à diminuer les rayons des courbes. On a essayé de supprimer la conicité en Autriche à la Westbahn, il y a une trentaine d'années, et il en est résulté de nombreux inconvénients.

La conicité exclusivement adoptée en France est de 1/20. Elle est dans certains pays portée à 1/16, mais dans ce cas elle est certainement trop forte.

La conicité entraîne comme conséquence l'inclinaison de la table supérieure du rail sur la verticale ; en

effet, si cette condition n'était pas réalisée, la roue porterait seulement sur le rebord du champignon; il y aurait tendance au renversement du rail et à la formation d'un creux dans le bandage. On est donc conduit à incliner le rail normalement au bandage. Dans la voie Vignole, le rail repose sur une surface inclinée ; dans la voie à double champignon, l'inclinaison résulte de la forme de la chambre du coussinet. Toutefois, comme nous l'avons dit plus haut, l'inclinaison du rail sur la verticale a été supprimée dans la pose de la nouvelle voie en rails de 53 kilogs en Belgique, et il ne paraît pas jusqu'ici en résulter d'inconvénients graves.

Fig. 175.

190. — Surhaussement du rail dans les courbes. — Dans les courbes, la force centrifuge tend à faire sortir les véhicules de la voie : ceux-ci sont guidés par les boudins et, si la voie était absolument fixe, les réactions qu'elle produit suffiraient pour les maintenir ; mais la résistance de la voie dans le sens transversal est limitée, et si aucune autre force ne contrebalançait l'effet de la force centrifuge, la voie pourrait céder et se riper. Il est facile de se rendre compte de cet effet.

La force centrifuge est exprimée par $\dfrac{P}{g} \times \dfrac{v^2}{R}$

Prenons une vitesse de 20^m par seconde (72^k à l'heure) aujourd'hui atteinte et dépassée par les trains express; la force centrifuge due à une machine qui pèse 60 tonnes avec son tender sera en chiffres ronds $\dfrac{6^t \times 400}{R}$. Dans une courbe de 500^m, elle sera donc de $4^t,80$. Or cette force s'exerce presque en entier sur la première roue ; elle suffirait pour disloquer les attaches au bout de peu de temps et surtout pour déformer la voie, ce qui aurait de grandes chances pour entraîner un déraillement. Pour supprimer cet effet, il suffit d'incliner la voie normalement à la résultante des charges et de la force centrifuge, de façon à ce qu'elle soit dressée non plus suivant un plan, mais suivant une surface conique dont les génératrices soient perpendiculaires à cette résultante. Cette inclinaison donnée à la voie s'appelle le *dévers* et s'obtient par le *surhaussement du rail extérieur dans les courbes.*

Le calcul du dévers pour une vitesse donnée se fait très simplement d'après la condition que nous venons d'exprimer

On a $\dfrac{A\ B}{B\ C} = \dfrac{O\ P}{P\ Q}$

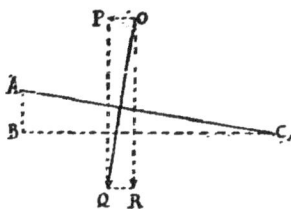

Fig. 176.

AB représente le surhaussement ou dévers *d*.

BC, qu'on peut confondre avec AC, est l'écartement de la voie *e*.

PQ est la charge de l'essieu P.

et O P la force centrifuge $\dfrac{P\ v^2}{g\ R}$.

En introduisant ces notations, il vient : $d = \dfrac{e\ v^2}{g\ R}$

ou, en remplaçant la vitesse v en mètres à la seconde par la vitesse V en kilomètres à l'heure

$$d = \frac{e\ V^2}{(3,6)^2\ g\ R} = \frac{0,0118\ V^2}{R}$$

Telle est la formule théorique qui donne le dévers.

Mais tous les trains qui circulent sur une ligne donnée ne marchent pas à la même vitesse, et les écarts sont d'autant plus grands qu'il y en a de plus rapides, car une ligne où circulent des trains de voyageurs à grande vitesse est toujours assez importante pour qu'il y passe aussi des trains de marchandises marchant à 25 ou 30 kilomètres à l'heure. La vitesse d'un train en un point donné n'est d'ailleurs pas toujours la même : elle diffère selon qu'il est en retard ou non ; enfin la vitesse dans une courbe de rayon donné varie beaucoup selon qu'on est en pente ou en rampe. Si on se reporte au calcul précédent, il est facile de voir qu'un dévers exagéré doit produire sur le petit rayon un effet analogue à celui que produit sur le grand rayon l'absence de dévers ou un dévers insuffisant. On ne doit donc pas calculer les dévers, comme on le fait quelquefois, en prenant pour V la vitesse maximum que les trains peuvent atteindre. Il n'y a jamais à craindre qu'un train saute hors de la voie sous l'influence de la force centrifuge ; ce que le dévers a pour objet d'éviter, ce sont les ripages, c'est-à-dire les déplacements transversaux. Ceux-ci résultent de l'obliquité de la résultante des efforts par rapport au plan de la voie, ils peuvent se produire aussi bien sous l'influence des trains à faible vitesse, si le dévers est exagéré, que sous l'influence des trains à grande vitesse si le dévers est insuffisant. Il y a aujourd'hui chez les ingénieurs de chemins de fer une réaction marquée contre les dévers exagérés.

En raison des causes multiples dont dépend la valeur du dévers, on peut être tenté de laisser aux agents de l'entretien le soin de le régler à vue d'après la fatigue apparente des rails. Cette pratique est mauvaise : s'il est toujours facile d'augmenter le dévers, c'est une très

grosse affaire que de le diminuer, parce qu'il faut dé-
bourrer les traverses ; de plus les agents ont toujours
tendance à forcer les surhaussements et on arrive à
avoir des dévers beaucoup trop forts. Il vaut mieux
adopter des formules, pourvu qu'elles soient établies en
tenant compte des considérations que nous venons d'indiquer.

Il n'y a guère que deux formules en usage. Les
Compagnies du Midi, de l'Orléans et de l'Est appliquent
la foimule théorique ; mais les valeurs adoptées pour
la vitesse V sont différentes. Sur les réseaux Paris-
Lyon-Méditerranée, du Nord, de l'Ouest et de l'État
on applique la formule $d = \dfrac{V}{R}$ en donnant pour valeur
à V la vitesse de marche, c'est-à-dire la vitesse
moyenne du train le plus rapide qui circule sur la ligne.

La formule théorique et la formule $d = \dfrac{V}{R}$ donnent le
même dévers pour V égal à 84 kilomètres ; la différence des valeurs qu'on en déduit est maximum pour
V = 42 kilomètres, et le rapport de ces valeurs est
alors égal à 1/2. Il y a d'autant moins d'inconvénients
à forcer le dévers que V s'éloigne moins de la vitesse
minimum qui est à peu près uniformément, sur toutes
les lignes, de 15 à 25 kilomètres ; c'est ce motif qui
fait préférer par beaucoup d'ingénieurs la formule li-
néaire à la formule parabolique.

Quelle que soit la formule adoptée, il convient, sur
les lignes à double voie, de modifier la valeur de V sur
les déclivités selon que la courbe est en pente ou en
rampe dans le sens de la marche des trains, car les vitesses effectives peuvent varier, suivant le sens, de
50 0/0 ; sur les lignes à voie unique les écarts sont les

mêmes, mais comme la voie se présente alternativement aux trains en rampe dans un sens et en pente
dans l'autre, il y a diminution de la vitesse minimum
en même temps qu'augmentation de la vitesse maximum, et la moyenne est la même qu'en palier. Dans
tous les cas on limite en général la valeur du dévers à
15 ou 16 centimètres ; au delà de cette hauteur, il est
difficile à maintenir.

A moins que les terrassements n'aient été réglés suivant le dévers, il faut toujours prendre celui-ci sur le

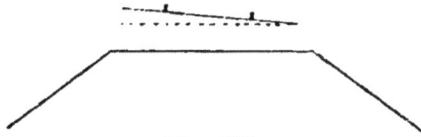

Fig. 177.

grand rayon, c'est-à-dire surélever le rail extérieur
en laissant le rail intérieur à son niveau normal. Autrement, l'épaisseur du ballast sous les traverses est
diminuée au droit du petit rayon, et cela est mauvais,
car il n'y en a déjà que la quantité strictement nécessaire. Si les terrassements sont réglés suivant le dévers,
avec l'axe à niveau, on pose la voie parallèle à la plateforme.

Sur les lignes à voie étroite, les dévers se calculent
comme pour les lignes à voie large, mais en réduisant
leur valeur dans le rapport des largeurs de la voie. On
s'en rend compte immédiatement en se reportant à la
formule théorique.

191. — Raccordement du dévers. — On ne peut
passer brusquement du niveau du rail en alignement
au niveau surélevé en courbe ; il faut un raccordement.
Ce raccordement s'obtient au moyen d'un plan incliné ;

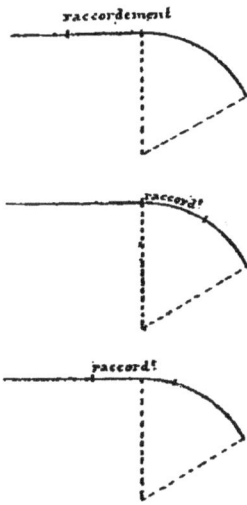

raccordement

raccord'

raccord.

Fig. 178.

il n'y a pas à cet égard de règle générale et celles qu'on suit sont très
variables : les uns font le raccordement avec une pente constante,
les autres le font sur une longueur
constante ; les uns le font entièrement sur l'alignement de manière
à ce que le dévers soit complet à
l'entrée de la courbe, d'autres entièrement sur la courbe, d'autres
enfin moitié sur l'une moitié sur
l'autre. En Allemagne et en Autriche, il est de règle de prendre le
dévers entier sur l'alignement droit
sur une longueur égale au moins à 200 fois le surhaussement, ce qui représente une pente de 0,005 par mètre ;
en France, on admet dans plusieurs Compagnies qu'il
ne faut pas, autant que possible, dépasser la pente de
2 mm. ; mais on est souvent obligé d'aller au delà dans
les lignes de montagne, parce qu'on a alors de forts
dévers et des alignements très courts. Il est du reste
logique de faire décroître la pente à mesure que la vitesse augmente ; un véhicule met le même temps pour
gagner un dévers donné en rampe de 0,005 en marchant à 30 kilomètres à l'heure, ou en rampe de 0,002
en marchant à 75 kilomètres à l'heure. La situation
est la même dans les deux cas au point de vue des chocs
supportés par le matériel et par les voyageurs.

Il paraît rationnel de substituer au passage brusque
de l'alignement à l'arc de cercle, une courbure progressive de la voie de manière à établir la continuité
entre le rayon infini de l'alignement et le rayon fini de
la courbe. Il est naturel de se poser la condition que le

dévers soit, en chaque point, proportionnel au rayon de courbure de telle façon qu'il corresponde toujours à l'application de la formule de la force centrifuge. Si de plus on admet qu'il croisse suivant une pente uniforme et qu'il soit par conséquent proportionnel à la longueur de la courbe de raccordement, l'équation de cette courbe résultera de l'intégration de la formule.

$$(1) \qquad \frac{\dfrac{s}{\dfrac{d^2 y}{d x^2}}}{\left(1 + \dfrac{d y^2}{d x^2}\right)^{\frac{3}{2}}} = \text{constante.}$$

L'intégrale est de la forme.

$$y = m \, x^3 \, (1 + a \, x^4 + b \, x^8 + c \, x^{12} + \ldots)$$

M. de Leber [1], qui en a fait une étude complète, a donné à la courbe qu'elle représente le nom de radioïde. En négligeant dans le second membre de l'équation les termes qui suivent le premier, on obtient une parabole cubique qui peut, entre certaines limites pour chaque valeur de m remplacer la radioïde. On obtient directement cette parabole, comme on l'a fait jusqu'à l'étude de M. de Leber, en prenant pour le rayon de courbure la valeur approximative $\dfrac{d^2 \, y}{d \, x^2}$ et en substituant les valeurs des abscisses aux valeurs des arcs développés de la courbe.

L'équation se simplifie alors, elle devient

---

1. Calculs des raccordements paraboliques dans les tracés de chemins de fer, comprenant de nombreuses tables numériques et la théorie complète des courbes à considérer en plan et en profil, par Maximilien de Leber.

$$\frac{x}{\dfrac{d^2 y}{d x^2}} = \text{constante}$$

et donne par intégration :

$$y = \frac{K x^3}{6 C} + C' x + C''$$

ou en prenant pour origine des coordonnées l'origine de la courbe et pour axe des x la tangente à cette courbe $y = \dfrac{x^3}{6 C}$. C pourra se déterminer par la condition que le rayon de courbure soit le même pour la parabole et l'arc de cercle à leur point de contact. On aura donc en appelant x et y les coordonnées de ce point

$$R = \frac{1}{\dfrac{d^2 y}{d x^2}} = \frac{C}{x}$$

$$C = R x.$$

La pente sur le raccordement sera égale à $\dfrac{d}{s}$ en appelant s la longueur de l'arc de parabole rectifié : en remplaçant s par x qui en diffère peu, on aura

$$p = \frac{d R}{C}$$

Le raccordement parabolique se prête donc à l'emploi d'un dévers quelconque. et la pente est constante sur une même ligne lorsque le dévers en est calculé pour une même vitesse dans toutes les courbes.

Pour réaliser le raccordement parabolique il faut déplacer soit l'arc de cercle du côté de sa concavité soit l'alignement en sens inverse. Lorsque le déplacement ne dépasse pas 0,20 environ et qu'il n'existe pas d'ouvrage d'art sur la longueur qu'il occupe. il s'obtient par un simple règlement des terrassements ; mais, en

cas contraire, il devient nécessaire d'en tenir compte
dans le tracé, ce qui est une sujétion. En outre la longueur du raccordement augmente avec la distance relative de l'arc de cercle et de la ligne droite, et les difficultés du dressage de cette courbe à rayon variable
deviennent de plus en plus grandes à mesure que sa
longueur augmente. D'un autre côté, il ne faut pas
que le raccordement soit trop court, parce qu'alors la
pente serait exagérée. Enfin la parabole cubique n'est
qu'une solution approximative de la question, elle n'est
suffisamment exacte que dans certaines limites. Pour
remédier aux différents inconvénients que nous venons
d'indiquer on pourrait admettre une longueur uniforme
pour le raccordement, mais il faudrait dans ce cas
faire varier C avec le rayon des courbes, ce qui ne permettrait plus l'emploi facile de tables pour le tracé. Il
vaut mieux, comme on a l'habitude de le faire n'avoir
qu'une seule valeur de C pour chaque ligne ou au moins
pour chaque section de ligne, mais en la choisissant de
manière à éviter les inconvénients que nous avons si-
gnalés plus haut.

M. de Leber a montré qu'en donnant à C les valeurs
en progression géométrique 750, 1500, 3000, 6000,
12000, 24000, on peut satisfaire aux nécessités de tous
les tracés. L'emploi de ces constantes [1] permet de ne
pas dépasser pour les raccordements, sauf dans des cas
exceptionnels, $0^m 50$ pour le déplacement relatif de
la droite et du cercle au point de tangence sur les lignes à voie large, et $0^m 40$ sur les lignes à voie étroite

---

1. Le Congrès des chemins de fer de St-Pétersbourg en 1893 a reconnu, dans une de ses conclusions, que l'emploi de ces constantes
peut répondre à tous les besoins de la pratique.

dont les rayons peuvent descendre à 100^m et au-des-sous.

Sauf dans le cas où il est seulement de quelques cen-timètres, le déplacement relatif de l'alignement et de l'arc de cercle n'est possible que si le raccordement pa-rabolique a été adopté avant la construction de la li-gne ; pour les lignes déjà construites, on a cherché ce-pendant à le rendre applicable. Dans ce cas, la solution usitée jusqu'à ce jour consiste à réduire, dans le voisi-nage du point de contact, le rayon de l'arc de cercle d'une fraction qui ne dépasse pas 1/20, de manière à reporter ce point en dedans de la courbe et à per-mettre ainsi l'interposition de la parabole. M. de Leber a remplacé cette construction par l'emploi d'un arc de parabole du troisième degré intercalé entre l'arc de cercle et le raccordement tracé dans les conditions ordinaires ; on peut ainsi n'avoir à déplacer la courbe que sur une longueur qui ne dépasse pas 70 à 75 mè-tres.

L'emploi des raccordements paraboliques est très ré-pandu et a été recommandé en France par une circu-laire ministérielle du 28 juin 1879. Il ne faut néan-moins pas s'en exagérer l'importance. On peut sans raccordements paraboliques faire de bonnes entrées de courbes pourvu qu'on apporte au dressage un soin suf-fisant.

192. — Organisation d'un chantier de pose de voies. — Lorsqu'il s'agit d'établir une *voie neuve*, on procède par avancement. Le matériel amené par wagons jus-qu'à l'extrémité de la voie déjà posée est porté à bras d'hommes jusqu'au lieu de son emploi. Cette main-d'œuvre porte le nom de *coltinage*. Dans quelques cas spéciaux, comme lorsque le matériel vient de très loin par trains d'une très grande longueur, il peut y avoir intérêt à établir une voie de chantier le long de la voie principale, de façon à supprimer le coltinage : ce procédé a été employé par le Général Annenkof pour le chemin de fer transcaspien.

Les traverses, entaillées s'il s'agit de rails Vignole, munies de leurs coussinets s'il s'agit de rails à double champignon, sont posées sur la plateforme, puis exactement mises en place au moyen d'une règle sur laquelle est tracé le plan de pose. Cette opération s'appelle le *travelage*.

On pose alors les rails en ayant soin d'interposer de petites cales en fer pour régler le jeu aux joints, de telle sorte que, chaque rail puisse se dilater librement sous l'influence des changements de température. Dans les courbes, la différence de longueur des deux files de rails est rachetée au moyen de rails plus courts de 0^m01 ou de 0^m10 que les rails de longueur normale et qui sont répartis régulièrement dans une proportion fixée à l'avance suivant le rayon de la courbe.

Les éclisses sont seulement fixées d'abord par deux boulons qu'on ne serre pas à fond. Pour la voie à coussinets, on installe les coins sans les serrer; pour la voie Vignole, on enfonce légèrement les crampons ou tirefonds, puis on fait un dressage de la voie en la ripant avec une pince. Malgré cette précaution, la voie qui repose sur la plateforme est très mal réglée en plan et en profil, et les rails, surtout s'ils sont de grande longueur, risqueraient de se fausser s'ils restaient longtemps ainsi. Aussi est-il utile que l'atelier de ballastage suive d'aussi près que possible l'atelier de pose.

Il est quelquefois difficile d'obtenir ce résultat, mais on doit s'efforcer d'y arriver.

Le ballast apporté est répandu sur la plateforme par couches successives de façon à relever la voie en plusieurs fois. Quand la voie est parvenue à son niveau normal, on procède à un dressage plus soigné en la ripant aux endroits où elle présente des irrégularités. Puis on enfonce les attaches ou les coins, on achève l'éclissage et on procède au bourrage définitif. Il est préférable de ballaster la voie en première couche avant la pose des rails, lorsqu'on le peut, comme cela arrive lorsqu'il s'agit d'établir une seconde voie à côté d'une voie existante.

Lorsqu'on doit renouveler une voie ancienne, on procède par coupes. On choisit, pour faire la coupe, le plus long intervalle entre deux trains successifs dont on puisse disposer dans la journée et on détermine la longueur que l'on peut renouveler pendant cet intervalle d'après le nombre d'ouvriers dont on dispose, en tenant compte de la préparation du travail. On doit préalablement répandre le matériel neuf sur les bords de la voie, dégarnir le ballast à cinq centimètres au dessous des traverses, enlever deux boulons à chaque paire d'éclisses et desserrer les deux autres. Bien entendu, sur les parties de voie qui ont été dégarnies et dont l'éclissage a été desserré, les trains ne doivent marcher qu'à une vitesse réduite.

La coupe consiste à déposer la voie existante en rejetant le matériel sur les accotements ou sur les talus, et à poser le matériel neuf comme il a été dit ci-dessus. On se contente d'un bourrage sommaire qu'on complète dans les intervalles des trains suivants ; en attendant que la voie soit parfaitement bourrée, on ne laisse passer les trains qu'à faible vitesse. Lorsque la longueur des nouveaux rails diffère de celle des anciens, on raccorde la voie nouvelle avec la voie ancienne au moyen de bouts de rails coupés ou de simples cales.

193. — Pose de la voie sur les ouvrages d'art métalliques. — Il faut autant que possible, sur les ouvrages d'art métalliques, éviter la pose sur longrines ; avec celles-ci la voie n'est entretoisée que d'une manière insuffisante et les rails peuvent s'écarter ; en outre, lorsque l'ouvrage est long, il est très difficile de remédier aux imperfections de nivellement. Les irrégularités d'écartement arrivent surtout lorsque les longrines sont fixées par des boulons qui les traversent : ceux-ci finissent toujours par prendre du jeu. Lorsqu'on est forcé d'adopter les longrines, il est préférable de les maintenir au moyen d'étriers ou d'équerres, placés latéralement et rivés sur les entretoises ou les longerons du pont ; lorsqu'on emploie des étriers, ils doivent être assez larges pour ne pas s'incruster dans le bois. Dans les deux cas la longrine doit s'ajuster exactement, sans jeu, dans le vide existant entre les côtés de l'étrier ou les équerres. Il vaut encore mieux ne pas rompre la continuité dans la pose, et employer, sur les ouvrages d'art, les traverses en bois ou en métal. Au point de vue de la voie, il y aurait intérêt à mettre une couche de ballast sur le tablier des ponts métalliques ; on ne le fait pas à cause de l'augmentation de poids mort et du supplément de hauteur qui en résulteraient. Il faudrait que le ballast eût une épaisseur suffisante pour que le bourrage se maintînt malgré les trépidations causées par le passage des trains.

Sur les ponts métalliques de grande longueur, la

voie suit les mouvements de dilatation des poutres : le
joint placé à chacune des extrémités de l'ouvrage
éprouve alors des variations de largeur considérables.
Pour éviter qu'il ne se produise une solution de continuité, on emploie dans ce cas des appareils spéciaux,

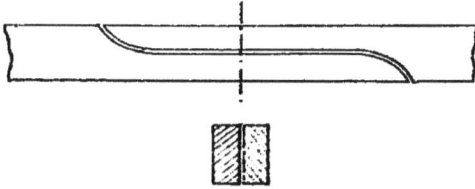

Fig. 179.

dits appareils de dilatation, formés de deux rails carrés
entaillés chacun sur la moitié de sa largeur et juxta-
posés de manière à pouvoir glisser l'un contre l'autre.
Ces rails sont reliés par des boulons ; les trous à travers lesquels passent les boulons sont ovalisés pour
permettre le mouvement relatif des deux pièces. Au
besoin, on place plusieurs de ces appareils à la suite
les uns des autres.

**194. — Pose de la voie des tramways sur les accote-
ments des routes.** — Les tramways établis sur les
accotements des routes sont posés sur traverses et ballast comme les voies ordinaires. Autrefois, on exigeait
une bordure en pierre sur le bord de l'accotement. Aujourd'hui, on se contente de la faire en gazon et il est
bon, dans ce dernier cas, d'implanter de loin en loin,
dans la bordure, de grosses pierres qui forment chasse-
roues. Pour l'écoulement des eaux, on établit un caniveau continu ou bien on ménage de distance en distance
dans l'épaisseur du ballast et transversalement des

pierrées ou de petites buses d'au moins 0^m 20 à 0^m 25 de diamètre. Ce système est bien préférable à celui des saignées pratiquées entre les traverses, qui ont l'inconvénient de diminuer la stabilité du ballast.

§ 4. — SYSTÈMES DIVERS DE VOIE.

195. — Rails Barlow. — Les rails Barlow sont des rails creux à fort moment d'inertie transversal, destinés à reposer directement sur le ballast et à faire à la fois office de rails et de longrines. Ils ont été essayés en grand sur le réseau du Midi. Les rails ont péri très rapidement par dessoudure du fer, et il a fallu les retirer des voies bien avant qu'ils fussent usés. Des essais faits en Angleterre n'ont pas été non plus satisfaisants, et le rail Barlow est abandonné depuis longtemps.

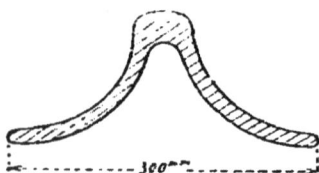

Fig. 180.

196. — Rail Hartwich. — Le rail Hartwich est comme les précédents un rail-longrine, mais il a la forme d'un Vignole très haut et très rigide. Il est d'un laminage facile et offre une bonne assiette ; les deux files de rails sont entretoisées par de longs boulons à quatre écrous. Ce système n'a pas réussi : il est vrai que, dans le but d'économiser le ballast, l'inventeur avait imaginé un mode de pose qui consistait à enfermer le ballast dans deux fossés longitudinaux, ce qui rendait ainsi impossible l'assainissement de la voie. On n'a pas complètement renoncé au rail Hartwich

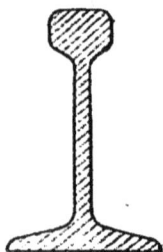

Fig. 181.
Rail Hartwich.

Fig. 182.

en Allemagne ; on l'emploie sur les voies secondaires, mais en établissant des drains au-dessous du ballast ; dans ces conditions, il offre encore les inconvénients des voies sur longrines dont nous parlerons plus loin, avec une aggravation résultant de l'insuffisance de la largeur de la base.

197. — Voies sur longrines. — Les longrines en bois ont été essayées en Angleterre, concurremment avec les traverses, au début des chemins de fer. Elles ont été notamment défendues par Brunel. Cet ingénieur a donné son nom à un rail spécialement applicable à la voie sur longrines, qu'il avait étudié en vue de supprimer le porte-à-faux du champignon et d'augmenter la surface d'appui. Le rail Brunel a disparu aujourd'hui ; on l'emploie encore toutefois fréquemment sur les plaques tournantes, à cause de la facilité de son assemblage avec les pièces métalliques et de son peu de hauteur. On a également employé avec les longrines en bois les rails Vignole et les rails à coussinets.

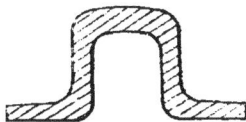

Fig. 183.

La voie sur longrines métalliques avec rails Vignole a été, il y a quinze ans environ, en grande faveur en Allemagne. La longrine Hilf notamment a eu de

Fig. 184.

Fig. 185.

nombreux partisans. Elle avait primitivement une section en forme d'auge renversée avec nervure médiane ; mais on n'a pas tardé à supprimer cette nervure qui, sans augmenter sensiblement la rigidité, gênait beaucoup pour le bourrage. La longrine Haarmann, ou longrine à chapeau, a une forme un peu différente ; c'est celle que nous avons indiquée précédemment, sous le même nom, pour les traverses. Il y a eu jusqu'à 7 et 8000 kilomètres de voies sur longrines en Allemagne, mais aujourd'hui on y renonce presque partout.

Le grand argument invoqué en faveur des longrines par leurs partisans est qu'elles supportent le rail sur toute sa longueur et par conséquent doivent donner un roulement meilleur ; mais elles ont des inconvénients très graves. Il est difficile de les entretoiser assez solidement, à moins de dépenses considérables ; on n'obtient jamais un bourrage bien régulier ; l'inclinaison de la

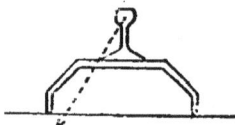
Fig. 186.

résultante des forces qui agissent sur le rail entraîne des pressions excessives sur le ballast, ce qui amène facilement le débourrage ; l'éclissage est toujours difficile.

Mais le défaut capital et qui, à notre avis, entraîne la condamnation de la voie sur longrines est le suivant : les longrines forment deux massifs imperméables qui emprisonnent le ballast et rendent impossible un bon assainissement. Au moment des gelées, la congélation de l'eau contenue dans le ballast peut provoquer la dislocation de la voie sur une grande longueur.

198. — Voie sur dés en pierre. — La voie sur appuis discontinus constitués par des dés en pierre est encore employée en Bavière dans des voies accessoires de gares. Elle est admise dans les conventions techniques de l'Association des chemins de fer Allemands.

199. — Voie sur cloches. — Une autre variété de la voie sur appuis discontinus est la voie sur cloches.

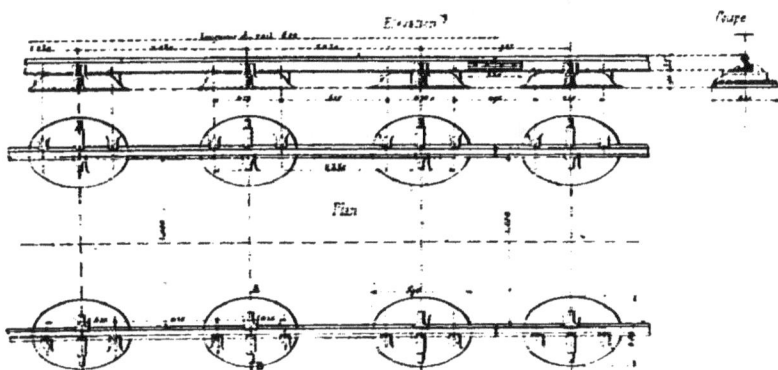

Fig. 187.

Le rail repose sur une série de cloches en fonte reliées transversalement par des barres de fer et dont chacune emprisonne un bloc de ballast à section circulaire ou elliptique. Les cloches jouissent de l'une des propriétés caractéristiques des traverses, qui est de permettre de constituer dans le ballast une série discontinue de blocs de bourrage ; ces blocs ont même une plus grande largeur que dans la voie sur traverses. Mais le point faible du système est l'entretoisement qui n'est pas suffisamment rigide. Ce type porte le nom de cloches Livesey ; il est assez employé aux Indes.

§ 3. — DÉPENSES D'ÉTABLISSEMENT DE LA VOIE.

200. — Les tableaux suivants font ressortir les prix de revient par mètre courant de voies normales de divers types. Ils sont établis d'après les prix unitaires moyens ci-après :

Traverses en bois . . .	5 fr.	»	la pièce
Rails.	170 »	»	la tonne
Eclisses	210 »	»	id
Boulons d'éclisses . . .	400 »	»	id
Coussinets	135 »	»	id
Tirefonds.	425 »	»	id
Coins en bois. . . .	0 » 09		la pièce
Coins métalliques . . .	0 » 38		id

Prix des Voies courantes de divers types.

CHEMINS DE FER DE PARIS A LYON ET A LA MÉDITERRANÉE

Voie Vignole avec rails de 12ᵐ00 de 47ᵏ250 le mètre courant.

DÉSIGNATION DES PIÈCES	POSE AVEC 16 TRAVERSES				
	Poids de l'unité	Prix de la pièce ou du kilogr.	Nombre de pièces	POIDS TOTAL	Produits
Traverses en bois.	»	5ᶠ00	16	»	80.00
Rails (par mètre).	47ᵏ250	0.17	24	1.134ᵏ000	192.78
Paires d'éclisses cornières. .	35.060	0.21	2	70.120	14.73
Flasque d'arrêt.	»	0.60	4	»	2.40
Boulons d'éclisses.	0.760	0.40	14	10.640	4.26
Rondelles Grover pour boulons d'éclisses.	»	0.056	14	»	0.78
Selles à talon P. M.	3.000	0.185	32	96.000	17.76
Tirefonds sur les traverses de contre-joint.	0.420	0.425	16	6.720	2.86
Tirefonds sur les traverses intermédiaires.	0.400	0.425	112	44.800	19.04
Soit pour 12 mètres.					334.61
Soit par mètre courant de voie.. . .					27.88

CHEMINS DE FER DU NORD

Voie Vignole (avec rails de 43ᵏ le mètre courant).
Le mètre courant de voie. . . . . 23 fr. 08.

CHEMINS DE FER DE L'EST

Voie Vignole (avec rails de 44ᵏ le mètre courant).
Le mètre courant de voie. . . . . 25 fr. 90

CHEMINS DE FER DE L'OUEST

**Voie à double champignon avec rails de 12ᵐ00 de 44ᵏ000
le mètre courant.**

DÉSIGNATION DES PIÈCES	POSE AVEC 18 TRAVERSES				
	Poids de l'unité	Prix de la pièce ou du kilogr.	Nombre de pièces	POIDS TOTAL	Produits
Traverses	»	5.00	18	»	90.00
Rails (par mètre).	44ᵏ000	0.17	24	1.056ᵏ000	179.52
Paires d'éclisses.	17.000	0.21	2	34.000	7.14
Boulons d'éclisses de 25 ᵐ/ᵐ.	0.720	0.40	8	5.760	2.30
Coussinets en fonte.	15.900	0.135	36	572.400	77.27
Tirefonds de 0ᵐ140.	0.370	0.425	108	39.960	16.98
Coins métalliques.	»	0.38	36	»	13.68
Soit pour 12 mètres.					386.89
Soit par mètre courant de voie. . . .					32.24

CHEMINS DE FER DE L'ÉTAT

Voie à double champignon (avec rails de 40ᵏ le mèt. courant).
Le mètre courant de voie . . . . 25 fr. 89

CHEMINS DE FER D'ORLÉANS

Voie à double champignon (avec rails de 42ᵏ le mèt. courant).
Le mètre courant de voie. . . . . 29 fr. 23

CHEMINS DE FER DU MIDI

Voie à double champignon (avec rails de 37ᵏ600 le mètre courant).
Le mètre courant de voie. . . . . 25 fr. 71

Pour les chemins de fer économiques, si on adopte les prix unitaires moyens ci-après, qui, pour les rails et le petit matériel sont naturellement un peu plus élevés que les précédents :

Traverses en bois	3.00	la pièce
Rails	190.00	la tonne
Eclisses	210.00	id
Boulons d'éclisses	425.00	id
Tirefonds	450.00	id
Coussinets	150.00	id
Coins en bois	0.09	la pièce

Les prix du mètre courant de voie sont les suivants :

1° *Société Générale des Chemins de fer économiques.*

Voie Vignole (avec rails de 25 kil. pour voie de 1 m. 44)
Le mètre courant . . . . 14 fr. 28.

Voie Vignole (avec rails de 20 kil. pour voie de 1 m. 00).
Le mètre courant . . . . 12 fr. 62.

2° *Compagnie des Chemins de fer départementaux.*
Chemins de fer de la Corse.

Voie à double champignon (avec rails de 22 kil. pour voie de 1 m. 00).
Le mètre courant . . . . 16 fr. 98.

3° *Compagnie française des chemins de fer à voie étroite.*
Tramways de Loir-et-Cher.

Voie Vignole (avec rails de 15 kil. pour voie de 1 m. 00).
Le mètre courant . . . . 10 fr. 08

CHAPITRE VII

APPAREILS DE VOIE

201. — Changements de voie. — Il est impossible
d'exploiter une ligne sans avoir des communications
permettant de faire passer les wagons d'une voie sur
une autre. Les appareils qui permettent aux véhicules
et aux trains de s'engager à volonté sur une des deux
voies auxquelles ils sont reliés s'appellent des *changements de voie* ou simplement, du nom d'un de leurs éléments, des *aiguilles* ; ce sont en réalité des *bifurcations*
de voie.

L'appareil le plus simple, celui qui a été imaginé au
début, et qui sert encore quelquefois dans les voies de
travaux ou pour établir des installa-
tions de fortune, est composé d'un élément de voie formé de deux bouts de
rails articulés d'un côté sur la voie
unique et entretoisés à l'autre extrémité de façon à maintenir leur écartement. Cet élément de voie peut à
volonté, au moyen d'un déplacement
de dix à douze centimètres environ,
être dirigé suivant A B ou suivant
A C, et par conséquent rétablir la
continuité entre le tronçon unique et

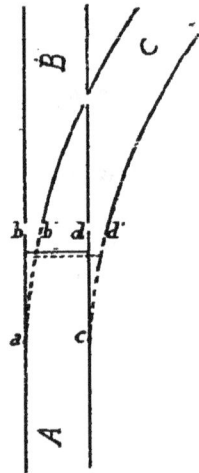

Fig.188.

l'une ou l'autre des deux voies de la bifurcation. L'appareil ainsi constitué est très simple ; on lui donne le

nom de *sauterelle*. Il peut être installé en quelques instants avec des rails ordinaires, mais il offre un danger
au point de vue des déraillements : dans quelque position qu'il soit, il y a toujours au moins une des voies qui
est coupée.

Dans le système adopté universellement aujourd'hui,
on réalise la condition qu'un train se présentant dans
l'une quelconque des trois directions trouve la voie ouverte devant lui, ou puisse l'ouvrir lui-même. Il consiste à maintenir la continuité des rails extérieurs de
la bifurcation et à rendre mobiles les rails intérieurs
a b', c d. On donne à ces derniers une forme allongée, ce
qui leur a fait donner le nom d'*aiguilles*, afin qu'ils puissent s'appliquer sur les rails extérieurs appelés *contre-
aiguilles* sans former de saillie ; on les relie entre eux
de façon à ce qu'ils se déplacent en même temps. Si le
train arrive du tronçon unique, il suivra la voie de
droite ou la voie de gauche suivant que les aiguilles seront dans la position gauche a b c d ou dans la position
droite a b' c d'. Si le train arrive de l'une des directions
opposées, il trouvera la voie ouverte si les aiguilles sont
bien faites ; sinon, le boudin des roues qui suivent la
file de rails continue, maintenu par cette dernière, re-
poussera les aiguilles et leur fera prendre la position
convenable.

Les aiguilles ne constituent pas à elles seules tout
l'appareil ; il faut encore, pour que les voies se séparent
entièrement, que les rails intérieurs se coupent [1]. Il n'y

1. Au début des chemins de fer, on a employé un expédient qui sert
encore quelquefois dans
les voies de travaux ; il
consiste à rendre mobile
autour d'une de ses extrémités le rail de chacune

Fig. 189.

a là aucune difficulté pourvu qu'on ménage, pour le passage du boudin des roues, une interruption de quelques centimètres dans chacun des rails au droit de l'intersection. Cette solution de continuité a un inconvénient ; elle constitue une dénivellation d'autant plus dangereuse pour la roue qui y passe que celle-ci n'est pas guidée. On y remédie de la façon suivante : on place en face sur chaque voie un contre rail, généralement surélevé, qui guide l'essieu ; pour soutenir la roue au passage de la lacune, on prolonge chacun des deux bouts de rails coupés le long de l'autre, en laissant seulement le passage du mentonnet des roues. Ces prolongements

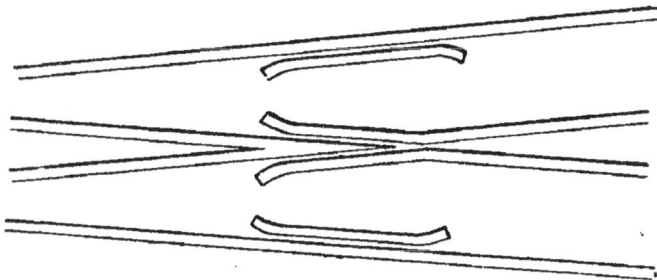

Fig. 190.

s'appellent *pattes de lièvre*, et la pointe qui forme la jonction des deux autres bouts de rails s'appelle *pointe de cœur*. C'est grâce à la largeur du bandage des roues, qui est d'au moins dix centimètres, non compris le boudin, que les pattes de lièvre peuvent soutenir la roue avant

des voies sur lequel se trouve le point théorique d'intersection ; en rendant solidaires les deux rails mobiles, on peut à volonté les déplacer simultanément, de manière à établir la continuité de l'une ou de l'autre des voies. Mais avec ce système l'une des voies est interrompue, et on tient, par mesure de sécurité, à conserver simultanément la continuité des deux voies.

qu'elle n'aborde la pointe de cœur.
Toutefois, pour que cet effet ait toujours lieu, même dans le cas le plus
défavorable, c'est-à-dire lorsque le
boudin de la roue opposée s'appuie
contre le rail, il est utile de réduire
un peu l'écartement de la voie : par

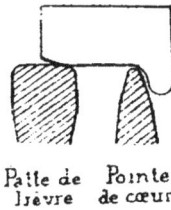

Patte de   Pointe
lièvre   de cœur

Fig. 191.

exemple, dans les voies de 1ᵐ 45 de largeur, de rapprocher les rails à 1ᵐ 44 au droit du cœur.

A partir du talon de l'aiguille chaque voie pourrait
se continuer en ligne droite ; mais il en résulterait une
longueur beaucoup trop grande pour l'appareil et de
plus la pointe de cœur serait trop effilée, ce qui lui enlèverait toute solidité ; on évite ces inconvénients en
donnant une courbure à l'une des deux voies ou quel-

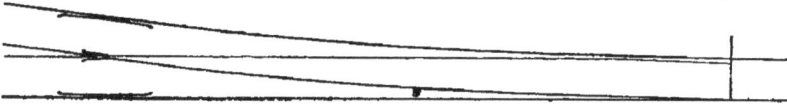

Fig. 192.

quefois à toutes les deux (changement symétrique). Le
premier cas est le plus fréquent. On pourrait théoriquement comprendre l'aiguille et le cœur dans la courbe, mais il est beaucoup plus pratique de les placer l'un
et l'autre sur des éléments de ligne droite. Il en résulte,
en ce qui concerne l'aiguille, que la voie présente au
droit de celle-ci un coude brusque ; mais cela n'a pas
d'inconvénient parce que l'angle est très petit ; toutefois, lorsque la longueur entre la pointe de l'aiguille et
le cœur est faible, on fait quelquefois l'aiguille courbe.

Le tracé entre l'aiguille et le cœur pourrait se
composer seulement d'un arc de cercle tangent au
talon de l'aiguille et à la pointe de cœur. Mais, dans ce
cas, l'angle de cœur et l'angle de l'aiguille avec le

25

rail contre-aiguille une fois adoptés, on ne serait plus maître ni du rayon du cercle, ni de la longueur de l'appareil. On préfère en général prolonger la direction de l'aiguille et celle du cœur sur des longueurs plus ou moins grandes *ac* et *ed* avant de les réunir par une courbe. On peut alors faire varier la longueur de l'appareil pour un même angle de cœur et adopter pour le rayon de la courbe de raccordement un nombre rond. Les rayons les plus usités sont 300ᵐ, 250ᵐ, 180ᵐ et 150ᵐ. On a ordinairement plusieurs types de changements de voie. On les définit par l'angle de cœur mesuré lui-même soit en degrés (angle 7°30', angle 9°30'), soit par sa tangente (tangente 0,10, tangente 0,13, tangente 0,14).

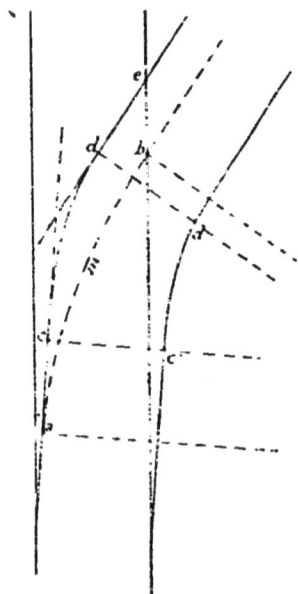

Fig. 193.

La courbe de raccordement s'établit toujours sans dévers pour ne pas entraîner de complications dans l'appareil.

202. — Détails sur les aiguilles. — Habituellement

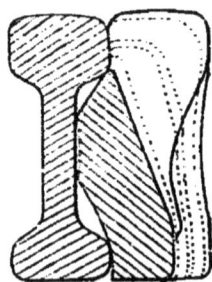

on emploie les aiguilles du type Wild dont la pointe se cache sous le champignon du rail, de sorte qu'un entrebâillement léger n'a pas d'inconvénient. On peut faire les aiguilles soit avec des rails qu'on rabote soit avec des pièces forgées spéciales. Dans tous les cas, elles

Fig. 194.

doivent (être aussi rigides que possible dans le sens transversal, afin de ne pas fléchir sous la pression du boudin des roues. Le rail contre-aiguille placé du côté

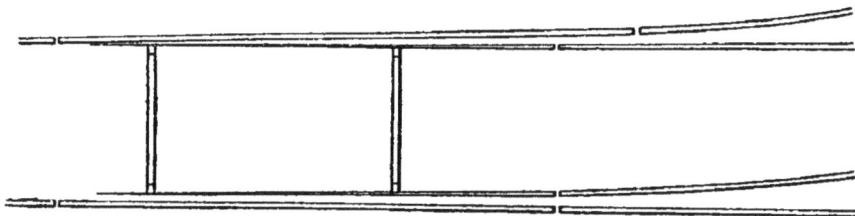

Fig. 195.

de la voie est coudé au droit de la pointe de l'aiguille qui lui correspond, de manière à être parallèle à l'aiguille opposée lorsqu'elle est fermée.

Les aiguilles sont supportées de distance en distance par des glissières reposant sur des traverses ; en France, les glissières font

Fig. 196.

Demi coupe   Demi coupe

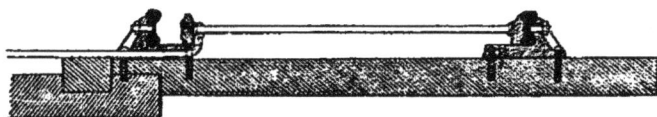

Fig. 197.

habituellement partie de coussinets portant de l'autre côté une mâchoire sur laquelle on boulonne le rail contre-aiguille.

Primitivement, le talon de l'aiguille était maintenu dans un coussinet spécial au moyen d'un goujon. Mais le coussinet est dans ce cas très sujet à se casser. Il est bien préférable de relier l'aiguille au rail qui fait suite, au moyen d'éclisses, en ne serrant pas les boulons à

fond, ce qui donne un jeu bien suffisant pour la manœuvre. En Allemagne, on emploie des pivots autour
desquels tourne l'aiguille.

Les deux aiguilles d'un branchement sont réunies
par des tringles de connexion qui maintiennent leur
écartement invariable. Ces tringles sont articulées
à leurs extrémités de façon à permettre la déformation du parallélogramme qu'elles constituent avec les
aiguilles. Il y en a quelquefois trois; mais deux suffisent. On recouvrait autrefois les tringles de manchons en tôle, pour prévenir leur arrachage par les
crochets de chaines d'attelage de wagons qu'on aurait
laissé pendants; ces manchons empêchaient aussi les
hommes circulant sur la voie de se blesser en buttant
contre les tringles. Les avantages que pouvait offrir
cette précaution n'étaient pas en rapport avec la dépense qu'elle entrainait, et elle est aujourd'hui abandonnée presque partout.

Cœurs. — On forme souvent le cœur en assem-
blant les deux bouts de rails qui se rejoignent, après
les avoir rabotés à cet effet. Ce système est général en

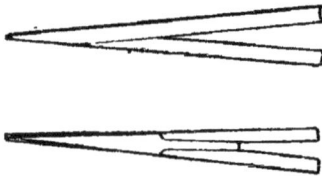

Fig. 198.

Angleterre. Mais on fait aussi des cœurs d'une seule
pièce en acier forgé sur laquelle on assemble les deux
rails contre-cœur. On emploie également des cœurs en
fonte durcie qui font corps avec les pattes de lièvre; ce
sont de lourdes pièces pesant jusqu'à 1200^k, difficiles
à remuer et dont le remplacement est, par suite,

incommode ; mais elles sont solides et durent longtemps.
On a essayé de faire des cœurs du même genre, plus légers, en acier coulé : ils ne sont pas encore entrés
d'une manière courante dans la pratique.

Pose des branchements. — La pose des branchements exige des bois spéciaux, soit qu'on les établisse
sur deux cours de traverses ordinaires réunies par
deux longrines au droit du cœur, soit qu'on les établisse sur de longues traverses occupant toute la largeur des deux voies ; on emploie le plus souvent un
système mixte qui consiste à placer au droit du cœur

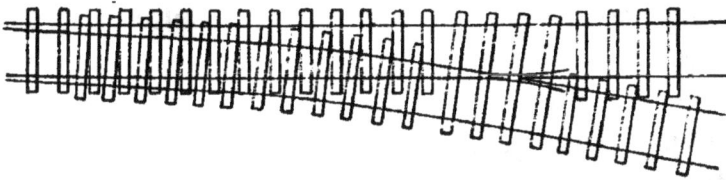

Fig. 199.

de longues traverses supportant les deux voies, et,
sur le reste de la longueur de l'appareil, des traverses ordinaires que l'on entrecroise de manière à obtenir un espacement convenable pour les supports de
chacune des deux voies. Le meilleur système est le second qui consiste à établir tout l'appareil depuis les aiguilles jusqu'au cœur inclusivement sur de longues
traverses occupant toute la largeur des deux voies ; il
établit une solidarité complète entre tous les éléments
du branchement, et il amène, sur le cube de bois employé, une économie qui compense en grande partie
les sujétions résultant de l'augmentation de la longueur
des pièces.

Pour la voie à double champignon, on dispose les
coussinets de manière à donner passage aux deux files

Fig. 200.

de rails en faisant, lorsqu'il en est besoin, des coussinets doubles ; il y a même des coussinets triples embrassant les deux rails et la pointe de cœur.

Pour la voie Vignole, on pose directement les rails sur des traverses ou sur des selles, sauf les rails contre aiguilles qui sont en général posés sur des coussinets glissières. En Allemagne, on interpose au droit des aiguilles et sur toute leur longueur des feuilles de tôle entre les traverses et les rails. On fait de même au droit du cœur, sur une longueur qui correspond à quatre ou cinq traverses. L'avantage qui en résulte est que la voie est parfaitement entretoisée, mais on est conduit à supprimer l'inclinaison du rail sur la verticale.

On peut aussi poser les branchements sur traverses métalliques. Le perçage des traverses exige dans ce cas une grande précision ; mais on obtient un entretoisement parfait et une fixité absolue des rails dans le sens transversal.

203. — Appareils de manœuvre des changements de voie. — L'appareil de manœuvre sur place des changements de voie se compose invariablement, en France, d'un levier articulé à la tringle de commande des aiguilles et qui porte un contrepoids ou lentille mobile autour de son axe. Les deux positions du levier qui correspondent aux deux directions sont symétriques par rapport à la verticale. Pour passer de l'une à l'autre, on n'a qu'à mouvoir le levier en faisant tourner le contrepoids.

Cet appareil simple est robuste et, ce qui est important pour les manœuvres des gares, il rend l'aiguille *talonnable*, c'est-à-dire qu'un véhicule, abordant cette dernière du côté opposé à la pointe, peut

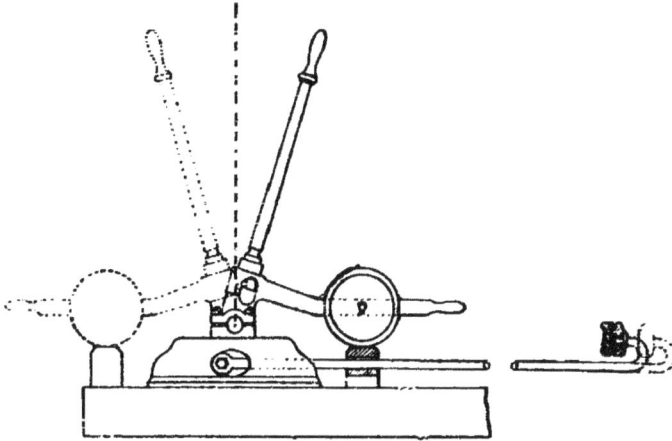

Fig. 201.

la franchir sans la briser et sans la laisser entrebâillée après son passage. Il est facile de comprendre ce qui se passe alors en se reportant au dessin des aiguilles. Si le véhicule aborde l'appareil en suivant la voie pour laquelle les aiguilles sont faites, il passe naturellement sans rien déplacer ; s'il l'aborde par l'autre direction, le boudin d'une des roues forme coin entre le rail contre-aiguille qui supporte cette roue et l'aiguille appliquée contre lui : il écarte donc cette dernière ; le boudin de la roue opposée chasse de son côté l'autre aiguille vers son rail contre-aiguille, il se produit ainsi un déplacement suffisant pour que d'un côté le boudin puisse passer dans l'intervalle qu'il ouvre devant lui, et que de l'autre le bandage puisse aller s'appuyer sur le rail contre-aiguille, ce qui assure de part et d'autre la continuité de la voie. Après le passage de chaque essieu, le contre-poids du levier tend à ramener les aiguilles dans leur position primitive, mais l'essieu suivant le relève, et ainsi de suite jusqu'au passage du dernier essieu. A ce moment, les aiguilles reprennent définitivement leur première position.

Il peut arriver, dans les oscillations auxquelles donne lieu le passage des roues successives, que le contrepoids se retourne, s'il est libre ; pour éviter cet inconvénient, on immobilise le contrepoids par rapport au levier au moyen d'un goujon. Quelquefois, lorsqu'on veut que la voie reste toujours normalement faite pour une direction donnée, on *rive* le goujon de manière à empêcher le contrepoids de tourner ; dans ce cas, lorsqu'on veut disposer l'appareil pour l'autre direction, il faut maintenir le levier à la main. Cela est assez fatigant et, si le bras de l'homme qui tient le levier cède, il peut en résulter un déraillement ; on peut remédier à ce danger au moyen de la pédale Barbier qu'on fixe au support du levier ; en appuyant son pied sur cette pédale, l'aiguilleur immobilise l'appareil dans la position déviée.

Quelle que soit la force du contrepoids, on n'est jamais assuré que les aiguilles reprendront parfaitement leur position primitive après avoir été déplacées : il suffit en effet d'un caillou qui s'interpose entre l'une d'elles et son rail contre-aiguille pour qu'elle reste entrebâillée, et dans ce cas un déraillement est au moins probable ; aussi lorsque les aiguilles doivent être abordées *en pointe* par des trains marchant en vitesse, on les cadenasse soit en attachant le levier à son support au moyen d'une chaîne, soit en immobilisant l'aiguille qui est appliquée contre son rail contre-aiguille au moyen d'un goujon de *cadenassement* qui les traverse l'un et l'autre. Le goujon est percé d'une fente longitudinale destinée à recevoir une clavette à laquelle on

fixe le cadenas : il est affaibli
dans le voisinage de sa tête, de
telle façon que si l'aiguille ca-
denassée est, par erreur, prise
en talon, ce soit le goujon qui
casse et non l'aiguille.

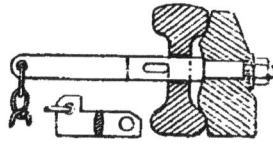

Fig. 202.

Avec la forme que nous avons indiquée plus haut,
les leviers d'aiguilles ne se prêtent pas à la manœuvre
rapide des appareils, qui est nécessaire dans certains
cas, par exemple pour les aiguilles des faisceaux de
triage. On peut se servir de leviers à contrepoids mobiles autour d'un axe horizontal ; on emploie en Allemagne des leviers de cette nature dont le contrepoids

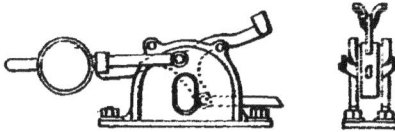

Fig. 203.

se meut entre deux taquets reliés aux aiguilles et qu'il
entraîne avec lui à la fin de sa course. On emploie en
France le levier a double contrepoids de la Compagnie
d'Orléans. Ce levier est relié aux aiguilles par une

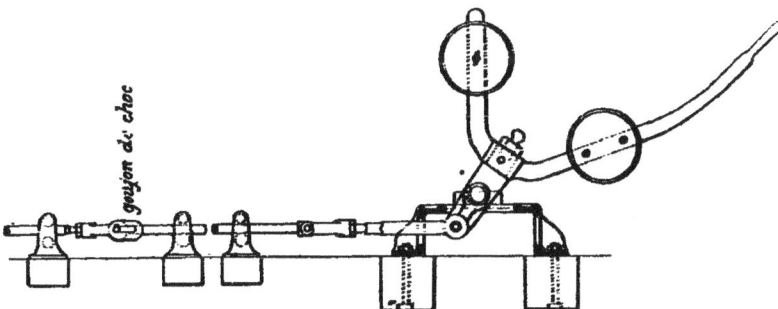

Fig. 204.

tringle formée de deux parties dont l'une porte un goujon et l'autre un œil de six centimètres de longueur,

dans lequel le goujon peut se déplacer. Grâce à cette disposition, la manœuvre se fait par choc comme dans le levier allemand. On évite ainsi les chances d'arrêt des aiguilles dans leur course et on diminue l'effort à faire pour la manœuvre des leviers, en séparant les efforts de soulèvement du contrepoids et d'entraînement des aiguilles.

204. — Manœuvre à distance des aiguilles. — Il y a, dans certains cas, avantage à pouvoir manœuvrer les aiguilles à distance, soit pour éviter des courses inutiles à l'agent chargé de ce service, soit pour pouvoir placer un certain nombre de leviers les uns près des autres de manière à établir entre eux une dépendance.

Fig. 205.

Manœuvre au moyen de tringles. — Le moyen théoriquement le plus simple de manœuvrer les aiguilles à distance consiste à prolonger, en la ramenant parallèlement aux voies par un retour d'équerre, la tringle qui relie les aiguilles au levier ; mais, dès que la longueur devient notable, il faut prendre des mesures spéciales pour remédier aux effets du frottement, de la flexion et de la dilatation. Pour diminuer l'action des deux premières causes, on se sert de guides qui sont, soit des poulies à gorge, soit des galets également à gorge

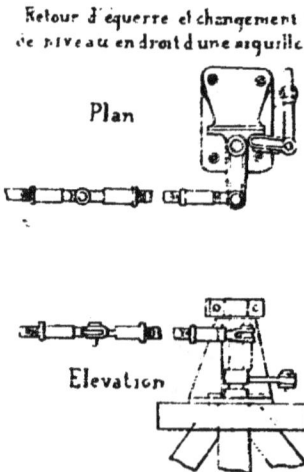

Fig. 206.

roulant sur un plan. Ces guides sont assez rapprochés, on ne les espace guère de plus de $1^m,50$ à $1^m,75$; leur pose est délicate, car il faut qu'ils soient parfaitement en ligne droite, sans quoi les résistances s'augmentent.

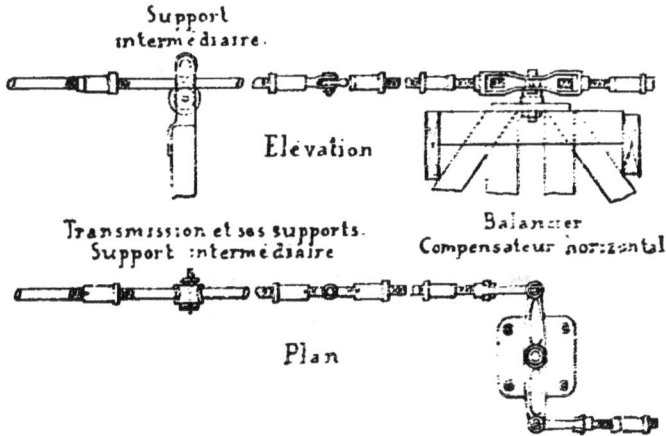

Fig. 207.

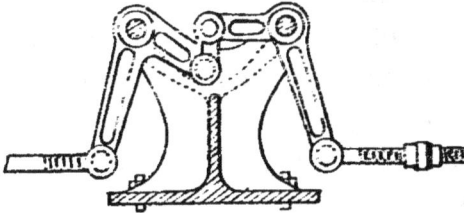

Compensateur vertical avec son support

Fig. 208.

Pour compenser les effets de la dilatation, on emploie divers appareils figurés ci-dessus. L'un est formé d'un balancier horizontal interposé dans la transmission, l'autre est formé de deux équerres verticales ; un des bras de chacune de ces équerres est relié à un des bras de l'autre par une bielle ; les deux autres bras sont reliés aux barres qui forment la transmission. Quand ces dernières s'allongent, les équerres tournent d'un angle égal en sens contraire. Dans ces deux systèmes, le sens du mouvement est renversé à chaque compensateur ; il est bien entendu que les longueurs de barres placées de part et d'autre doivent être égales dans chaque système, puisque la compensation repose sur l'égalité des allongements en sens inverse. Lorsque la direction varie brusquement, on réunit les deux tringles par une équerre

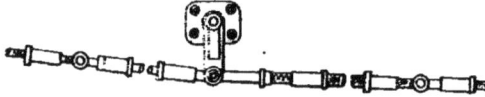

Fig. 209. — Changement de direction en courbe.

à angle obtus. Lorsque la direction change légèrement, comme dans les transmissions en courbe, on articule les deux barres à leur jonction et on relie l'articulation à un point fixe au moyen d'une manivelle. Les barres sont formées de fers creux de $4^m,50$ à $5^m,00$ de longueur, assemblés entre eux au moyen de manchons et de clavettes ou de systèmes analogues.

Lorsque les transmissions par tringles sont placées en dehors des voies et parallèlement à celles-ci, on peut les laisser découvertes ; mais lorsqu'elles ont à traverser ces voies, ou se trouvent dans les entrevoies, il faut en général les couvrir : on les renferme alors soit dans des caniveaux en bois, soit (ce qui vaut mieux) dans des caniveaux en briques creuses.

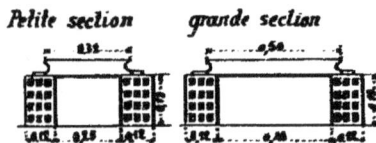

Fig. 210.

Les transmissions rigides permettent de transmettre le mouvement dans des conditions normales à des distances atteignant de 200 à 250^m. En Angleterre, les règlements du Board of trade interdisent de manœuvrer les aiguilles prises en pointe à plus de 160 mètres de distance.

205. — Manœuvre au moyen de fils. — Les transmissions rigides sont très chères, de 8 à 10 francs par mètre, en y comprenant leurs accessoires ; elles sont encombrantes ; leur entretien est coûteux ; pendant l'hiver, la neige et la glace peuvent nuire à leur fonctionnement ; quelque soin que l'on apporte à la pose, elles donnent lieu à des frottements qui rendent la manœuvre des appareils très pénible et ne permettent pas, comme nous venons de le dire, de transmettre le mouvement à plus de 200 à 250^m. Pour remédier à ces inconvénients, on a songé à remplacer les tringles par des fils. Ce dernier mode de transmission est à peu près le seul qu'on emploie en Allemagne et dans l'Europe centrale, tandis qu'en Angleterre on se sert à peu près exclusivement des transmissions rigides. En France, ces dernières étaient seules en usage jusqu'à une époque récente, mais les transmissions par fils commencent à se répandre.

Les fils ne permettent d'exercer qu'un effort de traction ; il faut donc deux fils pour pouvoir agir dans les deux sens. Au point de départ ces deux fils sont fixés soit à la circonférence d'une roue, soit aux extrémités d'un balancier, de telle façon qu'en faisant tourner la roue ou le balancier autour de son axe dans un sens ou dans l'autre, on puisse à volonté exercer une traction sur l'un ou l'autre des fils. A l'autre extrémité, c'est la traction exercée sur le fil qui fait tourner

Fig. 211.

une roue ou un balancier et commande ainsi l'aiguille à manœuvrer par l'intermédiaire d'une bielle ou d'un retour d'équerre.

On peut employer plusieurs moyens pour compenser la dilatation. Le premier consiste à exercer en certains points sur la transmission une tension constante au moyen d'un poids mobile ; ce système est employé à la Compagnie du Nord, à la Compagnie P. L. M., à la Compagnie d'Orléans et dans certains appareils allemands et suisses. Le second système consiste à compenser les effets de la dilatation par la tension du fil. Voici sur quel principe il repose.

Considérons un fil de longueur l fixé à deux points invariables et parfaitement tendu de manière à ce qu'il ne prenne, entre ses supports, aucune flèche appréciable. Si la température s'abaisse de t degrés, comme il ne peut se raccourcir, il éprouvera un supplément R de tension par unité de surface, tel que l'allongement élastique $\dfrac{Rl}{E}$ qui en résulterait soit égal au raccourcissement correspondant à l'abaissement de température. Ce raccourcissement s'exprime par $\Delta\,l\,t$ en appelant Δ le coefficient de dilatation, on a donc : $R = E \Delta\, t$.

En chiffres ronds pour des fils d'acier, R = 0, 125 t. Inversement une élévation de température de t degrés produira une diminution de tension ; mais le fil n'éprouvera jamais ni allongement ni raccourcissement, tant qu'il restera parfaitement tendu. Si maintenant, au lieu de supposer le fil fixé en deux points, nous le supposons enroulé autour de deux poulies, les choses se passeront de même pour chaque brin ; et il suffira d'exercer une traction supplémentaire supérieure à la résistance des poulies sur un des brins, pour qu'il entraîne la poulie

extrême et par suite l'autre brin. Il en sera évidemment
de même, si le fil se compose de deux brins fixés par
leurs extrémités aux bras de deux balanciers.

En partant de ce principe, on voit qu'il suffit théoriquement, pour compenser la dilatation, de fixer d'une
manière assez solide à ses points d'attache le fil de la
transmission et de le tendre assez fortement pour que, à
la température maximum prévue, sa tension soit encore
suffisante. Mais il faut en outre, pour que le fonctionnement ne risque pas d'être compromis par un allongement permanent ou par une rupture, que, à la température minimum prévue, la tension maximum pendant
la manœuvre ne dépasse pas la limite d'élasticité du fil.
Ces conditions ne peuvent être réalisées avec le fil de
fer de diamètre courant : il faut compter sur un écart
de température d'au moins 60° et par conséquent sur
un effort supplémentaire dû à la dilatation de 7^k 50 ; si
à cet effort on ajoute celui qui est nécessaire pour que
le fil soit parfaitement tendu et celui qu'il faut exercer
pour vaincre les résistances normales et au besoin les
résistances accidentelles, on voit que la limite d'élasticité serait très fréquemment dépassée. Avec du fil d'acier ordinaire, la marge réservée aux tensions supplémentaires résultant de la manœuvre serait encore
faible ; mais on peut réaliser les conditions nécessaires
pour assurer une tension minimum suffisante aux températures les plus élevées, tout en laissant un coefficient
de sécurité satisfaisant, en employant des fils à limite
d'élasticité élevée dépassant 50 kilogs, qu'on fabrique
aujourd'hui couramment. Dans ces conditions, il est
permis de compter sur un allongement élastique d'au
moins vingt-cinq centimètres par cent mètres. On peut
faire supporter à un fil de 4^{mm} de diamètre, en plus de

l'effort dû aux différences de température, une traction supérieure à 500 kilogs, sans que cette limite soit atteinte. Dans les conditions que nous venons d'indiquer, chacun des deux brins de fil est constamment tendu ; il en résulte que si l'un d'eux venait à se rompre, l'autre en se raccourcissant pourrait entraîner la manœuvre intempestive des aiguilles. Avec les fils d'acier les ruptures ne sont guère à craindre, mais elles peuvent se produire dans les attaches, si celles-ci ne sont pas faites avec un très grand soin. Pour éviter ce danger on peut employer divers procédés ; on peut, par exemple, intercaler dans la transmission un appareil tendeur qui, lorsqu'un des fils vient à céder, se déplace et supprime la tension de l'autre fil. On peut aussi disposer la liaison du fil et de la poulie qu'il doit entraîner, de telle façon qu'ils cessent d'être solidaires aussitôt qu'un des brins de fil cesse d'être tendu. Ces artifices ne sont nécessaires que lorsque la transmission est d'une longueur assez grande pour que le raccourcissement du fil puisse entraîner le mouvement des aiguilles ; comme nous le verrons plus loin, ce mouvement ne commence, dans la plupart des appareils de manœuvre à distance, que lorsqu'une partie de la course a déjà été effectuée, à moins qu'il n'existe un verrouillage indépendant. Dans ce dernier cas, il n'y a pas à craindre de manœuvre intempestive, en cas de rupture de la transmission, car c'est le verrou qui maintient les aiguilles en place.

La transmission par fils n'exige, en dehors de l'appareil de manœuvre et de la poulie ou du balancier placé à l'extrémité, que deux fils et des poulies destinées à les supporter ; comme la tension est très forte, ces poulies peuvent être très espacées : dans les transmissions aériennes, on peut les éloigner facilement jusqu'à 50ᵐ les unes des autres ; le fil prend alors la forme d'une chainette, mais la flèche est très faible et on peut d'ailleurs tenir compte de sa variation selon la tension dans le calcul de la course à réserver au levier de manœuvre.

Les transmissions par fils sont très économiques ; elles sont d'une installation commode dans les gares parce qu'on peut les faire aériennes, c'est-à-dire les placer à quatre ou cinq mètres du niveau du sol. Leur entretien est facile et peu coûteux. Enfin elles permettent de manœuvrer les appareils à une très grande distance : à 500ᵐ, la manœuvre d'un changement de voie et de son verrou par un seul coup de levier se fait sans aucune difficulté, et il existe en Hongrie des exemples de transmissions fonctionnant à plus de 700ᵐ de distance.

206. — Manœuvre à distance hydraulique. — On peut aussi manœuvrer les aiguilles au moyen de la pression de l'eau ; c'est le principe de l'appareil italien qui porte le nom de MM. Bianchi et Servettaz et dont il existe un certain nombre d'applications en France, notamment à la Compagnie d'Orléans, à la Compagnie du Midi et à la Compagnie Paris-Lyon-Méditerranée. Les mouvements sont produits au moyen de pistons actionnés par l'eau ; un petit accumulateur est placé à portée du levier de manœuvre. Pour éviter la congélation de l'eau en hiver, on y mélange une petite quantité de glycérine. Ce système n'est pratique que lorsqu'on a à manœuvrer du même point un assez grand nombre de leviers, car la dépense d'installation de l'accumulateur est relativement considérable.

207. — Manœuvre électrique. — Enfin, on peut manœuvrer électriquement les aiguilles, et ce système est

26

peut-être appelé à se répandre dans l'avenir. Il existe
à la Compagnie du Nord des transmissions de ce genre,
mais jusqu'à présent, elles ne sont qu'à l'état d'essai et
on peut dire qu'il n'existe pas encore de manœuvre électrique des aiguilles qui soit entrée dans la pratique
au moins en Europe.

208.— Verrouillage et calage des aiguilles.— Nous
avons vu que la position défectueuse des aiguilles d'un
appareil de changement de voie peut occasionner les
accidents les plus graves, et qu'on est par suite conduit
à les cadenasser dans certains cas pour assurer la fixité
de leur position. Il n'y aurait évidemment aucun intérêt à manœuvrer les aiguilles à distance s'il fallait ensuite aller les cadenasser sur place ; on est ainsi conduit à employer des dispositifs spéciaux pour assurer
la sécurité, et ils sont d'autant plus nécessaires que
les causes qui peuvent amener un entrebàillement des
aiguilles sont bien plus nombreuses quand la manœuvre se fait à distance. En effet, si la commande de la
tringle de manœuvre se fait directement par la transmission au moyen d'un retour d'équerre, il en résulte
un double inconvénient. D'une part, les aiguilles ne sont
maintenues en place que par la tension ou la compression exercée directement par la transmission, et par
conséquent ne sont pas assujetties d'une façon sûre ;
d'autre part, la course des aiguilles et celle de la transmission dépendent l'une de l'autre : le réglage des premières est donc subordonné au réglage de la seconde
sur lequel on ne peut compter d'une manière absolue.
On emploie deux méthodes différentes pour éviter ces
causes d'accidents. La première consiste à s'assurer que
les aiguilles sont en place et à les y maintenir au moyen

d'un verrou actionné par une transmission spéciale. Le verrou peut consister soit dans une barre qui traverse une gâche reliée directement aux aiguilles, soit dans un arbre qui porte deux cames dont chacune appuie une des aiguilles sur son rail contre-aiguille.

En donnant au levier qui manœuvre le verrou une course suffisante, on peut être assuré que le verrouillage se produit, quel que soit le jeu de la transmission. En effet, si l'appareil de changement de voie est en place, le verrou pénètrera dans la gâche. Sinon, le verrou viendra buter contre la partie pleine de la gâche, et, malgré le jeu de la transmission, le levier ne pourra, sans effort exceptionnel, effectuer sa course entière. Une rupture dans la transmission sera révélée par une absence complète de résistance au moment de la manœuvre. Ce système est très sûr, mais il exige une transmission indépendante, ce qui est une complication et une augmentation de dépense.

Lorsqu'il n'y a pas de raison spéciale pour employer un verrou indépendant, on manœuvre les aiguilles au moyen d'appareils dont le réglage est à peu près indépendant de celui de la transmission. Ces appareils produisent le verrouillage ou le calage des aiguilles. On emploie la première de ces expressions pour indiquer que les aiguilles sont immobilisées directement par un verrou ; on dit qu'il y a calage lorsque c'est la tringle de manœuvre qui est fixée, dans l'une ou l'autre de ses positions normales, par une pièce contre laquelle elle vient butter. Le mouvement de ces appareils se décompose en trois périodes : une période de décalage ou de déverrouillage, une période de déplacement des aiguilles, et une période de calage ou de verrouillage.

Tous les appareils de ce genre qui existent à notre

connaissance peuvent se rapporter à trois types, que nous allons examiner successivement.

Le premier type est fondé sur le principe suivant. Deux barres perpendiculaires aa' et bb' correspondent : l'une à la tringle de connexion des aiguilles, l'autre au verrou ; elles portent chacune une encoche, A et B, et un taquet butoir, α et β. La première barre est commandée au moyen d'un retour d'équerre amc' par une tringle cc', parallèle à la seconde. Les deux tiges parallèles bb' et cc' sont réunies par une bielle bc dont le milieu o est actionné par la transmission. Lorsque, par l'intermédiaire de cette dernière, on exerce une traction sur le milieu de la bielle, les barres tendent à se mouvoir suivant les flèches. Les trois figures correspondent aux trois périodes du déverrouillage, de la manœuvre des aiguilles et du verrouillage. Dans la première, la tige aa', retenue par bb', est immobilisée, ainsi que la tige cc'. La bielle tourne alors autour du point c en entraînant la barre bb'. Au moment où la tige aa' rencontre le butoir β, le mouvement b b' est arrêté, tandis que celui de aa', rendu possible par l'encoche B, commence à se produire. C'est la seconde période pendant laquelle la bielle tourne autour du point b. La troisième période commence

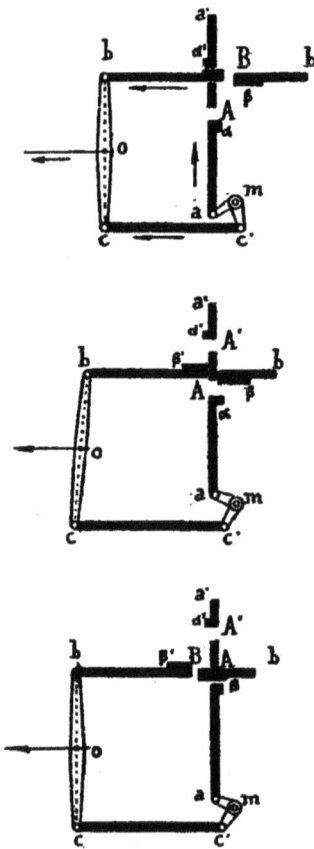

Fig. 212.

à l'instant où, le taquet α heurtant le taquet β, la tige aa' est rendue immobile, tandis que la tige bb', en face de laquelle se trouve à ce moment l'encoche A, recommence à se déplacer. L'encoche A, et les taquets α' et β' permettent d'opérer la même série de mouvements en sens contraire quand on exerce un effort dans l'autre sens sur le milieu de la bielle.

Il est facile de voir que cet appareil répond aux conditions que nous avons énoncées plus haut. La course des aiguilles dépend uniquement de la distance qui sépare les deux encoches de la tringle de connexion ; mais le mouvement de la transmission comprend non seulement le déplacement correspondant à cette course, mais encore les déplacements qui correspondent au verrouillage et au déverrouillage. L'amplitude de ces derniers peut être choisie à volonté, de façon à racheter le jeu que peut prendre la transmission. Il n'est pas nécessaire en effet que le déplacement de la bielle soit complet, pour que le verrouillage se produise et soit efficace ; il suffit que la tringle aa' ait terminé sa course, et que la tringle bb' ait commencé son second mouvement. Si, pour une cause quelconque, l'appareil de changement de voie est arrêté dans une position intermédiaire, l'extrémité de la transmission est immobilisée, alors que le levier a encore une course notable à effectuer, et la résistance anormale qui en résulte suffit à révéler le fait à l'aiguilleur. C'est sur ce principe que sont fondés les appareils Dujour de la Compagnie P. L. M., et les appareils Bianchi et Servettaz à manœuvre hydraulique.

Le second type est basé sur le principe suivant : soit A le point qui, à l'origine du mouvement, est à l'intersection de la transmission et de la tringle de manœuvre, prolongées s'il y a lieu. Considéré comme appartenant

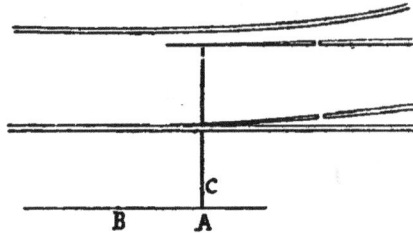

Fig. 213.

à la transmission, le point A se déplace de A en B, par exemple, considéré comme appartenant à la tringle, il se déplace de A en C. Traçons la figure représentative des mouvements relatifs de ces deux points d'abord confondus en A, pendant les trois périodes de décalage, de manœuvre des aiguilles et de calage, en portant sur l'axe des x les déplacements du point de la transmission et sur l'axe des y ceux du point de la tringle. Les abscisses croissent d'une façon continue de a en d' pendant les trois périodes ab, bc', c'd'. Les or-

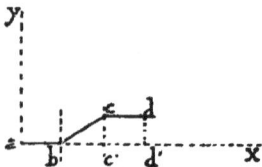

Fig. 214.

données au contraire restent nulles pendant la première période, croissent d'une façon progressive pendant la seconde et conservent la même valeur pendant la troisième. La figure se compose donc des deux éléments horizontaux ab et cd reliés par une ligne inclinée bc, qui est une portion de droite si le mouvement relatif est uniforme, ou, en cas contraire, une courbe quelconque. Si, dans la transmission, on intercale un guide ayant la forme a b c d et si on astreint un point de la tringle à suivre ce guide, on produira les mouvements

que nous venons d'analyser : décalage, manœuvre des
aiguilles et calage. C'est dans
cette disposition que consiste un
appareil employé depuis longtemps en Angleterre au North
Eastern Railway et qui, avec
quelques améliorations de détail,

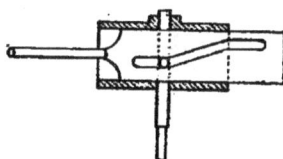

Fig. 215.

est employé à la Compagnie du Nord Français sous le
nom de verrou Poulet.

On cherche, en général, dans les appareils, à substituer, pour les organes de transformation de mouvement, la rotation au placement longitudinal, de façon
à diminuer les frottements. On peut obtenir ce résultat de plusieurs manières, tout en appliquant le même
principe.

Supposons qu'on enroule la figure schématique abc
autour d'un axe parallèle à la tringle :
la ligne brisée sera remplacée par deux
arcs de cercle a_1 b_1 et c_1 d_1 raccordés
par un arc d'hélice b_1 c_1. Il suffira de faire
tourner le cylindre autour de son axe pour
que tous les points de ces courbes se présentent successivement au droit de la tringle, exactement dans les mêmes conditions
que les points de la ligne brisée dans le
mouvement de translation. La Compagnie
d'Orléans emploie des appareils fondés sur
ce principe.

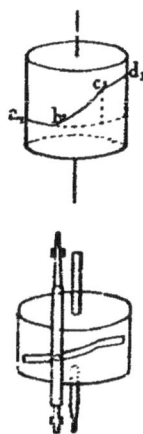

Fig. 216.

On peut aussi effectuer la rotation autour d'un axe
perpendiculaire à la tringle de manœuvre. Supposons
en effet qu'au lieu d'enrouler la figure abcd autour
d'un cylindre, on enroule son axe des x sur la demi-
circonférence d'un cercle 0, en portant ses ordonnées

en prolongement des rayons du cercle ; les coordonnées angulaires ω et ρ de la nouvelle figure se déduiront des coordonnées rectilignes de la première par les relations :

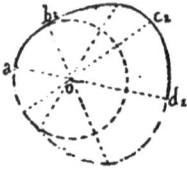

Fig. 217.

$$R \, \omega = x$$
$$\rho = R + y$$

La courbe $a_2 \, b_2 \, c_2 \, d_2$ ainsi construite se compose de deux arcs de cercle réunis par un arc de courbe à rayons varia⸱les. Un excentrique affectant cette forme et mobile autour du point o jouera le même rôle que les appareils précédents ; pour faciliter le guidage, on complète l'excentrique par la courbe symétrique ; il est facile de vérifier que dans ce cas le diamètre passant par le point o est constant. Ce principe est celui des appareils Asser et Taurel avec manœuvre par fils qui sont très employés en Hollande et qu'on emploie en France sur le réseau du Nord dans les voies accessoires de certaines gares et sur le réseau de l'État d'une manière générale. C'est également

Coupe M N

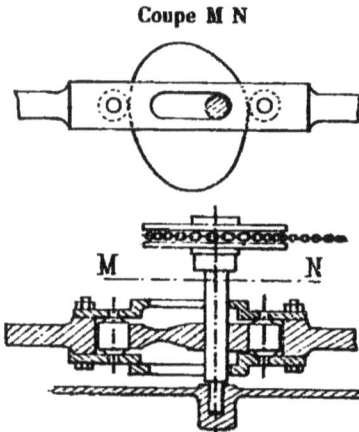

Coupe par le pivot

Fig. 218.

le principe d'un appareil en usage au réseau du Midi, et qui est commandé par des triangles rigides.

Dans les exemples précédents, la transformation du déplacement longitudinal en une rotation a lieu pour le mouvement de la transmission. On peut faire l'inverse : conserver le déplacement longitudinal pour la

transmission et actionner la tringle de manœuvre
des aiguilles au moyen d'une pièce tournante. C'est

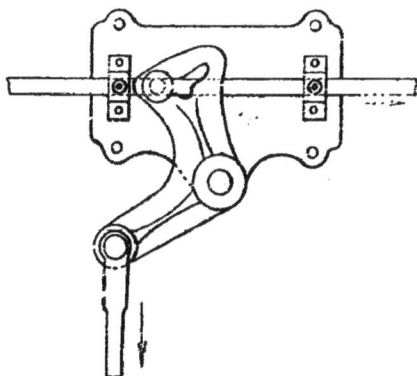

Fig. 219. — Appareil Williams.

le principe de l'appareil Williams, dont le croquis
ci-dessus fait suffisamment comprendre le fonctionnement, et de l'appareil employé en Russie sous le nom
d'appareil Gordeenko, qui n'en diffère pas sensiblement.

Enfin, on peut effectuer la transformation de mouvement par l'intermédiaire de deux pièces tournantes,
dont l'une est actionnée par la transmission et dont

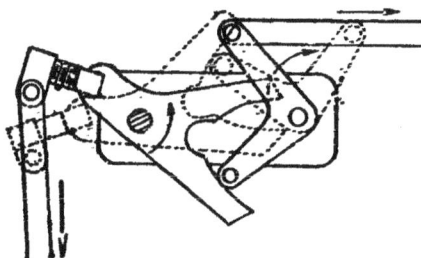

Fig. 220. — Appareil Bussing.

l'autre commande la tringle de manœuvre. L'appareil
de Bussing et l'appareil Marcelet employé à la Compagnie Paris-Lyon-Méditerranée, sont conçus d'après
ces données.

On peut encore imaginer d'autres combinaisons,
mais elles sont sans intérêt pratique. Dans les appareils de ce genre, on doit s'attacher à la simplicité et
à la rusticité beaucoup plus qu'à l'originalité des combinaisons de mouvement.

En observant que le verrouillage ou le calage n'est
nécessaire, pour chaque aiguille, que lorsqu'elle est
appuyée contre le rail contre-aiguille, on peut les faire
conduire séparément par un organe spécial de manière
que la période de déverrouillage de l'une corresponde

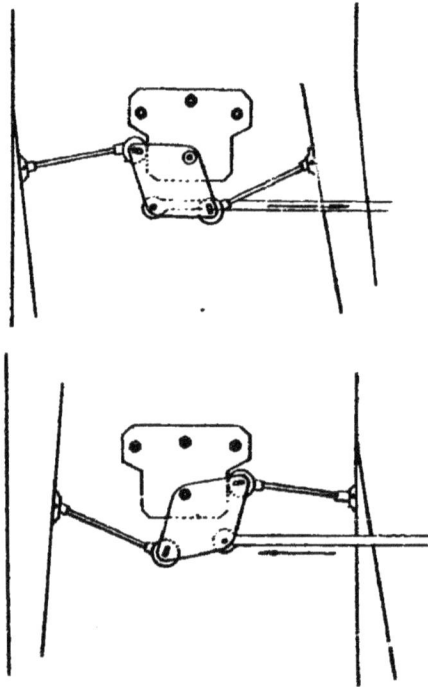

Fig. 221.

à la période de déplacement de l'autre, et inversement
que la période de verrouillage de cette dernière corresponde à la période de déplacement de la première. On
a ainsi l'avantage, pour une même course, d'avoir une
plus grande amplitude de verrouillage et aussi de

rendre les appareils talonnables parce que, au passage
d'une roue d'un véhicule, le déplacement de l'aiguille
qui n'est pas calée peut produire automatiquement le
décalage de l'aiguille opposée. C'est le principe de l'appareil Henning, très employé en Allemagne et en
Suisse, qui constitue le troisième des types dont nous
avons parlé.

**209. — Appareils permettant de manœuvrer les
aiguilles à la fois à distance et sur place.** — Il est
souvent utile de pouvoir manœuvrer les changements
de voie indifféremment à distance et sur place. On peut
réaliser cette combinaison au moyen d'axes de rotation alternativement mobiles d'après le principe des
appareils Dujour; c'est ce qu'a fait le Compagnie d'Orléans dans un appareil qui figurait à l'exposition de
1889.

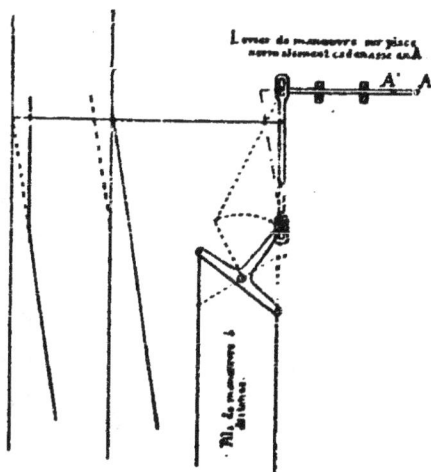

Fig. 222.

Au réseau de l'État, on a appliqué le principe de la
serrure Annett qui est le suivant : l'appareil qui manœuvre et verrouille les aiguilles est rendu solidaire

de la transmission par l'intermédiaire d'une serrure ;
une autre serrure est placée sur le levier de manœuvre et immobilise celui-ci quand elle est fermée ; il
n'existe, pour l'une et l'autre serrure, qu'une seule
clef qui doit y rester engagée pour permettre l'ouverture : de cette façon, lorsque la clef est enlevée, les
deux serrures sont fermées, le levier et les aiguilles
sont immobilisés dans une position qui est toujours la
même. Si la serrure du levier de manœuvre est ouverte le levier est libre, mais il entraîne forcément
les aiguilles puisque la serrure placée au droit de l'appareil de manœuvre est fermée ; si au contraire la
serrure de l'appareil de manœuvre est ouverte, les aiguilles sont libres, mais le levier est immobilisé. On
réalise ainsi l'avantage de rendre impossible les erreurs
qui peuvent résulter de la faculté de manœuvrer les
aiguilles de deux points différents.

210. — Contrôle de la manœuvre des aiguilles. —
Il est souvent utile, lorsqu'on emploie des transmissions à distance, de pouvoir contrôler le mouvement
des aiguilles, c'est-à-dire de s'assurer qu'elles ont bien
obéi au mouvement imprimé par le levier de manœuvre. Dans les appareils à verrouillage ou à calage automatique manœuvrés au moyen de tringles ou de fils,
on se contente le plus souvent de l'assurance que donne
à ce sujet la possibilité de faire décrire au levier sa
course entière. Toutefois, dans certains cas, ce contrôle
n'est pas suffisant, par exemple lorsqu'un appareil de
cette nature, ou un appareil à verrou indépendant, est
faussé par un train ou un véhicule qui le prend en talon, alors qu'il n'est pas disposé pour la voie suivie par
ce train ou ce véhicule ; dans ce cas, rien ne révèle à

distance le déplacement des aiguilles causé par cet
accident, et il peut en résulter un déraillement si l'appareil est pris en pointe par un train avant qu'on s'en
soit aperçu. Il existe des appareils, en général électriques, tels que le contrôleur Lartigue et le contrôleur
Chaperon, qui indiquent que les aiguilles ont bien
achevé leur course ou conservé leur position.

Le contrôleur Lartigue consiste dans un commutateur électrique formé d'un vase contenant du mercure.
Lorsque le vase est horizontal, le mercure baigne deux

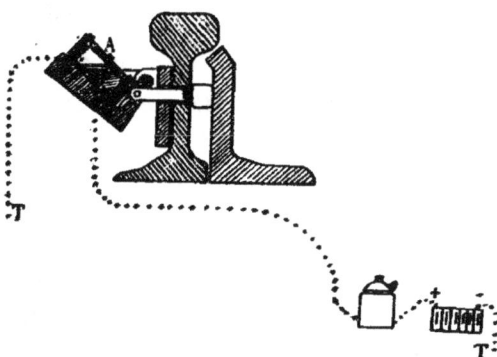

Fig. 223.

boutons métalliques ; lorsque le vase est incliné par la
butée de l'aiguille, le contact est supprimé. Les boutons sont compris dans un circuit qui, lorsqu'il est fermé, actionne une sonnerie électrique.

Dans le contrôleur Chaperon, le commutateur est
formé d'un petit chariot portant des bandes argentées
et dont le mouvement est solidaire de celui des aiguilles.

Avec les appareils à manœuvre hydraulique Bianchi
et Servettaz, le contrôle du mouvement des aiguilles
se fait par une conduite de retour. Nous reviendrons
sur cette combinaison à propos des enclenchements.

211. — Pédales. — Avec les transmissions à distance, il arrive souvent que l'aiguilleur est assez loin de l'aiguille qu'il manœuvre, et ne la voit que difficilement, surtout la nuit. Or s'il déplace le levier pendant qu'une rame de wagons est engagée sur l'appareil, un déraillement est certain, parce que des véhicules reliés ensemble, ou même les deux essieux d'un même véhicule sont dirigés sur des voies différentes. Pour éviter cet accident, on place, en avant de l'aiguille et contre la face intérieure de l'un des rails, une pédale dont la longueur est au moins égale au plus grand écartement qui peut se produire entre les essieux d'un même véhicule ou entre les essieux de deux véhicules attelés ensemble ; cette pédale est reliée à l'appareil de manœuvre et commandée par la même transmission : elle reste abaissée tant que les aiguilles sont calées dans l'une de leurs deux positions et se relève pendant leur période de déplacement, de telle sorte que, si des wagons sont engagés sur l'appareil, le boudin de leurs roues maintient la pédale abaissée, ce qui rend toute manœuvre des aiguilles impossible. La pédale est formée d'un fer cornière qui est tantôt mobile autour d'un axe parallèle au rail, tantôt porté par une série de bielles et tournant autour d'axes perpendiculaires à la voie.

Fig. 224.

L'addition de la pédale augmente les frottements et rend plus dure la manœuvre du levier. On peut, au moyen d'appareils électriques, obtenir le même résultat en supprimant tout frottement. L'appareil destiné à remplir ce but sur le réseau de l'État est établi d'après le principe suivant : La pédale est remplacée par une lame fixe isolée[1] ; cette lame qui est en acier, est très flexible, de manière à pouvoir se plier sous la pression du boudin des roues et reprendre sa place après le passage de celles-ci. La lame est en communication avec un appareil électrique, dont nous parlerons plus loin à propos des enclenchements et qui immobilise le levier de manœuvre de l'aiguille tant que le circuit est ouvert ; mais lorsque le boudin d'une roue touche la lame il la met, par l'intermédiaire du bandage, en communication avec le rail voisin, et le circuit est fermé par la terre.

212. — Changements à trois voies. — Les changements à trois voies, ou branchements doubles, sont symétriques et comprennent une voie médiane d'où se

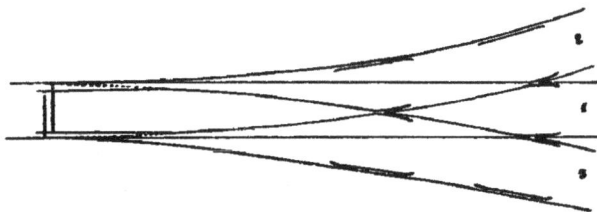

Fig. 225.

détache à partir du même point une voie de chaque

---

1. L'emploi d'une lame isolée placée à côté du rail, pour produire un courant au moment du passage des véhicules, a été imaginé par M. de Baillehache, qui a donné à cet appareil le nom de *contre-rail isolé*.

côté. Ils résultent de la juxtaposition de deux branchements simples dont les deux paires d'aiguilles sont manœuvrées chacune par un levier spécial. A chacun des rails contre-aiguilles correspondent deux aiguilles de longueurs inégales dont les pointes s'appuient contre le champignon du rail. Les rails intérieurs des deux voies déviées se coupent au milieu de la voie directe.

Le changement à trois voies symétriques que nous venons de décrire est, en général, le seul employé dans les voies principales. On peut faire des changements à trois voies dissymétriques dans lesquels les

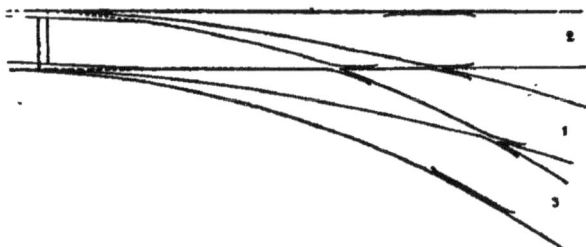

Fig. 226.

deux voies déviées se trouvent du même côté de la voie directe ; mais alors le rayon de l'une de ces voies est nécessairement très petit.

213. — Traversées de voies. — *Traversées obliques.* — Il est souvent nécessaire, surtout sur les lignes à double voie, de faire traverser une voie par une autre. La partie commune se compose d'un losange dont les angles aigus A et B se traitent exactement comme les cœurs de changements de voie. Dans les angles obtus, les rails extérieurs jouent naturellement le même rôle que les pattes de lièvre dans les cœurs et soutiennent la roue au passage de la lacune ; pour assurer le guidage des roues, on place à l'intérieur du

losange formé par les deux voies
des contre-rails dont la partie
moyenne est surhaussée par rapport au niveau du rail ; en outre
on ajoute aux extrémités des côtés du losange des pattes de lièvre
dans le prolongement des contre-
rails intérieurs.

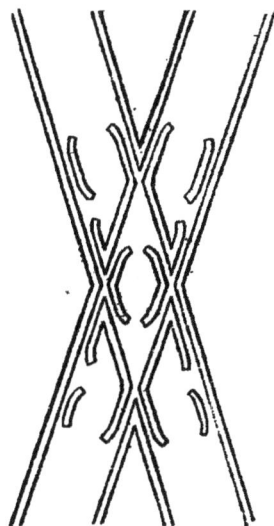

Lorsque le croisement se fait
sous un angle faible, la petite
diagonale du losange, qui est la
bissectrice des perpendiculaires
aux axes des deux voies, s'écarte
très peu de chacune d'elles, et

Fig. 228.

les lacunes qui existent au droit des angles obtus ont
une longueur suffisante pour que, à un certain moment,
les deux roues d'un même essieu se trouvent à la fois
ne pas être guidées. Il y a donc théoriquement danger
que les essieux d'un même véhicule ou d'une série de
véhicules reliés ensemble ne suivent pas tous la même
voie ; mais ce danger n'est que théorique, car pratiquement la vitesse acquise suffit pour empêcher les
roues de dévier de leur direction normale.

Les traversées de voies peuvent se faire dans des
courbes : si les rayons sont les mêmes pour les deux
voies, on peut employer les appareils qui servent pour
les traversées rectilignes.

Traversées rectangulaires. — Pour les traversées
rectangulaires, on peut se dispenser sur les voies de
garage de placer des contre-rails et des pattes de lièvre,
parce que le guidage des roues n'est pas nécessaire.
Toutefois il est utile d'en mettre au moins sur les voies
principales pour éviter les chocs.

En général, chacun des quatre rails est interrompu à la rencontre de ceux de l'autre voie. Cependant, dans la traversée d'une voie principale par une voie accessoire, on préfère souvent maintenir la continuité de la première, et n'interrompre que la seconde. Il faut alors établir cette dernière à un niveau un peu supérieur afin que les boudins des roues qui y circulent ne soient pas arrêtés par les rails de la voie principale et la longueur des lacunes au droit de la traversée est augmentée.

Fig. 228.

214. — Traversées-jonctions. — Dans les traversées de voies ordinaires, il n'existe aucune communication entre les deux voies qui se croisent. On peut en établir en disposant au droit de la traversée, dans les angles obtus, des raccordements en arcs de cercle terminés à chacune de leurs extrémités par des aiguilles. L'appareil ainsi constitué est une traversée jonction.

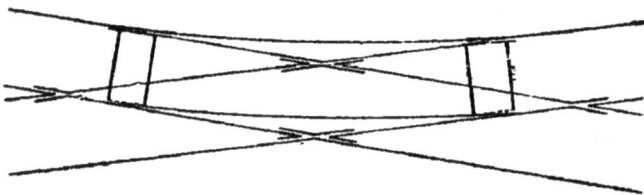

Fig. 229.

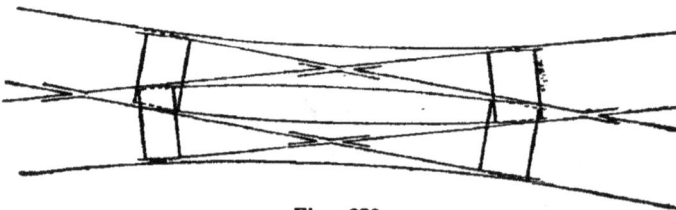

Fig. 230.

La traversée-jonction est *simple* s'il n'y a de

raccordement que d'un côté de la traversée, *double* si le raccordement existe des deux côtés.

L'établissement des traversées-jonctions n'offre aucune difficulté particulière et n'entraîne qu'une complication dans la pose par suite de l'adjonction des raccordements courbes. La traversée-jonction double donne toutes les communications possibles entre deux voies dans un espace d'une vingtaine de mètres environ, tandis que l'établissement d'une communication entre deux voies parallèles exige au moins une longueur de 60ᵐ. Les traversées-jonctions permettent en outre, grâce au rapprochement des appareils de changement de voie, de manœuvrer au besoin toutes les aiguilles au moyen d'un seul levier. Il est facile de voir que les positions des aiguilles correspondant à chacune des jonctions sont solidaires ; comme on ne peut jamais avoir à donner à la fois, dans les traversées-jonctions doubles, qu'une seule direction, la position des aiguilles correspondant à la seconde direction est indifférente. Toutefois, la solidarité des aiguilles n'existe pas toujours dans ces appareils : on la supprime souvent, en particulier lorsque les aiguilles rentrent dans des combinaisons d'enclenchements.

Les traversées-jonctions qui ont été appliquées pour la première fois en Angleterre, sont souvent désignées, notamment en Allemagne, sous le nom d'appareils anglais ou de croisements anglais.

215. — **Diagonales et bretelles**. — *Diagonales*. — On appelle *diagonale* une liaison établie entre deux voies généralement parallèles au moyen de deux branchements placés en sens inverses et reliés par un tronçon de voie posé en diagonale par rapport aux premières.

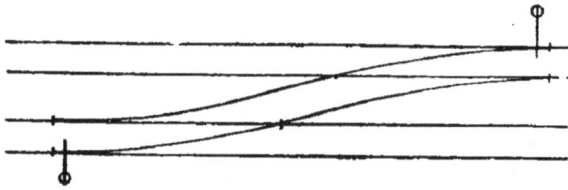

Fig. 231.

Si la manœuvre se fait sur place avec des leviers à contrepoids, il n'y a pas avantage à manœuvrer les aiguilles d'un seul coup. Mais, avec les appareils de manœuvre à distance, on fait mouvoir les deux aiguilles à la fois par un seul levier. On évite ainsi une manœuvre inutile ; en outre, les deux appareils sont ainsi toujours dans les positions correspondantes et on évite qu'une des aiguilles puisse être prise en talon : cette dernière précaution est nécessaire, parce que, dans ces sortes d'appareils, les leviers sont habituellement verrouillés dans leurs positions extrêmes.

Bretelles. — Deux diagonales de sens contraires, placées symétriquement et se coupant, forment une *bretelle.* Les bretelles ont l'avantage de donner dans un court espace la jonction de deux voies dans les deux sens ; le rapprochement des aiguilles qui sont réunies dans un espace de 60^m à 80^m permet de les manœuvrer au besoin d'un seul coup de levier.

Fig. 232.

Lorsqu'on a quatre voies parallèles, il suffit de réunir les deux voies extrêmes par deux diagonales en bretelle et d'installer des traversées-jonctions aux points d'intersections avec les voies intermédiaires pour réaliser dans un espace très restreint toutes les communications utiles entre les quatre voies.

216. — Plaques tournantes. — Les *plaques tour- nantes* sont des appareils placés à l'intersection des deux voies rectangulaires et destinés soit à faire pas- ser les véhicules de l'une des voies sur l'autre, soit à les retourner bout pour bout. Elles n'existent pas dans tous les pays comme moyens de communication entre les voies. En Allemagne notamment, elles sont à l'état d'exception.

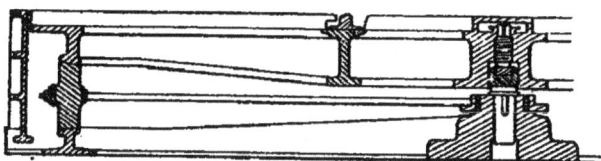

Fig. 233.

Une plaque tournante se compose d'un plateau cir- culaire mobile autour d'un pivot fixe placé à son centre et supporté à son pourtour par des galets côniques rou- lant sur un chemin circulaire. Ce dernier, ou couronne, est rattaché à la base du pivot par des bras : l'ensem- ble constitue le plateau inférieur dormant. Les galets sont reliés par des tiges en fer à un anneau embrassant le pivot.

Le plateau supérieur, ou plateau mobile, comprend une couronne circulaire qui porte sur les galets, quatre poutres placées sous les rails et se croisant comme eux, des bras qui relient le pivot aux poutres et à la couronne, et enfin, un plancher en bois ou en tôle striée. La liaison entre le plateau supérieur et le pivot se fait par l'intermédiaire de un ou plusieurs boulons qui permettent de faire varier la fraction du poids de la plaque qui repose sur les galets et de régler ainsi le

Fig. 234. — Rail Brunel.

fonctionnement de l'appareil. Les rails employés sur les plaques tournantes sont généralement des rails Brunel à section pleine.

L'espace compris entre le plateau mobile et le plateau dormant est entouré d'un cuvelage qui maintient le ballast.

Les plaques tournantes se font habituellement en fonte, sauf les tiges qui relient les galets au pivot et qui sont en fer, et le pivot lui-même qui est en acier. On a essayé à la Compagnie du Midi et à la Compagnie P. L. M., de former les poutres qui portent les voies de tôles et de cornières assemblées : les résultats n'ont pas été satisfaisants, probablement parce que les pièces ainsi constituées étaient trop faibles et par suite trop flexibles.

Les rails sont coupés à leurs intersections, comme dans une traversée rectangulaire ordinaire ; il en résulte au passage des véhicules des chocs qui causent le bruit assourdissant qu'on entend souvent dans les gares et qui fatiguent les plaques. On

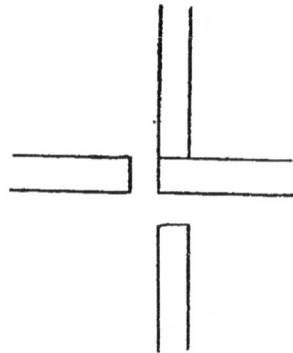

Fig. 235.

peut facilement éviter ces chocs en plaçant le long des rails des plans inclinés en acier sur lesquels le boudin des roues monte ; celles-ci sont ainsi soutenues au passage de l'intersection des voies ; ces plans inclinés se coupent de manière à former un croisillon au droit de chaque intersection.

Les plaques tournantes sont établies sur une couche de ballast de 0ᵐ 40 à 0ᵐ 50 d'épaisseur sur laquelle repose directement le plateau dormant ; pour régler leur niveau, on les relève au moyen de crics et on bourre du ballast en dessous.

On se sert des plaques de la façon suivante : on amène le véhicule sur la plaque, puis on pousse ses deux extrémités en sens inverses dans la direction perpendiculaire à son axe, de manière à faire tourner l'appareil ; on a soin, au préalable, de soulever un taquet ou *main* qui sert à immobiliser le plateau supérieur de la plaque dans chacune des quatre positions qui donnent la continuité des voies. On fait retomber la main dans son cran d'arrêt au moment où la rotation est terminée.

Les plaques tournantes sont souvent disposées par batteries aux intersections d'une série de voies parallèles et d'une voie transversale. Elles donnent alors toutes les communications entre ces voies.

Comme nous l'avons fait remarquer au sujet des traversées de voies rectangulaires, on peut, sur les plaques tournantes, maintenir la continuité de la voie principale en ayant soin de surhausser l'autre voie. C'est un avantage au point

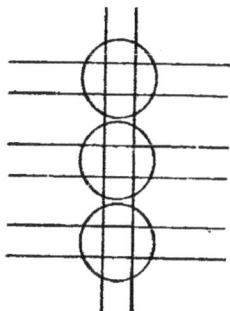

Fig. 236.

de vue de la circulation sur la voie ininterrompue, mais il en résulte une sujétion pour le raccordement de la voie surhaussée avec les voies au niveau normal.

Les plaques tournantes ont généralement de 4ᵐ 40 à 4ᵐ 50 de diamètre. Elles suffisent alors pour les wagons de marchandises et pour les wagons à voyageurs des anciens types. Mais avec les nouveaux types, on a été amené à construire des plaques de 5ᵐ 50 et la Compagnie d'Orléans a même des plaques de 6ᵐ 50. Il est certainement avantageux d'avoir des plaques pour tourner les longs wagons ; mais quand leur diamètre atteint ces limites, l'écartement habituel des voies parallèles oblige à établir les batteries en quinconce. Les bouts de voie intermédiaires sont alors à 45° et il faut avoir soin de ramener, après chaque manœuvre, les plaques dans une de leurs quatre positions normales

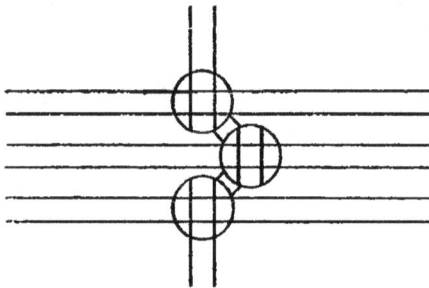

Fig. 237.

pour ne pas interrompre la continuité des voies principales ; un oubli peut amener un accident grave. La manœuvre des grandes plaques est d'ailleurs assez pénible. Avec les voitures à très grand écartement d'essieux qui tendent actuellement à se répandre, l'emploi des plaques tournantes devient impossible.

217. — Ponts tournants pour machines. — La nécessité de retourner les machines bout pour bout, afin de les faire circuler constamment cheminée en avant, oblige à recourir pour celles-ci à d'autres appareils. Les plaques de 12ᵐ que l'on avait construites au début entraînaient des frottements considérables. Il fallait recourir à l'emploi de treuils pour les manœuvres et on y a renoncé. On se sert aujourd'hui habituellement de ponts tournants : les ponts tournants sont formés de deux poutres en fer ou en acier, généralement en forme de solide d'égale résistance, et supportés en leur milieu par un pivot fixe. A chacune des extrémités des poutres sont placées des roues qui se déplacent sur un chemin circulaire. Les pivots des ponts tournants reposent tantôt sur un massif de fondation, tantôt sur un bloc de fonte à large base établi directement sur le ballast. Ce dernier système rend l'installation et le déplacement du pont plus faciles.

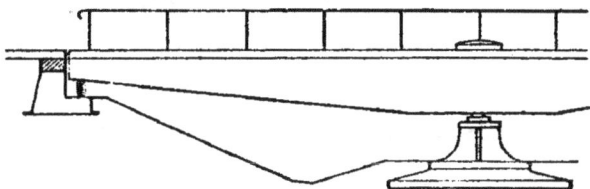

Fig. 238.

On donnait autrefois 14^m de longueur aux ponts tournants ; maintenant on est conduit à augmenter cette dimension qu'on porte à 17^m. On a ainsi plus de latitude dans la position que peut occuper la machine sur le pont, et on peut s'arranger de façon à placer le centre de gravité de la machine au-dessus du pivot, ce qui diminue de beaucoup les frottements.

La manœuvre se fait généralement à bras. Lorsque le pont est bien équilibré, que le chemin de roulement est bien dressé et que la machine est placée d'une manière convenable, deux hommes suffisent pour tourner le pont.

218. — Chariots roulants manœuvrés à bras. — Lorsqu'on n'a pas à tourner les véhicules bout pour bout, on peut, au lieu d'une batterie de plaques établies sur une série de voies parallèles, employer les chariots roulants avec ou sans fosse.

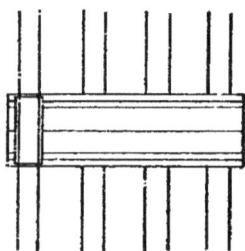

Fig. 239.

Chariots avec fosse. — Dans le type le plus simple, les voies sont interrompues au droit d'un chariot qui roule dans une fosse transversale. Le chariot, dont le bâtis est formé de poutres en fonte ou en fer, est porté par des roues placées à l'extérieur, circulant sur deux ou trois files de rails.

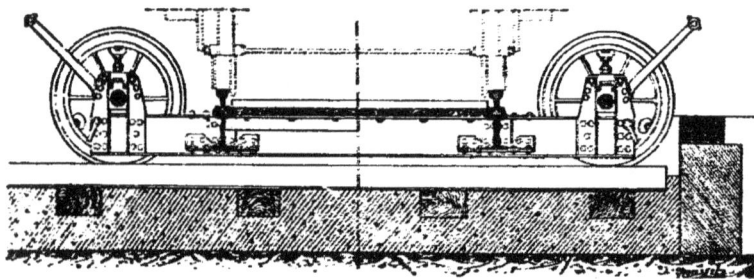

Fig. 240.

La manœuvre à bras des chariots sans fosse exige un effort considérable ; cette difficulté a restreint pendant longtemps leur emploi, parce que c'est surtout dans les petites stations qu'ils peuvent être utilisés pour remplacer les plaques tournantes et que, dans ces stations, il n'y a habituellement qu'un ou deux agents. On corrige aujourd'hui ce défaut, sur les réseaux d'Orléans et de l'État, par l'emploi du treuil Seillan, qui permet à un homme seul de déplacer sans difficulté le chariot et le wagon qu'il porte. Cet outil est un treuil à vis ordinaire, monté sur un des essieux du chariot ; l'homme qui le manœuvre doit se déplacer en même temps que lui, mais, comme la course est très lente et le déplacement de quelques mètres seulement, cela n'offre pas d'inconvénients. La présence de la fosse interrompt la continuité des voies, elle rend l'emploi des chariots de ce genre inadmissible sur les voies où circulent des trains et même sur les voies secondaires un peu fréquentées.

Chariots roulants sans fosse. — On a cherché à échapper à l'inconvénient de la fosse en supprimant celle-ci. Il faut alors que, sur le chariot, les rails soient à un niveau supérieur à celui des voies. Le raccordement se fait au moyen de plans inclinés mobiles qu'on rabat quand on veut faire passer un wagon d'une voie sur le chariot ou inversement, et qu'on relève pendant la manœuvre du chariot. Avec cette disposition, les rails des voies parallèles ne sont plus interrompus que pour le passage des roues du chariot. Cela n'a pas un grand inconvénient, mais il n'en est pas de même de l'interruption des rails sur lesquels se déplace l'appareil et qui doivent eux-mêmes être coupés aux mêmes points, parce que le chariot y passe toujours à faible vitesse et ne peut franchir en vertu de l'inertie les obstacles qui produisent une résistance exceptionnelle. On a cherché à diminuer la résistance provenant du roulement, et on y est parvenu, dans une certaine limite, en faisant tourner les fusées des essieux du chariot dans un chapelet de galets et en multipliant les roues.

Un autre inconvénient des chariots sans fosse résulte de la difficulté qu'on éprouve à donner des dimensions suffisantes au châssis qui doit supporter les wagons. Pour que ces wagons puissent s'y placer facilement, il faut que les rails qui les supportent ne soient que de quelques centimètres au-dessus du niveau des voies ; les pièces principales du châssis ne peuvent donc pas être placées au-dessous de ces rails ; leur hauteur est néanmoins limitée parce que l'espace situé au-dessous du châssis des wagons, entre les roues, est occupé par une quantité de pièces encombrantes (timonerie des freins, réservoirs à gaz, etc.), qui ne laissent libre qu'une très faible hauteur. La Compagnie Paris-Lyon-Méditerranée, qui place les réservoirs à gaz au-dessus des voitures, emploie des chariots sans fosses qui fonctionnent d'une manière satisfaisante mais dont la manœuvre exige un grand nombre d'hommes.

Chariots roulants à vapeur. — Il y a un moyen de remédier aux difficultés de la manœuvre des chariots roulants ; c'est d'employer la vapeur pour les faire mouvoir. Il existe des chariots qui portent leur moteur ; mais il faut un homme en permanence pour la conduite de la machine. Ces chariots ne sont pratiques que lorsqu'ils sont destinés à un fonctionnement à peu près continu, c'est-à-dire dans les très grandes gares pour le triage des wagons.

219. — Manœuvre hydraulique et électrique des plaques et chariots. — C'est aussi dans les très grandes gares, où il existe un grand nombre d'appareils mobiles tels que plaques, ponts tournants et chariots roulants, qu'il peut y avoir intérêt à remplacer par des moteurs mécaniques la manœuvre à bras des appareils et la traction à bras ou par chevaux des wagons qu'on amène sur les plaques ou chariots. On emploie l'eau comprimée ou l'électricité. Une canalisation souterraine distribue la force aux points appropriés. Pour la traction, on se sert de cabestans entraînant des câbles qui passent au besoin sur des poupées de renvoi avant d'être attelés aux véhicules à mettre en mouvement. Ce sont

là des installations tout à fait exceptionnelles et qui ne
sont justifiées que dans des cas spéciaux. On peut citer, comme exemples intéressants d'installations de ce
genre à P.ris, la gare Saint-Lazare et la gare de la
Chapelle.

Aujourd'hui que l'emploi de l'électricité tend à
devenir général dans les gares importantes, il est
probable qu'on arrivera à l'utiliser couramment pour la
manœuvre des chariots roulants. Si l'on disposait d'un
moyen facile et pratique de les faire mouvoir, ces chariots rendraient certainement de grands services pour
les manœuvres de triage.

220. — Taquets d'arrêt. — On place sur les voies de
garage, où des wagons isolés doivent stationner habituellement, des taquets d'arrêt destinés à retenir ces

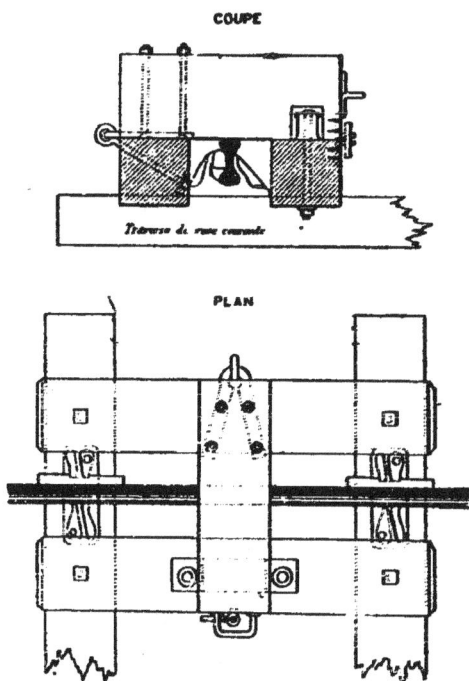

Fig. 241.

wagons dans le cas où ils se mettraient en mouvement sous l'action d'un choc, du vent, ou quelquefois de la malveillance. Le taquet le plus simple est formé d'un bloc de bois mobile autour d'une charnière, ou plus simplement d'un anneau fixe. Pour intercepter la voie, on place le bloc en travers du rail entre deux goujons verticaux destinés à empêcher son déplacement ; il porte en outre habituellement un anneau qui permet de l'immobiliser au moyen d'un cadenas.

Ce système est simple et peu coûteux ; il a l'avantage de ménager le matériel roulant, car lorsque la roue d'un wagon vient heurter le taquet, l'écrasement du bois qui se produit amortit le choc. Mais, par ce motif même, les blocs de bois deviennent rapidement hors de service ; un wagon lancé avec une certaine vitesse peut en outre quelquefois passer par dessus le taquet sans dérailler. Aussi préfère-t-on aujourd'hui les taquets métalliques, formés d'une épaisse lame de tôle qui se rabat autour d'une charnière horizontale fixée au rail

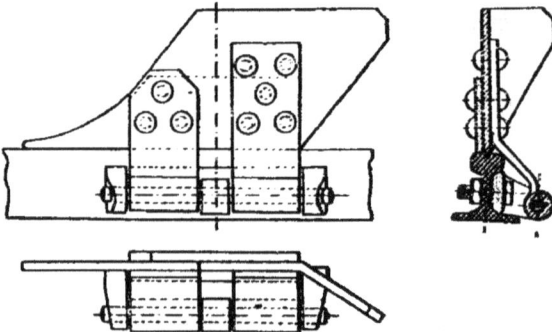

Fig. 242.

et parallèle à sa direction. La lame en tôle est découpée suivant un profil courbe, de manière à ne pas arrêter tout à fait brusquement la roue qui vient buter contre

elle. Si on veut éviter les efforts dissymétriques qui tendent à fausser les essieux, on peut placer l'un en face de
l'autre deux taquets semblables
entretoisés par une solide barre
de fer : cette barre est fixée à l'un
des taquets d'une manière permanente au moyen d'une charnière

Fig. 243.

formée de deux anneaux croisés ; elle porte à l'autre extrémité un crochet qui peut pénétrer dans un anneau
fixé au second taquet, lorsque celui-ci est relevé.

Lorsque la place ne manque pas, et que des considérations d'aspect ne s'y opposent pas, les heurtoirs contre lesquels viennent buter les tampons des wagons à
l'extrémité des voies en cul-de-sac sont formés de traverses hors de service placées debout, et épaulées par un
massif de terre placé derrière. On peut leur donner un
aspect très propre en recoupant les traverses au même
niveau et en réglant et gazonnant les talus de terre.

Lorsque la place manque, ou qu'on veut avoir des appareils d'aspect plus léger, on forme les heurtoirs d'une
pièce de bois transversale soutenue par des rails hors de
service placés debout, qu'on consolide au moyen de jam-
bes de force également en rails placées symétriquement
en avant et en arrière.

CHAPITRE VIII

SIGNAUX ET ENCLENCHEMENTS

§ 1. — SIGNAUX A DISTANCE.

221. — **Signaux**. — Le but qu'on se propose d'atteindre au moyen des signaux à distance est d'indiquer aux mécaniciens qu'ils peuvent passer librement ou bien qu'ils doivent ralentir ou s'arrêter. Les signaux fixes sont habituellement faits au moyen d'une *cocarde* en tôle, ronde ou carrée, mobile autour d'un axe vertical, ou à l'aide d'un *bras sémaphorique* mobile autour d'un axe horizontal. La cocarde commande le ralentissement ou l'arrêt lorsqu'elle se présente dans le plan perpendiculaire à la voie ; elle indique la voie libre lorsqu'elle est *effacée* parallèlement à la voie. Le bras sémaphorique commande l'arrêt quand il est horizontal, le ralentissement quand il est à 45° ; il indique la voie libre quand il est abaissé verticalement.

En France, on emploie exclusivement la manœuvre directe, c'est-à-dire qu'on agit directement au moyen d'un fil sur l'axe de la cocarde, ou sur un renvoi en équerre qui actionne le bras au moyen d'une tringle. En Allemagne, on emploie souvent des systèmes beaucoup plus compliqués comportant, comme les appareils de manœuvre des aiguilles, une période de calage ; cette complication parait inutile, sauf dans certains cas exceptionnels, car, en France, le fonctionnement des signaux, même à de grandes distances, est très régulier quand on surveille les transmissions avec soin. On peut

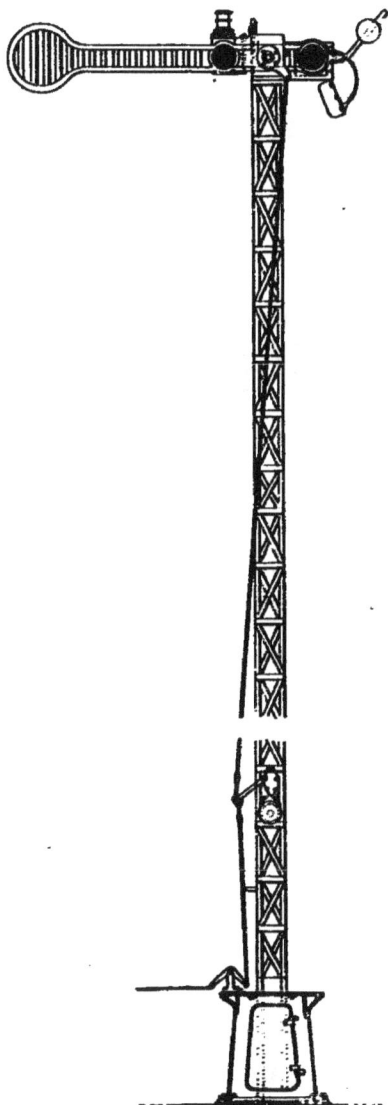

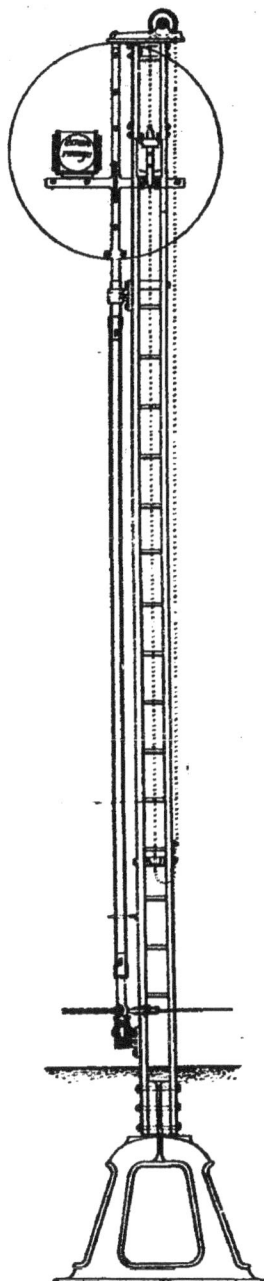

Fig. 244.

Fig. 245.

néanmoins citer comme d'une application facile dans certains cas, par exemple lorsque les signaux sont exposés à tourner sous l'influence des grands vents, l'appareil très simple de M. Marcelet, employé à la Compagnie Paris-Lyon-Méditerranée.

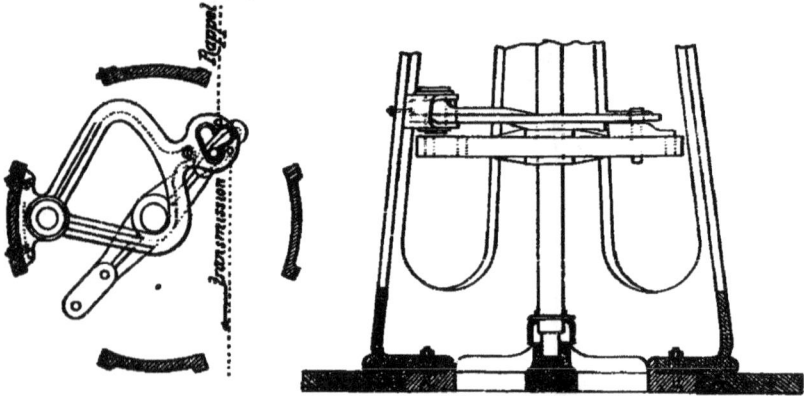

Fig. 246.

La cocarde ou le bras sémaphorique est supporté par un *mât* le long duquel on fait en général glisser au moyen d'une chaîne sans fin la lanterne qui doit donner les feux de nuit ; cette lanterne peut être mobile avec le disque, ou fixe ; le second système est préférable, car les lanternes mobiles s'éteignent quelquefois par suite d'une manœuvre brusque ; si la lanterne est fixe, la cocarde ou le bras sémaphorique porte un trou muni d'un verre de couleur qui donne un feu correspondant à l'indication fournie par la cocarde.

Dans certains cas, comme nous le verrons au sujet de l'exploitation, les signaux doivent être éclairés de deux feux. On obtient ce résultat soit en employant deux lanternes ou une lanterne double, soit en employant une lanterne à un seul feu munie intérieurement de deux réflecteurs, soit en employant une seule lanterne et en fixant à la cocarde du signal, ou au bras

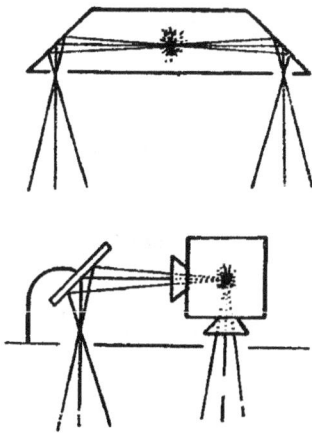

Fig. 247.

du sémaphore, sur sa face postérieure, un réflecteur incliné à 45° qui renvoie perpendiculairement les rayons que la lanterne lui envoie par une de ses faces latérales.

En vertu d'une circulaire ministérielle du 31 décembre 1890, les obstacles isolés placés le long des voies, au nombre desquels se trouvent les mâts qui portent les signaux, doivent être disposés à 1^{m}35 au moins du bord extérieur du rail le plus rapproché ; on ne peut donc placer un mât de signal entre deux voies que lorsque la largeur d'entrevoie est au moins de 2^{m}70, plus la largeur de ce mât. Lorsqu'il n'en est pas ainsi, on supporte les cocardes et les lanternes des signaux au moyen de potences ; dans les grandes gares, on emploie quelquefois

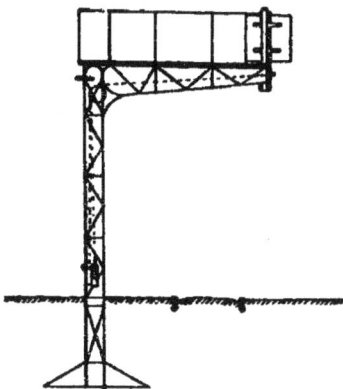

Fig. 248.

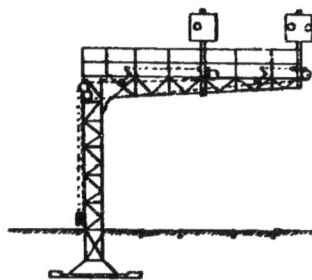

Fig. 249.

des passerelles transversales pour supporter une série de signaux.

222.— Transmissions. —Les transmissions se font
au moyen de fils de fer ou mieux de fils d'acier. Autrefois on employait des transmissions à deux fils ; le réglage de leur tension se faisait à la main, au moment
des changements de saison, à l'aide de tendeurs à vis.
Ce système, encore usité sur le réseau d'Orléans, est
remplacé généralement par les transmissions à un fil
avec *contrepoids de rappel* ; lorsqu'on n'exerce pas de
traction sur le fil, le contrepoids est rabattu et maintient le signal dans sa position normale. Lorsqu'on tire
sur le fil on relève le contrepoids et le disque tourne ;
il est arrêté par un butoir lorsque l'angle de rotation a
atteint 90°. Dans la plupart des appareils, le contrepoids de rappel est formé d'une lentille mobile le long
du grand bras d'un levier en forme d'équerre au petit
bras duquel est attachée la transmission. On peut, en
éloignant ou en rapprochant la lentille de l'axe de rotation du levier, régler le moment de rotation du contrepoids de façon à ce qu'il puisse vaincre les résistances passives de la transmission qui varient avec la longueur de celle-ci. Le contrepoids agit sur le signal au
moyen d'une manivelle à laquelle il est relié par un
bout de chaîne. C'est habituellement à cette chaîne que
l'on fixe la transmission. Dans certains appareils (appareils de la Cie du Nord) le contrepoids est formé de
poids en fonte suspendus à une chaîne ; cette chaîne
s'enroule autour d'une poulie à gorge qu'elle entraîne
avec elle en faisant tourner le signal lorsque le contrepoids se déplace.

Les transmissions sont soutenues par des poulies. Autrefois on employait exclusivement des poulies verticales
en alignement droit et des poulies horizontales ou inclinées dans les changements brusques de direction ou

en courbe. L'usage des poulies *universelles*[1] mobiles, dont l'axe est fixé par une chape à un point fixe, se répand beaucoup. Elles ont l'avantage de diminuer les frottements en s'orientant d'elles-mêmes. Les transmissions peuvent être placées soit à une faible hauteur au-dessus de la plate-forme, soit à une grande hauteur. Les transmissions à grande hauteur, qu'on appelle transmissions aériennes, ont l'avantage de permettre la diminution du nombre des poulies et par consé-

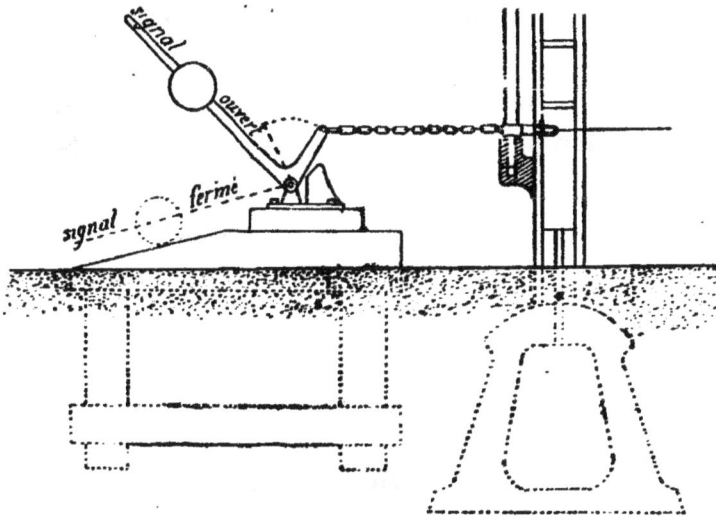

Fig. 250. — Contre-poids au pied du mât de signal.

quent du frottement. Comme on ne craint plus de laisser traîner le fil à terre, il n'y a pas d'inconvénient à avoir une grande flèche et on peut espacer les supports. On forme habituellement ceux-ci de rails hors de service placés verticalement et on les espace de 50 à 70 mètres. Lorsque les transmissions sont établies à une faible hauteur, pour leur faire traverser les voies ou les chemins, on les fait souterraines et on les place

1. V. *suprà*, p. 170.

dans des tuyaux en fonte ou dans des caniveaux en bois, en briques ou en ciment.

223. — Compensateurs. — On peut, avec les fils, manœuvrer les signaux jusqu'à 2000 et 2500^m de distance ; mais il faut tenir compte de la dilatation ; à cet effet, on établit des *compensateurs*. Il y en a de plusieurs sortes.

1° *Compensation par le levier de manœuvre*. Le fil s'enroule sur un volant ou sur un secteur auquel est fixé un levier muni d'un contrepoids et dont la course n'est pas limitée. Quand le levier dépasse la position verticale, le contrepoids tire sur le fil ; avec un ré-

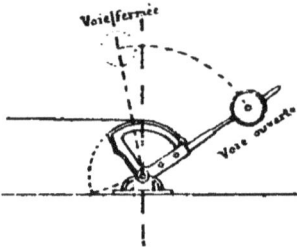
Fig. 251.

glage convenable de ce contrepoids et de celui qui est au pied du signal, le premier attire le second ; la course est arrêtée seulement lorsque le signal ayant tourné vient buter contre un arrêt disposé à cet effet. Si on renverse le levier, le contrepoids de rappel fait tourner le signal et le fil se détend. Ce système ne peut s'appliquer aux grandes distances parce que l'allongement de la transmission devient trop grand pour pouvoir être compensé par la course du levier.

2° *Compensation par un contrepoids situé à l'extrémité du fil au droit du levier de manœuvre*. Ce dernier est disposé de manière à laisser, quand il est droit, le fil tendu sous l'action du contrepoids ; quand on le renverse, il saisit le fil au moyen d'un pince-maille et tire sur lui ; le fil se trouvant déjà tendu, il suffit d'une course constante du levier pour faire tourner de 90° la

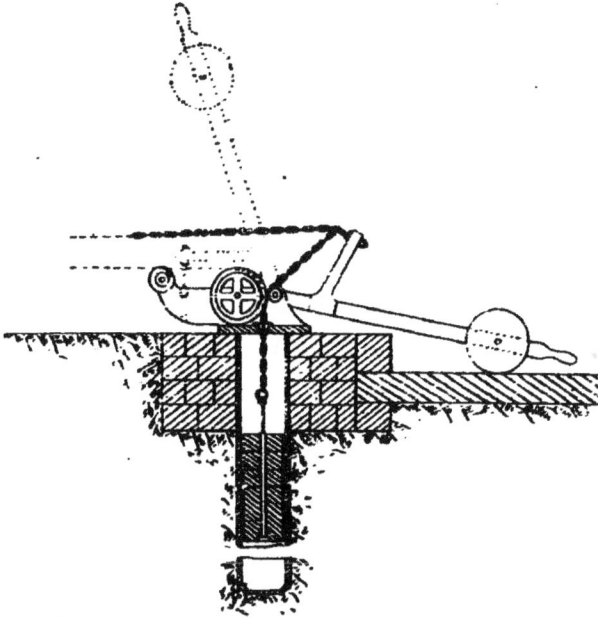

Fig. 252.

manivelle du signal. Ce système s'applique à des distances assez grandes. Il a un inconvénient : si la tension
reste constante quand le fil est libre, c'est-à-dire quand
le levier est droit, il n'en est plus de même si le levier
reste renversé pendant quel-
que temps.

3° *Compensateurs inter-*
calés dans la transmission.
Le compensateur le plus
simple est le compensateur
Saxby ; il est formé d'un
levier AB mobile autour d'un axe horizontal C et aux
extrémités duquel sont attachés les deux brins du fil ;
un contrepoids tend à ramener constamment le levier
en sens inverse de l'effort exercé sur lui par ces brins,
et par suite à tendre ceux-ci. Si les longueurs AC et

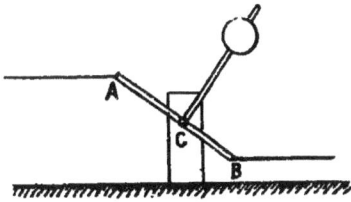

Fig. 253.

BC sont proportionnelles aux longueurs des fils attachés en A et en B, la dilatation est compensée par le
déplacement angulaire correspondant du levier.

Le compensateur Robert se place au milieu de la
transmission. Les deux brins de cette dernière passent
sur deux poulies fixées à un
bâti et sont réunis par un
crochet auquel est suspendu un poids. Ce dernier
produit une tension cons-
tante de la transmission et
compense par ses déplace-
ments verticaux les allongements du fil. Le crochet est
disposé de telle façon que

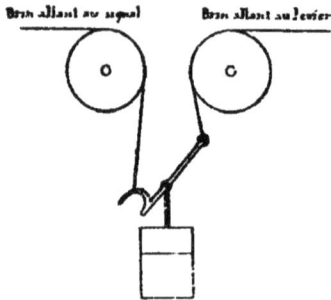

Fig. 254.

si, pour une cause quelconque, la transmission est
rompue du côté du levier, il laisse échapper le poids ;
le fil devient alors libre et le signal, obéissant au contrepoids qui est à son pied, se met à l'arrêt. Si le fil se
rompt du côté du signal, le contrepoids de celui-ci le met
naturellement à l'arrêt puisque le fil n'est plus tendu.

Le compensateur Dujour repose sur le même principe. L'un des brins du fil est fixé à une grande poulie
équilibrée par un contrepoids. L'autre brin est fixé à
une poulie portée par le même axe mais d'un diamètre
moitié moindre. Les dilatations sont compensées par
la rotation du système des deux poulies et les déplacements verticaux du poids tenseur. La solidarité entre
les poulies n'est pas absolue ; elle est obtenue au
moyen d'un levier mobile autour d'un axe fixé à l'une
d'elles, et qui est appuyé contre un goujon fixé à
l'autre par la tension du fil du contrepoids ; si ce fil se
rompt, le levier devient libre et le signal se met à l'arrêt

sous l'action de son propre
contrepoids. Le compensa-
teur Dujour se place au tiers
de la transmission.

Jusqu'à 1000^m et 1200^m,
on peut se contenter de leviers de manœuvre à course
fixe sans compensateur intermédiaire, à condition de
régler de temps à autre la
transmission, en changeant
convenablement le maillon

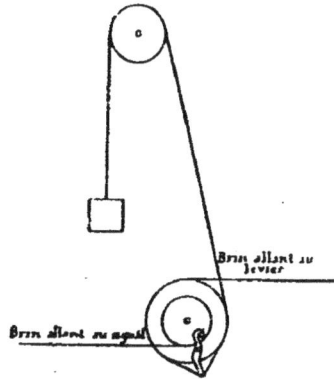

Fig. 255.

de la chaîne qui attache le fil au levier.

**224. — Manœuvre d'un signal au moyen de plu-
sieurs leviers.** — Pour éviter d'avoir à placer à côté
les uns des autres plusieurs signaux ayant la même
signification ou dont les significations pourraient être
en contradiction, on est quelquefois conduit à commander un même signal au moyen de plusieurs leviers placés en des points différents. Le moyen le
plus simple pour obtenir ce résultat consiste à relier
directement le signal avec les transmissions actionnées
par les différents leviers. Chacune de ces transmissions est maintenue tendue, lorsqu'elle n'agit pas sur le
signal, par un contrepoids qui lui est propre. Le signal est muni d'un contrepoids de rappel ; lorsqu'aucune des transmissions n'agit sur lui, il reste dans sa
position normale ; si, en renversant le levier correspondant, on exerce une traction sur une des transmissions, celle-ci entraîne à la fois son propre contrepoids
et le contrepoids de rappel, et le signal tourne de 90°.
Si on lâche la transmission en ramenant le levier dans

sa position primitive, le signal reprend sa position normale à moins que, dans l'intervalle, l'un des autres leviers n'ait été renversé à son tour ; celui-ci maintient
dans ce cas, le contrepoids de rappel relevé. En résumé, le signal obéit à l'une quelconque des transmissions pour passer de sa position normale à la position
inverse ; il ne peut abandon-
ner cette dernière que si aucune des transmissions n'agit
sur lui. Pour éviter que les
transmissions puissent s'em-
mêler, ce qui arriverait si on
les rattachait au même point,
on peut employer un levier intermédiaire auquel on les fixe
à une certaine distance l'une de l'autre et qui est relié
lui-même au signal au moyen d'un fil unique (appareil
de la Cie P. L. M.).

Au lieu d'employer un levier intermédiaire relié au
signal par un fil, on peut agir directement sur une barre
horizontale reliée au contrepoids de rappel du signal au
moyen de leviers mobiles dans des plans verticaux et
qui portent en même temps les contrepoids des transmissions (appareil de la Cie de l'Est). Le même résultat est
obtenu, dans les appareils de la Compagnie du Nord, au
moyen de pièces mobiles dans des plans horizontaux
actionnées par les chaînes des contre-poids. Les
slotts employés dans les appareils sémaphoriques Saxby
et Farmer sont fondés sur un principe analogue.

225. — Appareils désengageurs. — Le but des appareils désengageurs est de permettre la manœuvre du
même signal de deux points différents comme le font

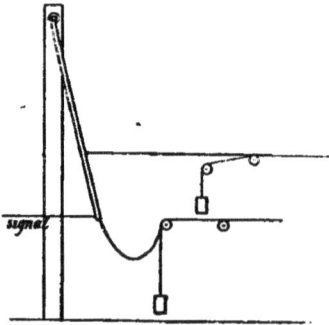

Fig. 256.

les appareils que nous venons d'indiquer. Mais le levier qui agit sur le signal par l'intermédiaire d'un désengageur ne peut que le remettre dans sa position normale ; il faut l'action de l'autre levier pour le ramener à la position inverse. Le désengageur supprime la solidarité entre le signal et la transmission qui agit normalement sur lui, de telle façon que le signal abandonné à la seule action de son contrepoids de rappel reprenne de lui-même sa position normale s'il était dans la position inverse sous l'influence de la transmission, et qu'il la conserve jusqu'à ce que le désengageur cesse d'agir. On obtient ce résultat en reliant le signal à la transmission au moyen de deux pièces, placées l'une au-dessous de l'autre, dont la première porte un taquet qui entraîne la seconde en venant buter contre elle. Pour rompre la solidarité, il suffit de soulever cette dernière au moyen d'une pièce mobile autour d'un axe horizontal et actionnée par la seconde transmission. Chacune des transmissions est d'ailleurs munie d'un contrepoids qui lui est propre et qui la maintient toujours tendue.

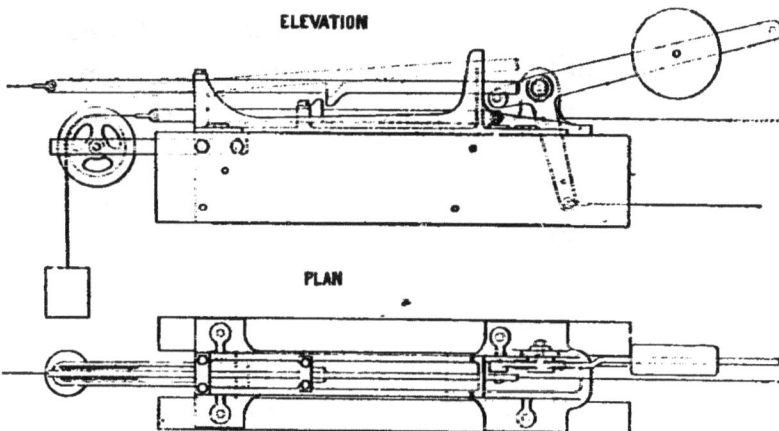

Fig. 257.

226. — Fermeture automatique des signaux. —
Dans un grand nombre de cas, un signal d'arrêt doit
être fermé immédiatement après le passage de chacun
des trains qui le franchissent. On a cherché à faire
faire cette manœuvre par les trains eux-mêmes. On y arrive au moyen d'appareils désengageurs actionnés par
une pédale placée contre un des rails et que la première
roue du train rabat. La pédale reste rabattue jusqu'à ce
que le signal soit ouvert de nouveau au moyen de la
transmission à distance ; c'est le mouvement de cette
transmission qui la relève et remet le désengageur en
prise. Le plus répandu de ces appareils est l'appareil
Aubine, employé sur les réseaux Paris-Lyon-Méditerranée, de l'Ouest et de l'État.

**227. — Appareils de contrôle de la manœuvre des
signaux. —** Lorsque les transmissions sont placées à
de grandes distances ou qu'elles ne sont pas disposées
de manière à compenser la dilatation d'une manière
sûre, il est nécessaire que l'on puisse contrôler le fonctionnement des signaux qu'elles commandent. Si les
signaux ne sont pas visibles du point où est placé le levier de manœuvre, soit parce que la distance est très
grande, soit par suite de l'existence d'obstacles, on se
sert, pour constater que le signal est à l'arrêt, de courants électriques qui actionnent des sonneries trembleuses ou des indicateurs optiques. Le signal porte
un commutateur qui ouvre ou ferme le courant selon
sa position.

Lorsqu'on emploie des sonneries trembleuses pour
constater la position de signaux habituellement fermés, leur tintement perpétuel est une fatigue pour
les voyageurs et pour les agents, et ceux-ci finissent

presque toujours, par n'y plus prêter attention ; la continuité du courant entraîne en outre une dépense relativement importante pour l'entretien des piles. On évite
ces inconvénients en plaçant, soit à côté de la sonnerie,
soit à côté du levier de manœuvre, un commutateur
qui permet de faire tinter la sonnerie lorsqu'on veut
constater la fermeture du signal et de supprimer le
tintement lorsqu'il est inutile.

Le signal optique le plus simple et le plus usité est
formé d'un galvanomètre dont l'aiguille, mobile autour
d'un axe horizontal, porte un voyant fixé au bout
d'une tige qui lui est perpendiculaire.

228. — Appareil porte-pétards. — Sur les lignes à
double voie, on augmente la sécurité donnée par les signaux fixes en munissant ceux-ci de pétards déto-
nants, qui se placent sur le rail lorsque le signal est fermé et s'en écartent lorsqu'il est ouvert. De cette façon,
si, par suite de l'inattention du mécanicien ou de l'ex-
tinction du feu de la lanterne, un train franchit un signal fermé, les pétards sont écrasés et les agents du
train en sont avertis par la détonation ; la faute com-
mise peut en outre être constatée après coup par la disparition des pétards.

Les appareils porte-pétards se composent simplement
d'une tige horizontale perpendiculaire à l'axe de la
voie et dont un des bouts porte une pince dans laquelle
s'engage une lame fixée au pétard. Cette tige est reliée,
à l'autre bout par une manivelle à l'arbre qui porte la
cocarde du signal et qui la fait avancer ou reculer selon
qu'il tourne dans un sens ou dans l'autre. On dédouble
souvent la tige en forme de fourche à son extrémité de
manière à lui faire porter deux pétards.

229. — Signaux indicateurs. — Les signaux indicateurs ont pour objet d'indiquer aux agents des gares
et aux mécaniciens la position des appareils et notamment des changements de voie. Ils sont habituellement formés soit, comme les signaux ordinaires,
d'une cocarde mobile autour d'un axe vertical ou d'un
bras sémaphorique mobile autour d'un axe horizontal,
soit simplement d'une lanterne rectangulaire de grandes dimensions placée immédiatement au-dessus du sol
et mobile autour d'un axe vertical. Ce dernier système,
très usité en Allemagne, permet de placer les signaux
indicateurs d'aiguilles dans les entrevoies dont la largeur est insuffisante pour qu'on puisse y placer des signaux plus élevés.

Les signaux indicateurs sont reliés aux appareils
dont ils indiquent la position par des tringles rigides
et des équerres de renvoi.

§ 2. — THÉORIE DES ENCLENCHEMENTS.

230. — Définitions. — On s'attache autant que possible, dans la construction des appareils, à atténuer les
causes de danger qui peuvent résulter soit de leurs imperfections soit d'une manœuvre brutale et intempestive; mais les positions relatives de ces appareils peuvent
être elles-mêmes une cause de danger. L'exemple le
plus simple qu'on puisse en donner est celui d'une bifurcation. Pour éviter les collisions entre les trains venant des deux voies qui aboutissent à la bifurcation on
place à côté de chacune de ces voies un signal destiné
à prévenir les mécaniciens qu'ils doivent s'arrêter
avant d'avoir atteint leur point de jonction ; dans ces

conditions, la sécurité n'est évidemment assurée que si ces deux signaux ne sont jamais ouverts en même temps. Il peut de même exister une relation nécessaire à la sécurité entre un signal et un appareil de voie ; par exemple, si la voie 2 indiquée sur le croquis ci-contre était une voie en cul-de-sac ou si elle était occupée par un train en stationnement, le signal placé en c pour indiquer aux mécaniciens que le passage est libre au delà de la bifurcation, devrait nécessairement être fermé, chaque fois que les aiguilles seraient disposées de manière à diriger un train sur cette voie.

Fig. 258.

Au lieu de considérer les positions [1] de deux appareils, on peut considérer la combinaison de trois, quatre, etc. appareils. Supposons par exemple un faisceau de voies protégé par un signal qui, lorsqu'il est fermé, en interdit l'entrée. Les combinaisons d'appareils nécessaires pour assurer le passage des trains qui ont franchi le signal lorsqu'il est ouvert deviennent inutiles lorsqu'il est fermé, puisque alors la circulation dans ce sens est interdite ; on peut, au contraire, être amené à former d'autres combinaisons pour permettre d'autres mouvements.

Enfin, la sécurité peut exiger que la position d'un appareil donné ne puisse être changée, lorsqu'un autre appareil est dans une position déterminée. Ainsi, la manœuvre d'un changement de voie pendant le passage d'un train sur cet appareil entraîne forcément un

---

1. Dans ce qui va suivre nous désignerons par position des appareils la position de leur partie mobile (cocardes pour les signaux et aiguilles pour les changements de voie et les traversées-jonctions).

déraillement ; si cette manœuvre est faite à distance, dans des conditions telles que l'agent qui en est chargé puisse ne pas voir, dans certains cas, les aiguilles au moment où il agit sur le levier, et si la voie est parcourue par des trains en vitesse, il pourra y avoir danger à ce que le signal qui s'adresse à cette voie soit ouvert pendant la course des aiguilles.

Les relations de position exigées par la sécurité entre les différents appareils sont déterminées par des règlements et des ordres spéciaux : mais si on s'en rapporte pour l'exécution des consignes, à l'attention ou à la mémoire des agents, on risque de voir un accident se produire chaque fois que l'une ou l'autre est en défaut. C'est ainsi qu'on a été conduit à empêcher par des moyens mécaniques les combinaisons dangereuses entre les positions des appareils d'une même gare, d'une même bifurcation, etc. On désigne sous le nom d'enclenchements les dispositions qui ont pour but de produire ce résultat. On distingue les enclenchements ordinaires qui ont pour objet d'empêcher une combinaison donnée entre les positions des appareils considérés et les enclenchements de *passage* qui ont pour objet d'empêcher qu'un appareil puisse être manœuvré pendant qu'un ou plusieurs autres appareils sont dans des positions déterminées.

. On dit que les enclenchements sont simples ou binaires lorsque la combinaison qu'ils ont pour objet d'empêcher comprend seulement deux appareils : on dit qu'ils sont multiples lorsque cette combinaison comprend plus de deux appareils. On appelle notamment enclenchements ternaires ceux qui ont pour objet d'empêcher une combinaison donnée des positions de trois appareils et quaternaires ceux qui ont pour objet d'empêcher une combinaison donnée des positions de quatre appareils.

Les enclenchements sont aujourd'hui d'un emploi général aux bifurcations et dans les gares importantes. Dans la plupart de celles-ci, comme nous le verrons en traitant de l'exploitation, les relations qu'on est conduit à établir entre les différents appareils sont très nombreuses. Pour pouvoir résoudre les divers problèmes auxquels elles donnent lieu, il est nécessaire de connaître, non seulement les conditions dans lesquelles peut s'effectuer la réalisation mécanique des enclenchements, mais les liaisons qui résultent indirectement de ceux-ci. La combinaison de plusieurs enclenchements simultanés peut en effet produire une dépendance entre les mouvements d'appareils qui ne sont pas enclenchés directement. Malgré sa complication apparente, cette étude peut se ramener à l'application de quelques principes très simples, si, au lieu de considérer seulement des cas particuliers, on envisage la question au point de vue général. Il nous a paru, en conséquence, utile de donner ici la théorie des enclenchements et des principaux appareils qui servent à les réaliser.

231. — Réalisation des enclenchements. — Soient deux appareils que nous désignerons par A et B; ce seront, en général, des signaux, des changements de voie ou des traversées-jonctions. Chacun d'eux, en vertu du principe même de sa construction ne pourra occuper normalement que deux positions, que nous appellerons l'une droite et l'autre renversée, et que nous désignerons par d et par r. Les combinaisons possibles de leurs positions sont donc :

Ad avec Bd

Ad avec Br

Ar avec Bd

Ar avec Br

Supposons qu'une de ces combinaisons, la troisième par exemple, Ar avec Bd, soit dangereuse. Comme on manœuvre successivement les appareils, on ne peut arriver à cette combinaison qu'en passant par Ad avec Bd ou Ar avec Br ; pour qu'elle cesse d'être réalisable il suffira d'immobiliser B dans sa position renversée chaque fois que A sera renversé, et inversement A dans sa position droite chaque fois que B sera droit. Les enclenchements consistent à rendre cette impossibilité effective par un moyen mécanique; les appareils qui les produisent sont d'ailleurs disposés de telle façon que, lorsqu'un levier en enclenche un autre dans une position relative donnée, il est enclenché par lui dans la position relative inverse ; et on se contente, en général, d'énoncer un quelconque des deux enclenchements pour indiquer que la combinaison à éviter est irréalisable.

Considérons maintenant un nombre quelconque d'appareils. Pour qu'une combinaison donnée de leurs positions soit irréalisable, il faut et il suffit évidemment que, lorsque tous les leviers, sauf un quelconque d'entre eux, sont dans la position qui correspond à cette combinaison, le dernier soit enclenché dans la position inverse de celle qu'il occupe dans celle-ci. On exprime généralement cette relation par un enclenchement binaire entre deux de ces appareils, subordonné aux positions des autres appareils. Ainsi pour empêcher la combinaison Ad, Bd, Cr, Dd, on dira que, lorsque A et B sont droits, il existe un enclenchement binaire empêchant la combinaison Cr, Dd ou, en abrégeant, que Cr enclenche Dr et réciproquement. C'est par ce motif que l'on désigne souvent les enclenchements multiples sous le nom *d'enclenchements conditionnels*. Il est utile de remarquer que la réalisation mécanique d'un seul des enclenchements conditionnels qui correspondent à un enclenchement multiple donné ne suffirait pas pour que ce dernier fût également réalisé. Reprenons, en effet, l'exemple précédent. L'enclenchement : *lorsque A et B sont droits Cr enclenche Dr et réciproquement*, ne permet pas de passer de la combinaison Ad, Bd, Cr, Dr, à la combinaison à éviter Ad, Bd, Cr, Dd ; mais il n'empêche pas la combinaison Ar, Bd, Cr, Dd, ni le passage de celle-ci à Ad, Bd, Cr, Dd. En fait, dans la pratique, les appareils qui réalisent un enclenchement conditionnel sont toujours disposés de manière à réaliser en même temps tous les autres enclenchements conditionnels dérivés de l'enclenchement multiple qui a servi de base au premier, et, en énonçant l'un d'eux, on admet implicitement que tous les autres sont réalisés.

282. — Notation. — Les relations à établir entre les appareils des gares importantes pour assurer la sécurité comportent de nombreux enclenchements et il est nécessaire, pour éviter les confusions et les complications, qu'ils puissent être représentés sous une forme claire et simple. On emploie habituellement à cet effet la notation suivante, qui a été proposée il y a un certain nombre d'années par M. Cossmann, Ingénieur au chemin de fer du Nord. Les appareils sont désignés suivant leurs positions par leurs noms abrégés suivis de la mention d (droit) ou n (normal) pour indiquer une de ces positions et r (renversé) pour indiquer l'autre. Par exemple on écrira signal 4 d, aiguille 2 r etc. Pour représenter un enclenchement simple on inscrit l'appareil enclencheur au-dessous de l'appareil enclenché en les séparant par un trait, comme s'il s'agissait d'une fraction : par exemple

$$\frac{\text{signal 1 d}}{\text{aiguille 2 r}}$$

signifie que le signal 1, dans sa position droite, enclenche l'aiguille 2 dans sa position renversée. On admet, comme nous l'avons dit, que, du moment que cet enclenchement est réalisé, l'enclenchement réciproque

$$\frac{\text{aiguille 2 d}}{\text{signal 1 r}}$$

est réalisé *ipso facto* et inversement, et on peut prendre indifféremment l'un ou l'autre pour représenter la relation existant entre les deux appareils.

Les verrous d'aiguilles qui interviennent dans certains cas dans les enclenchements sont indiqués par le signe $\overline{\sqrt{}}$, sous lequel on place la désignation de l'appareil, accompagné des lettres d ou r (ou bien n ou r) selon que le verrou est dans la position droite (ou normale) ou dans la position renversée. Ainsi $\sqrt{\overline{\text{aig. 6}}}^{\,\text{r}}$ désigne le verrou de l'aiguille 6 placé dans sa position renversée (on admet généralement que la position renversée du verrou correspond à sa fermeture). S'il y avait deux verrous distincts, l'un pour la position droite de l'appareil A, l'autre pour sa position renversée, $\sqrt{\overline{\text{Ad}}}^{\,\text{r}}$ signifierait que A est verrouillé dans sa position droite.

Un même appareil peut entrer à la fois dans plusieurs combinaisons binaires dangereuses. On peut par exemple, avoir à éviter à la fois les combinaisons.

Ad avec Bd
Ad avec Cr
Ad avec Dd

dans lesquelles A, B, C, D représentent des appareils quelconques.

Les enclenchements qui en résultent

$$\frac{Ad}{Br} \quad \frac{Ad}{Cd} \quad \frac{Ad}{Dr}$$

s'écrivent plus simplement

$$\frac{Ad}{Br\text{-}Cd\text{-}Dr}$$

et la réciproque s'écrit

$$\frac{Bd,\ Cr\ et\ Dd}{Ar.}$$

On peut également réunir en une seule plusieurs de ces fractions, lorsqu'elles ont même dénominateur. Ainsi :

$$\frac{Ad\ ou\ Ed}{Br\text{-}Cd\text{-}Dr}$$

remplace $\quad \dfrac{Ad}{Br\text{-}Cd\text{-}Dr} \quad et \quad \dfrac{Ed}{Br\text{-}Cd\text{-}Dr}$

La série des enclenchements réciproques des précédents s'écrit

$$\frac{Bd,\ Cr\ ou\ Dd}{Ar\text{-}E.}$$

Les enclenchements multiples se représentent sous une forme dérivée de la précédente en écrivant un quelconque des enclenchements conditionnels qui y correspondent. Ainsi l'enclenchement destiné à empêcher la réalisation de la combinaison Ad, Bd, Cr s'écrira par exemple :

$$si\ Ad\ \frac{Bd}{Cd}$$

l'existence de cet enclenchement étant supposé impliquer la réalisation non seulement de sa réciproque mais des autres enclenchements ternaires destinés à empêcher la combinaison à éviter.

On représente aussi quelquefois les enclenchements multiples en écrivant tous les leviers qui entrent dans la combinaison à éviter en numérateur avec la position qu'ils occupent dans celle-ci, et le dernier en dénominateur avec la position inverse de celle qu'il occupe dans cette combinaison. Ainsi l'enclenchement que nous avons représenté plus haut sous la forme conditionnelle peut aussi s'écrire[1]

$$\frac{Ad \text{ avec } Bd}{Cd}$$

Les enclenchements de passage se représentent de la manière suivante : Soient deux appareils A et B dont le second ne doit pas pouvoir être manœuvré pendant que le premier est droit. Pour qu'il en soit ainsi, il faut que A droit enclenche à la fois B dans ses deux positions droite et renversée, on a donc

$$\frac{Ad}{Bd \text{ et } Br}$$

Pour que la combinaison que l'on veut éviter ne puisse être réalisée dans aucun cas il faut aussi que A reste forcément renversé pendant toute la course de B. Cet enclenchement, qui est réciproque du précédent s'écrit

$$\frac{B \text{ pendant sa course}}{Ar}$$

1. On rencontre quelquefois des enclenchements représentés par la formule suivante :

si Ad $\dfrac{Bd}{Cd}$ à moins que Dr ou Er.

Il est facile de voir que cet enclenchement équivaut à

si Dd, Ed et Ad $\dfrac{Bd}{Cd}$

La notation de M. Cossmann a l'inconvénient de substituer aux relations fondamentales, qui doivent exister entre les appareils pour qu'une condition donnée de sécurité soit réalisée, une des liaisons mécaniques destinées à produire ce résultat. Elle ne fait pas ressortir le rôle de ces liaisons dont une partie est supposée exister implicitement sans que rien indique qu'il en soit ainsi ; elle complique en outre, comme nous le verrons plus loin, l'étude des relations des enclenchements entre eux. Il est à notre avis plus simple et plus clair de définir les enclenchements par la combinaison des positions des appareils considérés qu'ils ont pour objet d'éviter ; un signe conventionnel (une parenthèse ou une accolade selon le cas) suffit pour définir la nature de la relation entre les appareils indiqués.

Ainsi

$$(Ad, Br)$$

que l'on énoncera « Ad est incompatible avec Br » indique qu'on ne peut avoir à la fois A droit et B renversé, par conséquent que

$$\frac{Ad}{Bd} \text{ et } \frac{Br}{Ar}$$

De même

$$(Ar, Br, Cd)$$

que l'on énoncera « Ar, Br et Cd sont incompatibles » remplace

$$\text{si } Ar \frac{Br}{Cr}$$

$$\text{si } Br \frac{Ar}{Cr}$$

$$\text{si } Cd \frac{Ar}{Bd}$$

et leurs réciproques.

$$\text{Ad} \begin{cases} \text{Br} \\ \text{Cr} \\ \text{Dr} \end{cases}$$

que l'on énoncera « Ad est incompatible avec Br, avec Cr et avec Dr » remplace

$$\frac{\text{Ad}}{\text{Bd, Cd, Dd}}$$

et sa réciproque

$$\text{Ad} \begin{cases} \text{Bd} \\ \text{Er, Fd} \end{cases}$$

que l'on énoncera « Ad est incompatible avec Bd et avec Er et Fd » remplace à la fois

$$\frac{\text{Ad}}{\text{Br}}$$

avec sa réciproque, et

$$\text{si Ad} \frac{\text{Er}}{\text{Fr}}$$

en même temps que les enclenchements conditionnels corrélatifs de ce dernier.

Enfin les enclenchements de passage peuvent être représentés sous la forme

$$(\text{Ad, B pendant sa course})$$

que l'on énoncera « Ad est incompatible avec le déplacement de B »

Cette notation permet de déterminer à première vue les combinaisons mécaniques ou électriques qui doivent rendre impossible une combinaison donnée, puisque chacun des appareils doit être enclenché par les autres dans la position inverse de celle qu'il occupe dans la combinaison à éviter. On peut donc au besoin, revenir très facilement à la notation de M. Cossmann et inversement.

Ainsi

$$(Ar, Bd)$$

implique les enclenchements

$$\frac{Ar}{Br}$$

et

$$\frac{Bd}{Ad}$$

de même

$$(Ar, Bd, Cr)$$

implique les enclenchements conditionnels

$$\text{Si Ar } \frac{Bd}{Cd}$$

$$\text{Si Bd } \frac{Cr}{Ad}$$

etc.

$$(Ad, B \text{ pendant sa course})$$

implique les enclenchements

$$\frac{B \text{ pendant sa course}}{Ar}$$

et

$$\frac{Ad}{Bd \text{ et } Br}$$

puisque Bd et Br, c'est-à-dire B dans ses deux positions d'arrêt, correspondent à l'inverse de B pendant sa course[1].

Nous nous servirons exclusivement dans ce qui va suivre de la notation dont nous venons d'exposer le principe et qui, comme on pourra le voir, se prête mieux

---

1. M. Flamache, ingénieur aux chemins de fer de l'Etat belge a proposé un autre système de notation qui est l'inverse de celui de M. Cossmann, mais dont il ne nous paraît pas utile d'exposer le principe.

à la discussion que les autres notations. *Nous défini-rons donc, dans tous les cas, les enclenchements par la combinaison des positions de leviers ou d'appareils que chacun d'eux a pour objet d'éviter.*

233. — Composition des enclenchements. — Lors-qu'un même appareil est compris dans plusieurs enclen-chements simultanés, il peut en résulter des enclenche-ments indirects dont il est nécessaire de tenir compte. Supposons par exemple que A droit enclenche B ren-versé et que B renversé enclenche C droit, il en résul-tera évidemment que A droit enclenche C droit. Les résultantes d'enclenchements sont à peu près évidentes par elles-mêmes lorsqu'il s'agit d'enclenchements binai-res, mais il n'en est pas de même lorsqu'il s'agit d'en-clenchements multiples. La question se complique en-core lorsque, au lieu de ne comprendre qu'un seul appareil commun, deux enclenchements simultanés en comprennent plusieurs. Toutefois on peut très facile-ment déterminer à première vue les combinaisons qui résultent de la présence des mêmes leviers dans plu-sieurs enclenchements, en appliquant les règles que nous allons indiquer.

Nous définirons le rôle d'un appareil dans un enclen-chement donné par la position (droite ou renversée) qu'il occupe dans la combinaison que celui-ci a pour objet d'éviter. Il en résultera qu'un appareil aura le même rôle dans deux enclenchements différents lors-qu'il entrera dans tous les deux comme enclencheur ou dans tous les deux comme enclenché avec les mêmes positions, ou qu'il sera enclencheur dans l'un et enclen-ché dans l'autre avec des positions inverses. Nous ap-pellerons d'ailleurs enclencheurs, dans les enclenche-ments conditionnels, non seulement l'appareil qui est en numérateur dans la notation de M. Cossmann, mais aussi ceux qui entrent dans la condition et qui jouent en réalité exactement le même rôle.

Prenons d'abord deux enclenchements comprenant un appareil commun avec le même rôle. Soient, par exemple :

$$(Ad, Br,\ldots\ldots Ld, Md)$$

et

$$(Md, Nd,\ldots\ldots Sr, Tr)$$

Les deux combinaisons Ad, Br... Ld et Nd..... Sr, Tr, sont toutes deux irréalisables lorsque M est droit et réalisables lorsque M est renversé, elles n'influent donc pas l'une sur l'autre.

Considérons maintenant deux enclenchements ayant également un appareil commun, mais supposons que celui-ci y entre avec les rôles inverses ; par exemple :

$$(Ad, Br,\ldots\ldots Ld, Md)$$

et

$$(Mr, Nd,\ldots\ldots Sr, Td)$$

La combinaison Ad, Br... Ld ne peut être réalisée lorsque M est droit ; mais la combinaison Nd... Sr, Tr, ne peut être réalisée lorsque M est renversé. Ces deux combinaisons ne sont donc pas compatibles, puisque M ne peut être que droit ou renversé ; par suite la combinaison Ad, Br..... Ld, Nd... Sr, Td, qui comprend tous les appareils non communs aux deux enclenchements avec le même rôle que dans ceux-ci, est irréalisable.

Considérons maintenant deux combinaisons d'enclenchement ayant deux appareils communs. Si chacun de ces appareils a le même rôle dans les deux combinaisons, il n'en résultera aucune relation nécessaire entre les autres appareils. Si l'un des deux appareils

entre dans les deux combinaisons avec le même rôle et
l'autre avec des rôles inverses, la règle de composition
que nous avons indiquée précédemment conduira pour
l'enclenchement résultant à une formule dans laquelle
le premier de ces appareils entrera deux fois. Il est
facile de reconnaître que l'enclenchement résultant
existe néanmoins et qu'il suffit pour l'obtenir de supprimer le double emploi. Soient en effet les deux enclenchements

$$(Ad, Bd, Cd)$$

et

$$(Cd, Dr, Ar)$$

dans lesquels C entre avec le même rôle et A avec les
rôles inverses. En raisonnant comme nous l'avons fait
plus haut, on pourra en déduire que Bd, Cd, est incompatible avec Cd, Dr. Par conséquent lorsque C est
droit on ne peut pas avoir à la fois Bd et Dr ; donc
(Bd, Cd, Dr) sont incompatibles.

Il y a un cas dans lequel le raisonnement qui précède conduit à une impossibilité, c'est lorsque l'enclenchement résultant ne comprend que l'appareil qui entre dans les deux enclenchements composants avec
le même rôle. Soient les deux enclenchements

$$(Ad, Bd)$$
$$(Ad, Br)$$

dans lesquels A entre avec le même rôle et B avec les rôles
inverses ; leur composition conduit à (Ad, Ad) ou (Ad)
c'est-à-dire Ad incompatible avec lui-même. On doit en
conclure que les enclenchements composants ne peuvent exister ensemble ; et en effet, en se reportant à
ce que nous avons dit plus haut au sujet de la réalisation des enclenchements entre deux appareils, on
reconnait immédiatement que, si Ad est incompatible à

la fois avec Bd et Br, le levier A ne peut occuper que
la position renversée et ne peut par suite être manœuvré.

Si les deux appareils communs entrent l'un et l'autre dans les deux combinaisons d'enclenchements considérées avec des rôles inverses, la formule obtenue en appliquant à un de ces appareils la règle de composition que nous avons indiquée précédemment comprend deux fois l'autre appareil avec des rôles différents ; elle correspond à une combinaison irréalisable par elle-même, et par suite il n'y a pas d'enclenchement résultant.

Ainsi de

$$(Ad, Br, Cd)$$

et

$$(Ar, Br, Dr)$$

on conclut que Ad, Cd est incompatible avec Ar, Dr. Or cette incompatibilité existe par le fait même de la présence de A dans les deux combinaisons avec des rôles différents.

Il est inutile d'examiner le cas où il y a plus de deux appareils communs ; la solution se déduirait immédiatement de ce qui précède.

L'enclenchement résultant produit par la composition de deux autres enclenchements peut se composer avec un quatrième pour en former un cinquième, celui-ci avec un sixième pour en former un septième et ainsi de suite.

On peut résumer de la manière suivante les règles que nous venons d'indiquer :

1° Lorsque deux enclenchements ont un appareil commun et que celui-ci y entre avec des rôles différents, leur composition produit un enclenchement résultant formé de tous les autres appareils avec le même rôle que dans les enclenchements composants. L'enclenchement résultant peut lui-même se composer de la même manière avec un quatrième enclenchement et ainsi de suite.

2° Lorsqu'un enclenchement résultant comprend deux fois le même appareil avec des rôles différents, il est nul, c'est-à-dire qu'il n'entraîne aucune relation de position entre les appareils considérés.

3° Lorsqu'un enclenchement résultant comprend deux fois le même appareil avec le même rôle en même temps que d'autres appareils, le premier doit être considéré comme n'y entrant qu'une seule fois.

4° Lorsqu'un enclenchement résultant comprend deux fois le même appareil seul, il y a incompatibilité entre les enclenchements composants et un d'entre eux doit être supprimé ou remplacé par un enclenchement d'ordre plus élevé.

Nous n'avons considéré dans ce qui précède que des enclenchements ordinaires, mais il suffit de se reporter aux raisonnements que nous avons faits pour reconnaître que les conclusions qui en résultent s'appliquent également aux enclenchements de passage. Dans le cas où il s'agit de ces derniers les deux positions qui correspondent à *droit* et *renversé* sont l'une la position de *passage*, l'autre la position d'*arrêt*, mais la première seule peut entrer dans la combinaison à éviter qui définit le rôle de l'appareil.

M. Théry a indiqué [1] pour la composition des enclenchements binaires une méthode graphique très simple fondée sur un principe différent de celui que nous venons d'indiquer.

---

1. *Annales des Ponts et Chaussées*, 1892.

Représentons sur une ligne droite, par des points
les différents appareils a b c d e f g dans leurs positions
droites et sur une ligne parallèle à la première, les mêmes appareils dans leurs positions renversées. La ligne
qui joint deux quelconques de ces points indique qu'il
y a entre eux un enclenchement et la direction de cette

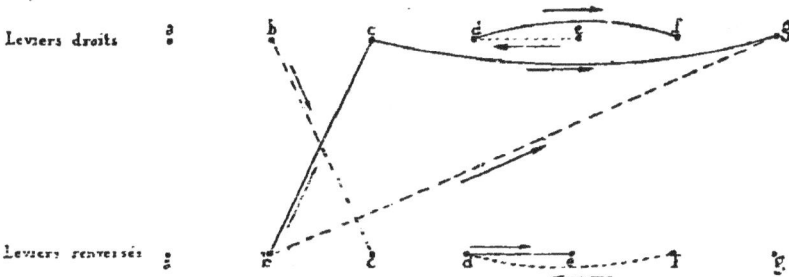

Fig. 258.

droite figurée par une flèche donne le sens de l'enclenchement. Ainsi la ligne *b renversé-c droit* avec
une flèche dirigée vers Cd indique que b renversé enclenche C droit. Les enclenchements réciproques sont
représentés par des droites symétriques en position et
en direction. Ceci posé, il est facile de voir que les
règles de la composition des forces s'appliquent à la
composition des enclenchements : par exemple la résultante de

$$\frac{b \ \text{renversé}}{c \ \text{droit}}$$

et de

$$\frac{c \ \text{droit}}{g \ \text{droit}}$$

sera

$$\frac{b \ \text{renversé}}{g \ \text{droit}}$$

qui est bien représenté par la résultante des droites qui représentent les enclenchements composants.

Si on compose de la même manière un nombre quelconque d'enclenchements, on obtient un polygone auquel les règles de la composition des forces sont encore applicables. La résultante des enclenchements considérés est représentée par une droite dirigée en sens inverse de celle qui ferme le polygone. Par conséquent toute ligne qui ferme un polygone représentatif d'enclenchements déjà réalisés (directs ou réciproques) représentera un enclenchement surabondant, si elle est dirigée suivant cette ligne[1].

234. — Cas particuliers de la composition des enclenchements. — Considérons maintenant le cas particulier de deux enclenchements simultanés dont l'un comprend, outre un certain nombre d'appareils non communs, tous ceux qui font partie de l'autre. Si tous les appareils compris dans l'un des deux enclenchements entrent dans l'autre avec le même rôle, il est facile de voir que ce dernier devient inutile par le fait même de l'existence du premier, car si la combinaison que celui-ci a pour objet d'empêcher est irréalisable, toutes les combinaisons qu'on peut former en y ajoutant d'autres leviers le seront également.

Ainsi :

$$(Ad, Br, Cd, Dd)$$

sera forcément réalisé si on a

$$(Ad, Dd)$$

Si un seul appareil entre avec les rôles inverses dans

---

1. M. Théry a généralisé sa méthode de manière à la rendre applicable, à des enclenchements multiples d'ordre quelconque, en appliquant à des polygones dans l'espace les règles qu'il a établies pour les polygones plans dans le mémoire que nous venons d'analyser. Cette partie de son travail n'est pas encore publiée.

les deux enclenchements, la composition de ceux-ci produit une résultante, mais cette résultante ne diffère de l'un des deux enclenchements composants que par la suppression du levier commun. Ce dernier enclenchement peut donc être simplifié par la suppression de ce levier.

Soient par exemple

$$(Ad, Bd, Cr) \qquad (1)$$

et

$$(Ad, Bd, Cd, Dd) \quad (2)$$

La résultante sera :

$$(Ad, Bd, Dd) \qquad (3)$$

Du moment que cette dernière combinaison est irréalisable, l'enclenchement qui y correspond doit être substitué à (2) qui n'en est qu'une conséquence.

Ce que nous venons de dire peut se résumer de la manière suivante :

1° *Si tous les appareils compris dans un enclenchement entrent dans un autre enclenchement d'un plus grand nombre de leviers avec le même rôle, celui-ci devient inutile par le fait même de l'existence du premier.*

2° *Lorsque deux enclenchements simultanés sont tels que tous les appareils compris dans l'un entrent également dans l'autre et qu'un seul des appareils communs ait, dans les deux, des rôles différents, cet appareil doit être rayé du second enclenchement.*

Enfin, on peut déduire de ce dernier principe que :

3° *On ne peut établir entre les mêmes appareils des combinaisons d'enclenchements distinctes que si deux au moins de ces appareils entrent dans ces combinaisons avec des rôles différents.*

235. — Réduction des enclenchements. — Considérons un enclenchement multiple

30

$$(\text{Sr, Td, } \alpha\text{r, } \beta\text{d, } \gamma\text{r, D}\delta) \quad (1)$$

et supposons que les appareils α, β, γ, δ, qui y sont compris, entrent en même temps dans une série d'enclenchements binaires avec les rôles inverses de ceux qu'ils ont dans cette combinaison, par exemple :

$$(\alpha\text{d, Ad})$$
$$(\beta\text{r, Bd}) \quad (2)$$
$$(\gamma\text{d, Cr})$$
$$(\delta\text{r, Dr})$$

En appliquant les règles de la composition, on pourra *éliminer* α, β, γ et δ entre (1) et le groupe (2) et on aura l'enclenchement résultant

$$(\text{Sr, Td, Ad, Bd, Cr, Dr}) \quad (3)$$

L'élimination serait encore possible si deux ou plusieurs des enclenchements (2) comprenaient, comme second terme, le même appareil, pourvu que celui-ci y entrât avec le même rôle ; il en résulterait seulement une simplification de l'enclenchement résultant, par suite de la suppression des doubles emplois. Ainsi l'enclenchement (1) avec

$$(\alpha\text{d, Ad})$$
$$(\beta\text{r, Bd}) \quad (4)$$
$$(\gamma\text{d, Ad})$$
$$(\delta\text{r, Ad})$$

donne

$$(\text{Sr, Td, Ad, Bd}) \quad (5)$$

Si un ou plusieurs des appareils, compris dans l'enclenchement (1) entrent en même temps dans plusieurs combinaisons binaires analogues à celles qui figurent dans le groupe (2), on peut, par l'élimination de α, β, γ et δ, obtenir deux ou plusieurs enclenchements résultants et Sr, Td entre A, B, C, D, etc.

Le principe que nous venons d'exposer peut être

utilisé, dans certains cas, pour remplacer un groupe
d'enclenchements multiples, de degrés quelconques,
par un enclenchement multiple unique et une série
d'enclenchements binaires. C'est ce que nous appellerons la *réduction des enclenchements*. Il est nécessaire, pour opérer cette réduction, d'ajouter des leviers
auxiliaires qui jouent le rôle des appareils α, β, γ, δ,
dans les combinaisons précédentes. On trouvera, par
exemple, facilement que les enclenchements

$$(Sr, Ar, Br, Cr, Dr)$$
$$(Sr, Ar, Br, Cd, Er)$$
$$(Sr, Ar, Br, Hr)$$
$$(Sr, Ar, Bd, Kr)$$
$$(Sr, Ad, Lr)$$
$$(Sr, Ad, Mr)$$

peuvent se réduire à l'enclenchement multiple

$$(Sr, \alpha d, \beta d, \gamma d, \delta d)$$

et à une série d'enclenchements binaires

$$(\alpha r, Ar)$$
$$(\beta r, Ad)$$
$$(\beta r, Br) \quad \text{etc.}$$

236. — Enclenchements doubles. — Dans ce qui précède, nous avons admis que les appareils sont manœuvrés *successivement* ; on peut, dans certains cas, avoir
intérêt à les manœuvrer simultanément.

Considérons les quatre positions relatives des leviers
A et B.

$$Ad \text{ avec } Bd$$
$$Ar \text{ avec } Bd$$
$$Ad \text{ avec } Br$$
$$Ar \text{ avec } Br$$

Si les mouvements des appareils étaient solidaires,

de telle façon qu'en passant de Ad à Ar on passât
en même temps de Bd à Br et réciproquement, on rendrait impossibles à la fois les deux combinaisons

$$(\text{Ad, Br})$$

et

$$(\text{Ar, Bd})$$

tandis qu'avec les enclenchements ordinaires lorsqu'une
de ces combinaisons est irréalisable l'autre est forcément possible. On a donc dans ce cas un enclenchement
double.

Rien ne s'oppose, au point de vue mécanique, à ce
qu'on rende solidaires les manœuvres de deux appareils
quelconques ; mais cela n'est possible, que s'il n'existe
ni enclenchement ni nécessité de service qui s'y opposent. Pour qu'il en soit ainsi, il faut et il suffit que chacun des deux appareils puisse être substitué à l'autre
dans tous les enclenchements dont celui-ci fait partie,
sans qu'il en résulte ni enclenchement irréalisable ni
combinaison d'appareils inadmissible au point de vue
des mouvements à effectuer sur les voies.

On peut rendre solidaires les manœuvres non seulement de deux, mais de trois, de quatre, de cinq appareils etc. Il y a alors enclenchement binaire double entre chacun des appareils et un quelconque des autres.
Nous verrons en traitant de l'exploitation quel parti on
peut tirer de cette faculté pour assurer, dans certains
cas, la sécurité des mouvements de trains dans les gares, sans recourir aux enclenchements multiples.

§ 3. — APPAREILS D'ENCLENCHEMENT

Avant de commencer l'examen des appareils, nous ferons remarquer que les termes, *position droite et position*

renversée, sont purement arbitraires. Les dispositions que nous indiquerons comme ayant pour objet d'empêcher la réalisation d'une combinaison quelconque des positions d'appareils et de signaux peuvent donc empêcher toutes les autres combinaisons des mêmes appareils et signaux.

Pour simplifier le langage nous appellerons *ouverture* le passage de la position droite à la position renversée, et *fermeture* le passage de la position renversée à la position droite. L'appareil droit sera donc fermé, et l'appareil renversé sera ouvert. Ces expressions sont d'ailleurs de pure convention et peuvent ne pas correspondre à la position réelle des signaux et appareils.

237. — Enclenchements binaires. — *Manœuvre de plusieurs appareils par un seul levier*. — Le moyen le plus simple de réaliser l'enclenchement de deux appareils ou signaux est de rendre leurs manœuvres solidaires en les faisant mouvoir au moyen du même levier ; mais dans ce cas l'enclenchement est *double*, c'est-à-dire qu'on ne peut réaliser que deux des quatre combinaisons de leurs positions.

Lorsque l'enclenchement à réaliser comprend seulement des signaux munis chacun d'un contrepoids de rappel, on peut, tout en n'employant qu'un seul levier pour deux ou même pour plusieurs signaux, éviter la solidarité des manœuvres et par suite l'enclenchement double. Il suffit pour cela de disposer les transmissions de manière à ce qu'on puisse à volonté rattacher

Fig. 259.

une quelconque d'entr'elles au levier, et qu'on n'en puisse rattacher deux à la fois. C'est le principe d'un appareil
employé à la Compagnie du Midi. Chacune des transmissions est terminée par un crochet qui permet de la
relier au levier de manœuvre par une chaîne unique
fixée à demeure à celui-ci. Ce système est très simple
mais il a l'inconvénient d'exiger une manœuvre assez
longue. Si, un des signaux étant ouvert, on doit le fermer pour en ouvrir un autre, il faut d'abord manœuvrer le levier, puis aller détacher la chaîne de la première transmission pour la rattacher à la seconde, enfin revenir au levier pour le manœuvrer de nouveau.

Enclenchement par verrouillage direct. — C'est
presque toujours au moyen du verrouillage réciproque
des leviers[1] qu'on réalise les enclenchements et c'est de
là que leur est venu leur nom. Ce verrouillage s'obtient de diverses manières.

Si les appareils ou signaux étaient placés les uns à
côté des autres, ils pourraient se verrouiller réciproquement au moyen d'organes appropriés dont le mouvement serait lié au leur. Ce système est rarement réalisable dans des conditions pratiques et il n'est pas employé ; mais il peut arriver que la transmission d'un
signal passe à proximité d'un changement de voie avec
lequel il doit être enclenché. On peut, dans ce cas,

---

1. La réciprocité des enclenchements est indiquée dans plusieurs ouvrages comme étant une conséquence du mouvement alternatif des appareils. Ce n'est pas exact ; il suffit pour s'en rendre compte d'imaginer que, dans l'appareil Vignier élémentaire dont nous parlons plus
loin, les encoches pratiquées dans les barres sont remplacées par des
dents en saillie, qui viennent buter l'une contre l'autre dans une des
positions relatives de ces barres; les deux leviers sont alors enclenchés
dans cette position et libres tous deux dans la position réciproque,
quoique le mouvement alternatif soit exactement le même que dans
l'appareil à encoches.

placer au droit des aiguilles, deux barres perpendiculaires reliées l'une à celles-ci, l'autre à la transmission.
Dans chacune de ces barres est pratiquée une encoche
rectangulaire, et elles sont disposées de telle façon que
chacune d'elles ne puisse se déplacer longitudinalement
qu'en passant dans l'encoche de l'autre barre. Lorsque

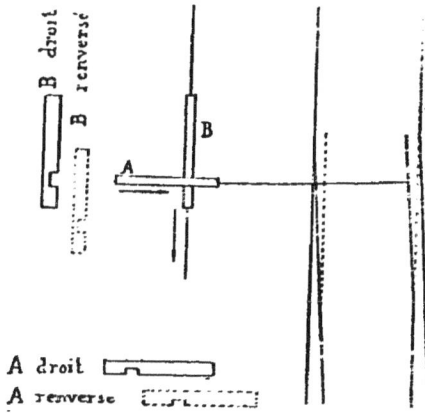

Fig. 260.

les deux encoches sont en face l'une de l'autre, les aiguilles et la transmission sont libres; mais si on déplace
les aiguilles, la partie pleine de la barre, dont le mouvement est solidaire du leur, pénètre dans l'encoche de la
seconde barre et la transmission est ainsi immobilisée.
Réciproquement si, les encoches étant en face l'une de
l'autre, on déplace la transmission, la barre correspondante produit, en se déplaçant, le verrouillage des aiguilles.

Le principe de ce dispositif a été imaginé par M. Vignier, chef de section à la Compagnie de l'Ouest, qui
est le véritable inventeur des enclenchements.

Enclenchement entre les leviers. — Dès que le
programme des enclenchements à réaliser est un peu
compliqué, c'est entre les leviers de manœuvre qu'on

établit les verrouillages réciproques. Il y a à cela un
double avantage : d'abord on peut concentrer les leviers au même point, ce qui facilite beaucoup la construction des appareils ; ensuite, on évite de fatiguer les
transmissions par les efforts exercés sur elles dans le
cas où on essaie de manœuvrer un appareil verrouillé.

Le verrouillage réciproque de deux leviers peut être
produit d'une manière fort simple, soit en plaçant ces
leviers l'un à côté de l'autre et en fixant à l'un d'eux un
crochet ou un taquet, soit en les plaçant l'un à la suite

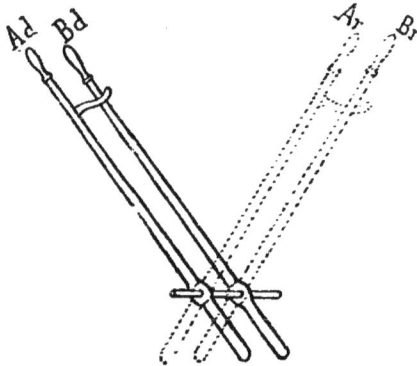

Fig. 261.

de l'autre et en les réunissant par une chaîne rivée de
longueur sensiblement égale à la distance de leurs axes
de rotation. On obtient ainsi des appareils fort simples
qui n'ont pas, à la vérité, une précision suffisante pour
immobiliser d'une manière absolue les leviers enclenchés, mais, ce qui est le point important, qui rendent

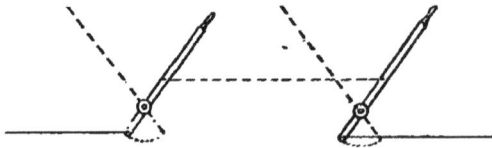

Fig. 262.

les erreurs impossibles ; ce système a, en outre, le

grand avantage d'être très peu coûteux lorsque le nombre des leviers ne dépasse pas trois ou quatre, et de pouvoir être établi en quelques heures sans autre ouvrier spécial que le premier forgeron de village venu. Des enclenchements de ce système, inventés par M. Gourguechon, chef de section, fonctionnent sur le réseau de l'État.

Un autre système fort simple, en usage au réseau du Midi, consiste dans l'emploi de deux barres perpendiculaires dont les extrémités viennent aboutir au même point ; chacune d'elles ne peut passer, par le renversement du levier,

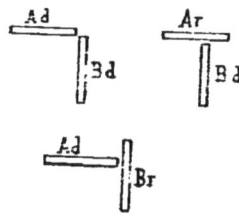

Fig. 263.

au droit de l'autre, que lorsque celle-ci est dans sa position droite. Dans ce système, les barres ne sont pas guidées à leurs extrémités ; de plus, il ne peut s'appliquer qu'à un seul enclenchement ; on remédie à ces inconvénients en faisant usage de barres à encoches analogues à celles que nous avons décrites pour l'enclenchement d'un appareil de changement de voie avec la transmission d'un signal.

Avec les barres à encoches, on peut réaliser des enclenchements entre un nombre quelconque de leviers ; il suffit pour cela de placer les leviers parallèlement entr'eux, de relier chacun d'eux à une barre placée dans son plan de rotation et de faire conduire par cette dernière, au moyen d'un renvoi d'équerre ou d'une glissière, une barre perpendiculaire. Les barres sont fixées, au moyen de glissières, sur un bâti qui porte le nom de table d'enclenchement. Les appareils fondés sur ce principe portent le nom d'appareils Vignier.

On cherche, en général, à substituer, dans les

appareils, des mouvements de rotation aux mouvements
de glissement pour diminuer les frottements. Il est facile
d'obtenir ce résultat, dans l'appareil Vignier, pour les
barres perpendiculaires aux plans de rotation des leviers. On fait tourner ces barres autour de leur axe au
lieu de les faire glisser, et on remplace les encoches
par des goujons qui traversent les barres longitudinales percées de trous à cet effet ; lorsque le goujon est

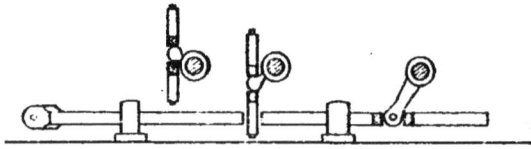

Fig. 264.

enfoncé dans le trou qui lui est destiné, la barre longitudinale est immobilisée ; lorsque au contraire, le
goujon est relevé et que le trou n'est pas en regard, la
barre transversale ne peut plus tourner, et immobilise
par suite la barre longitudinale qui lui est reliée.

Dans l'appareil Vignier de la Compagnie du Midi,
les goujons sont remplacés par des crochets.

Dans l'appareil Anglais de Stevens, le mouvement
des barres transversales est produit par des taquets

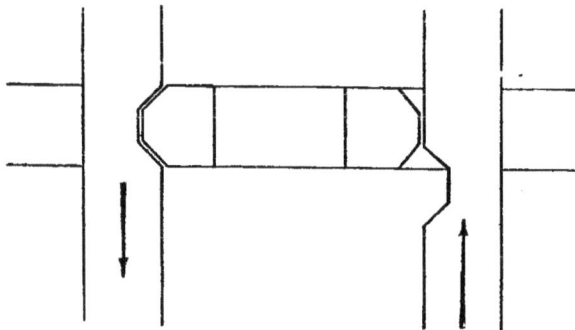

Fig. 265.

dont les faces latérales inclinées à 45° glissent sur des

plans de même inclinaison, et qui servent en même temps à produire l'enclenchement. L'appareil Stevens, est employé en France à la Compagnie d'Orléans. Dans un des modèles adoptés par cette compagnie les glissières placées dans le plan des leviers sont portées par des roues fixées à ceux-ci, de manière à supprimer une des deux séries de barres.

Enclenchement entre les manettes de leviers.— L'enclenchement entre les leviers, tout en offrant de grands avantages sur l'enclenchement direct entre les appareils et signaux ou leurs transmissions, offre encore des inconvénients. D'abord les agents, habitués à rencontrer fréquemment des résistances considérables dans la manœuvre des leviers, y emploient toute leur force et agissent sur eux par à-coups. S'ils ne sont pas prévenus qu'un levier est enclenché, ils exercent sur lui un effort violent pour s'assurer qu'il n'est pas libre ; il faut donc des appareils d'enclenchements très robustes. De plus, quel que soit le soin apporté à la construction, le verrouillage d'un levier ne l'immobilise pas d'une manière absolue ; un léger déplacement est presque toujours possible par suite du jeu qui existe entre les différentes pièces. Pour les signaux, cela n'a pas d'inconvénients ; mais pour les changements de voie, il peut en résulter, avec les transmissions rigides, un entrebâillement des aiguilles. La course des aiguilles est de huit centimètres environ ; un vingtième de cette course correspond à un écart de quatre millimètres qui peut être suffisant pour causer un déraillement, car, lorsqu'un agent doit manœuvrer à la fois un grand nombre de leviers, il peut, par erreur, agir sur un levier enclenché au moment où un train est engagé sur l'appareil commandé par celui-ci. Pour éviter cet inconvénient, on enclenche, non plus les leviers, mais des manettes qui les immobilisent. On ne peut déplacer un levier qu'après avoir relevé la manette ; si celle-ci ne cède pas, on est averti que le levier est enclenché. On peut d'ailleurs disposer les manettes de telle façon qu'on ne puisse agir sur elles qu'avec un effet relativement modéré ; les organes d'enclenchement ont alors besoin d'être beaucoup moins résistants.

Lorsqu'on réalise des enclenchements, on se propose d'empêcher, non seulement les erreurs involontaires, mais aussi les manœuvres intempestives que les agents pourraient faire volontairement dans certains cas pour simplifier leur besogne, pour cacher une faute, etc. Il ne suffit pas, par suite, que l'enclenchement existe entre la position droite ou renversée d'un des leviers et la position corrélative de l'autre ; il faut encore que le levier enclenché reste immobilisé pendant toute la course du levier enclencheur. S'il en était autrement, en effet, il suffirait de déplacer partiellement celui-ci pour rendre l'autre libre et rien n'empêcherait ensuite de le ramener à sa position primitive après avoir manœuvré ce dernier. Avec les appareils qui produisent l'enclenchement entre les leviers, cet inconvénient est évité tout naturellement par les dispositions qui ont pour but de réduire autant que possible le jeu des pièces verrouillées ; il n'en est pas de même lorsque l'enclenchement est réalisé au moyen des manettes ; il faut alors des dispositions spéciales pour que le verrouillage réciproque des leviers subsiste pendant la course de chacun d'eux. Dans les appareils Saxby, qui sont d'un usage général en Angleterre et en France, ce résultat est atteint de la manière suivante.

La manette commande une tige parallèle au levier

et qui peut glisser le long de celui-ci. Lorsqu'on appuie
sur la manette, la tige se relève et entraîne une glissière
engagée dans une coulisse circulaire. La coulisse est formée d'un arc de cercle qui, lorsque sa corde est horizontale, a son centre situé sur l'axe de rotation du levier ; mais elle est mobile elle-même autour d'un autre
axe placé au-dessus du premier ; enfin, la manette est
disposée de telle façon que, lorsqu'elle est appliquée contre la poignée du levier et que, par suite, la glissière

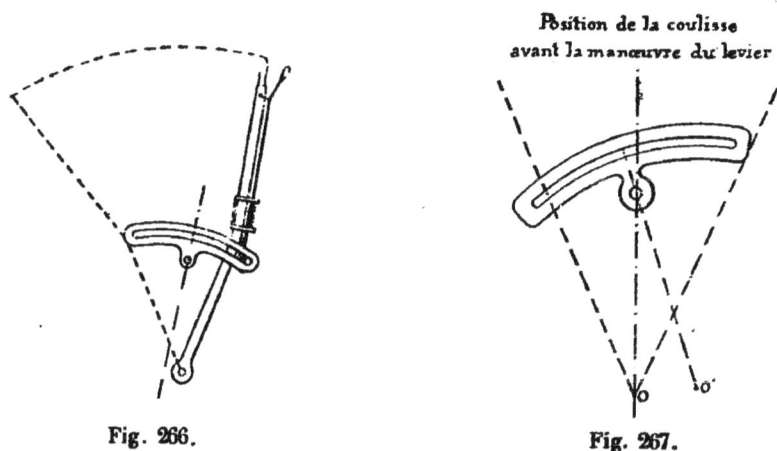

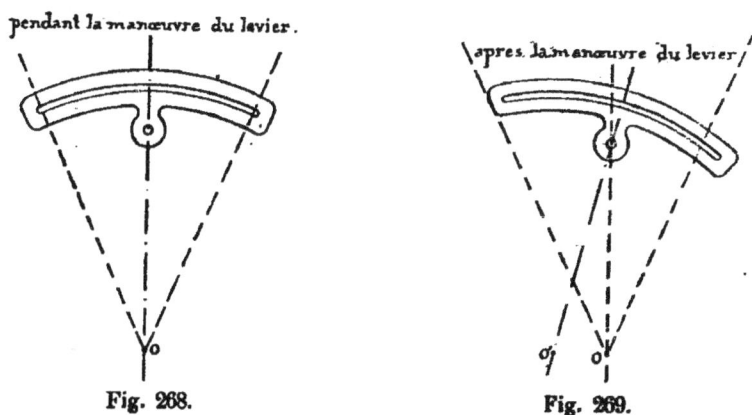

Fig. 266.

Position de la coulisse
avant la manœuvre du levier

Fig. 267.

pendant la manœuvre du levier.

Fig. 268.

apres la manœuvre du levier

Fig. 269.

est relevée, la corde de la coulisse est horizontale ; au
contraire, si on abandonne la manette, qui cesse alors

d'être appliquée contre la poignée du levier, la glissière s'abaisse sous l'action d'un ressort, et fait tourner autour de son axe propre la coulisse, qui cesse alors d'être concentrique au levier de manœuvre. Il résulte de ces dispositions que le levier ne peut être déplacé que si la coulisse a sa corde horizontale, et par suite si la manette est appliquée contre le levier.

La coulisse n'est pas le seul élément caractéristique des appareils Saxby ; ils comportent aussi une disposition particulière des organes d'enclenchement. La coulisse de chaque levier commande, par l'intermédiaire d'une bielle, le mouvement d'une pièce tournante appelée gril qui, lorsqu'il y a enclenchement, est immobilisée par un taquet porté par une barre placée perpendiculairement. La barre peut glisser dans le sens de sa longueur, de manière à dégager le gril par le déplacement du taquet ; c'est alors le taquet qui est arrêté dans le mouvement inverse par le gril, si celui-ci a subi une rotation par suite de la manœuvre du levier correspondant.

Les grils sont des pièces plates en fonte percées de fentes transversales ; c'est de cette forme que leur est

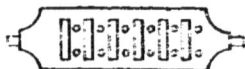

Fig. 270.

venu leur nom. Les fentes servent à fixer, dans la position convenable, les pièces qui conduisent les barres, de manière à rendre chacune de celles-ci solidaire du mouvement de la coulisse qui doit la guider. On peut grâce à cette disposition relier, au moment du montage de l'appareil, chacune des barres à un quelconque des

grils de manière à réaliser à volonté tous les enclenchements.

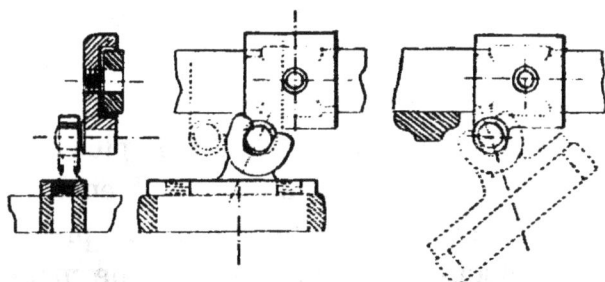

Fig. 271.

Les figures ci-dessous permettent de se rendre compte des combinaisons qui produisent les enclenchements,
et des formes de taquets employées pour les réaliser.

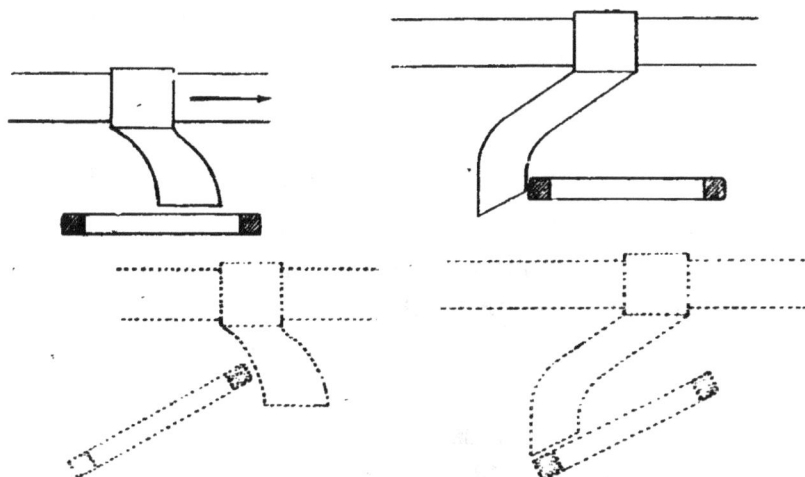

Fig. 272.

Fig. 273.

Si le gril est enclenché dans sa position droite, le taquet est disposé de manière à se placer au-dessus de lui
lorsqu'il occupe cette position. L'enclenchement réciproque est réalisé, comme l'indique le schéma placé au-
dessous de la figure, par la butée du même taquet contre la face latérale du gril dans sa position inclinée. Si
le gril est enclenché dans sa position inclinée, le taquet,

dont la forme est étudiée en conséquence, vient buter latéralement contre lui lorsqu'il occupe cette position. L'enclenchement réciproque est réalisé, comme l'indique le schéma placé au-dessus de la figure, par la butée du gril droit contre la partie inférieure du taquet.

L'appareil Saxby est, sans contredit, le plus parfait de ceux qui sont actuellement en usage. L'enclenchement au moyen de la manette lui donne une précision absolue, et l'emploi de la coulisse permet de manœuvrer à la fois la manivelle et le levier sans mouvement supplémentaire ni perte de temps. Les différentes combinaisons d'enclenchements peuvent être réalisées au moyen d'un petit nombre d'éléments dont il suffit de faire varier la position. Toutefois, il ne faut pas perdre de vue que cet appareil comporte l'assemblage d'un grand nombre de pièces, dont l'ajustage doit être très précis et dont le montage exige l'emploi d'ouvriers mécaniciens. Lorsqu'on n'a qu'un petit nombre de leviers à enclencher, des appareils moins parfaits, mais dont l'installation est plus facile et moins coûteuse, sont, dans beaucoup de cas, préférables.

Enclenchements de passage. — Les différents appareils dont nous avons indiqué le principe se prêtent très facilement à la réalisation des enclenchements de passage ; il suffit pour obtenir ces derniers de modifier ou de déplacer les encoches et les taquets.

Enclenchements à distance. — Les systèmes que nous venons d'indiquer permettent de réaliser tous les enclenchements binaires possibles, mais seulement entre des appareils et signaux dont les leviers peuvent être placés à côté les uns des autres, ou entre un appareil et un signal dont la transmission passe à côté de l'appareil. On peut avoir intérêt à enclencher des appareils ou des signaux dont les leviers et les transmissions soient placés d'une manière quelconque les uns par rapport aux autres. On obtient ce résultat au moyen des enclenchements *à distance*.

Le moyen le plus simple de réaliser les enclenchements à distance consiste à subordonner la manœuvre des appareils à une condition qui ne soit réalisable que pour un seul d'entr'eux. Soient par exemple deux appareils ou signaux A et B, qui ne doivent pas pouvoir être ouverts à la fois. Si le renversement du levier de chacun de ces appareils est subordonné à une condition qui ne puisse être réalisée à la fois pour tous les deux, l'enclenchement sera réalisé. C'est le principe de la *serrure Annett*. Chacun des leviers peut être verrouillé, dans la position inverse de celle qu'il occupe dans la combinaison à éviter, par le pène d'une serrure ordinaire ; celle-ci offre seulement cette particularité que la clef y reste forcément engagée lorsque le levier correspondant est déverrouillé ; il n'y a qu'une seule clef pour les deux serrures. Il est donc impossible que les deux leviers soient déverrouillés à la fois et, par suite, qu'ils occupent simultanément les positions qui correspondent à la combinaison dangereuse.

La serrure Annett est très simple, peu coûteuse, et permet de réaliser les enclenchements à des distances quelconques ; mais elle exige l'emploi de la clef pour chaque manœuvre des leviers et par suite son transport fréquent de l'un à l'autre. Elle ne peut donc être employée que si la distance à parcourir est petite ou si l'un des leviers ne doit être manœuvré qu'exceptionnellement. Dans les autres cas, on réalise les enclenchements à distance soit mécaniquement, soit au moyen d'appareils hydrauliques, à air comprimé ou électrique.

On peut réaliser mécaniquement les enclenchements à distance au moyen de transmissions soit par barres rigides soit par fils. Ce système, très simple en théorie, est dans la pratique compliqué et coûteux ; il faut en effet une transmission par enclenchement, et les appareils doivent être disposés de telle façon que le jeu et les variations de longueur des transmissions ne nuisent pas à la précision du verrouillage.

Lorsque l'enclenchement comprend un signal, on peut le réaliser plus simplement au moyen d'un désengageur[1] qui rend le signal, dans une de ses deux positions, indépendant de la transmission propre. Si par exemple on a à enclencher l'appareil A et le signal S de manière à rendre impossible la combinaison (Ad, Sr), on enclenchera le levier de A avec le levier l du désengageur de manière à rendre impossible (Ad, ld) en appelant droite la position de ce levier qui correspond au cas où le désengageur n'agit pas. Comme la construction de cet appareil rend impossible la combinaison (lr, Sr), ces deux enclenchements entraîneront comme résultante (Ad, Sr).

On peut obtenir le même résultat, pour la position inverse du signal, en manœuvrant celui-ci au moyen d'une double transmission, de manière à pouvoir placer un levier auxiliaire à côté du levier de l'appareil à enclencher[2]. Si on a par exemple à rendre irréalisable la combinaison (Bd, Sd), on aura, en appelant l le levier auxiliaire de S, (Sd, lr), puisque le renversement de ce levier ouvre le signal, s'il est fermé. Si d'autre part on réalise entre l et le levier de B l'enclenchement (Bd, ld), on aura (Bd, Sd) pour résultante.

1. Voir *supra*, page 444.
2. Voir *supra*, page 444.

L'emploi des désengageurs et des doubles transmissions est limité aux signaux ; il exige un levier supplémentaire ; en outre la manœuvre du levier enclencheur produit en même temps la manœuvre du signal lorsque celui-ci n'est pas déjà dans la position qui correspond à l'enclenchement. L'application de ce système n'est donc possible que dans des cas particuliers.

L'emploi des transmissions hydrauliques se prête aux enclenchements à distance. Il suffit, pour les réaliser, de combinaisons de robinets coupant ou établissant la communication entre l'accumulateur et les appareils. Cette propriété est utilisée dans les appareils Bianchi et Servettaz pour permettre, au moyen d'une conduite de retour, le verrouillage de certains leviers par les appareils même avec lesquels ils doivent être en relations d'enclenchements sans passer par l'intermédiaire des leviers et des transmissions de ces appareils.

Il existe également en Amérique des appareils à air comprimé qui permettent la réalisation des enclenchements à distance. Ces appareils n'ont pas, à notre connaissance, été expérimentés en Europe.

Le moyen le plus simple de produire les enclenchements à distance paraît être l'emploi de l'électricité. Le verrouillage électrique est très employé en Allemagne, dans les appareils Siemens et Halske, qui sont en usage dans la plupart des grandes gares ; mais dans ces appareils il n'y a pas enclenchement à proprement parler, en ce sens que le verrouillage n'est pas réciproque et que le déverrouillage se produit à la main, par l'agent du poste enclenché, sans l'intervention du poste enclencheur.

L'emploi de l'électricité pour les enclenchements est

plus récent en France ; on peut citer néanmoins la serrure électrique de Regnault, et les appareils des chemins
de fer de l'État et de la Compagnie Paris-Lyon-Méditerranée. Nous décrirons seulement, à titre d'exemple,
l'appareil des chemins de fer de l'État. Il produit l'enclenchement des leviers dans les mêmes conditions que
les appareils mécaniques, et il est disposé en outre de
telle façon qu'un dérangement, quel qu'il soit, ne puisse
compromettre la sécurité en supprimant un enclenchement. Le principe de l'appareil est le suivant. Une tige
T, dont le mouvement est lié par une coulisse Saxby à
celui du levier à enclencher, porte un double marteau
M M' ; elle se meut en face de la palette A d'un électro-
aimant ordinaire ; elle entraîne un commutateur C C'

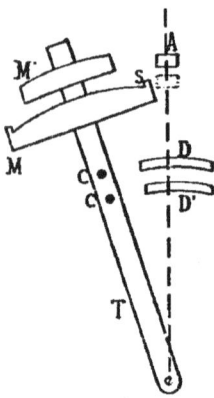

Fig. 274.

D D' qui produit le courant au moment précis où A se trouve au droit
de la lacune comprise entre le talon S du marteau M et le marteau
M'. Le talon S de M est disposé de
façon à passer sous la palette A
lorsqu'elle est relevée, mais à venir
buter contre elle si elle est abaissée ;
le marteau M' au contraire vient
buter contre la palette si elle est relevée, mais passe librement au-des-
sous d'elle si elle est abaissée ; le renversement de la
tige T n'est donc possible que si la palette est dans sa
position normale au moment où commence la rotation
et si elle s'abaisse au moment précis où le commutateur
agit. Pour qu'un levier soit enclenché, il suffit que le
circuit de son électro-aimant soit coupé ; la rupture du
circuit peut être produite par un commutateur placé en
un point quelconque, et en particulier au droit d'un

levier enclencheur. Le diagramme ci-contre fait com-

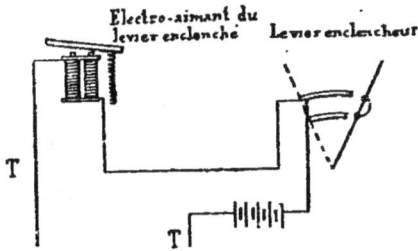

Fig. 275.

prendre comment on réalise un enclenchement entre deux leviers.

Les appareils de ce genre, si robustes que soient les éléments qui les composent eu égard au rôle qu'ils ont à jouer, ne sont pas en état de supporter des efforts violents ; ils doivent donc être appliqués au verrouillage des leviers, et non aux leviers eux-mêmes. On les emploie notamment en faisant commander leur mouvement par une coulisse Saxby.

238. — Enclenchements multiples. — *Principe des appareils mécaniques.* — Le principe de la réalisation des enclenchements multiples, dans les appareils mécaniques, est très simple ; il suffit que le mouvement de la pièce (barre ou taquet) qui produit l'enclenchement résulte de la combinaison des mouvements des leviers enclencheurs. Mais on conçoit facilement que ces combinaisons compliquent les pièces et que dans des appareils dont la simplicité, la solidité et la facilité de manœuvre sont des conditions essentielles, elles soient très difficilement réalisables dès que le nombre des leviers dépasse trois ou quatre.

Les appareils mécaniques en usage en France peuvent se rapporter à deux types.

Appareils fondés sur la composition des mouvements des leviers. — Le premier type est celui du *balancier articulé de Dujour.* Il est fondé sur le principe suivant. Considérons deux barres d'enclenchement du système Vignier ; si le mouvement d'une de ces barres dépend du déplacement non d'un seul, mais de deux leviers, la position du levier qui commande la seconde barre sera subordonnée à la combinaison des positions de ceux-ci.

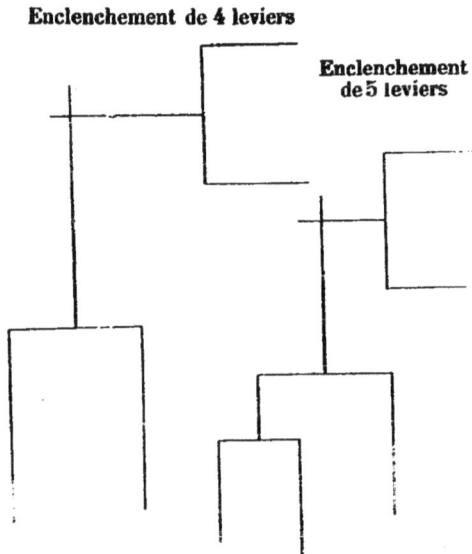

Enclenchement de 4 leviers

Enclenchement
de 5 leviers

Fig. 276. — Appareils à balancier.

On pourra donc réaliser ainsi un enclenchement ternaire. Si le mouvement de chacune des deux barres dépend du déplacement de deux leviers, on pourra obtenir un enclenchement quaternaire ; enfin on peut obtenir des combinaisons d'ordre plus élevé en appliquant le même principe à la composition des mouvements d'une série de tiges animées de mouvements alternatifs,

L'application du principe que nous venons d'indiquer s'obtient au moyen de balanciers, qui transmettent aux barres les mouvements des tiges fixées aux leviers. L'étude des combinaisons qui en résultent offre un certain intérêt. Considérons par exemple un enclenchement ternaire entre les trois leviers A, B et C

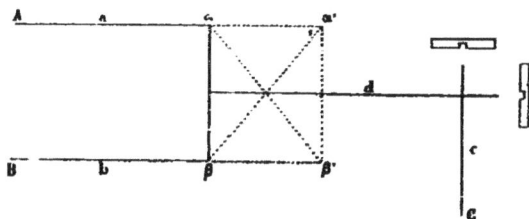

Fig. 277.

que nous supposons droits dans la position qui correspond aux traits pleins de la figure. Selon les positions relatives des leviers A et B, le balancier pourra occuper chacune des quatre positions $\alpha\beta$, $\alpha'\beta$, $\beta'\alpha$, $\alpha'\beta'$. Supposons que la barre d, qui est commandée par le balancier soit percée seulement d'une encoche ; si celle-ci se trouve en regard de la barre c commandée par le levier C lorsque le balancier est en $\alpha\beta$, la position renversée de C ne sera compatible qu'avec une seule des quatre positions relatives de A et de B. On réalisera donc en même temps les trois enclenchements :

(Ad, Br, Cr)

(Ar, Bd, Cr)

(Ar, Br, Cr)

De même, si l'encoche de la barre c se trouve en regard de la barre d lorsque le balancier est en $\alpha'\beta'$, on réalisera les trois enclenchements.

(Ad, Br, Cr)

(Ar, Bd, Cr)

(Ad, Bd, Cr)

Si l'encoche de la barre d correspond à une des deux positions $\alpha'\beta$ et $\beta\alpha'$ du balancier qui sont conjuguées par rapport à la position de cette barre, on réalisera les deux enclenchements

(Ad, Bd, Cr)

(Ar, Br, Cr)

Pour que l'enclenchement réalisé soit unique, il faudra que la barre d soit percée de deux encoches ou entaillée sur une longueur égale à la moitié de la course du balancier. Dans aucun cas on ne pourra réaliser l'enclenchement (Ad, Br, Cr) sans réaliser en même temps (Ar, Bd, Cr).

On peut faire des observations analogues sur les enclenchements de quatre ou d'un plus grand nombre de leviers.

Appareils fondés sur le déplacement de pièces mobiles. — Le second type d'appareils servant à réaliser les enclenchements multiples a pour principe l'interposition entre les grils ou les barres, ou entre un gril et une barre, d'une ou plusieurs pièces mobiles qui rendent mécaniquement irréalisable la combinaison à éviter. Le taquet mobile Saxby, et les enclenchements à marteau et à boîte qui sont employés dans les enclenchements ternaires, sont fondés sur ce principe.

Le taquet mobile Saxby est articulé, dans l'appareil imaginé par cet inventeur, à une barre glissante commandée par un des leviers à enclencher, il est placé au-dessus du gril qui correspond à un autre de ces leviers. Un butoir fixé à la barre qui commande le troisième levier peut, selon la position de celui-ci venir se placer au-dessus ou au delà du taquet mobile. Dans le premier cas, il empêche, par l'intermédiaire de celui-ci la rotation du gril placé au-dessous et le maintient dans sa position horizontale. ¹Dans le

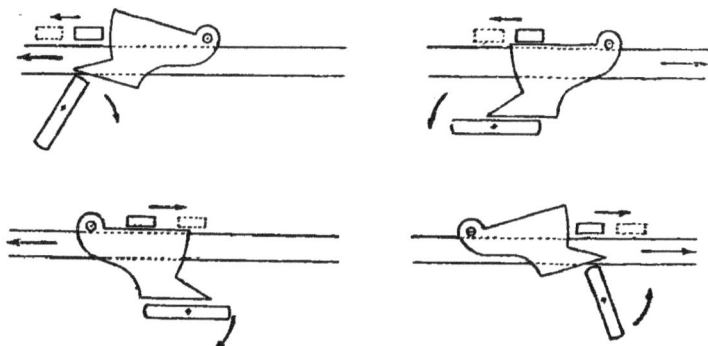

Fig. 278.

second cas, le gril en prenant la position inclinée, soulève le taquet mobile et s'oppose ainsi au mouvement en arrière du butoir, et par suite de la barre à laquelle il est fixé.

Les enclenchements *à marteau* et *à boîte* offrent des dispositions analogues à celles de l'enclenchement à taquet mobile. Comme ce dernier, ils ne sont applicables qu'aux combinaisons ternaires et ont l'inconvénient de ne pouvoir être employés qu'avec des leviers voisins les uns des autres.

La solution suivante a l'avantage d'être générale et de ne comporter que des combinaisons relativement simples d'appareils.

Reportons-nous à l'appareil Stevens, que nous avons décrit précédemment, et supposons que la barre transversale T qui produit l'enclenchement réciproque des barres longitudinales A et B soit coupée par une quatrième barre C parallèle à celles-ci et susceptible de se déplacer transversalement. Rien ne sera changé, dans ces conditions, au jeu de l'appareil ; mais si la barre C est également mobile dans le sens de sa longueur et porte une encoche semblable à celles de A et de B dans laquelle puisse pénétrer un des tronçons de la barre T,

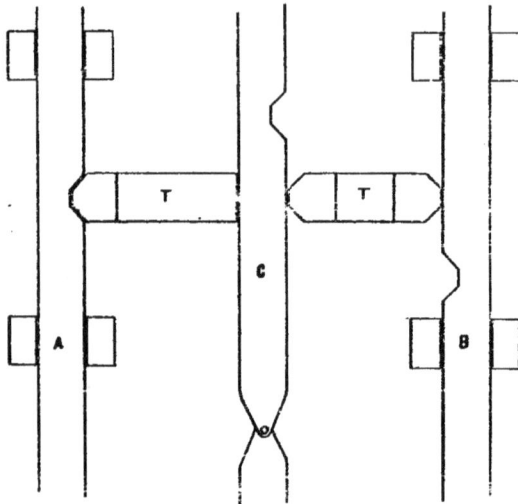

Fig. 279.

il suffira que cette encoche se trouve à la hauteur de T pour que l'enclenchement entre A et B soit supprimé. Par suite si les mouvements de A, de B et de C sont liés à ceux de trois leviers, il existera entre ceux-ci un enclenchement ternaire. Pour réaliser cette disposition dans la pratique, on guide les barres A et B au moyen de glissières, et on rend la barre C mobile autour de son point d'attache avec la tige qui la relie au levier correspondant, de manière à lui permettre de se déplacer par rotation dans le sens transversal et par glissement dans le sens longitudinal; enfin, on remplace les éléments de la barre transversale, par des taquets indépendants les uns des autres.

Si au lieu d'une barre intermédiaire on en suppose plusieurs, les choses se passeront exactement de la même façon et on pourra réaliser un enclenchement d'un ordre quelconque. D'une manière générale, si n est le nombre des leviers et par suite des barres longitudina-

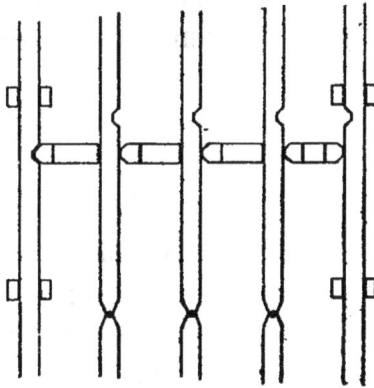

Fig. 280.

les, l la largeur de celles-ci, zt la longueur cumulée
des taquets, d la distance libre entre les barres extrêmes, enfin e la profondeur des encoches, il y aura enclenchement entre les n barres du moment qu'on aura

$$d = (n\text{-}2)\,l + zt - e$$

en effet la longueur cumulée des taquets ajoutée à la
somme des largeurs des barres longitudinales intermédiaires étant supérieure à la distance des barres extrêmes, la combinaison des positions de ces leviers dans
laquelle aucune encoche ne se présente au droit de la
ligne des taquets, est irréalisable ; au contraire il suffit
qu'une quelconque des encoches se trouve en face d'un
taquet pour que celui-ci puisse s'y engager, et permette ainsi, par le déplacement des autres taquets, la
réalisation d'une combinaison quelconque des positions
des leviers qui commandent les autres barres.

La Compagnie du Nord emploie pour les enclenchements multiples un appareil du système que nous venons d'indiquer et qu'on désigne sous le nom d'*enclenchement à lames.*

M. Dujour a établi d'après le même principe un

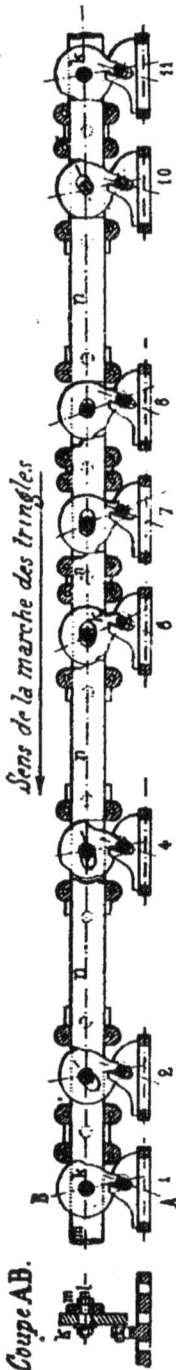

Sens de la marche des tringles

Coupe AB.

Fig. 281.

appareil comprenant des pièces plus légères et très mobiles qui peuvent être facilement mises en mouvement par les grils Saxby. Dans cet appareil les taquets sont séparés par des cames tournantes guidées chacune par un gril. Le contour de la partie de chaque came qui vient buter contre les taquets est formé de deux arcs de cercle de rayons différents, de telle façon que la largeur soit variable selon la position du gril correspondant : les trous dans lesquels passent les axes autour desquels tournent les cames intermédiaires sont allongés pour permettre le déplacement latéral de celles-ci. Il est facile de reconnaître, à l'inspection de cet appareil, que la théorie de l'appareil à lames lui est applicable. Le mouvement longitudinal des lames est seulement remplacé par le mouvement de rotation des cames. L'emploi de ces dernières offre toutefois un avantage qui n'est pas réalisé dans les enclenchements à lames. En effet, le mouvement de chaque came dans le sens transversal est limité par les dimensions du trou dans lequel passe l'axe correspondant. Toute combinaison qui exigerait un déplacement plus considérable se trouve par suite irréalisable. En d'autres termes, chacune des cames intermédiaires, lorsqu'elle est à l'extrémité de sa course transversale, joue le même rôle qu'une des cames extrêmes à centre fixe pour toutes les combinaisons qui tendraient à produire un déplacement dans le même sens. On peut donc, avec un seul jeu de cames, réaliser plusieurs enclenchements différents.

Appareils électriques. — Avec les appareils électriques on peut réaliser sans difficulté les enclenchements multiples au moyen de simples combinaisons de commutateurs. Il suffit en effet de disposer ceux-ci de manière à ce que, lorsque tous les leviers, sauf un, sont dans les dispositions qui correspondent à la combinaison dangereuse, le courant dont le passage est nécessaire pour le déplacement du dernier levier soit coupé.

239.— Installation des appareils d'enclenchement.— Les appareils qui comportent des pièces tournantes ou glissantes doivent être mis à l'abri de la pluie et de la poussière. On peut les protéger au moyen d'une enveloppe mobile en tôle. Mais dès que le nombre des leviers enclenchés est assez important pour motiver la présence constante ou tout au moins prolongée à certaines heures de l'agent chargé de les manœuvrer, il est préférable de les enfermer dans une *cabine* qui sert en même temps à abriter cet agent. On place dans la cabine les appareils de correspondance avec la gare ou avec les autres postes, des affiches portant les instructions relatives à la manœuvre des leviers, etc.

Les cabines d'enclenchement se font aujourd'hui presque toujours en fer et briques ; elles sont vitrées à partir d'une hauteur de 1ᵐ à 1ᵐ20, de telle façon que l'agent puisse voir de tous côtés les voies et les appareils, les trains qui approchent et au besoin les signaux qui lui sont faits pour lui indiquer les manœuvres qu'il doit opérer. On peint de couleurs différentes les leviers des signaux et des changements de voie, on inscrit en outre, au droit de chaque levier, outre son numéro, la désignation de l'appareil correspondant et souvent l'indication des autres leviers à manœuvrer pour qu'il puisse être rendu libre.

Dans les gares importantes, il arrive fréquemment, surtout si le nombre des leviers est considérable, que la vue au niveau du sol n'est pas suffisamment dégagée au point où la cabine est établie ; on surélève alors celle-ci de telle façon que l'agent qui manœuvre les leviers soit dans une sorte d'observatoire dominant les parties de la gare dont ces leviers commandent les appareils.

Les transmissions rigides ou par fils qui relient les leviers ou appareils sont renvoyées au dehors de la cabine au moyen de poulies ou d'équerres dans la direction qu'elles doivent suivre ; lorsque les leviers sont nombreux, l'installation de ces renvois présente souvent des complications coûteuses dont il faut tenir compte dans l'estimation des dépenses.

§ 4. — APPAREILS DE BLOCK-SYSTEM.

240. — Définition du block-system. — Le block-system, dont nous discuterons l'emploi en parlant de l'exploitation est fondé sur le principe suivant.

Une série de signaux sont échelonnés le long d'une voie, de manière à diviser celle-ci en sections de longueur variable selon le profil, l'intensité de la circulation, la position des stations etc. Chacun de ces signaux doit être fermé au moment où un train passe devant lui, et ne doit être rouvert que, lorsque le même train ayant franchi le signal suivant, celui-ci a été fermé à son tour.

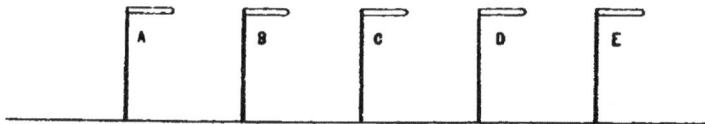

Fig. 282.

Ainsi dans la figure ci-dessus A, une fois fermé, ne doit être rouvert que si B est fermé à son tour, B ne doit être rouvert qu'après la fermeture de C (etc.).

241. — Principe sur lequel sont fondés les appareils. — Les appareils de block-system employés au début, et dont plusieurs sont encore en usage en Angleterre, étaient de simples appareils de correspondance qu'on substituait au télégraphe pour abréger, grâce à l'emploi de signes conventionnels, l'échange des communications entre les agents chargés de manœuvrer les signaux (appareils Clarcke, Tyer, Regnault). Mais on a depuis longtemps réalisé un progrès important en rendant les signaux solidaires les uns des autres, de telle façon que chacun d'eux ne puisse être ouvert qu'après la fermeture du suivant. On atteint ce résultat au moyen d'un verrou qui se ferme automatiquement par le mouvement même du signal ; ce verrou ne peut être rouvert qu'à distance par l'agent chargé de la manœuvre du signal suivant et seulement si celui-ci est fermé.

Le déverrouillage à distance peut se faire soit mécaniquement, soit électriquement.

Le déverrouillage mécanique n'est possible que lorsque les sections sont très courtes, comme cela arrive, par exemple, pour les lignes de banlieue aux abords de

Paris, où les stations sont très rapprochées. La Compagnie de l'Ouest emploie sur plusieurs de ses lignes (Paris-St-Lazare à Auteuil, Paris-St-Lazare à Clichy-Levallois) des appareils mécaniques dans lesquels le verrouillage est remplacé par l'action équivalente d'un désengageur qui supprime la solidarité entre le levier de chaque signal et celui-ci lorsqu'il est fermé. Le signal ne peut alors être rouvert qu'à distance par l'agent du poste suivant, et après qu'il a lui-même fermé son signal.

La description des appareils électriques de déverrouillage, qui sont en général assez compliqués, sortirait du programme de ce cours ; nous nous bornerons à indiquer les conditions essentielles qu'ils doivent remplir.

Dans tous les systèmes actuellement en usage en Europe, le signal placé à l'entrée de chaque section est manœuvré mécaniquement par un agent. Le déverrouillage est produit au moyen soit de l'émission d'un ou de plusieurs courants temporaires, soit de l'interruption d'un courant continu, par l'agent chargé de manœuvrer le signal d'entrée de la section suivante ; l'émission ou l'interruption du courant n'est possible que si ce dernier signal est fermé. Dans les appareils Lartigue, qui sont les plus employés en France, le signal s'ouvre automatiquement aussitôt qu'il est déverrouillé[1].

La manœuvre des signaux dans les conditions que nous venons d'indiquer ne donne pas encore une garantie absolue de sécurité. Rien n'empêche en effet de

---

1. Dans les appareils Lartigne primitifs, l'ouverture de chaque section n'était pas subordonnée par un enclenchement à la fermeture de la section suivante, mais une modification très simple a permis de faire disparaître cet inconvénient.

déverrouiller et d'ouvrir le signal d'entrée d'une section avant que le train qui l'occupe en soit sorti, pourvu que le signal d'entrée de la section suivante soit fermé ; des erreurs sont donc possibles. On évite cet inconvénient dans certains appareils au moyen d'une disposition qui ne permet de produire deux déverrouillages successifs d'un signal que si le signal suivant a été ouvert puis refermé dans l'intervalle (Appareil de la Cie P. L. M.). On peut aussi rendre le déverrouillage impossible jusqu'à ce que le train qui occupait la section soit passé sur une pédale placée à la sortie de celle-ci et qui débloque le verrou au moyen d'un courant électrique.

Les pédales qu'on emploie pour émettre ou interrompre le courant sont actionnées par la flexion du rail entre les traverses : cette flexion est suffisante pour produire un léger mouvement qui, amplifié par un levier à bras inégaux, établit ou supprime un contact. On peut aussi employer le contre-rail isolé de Baillehache dont nous avons parlé plus haut ; celui-ci pourrait toutefois plus difficilement être mis à l'abri des fraudes des agents qui, pour cacher une négligence ou pour tout autre motif, voudraient dans un cas déterminé déverrouiller le signal d'entrée d'une section sans attendre que le train en fût effectivement sorti.

L'emploi des pédales et des contre-rails de Baillehache est assez récent ; ces appareils n'inspirent pas encore confiance à tous les ingénieurs. L'expérience a cependant montré que, au moins sous notre climat, lorsqu'ils sont installés dans de bonnes conditions, leur fonctionnement est aussi régulier que celui des autres éléments des appareils de block-system.

On peut citer comme comportant ce perfectionnement les appareils Hodgson et Flamache.

32

242.— Détails de construction.— Les signaux d'arrêt du block-system sont en général des bras sémaphoriques, tandis que tous les autres signaux sont faits au moyen de cocardes tournantes. Cette différence tient à ce que le block-system a été emprunté à l'Angleterre, où l'emploi de bras sémaphoriques est général, et que, pendant longtemps, on a considéré les signaux du block comme des indications plutôt que comme des signaux d'arrêt proprement dits. Elle a perdu en partie sa raison d'être, aujourd'hui que l'arrêt est obligatoire à l'entrée des sections fermées.

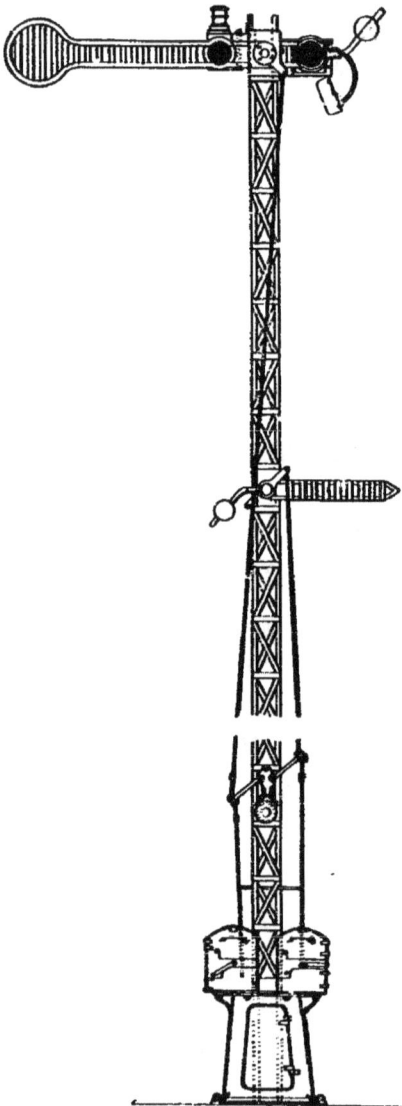

Dans les appareils Lartigue, et dans d'autres appareils analogues, les boîtes de manœuvre qui renferment les organes électriques sont fixées au mât qui supporte le bras sémaphorique ; celui-ci est commandé directement, au moyen d'une tringle de renvoi par une manivelle dont l'axe pénètre dans une des

Fig. 283.

boîtes ; on n'emploie même ordinairement pour les deux
directions qu'un même mât qui porte deux bras orientés
en sens inverse. Pour les postes situés en pleine voie,
cela n'a pas d'inconvénient, mais il n'en est pas de même
dans les gares. La réunion de deux bras sur le même mât
oblige à placer celui-ci au milieu de la gare, et comme,
d'après les dispositions presque universellement adoptées, les trains ne s'arrêtent qu'au-delà de ce point, le
mécanicien est obligé de regarder derrière lui pour savoir si la section dans laquelle il doit entrer est libre.
En dédoublant le mât, on peut placer les signaux aux
extrémités de la gare, mais alors il est presque toujours
nécessaire de placer un agent en permanence auprès de
chacun d'eux en raison de leur distance et de la fré-
quence de leurs manœuvres. Aussi a-t-on préféré, dans
la plupart des autres systèmes, séparer l'appareil électrique des mâts et manœuvrer à distance le bras sémaphorique au moyen d'une transmission ordinaire par
fils. On peut d'ailleurs très facilement et avec une faible
dépense modifier les appareils Lartigue de manière à
obtenir le même résultat. Il suffit pour cela de manœuvrer le signal à l'aide d'un levier ordinaire, qu'on enclenche avec un verrou porté par la boîte de l'appareil
électrique. Le seul inconvénient de cette disposition est
que le bras sémaphorique ne retombe pas de lui-même
par suite du déverrouillage ; il est sans importance
lorsque, comme cela se fait habituellement en France,
le signal d'arrêt du block est précédé d'un signal avancé, car l'ouverture de celui-ci n'est jamais automatique.

**243. — Moyens de correspondance entre les agents
chargés de la manœuvre des appareils.** — Les différents
appareils de block-system dont nous venons d'indiquer

le principe comprennent, en outre des organes destinés au verrouillage et au déverrouillage des signaux, des appareils de correspondance destinés à permettre aux agents l'échange des communications nécessaires à la manœuvre. Dans l'appareil Lartigue, l'entrée d'un train dans chaque section est signalée à l'agent placé en tête de la section suivante par la chute d'un petit bras peint en jaune, qui est normalement relevé et qui se place horizontalement lorsqu'il est déclenché par un courant électrique ; lorsque le train est sorti de la section, l'agent placé en tête de celle-ci en est averti par la chute du grand bras, qui, comme nous l'avons dit, se ferme automatiquement dès qu'il est déverrouillé. Le petit bras est relevé par le mouvement de manivelle, qui a pour effet de débloquer la section à laquelle se rapportent ses indications. Dans l'appareil Flamache, les mêmes indications sont données par un sémaphore miniature, placé sur le devant de la boîte qui renferme les organes électriques. Des sonneries permettent en outre l'échange de certaines communications convenues à l'avance au moyen d'un nombre de coups de timbre déterminé. Enfin on complète souvent les moyens de correspondance soit par des appareils spéciaux soit par l'emploi du téléphone.

244. — Appareils de block-system en voie unique. — Les appareils que nous venons d'examiner ont pour objet d'empêcher les collisions entre des trains circulant dans le même sens ; ils ne peuvent donc assurer la sécurité d'une manière complète que s'il y a, sur la même ligne, une voie affectée à chacune des deux directions contraires. Nous verrons plus loin, à propos de l'exploitation, que lorsque le trafic est peu important, on fait circuler sur la même voie des trains qui marchent dans les

deux sens ; pour permettre le croisement de ces trains
on dédouble de distance en distance la voie unique sur
une longueur de quelques centaines de mètres. Le block-
system peut encore, dans ce cas, s'appliquer de la manière suivante. Chacune des portions de voie unique
comprise entre deux points de croisement consécutifs
forme une section, dans laquelle deux trains marchant
en sens contraire ne doivent pas pouvoir se trouver à
la fois ; elle est divisée elle-même en sections de block
ordinaire, dans chacune desquelles deux trains de même
sens ne doivent pas pouvoir se trouver en même temps.
Par exemple, si l'intervalle AB compris entre les stations de croisement AA' BB' est divisé en quatre sections par les signaux a b c aucun train marchant
vers A ne peut partir de B tant que AB est occupé par
un ou plusieurs trains venant de A et réciproquement ;
mais des trains de même sens peuvent se succéder de
A vers B et de B vers A, sous la seule condition qu'il n'y
en ait qu'un dans chacune des sections Aa, ab, bc, cB.

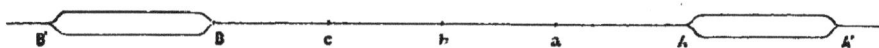

Fig. 284.

Les appareils placés en abc qui limitent les sections
intermédiaires sont des appareils ordinaires ; ils sont
doubles, c'est-à-dire qu'il y a au même point un signal
s'adressant à chacune des deux directions. Les appareils
placés aux extrémités A et B de la voie unique sont simples et le signal que porte chacun d'eux ne s'adresse
qu'aux trains qui se dirigent vers l'autre ; ainsi le signal placé en A interdit le passage de A en B et réciproquement. En outre, lorsque A a été ouvert pour donner
passage à un train, B se trouve verrouillé dans sa position fermée et ne peut être déverrouillé tant qu'il reste

entre A et B un train venant de A. Les appareils en usage se prêtent à l'exécution de ce programme au moyen de transformations très simples. La Compagnie du Nord emploie l'appareil Lartigue en voie unique comme en double voie. L'appareil Flamache est également employé en Belgique dans les deux cas.

CHAPITRE IX

PRIX DES PRINCIPAUX APPAREILS DE VOIE

245.— Les prix des appareils subissent des variations considérables non seulement avec les types, mais avec la situation du marché des fournitures métalliques. Les indications ci-dessous se rapportent à des prix moyens.

Branchements simples.

1° *Appareil de* 30^m25 *de longueur totale.* Angle (tg. 0, 10).

1 *Changement simple :* partie métallique à deux voies . . . . . bois.	475 125	} 600
1 *Croisement simple :* partie métallique. Angle (tg. 0,10). . . bois.	525 125	} 650
Voies intermédiaires : partie métallique. bois	850 200	} 1050
Prix total d'un *branchement simple Angle (tg.* 0,10). . . .		2300

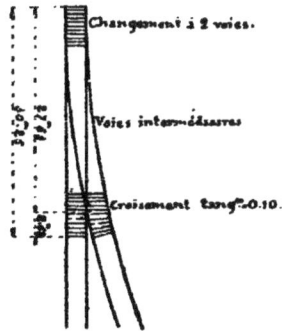

2° *Appareil de* 23^m70 *de longueur totale.* Angle (tg. 0,13).

1 *Changement simple :* partie métallique à deux voies. . . . . bois.	475 125	} 600
1 *Croisement simple :* partie métallique, Angle (tg. 0,13) . . bois.	500 100	} 600
Voies intermédiaires : partie métallique. . bois.	600 150	} 750
Prix total d'un *branchement simple Angle (tg.* 0,13). . . .		1950

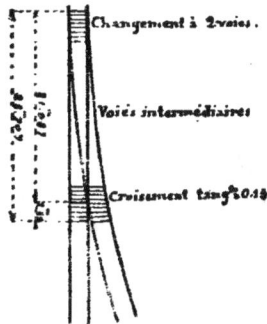

Branchements doubles.

1 *Changement double*: partie métallique à trois voies . . . . . bois.	800 125	} 925	
1 *Croisement simple*: partie métallique. Angle (tg. 0,14). . . bois.	600 125	} 725	
2 *Croisements jumeaux*: partie métallique. Angle (tg. 0,10). . . bois.	750 200	} 950	
Voies intermédiaires : partie métallique. . bois.	950 150	} 1100	
Prix total d'un *branchement double de* 30m25 *de longueur totale*		3700	

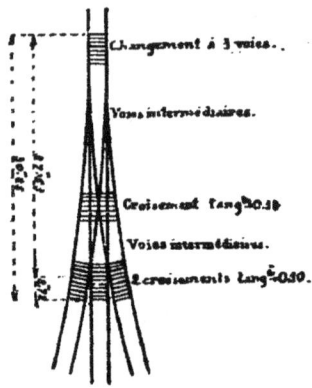

Changement à 3 voies..
Voies intermédiaires.
Croisement tang⁰ 0.14
Voies intermédiaires.
2 croisements tang⁰ 0.10.

Traversées de voies obliques.

2 *Croisements simples*: partie métallique. Angle tg.0,10. . . . . bois.	900 250	} 1150	
1 *Croisement double* : partie métallique. Angle tg. 0,10 . . . bois.	1250 150	} 1400	
Voies intermédiaires : partie métallique. . bois.	800 150	} 950	
Prix total d'une *traversée oblique* de 34m546 *de longueur totale*.		3500	

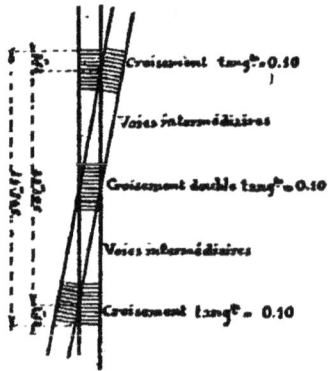

Croisement tang⁰ 0.10
Voies intermédiaires
Croisement double tang⁰ 0.10
Voies intermédiaires
Croisement tang⁰ 0.10

Traversées-jonctions.

Jonction simple. Angle (tg. 0,10) de 34m 546 de longueur totale partie métallique. . bois.	3800 800	} 4600	
Jonction double. Angle (tg. 0,10) de 34m 546 de longueur totale, partie métallique. . bois.	4700 800	} 5500	

Plaques et chariots.

Plaque tournante de 4ᵐ 50 de diamètre.	3000
Plaque tournante de 5ᵐ 25 de diamètre.	4000
Plaque tournante de 6ᵐ 20 de diamètre, pour voitures. . . .	4800
Plaque tournante de 6ᵐ 70 de diamètre, pour machines . . .	7500
Pont tournant de 14ᵐ 00 de diamètre, avec cuvelage en fonte.	21000
Pont tournant de 14ᵐ00 de diam., sans cuvelage en fonte 15000 fondations et maçonneries. . . . . . . 5000 }	20000
Pont tournant de 17ᵐ 00 de diamètre.	27000

Chariot roulant sans fosse pour voitures et wagons . . . . .
   (à ajouter par voie traversée 750 francs, 55 francs par mètre
   courant de chemin de roulement et 45 francs par taquet
   d'arrêt).
	4200

Chariot roulant avec fosse . . . . (à ajouter 50 francs par mètre courant de fosse).	2000

Signaux.

Signal avancé à plaque ronde (compris la lanterne non compris la transmission)	400
Signal d'arrêt absolu à plaque carrée (compris la lanterne non compris la transmission)	300
Transmission de signaux avancés ou d'arrêt absolu, le mètre courant	0.25
Compensateur de transmission (système Dujour).	160
Signaux indicateurs de position d'aiguilles (compris la lanterne).	70
Signaux indicateurs de direction d'aiguilles (compris la lan- terne).	120
Potence support de signal de 7ᵐ 50 de portée	1500
Potence support de signal de 4ᵐ 00 de portée	1300
Appareil d'enclenchement, type Vignier (prix moyen par levier).	200
Appareil d'enclenchement, type Saxby (prix moyen par levier non compris la cabine).	250
Appareil d'enclenchement électrique isolé: partie mécanique 280 } partie électrique. 120 }	400
Appareil d'enclenchement électrique monté sur un appareil Saxby.	100

Prix divers.

Cabines en fers et briques (non surélevées) pour appareils d'en- clenchements Saxby, le mètre carré	85
Enclenchement élémentaire Gourguechon avec barre et chaîne (prix par levier)	10
Transmissions rigides (le mètre courant).	10 à 15

Appareils de manœuvre à distance des aiguilles par fils (systè-
   me Asser, type Etat) non compris la transmission :
   1° Sans serrure. . . . .
	650

2° Avec serrure et verrou	950
Transmission double par fils, le mètre courant.	0.60
Installation d'un poste terminus de Block-system Flamache (non compris les signaux avancés et d'arrêt absolu)	3600

Installation d'un poste de station intermédiaire de Block-system Flamache (non compris les signaux avancés et d'arrêt absolu et leurs transmissions ainsi que les fils électriques)	6200
Installation d'un poste en pleine voie de Block-system Flamache (non compris les fils électriques).	5600
Installation d'un poste intermédiaire de Block-system Lartigue (non compris les signaux avancés et d'arrêt absolu)	2700
Installation d'un poste intermédiaire de Block-system Lartigue (non compris les signaux avancés et d'arrêt absolu et leurs transmissions ainsi que les fils électriques).	4500

CHAPITRE X

ENTRETIEN ET SURVEILLANCE

§ 1. — ENTRETIEN

246.— Importance de l'entretien.— Les dépenses annuelles d'entretien des voies représentent aujourd'hui une somme supérieure à celle qui est consacrée chaque année à l'établissement des voies nouvelles, et ces dépenses comportent des économies beaucoup plus considérables que les dépenses de construction. A ce double point de vue, l'entretien offre donc un intérêt très sérieux pour l'ingénieur.

L'entretien de la voie consiste dans le remplacement du matériel et du ballast hors d'usage, dans le maintien du plan et du profil de la voie et, en général, dans les soins à donner à celle-ci pour qu'elle offre partout la résistance indispensable au passage des trains.

247.— Remplacement du matériel.— Il y a deux méthodes pour faire les remplacements du matériel. La première consiste à remplacer les divers éléments un à un, à mesure qu'ils deviennent hors de service ; la seconde consiste à les remplacer tous à la fois. Les remplacements partiels sont inévitables dans une certaine mesure ; si un rail ou une traverse devient hors d'usage, si un coussinet est brisé, on ne peut attendre l'époque du renouvellement général pour les remplacer ; mais, lorsqu'on procède par renouvellements généraux, on ne

fait que les remplacements partiels urgents, on y utilise, autant que possible, les matériaux de second emploi, c'est-à-dire ceux qui, quoiqu'ayant déjà servi,
sont encore en état de durer quelque temps, et, lorsqu'on estime qu'une voie est arrivée à un état d'usure
assez avancé, on la refait en entier avec des éléments
neufs.

La méthode des renouvellements généraux est aujourd'hui d'un usage à peu près universel dans les voies
anciennes, parce qu'on est amené à changer les rails
soit à cause de la substitution de l'acier au fer, soit quelquefois à cause de l'adoption d'un nouveau profil ; on
profite de l'usure des voies anciennes pour opérer successivement les transformations. Mais, tandis que certains ingénieurs se contentent de refaire chaque année,
sur chaque ligne, une petite portion de voie destinée à
fournir des rails pour l'entretien de la portion non encore renouvelée, et que, quelquefois même, ils conservent les traverses et le petit matériel, les autres opèrent
au contraire par grandes longueurs sur lesquelles ils
remplacent entièrement la voie. Cette dernière méthode
a l'inconvénient d'entraîner la mise au rebut de matériaux qui pourraient encore servir ; on peut en réemployer une partie, soit à l'entretien, soit dans les voies
accessoires des gares, mais il y a toujours un déchet,
et, pour les traverses notamment, leur exposition à
l'air après qu'elles ont séjourné dans le ballast entraîne
leur décomposition rapide. En regard de cet inconvénient, il faut placer les avantages suivants. La main d'œuvre du remplacement est beaucoup moindre lorsqu'on
opère en grand que lorsqu'on opère en recherche. D'un
autre côté, les matériaux neufs ajustés avec des matériaux déjà usés périssent plus rapidement. Toute voie

éprouve au bout d'un temps plus ou moins long un commencement de dislocation par le jeu que prennent ses divers éléments ; en se contentant de remplacer ceux-ci, on n'atténue que dans une très faible mesure la dislocation. Au contraire, avec une réfection complète, on a l'avantage de substituer à une voie imparfaite une voie en excellent état dont l'entretien est moins coûteux, et qui offre, au point de vue de la sécurité, une supériorité incontestable. Enfin on peut, comme nous l'avons dit plus haut, employer dans les voies accessoires des gares une partie du matériel provenant des renouvellements ; ce matériel, quoique n'étant plus en état de faire un bon service dans les voies principales, est encore susceptible d'une longue durée dans des voies peu fatiguées, sur lesquelles les machines ne passent pas ou passent lentement, et où l'éventualité même d'un déraillement ne peut être regardée comme un danger.

L'entretien en recherche est fait exclusivement par les équipes ou brigades d'entretien, qui disposent à cet effet du matériel nécessaire ; habituellement, les rails sont placés dans des *rateliers* qui en renferment trois ou quatre ; le petit matériel est contenu dans des coffres. Les rateliers sont espacés de 1 kilomètre pour les rails en fer. Pour les rails en acier, dont les remplacements sont très rares, on peut les espacer beaucoup plus et se contenter de les placer soit dans les gares, soit aux limites des cantons attribués aux différentes brigades.

Les renouvellements généraux se font par grands chantiers, en régie ou à l'entreprise.

248. — Renouvellement du ballast. — Le renouvellement ou le purgement du ballast s'effectue, en général, en même temps que le renouvellement du matériel, mais les opérations ne sont pas nécessairement connexes, et il arrive souvent qu'elles se font séparément.

249.— Maintien du plan et profil de la voie, et main d'œuvre accessoire.— Lorsque la voie tend à se déformer, on la rétablit en plan et en profil au moyen de dressages et de bourrages. On vérifie le dressage en profil, c'est-à-dire le nivellement du rail, en *visant* simplement, c'est-à-dire en se plaçant à peu près au niveau de la voie et en suivant de l'œil la direction d'une file de rails. On vérifie de la même manière le dressage des alignements. Il est bon, pour le dressage des courbes, d'exiger que les agents ne se contentent pas de l'œil et qu'ils vérifient par un procédé rigoureux la constance du rayon ; cette vérification se fait très facilement en mesurant en un certain nombre de points la flèche qui correspond à une longueur donnée, vingt mètres par exemple ; il suffit pour cette opération d'une ficelle, qui forme la corde de l'arc et d'un mètre ou d'un double décimètre avec lequel on mesure la flèche. Pour vérifier le dévers, on se sert de la *règle à dévers.* Cette règle est habituellement formée d'une barre de bois qu'on place en travers de la voie et qui porte à sa partie inférieure une série de crans ; on l'appuie sur les deux rails en la faisant glisser transversalement jusqu'à ce que le plan de la partie supérieure, dont on vérifie la direction au moyen d'un niveau à bulle d'air, soit horizontal.

Le dressage se fait avec des pinces à riper, appelées *crayons* par les ouvriers, et qui sont simplement des leviers ronds de 1^m20 environ de longueur, pointus à

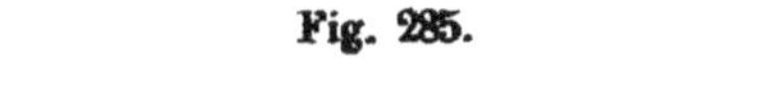

Fig. 285.

une de leurs extrémités. On enfonce la pointe en terre en plaçant la pince verticalement contre le rail, et on donne des secousses transversales qui poussent celui-ci. Pour riper une voie, il faut au moins trois ou quatre hommes agissant chacun sur une pince ; on doit toujours avoir soin au préalable de dégarnir les traverses du ballast qui les entoure ; cette précaution a pour but non seulement de diminuer la résistance à vaincre, mais encore d'éviter que l'effort exercé ne tende à disloquer les voies. Lorsqu'il s'agit de dressages partiels, on peut aussi opérer au moyen de crics ou de vérins, ce qui exige moins de monde.

Pour faire le bourrage, on soulève la voie et on comprime le ballast sous les traverses à coups de *batte*. La batte est une sorte de pioche dont l'un des bouts est élar-

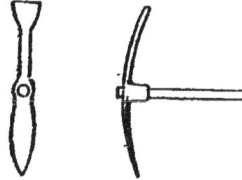

Fig. 286.

gi et arrondi de manière à comprimer le ballast, et qui est aplatie du côté opposé, de manière à remuer facilement le sable et le gravier. On se sert habituellement pour soulever la voie d'un levier appelé *anspect* dont la

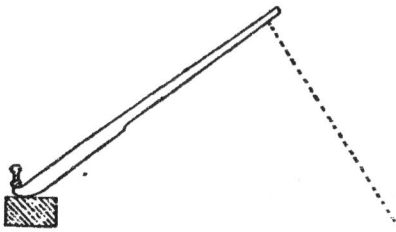

Fig. 287.

longueur est d'environ trois mètres ; on appuie l'anspect sur un bloc de bois reposant sur le ballast et on engage son bec sous le rail ou sous une traverse ; deux hommes agissent à l'autre bout en pesant sur le levier soit directement, soit au moyen d'une corde. L'anspect a le grand avantage d'être simple, robuste, peu coûteux, et d'un emploi toujours facile ; il a l'inconvénient d'être lourd, encombrant, difficile à manœuvrer dans les tranchées étroites et d'immobiliser un homme pour le maintenir pendant tout le temps qu'on fait le bourrage. on commence à lui substituer aujourd'hui des crics ou des vérins qui sont plus portatifs et qui maintiennent d'eux-mêmes la voie relevée ; ces outils doivent être disposés de manière à ne pouvoir causer aucun accident au moment du passage d'un train survenant pendant le travail.

Indépendamment du dressage et du bourrage, l'entretien de la voie consiste à maintenir les boulons et tirefonds serrés, les coins enfoncés et les joints des rails suffisamment ouverts, à corriger, en replaçant les tirefonds dans de nouveaux trous et bouchant les anciens, le surécartement que prend peu à peu la voie, à resaboter, c'est-à-dire à refaire les entailles des traverses pour enlever le bois désagrégé par l'écrasement, enfin à déglaiser, c'est-à-dire à enlever les mottes d'argile qui se mêlent au ballast sous les traverses dans les tranchées argileuses mal assainies. On doit aussi considérer comme un des accessoires de l'entretien de la voie l'entretien des fossés et d'une manière générale de tous les écoulements, drainages, etc.

250.— Transport par lorrys.—Les transports de l'entretien se font par lorrys, petits wagons légers qu'on pousse à bras d'hommes et qu'on enlève pour donner passage aux trains. Les lorrys ne peuvent circuler sur la voie que moyennant certaines précautions ; la principale consiste à les faire *couvrir* à distance par des hommes

portant des drapeaux rouges déployés pour indiquer la
présence d'un obstacle aux trains qui pourraient survenir. Il faut deux hommes pour pousser le lorry s'il est
peu chargé et si les déclivités ne sont pas trop fortes, il
en faut trois en cas contraire. Sur les lignes à faible
trafic on peut se dispenser de faire couvrir les lorrys en
employant des mesures spéciales pour qu'ils ne puissent
pas se trouver sur la voie aux heures de passage des
trains, et qu'inversement aucun train ne puisse s'engager dans l'intervalle compris entre deux stations consécutives lorsqu'un lorry y circule.

251. — Personnel de l'entretien. — *Personnel permanent.* — L'entretien est fait par des ouvriers appelés
poseurs, placés sous les ordres d'un chef d'équipe ou brigadier qui travaille en même temps que ses hommes. Les
brigades sont chargées, en même temps que de l'entretien de la voie, de l'entretien de la plateforme, des clôtures et des barrières, du nettoyage des cours des gares, etc.
L'effectif des brigades et la longueur des cantons qu'elles ont à entretenir varient avec l'importance des lignes.
Pendant longtemps on a admis qu'une brigade ne pouvait se composer de moins de cinq hommes et on avait
formulé de la manière suivante la règle de la composition du personnel : un homme par kilomètre de voie
simple. Le nombre de cinq hommes par brigade était
justifié par les nombreux remplacements de matériel
qu'exigeait l'emploi des rails en fer ; il fallait, en effet,
au moins quatre hommes pour porter un rail qui pesait
200 kilogrammes, et il était en outre nécessaire, pendant cette opération, de *couvrir* la voie ; d'un autre côté,
on astreignait le brigadier à des tournées de surveillance quotidiennes qui ne permettaient pas de compter

toujours sur lui pour les manutentions, et le nombre minimum de cinq hommes se trouvait ainsi justifié. On est toutefois arrivé à le réduire à quatre sur des lignes peu importantes, en organisant le service de manière à permettre au brigadier de travailler constamment avec ses hommes.

La réduction du nombre des hommes se trouvant ainsi limitée, on a cherché, sur les lignes à faible trafic, à réaliser des économies en augmentant la longueur des cantons qu'on a portée de cinq à six kilomètres, chiffres admis à l'origine, jusqu'à sept, huit et même neuf kilomètres ; mais à mesure que la longueur des cantons augmente, l'utilisation des hommes diminue, à cause du temps qu'ils perdent et de la fatigue qu'ils éprouvent à faire de longs parcours pour se rendre au travail et en revenir. Sur les voies à rails en fer du poids de 30 à 35 kilogrammes le mètre, on ne peut guère, même avec un très faible trafic, descendre au-dessous d'un effectif de quatre hommes pour une longueur de huit à neuf kilomètres, ce qui correspond à un demi-homme par kilomètre de voie. L'emploi des rails d'acier permet aujourd'hui de réduire encore les dépenses sur les lignes à faible trafic qui deviennent de plus en plus nombreuses. Avec l'acier, on peut dire que sur ces lignes les remplacements de rails n'existent pas ; d'un autre côté, les traverses ne deviennent pas brusquement hors de service, comme les rails en fer, et leur remplacement peut s'ajourner à certaines époques de l'année pendant lesquelles on peut, au besoin, réunir deux brigades voisines ou renforcer chaque brigade par des auxiliaires ; aussi, l'emploi de brigades de trois hommes commence-t-il à se répandre. Enfin, sur un certain nombre de lignes du réseau de l'État, on a supprimé le groupement

permanent des hommes, et, sauf dans les cas exceptionnels, les poseurs travaillent isolément ; chacun d'eux
est chargé d'un parcours déterminé, dont il est respon-
sable. Il existe encore des brigadiers, mais, au lieu de
grouper ses hommes en un seul chantier, le brigadier
travaille alternativement avec chacun d'eux, chaque
fois qu'il n'est pas occupé à la surveillance ; il les réunit
pour des travaux spéciaux, dressage des courbes, transports de matériel, remplacements de traverses, etc.
Cette réunion n'est nécessaire que pendant une fraction
du temps qui varie de un cinquième à un dixième, selon
les conditions dans lesquelles s'effectue le travail. Pour
faire les relevages, les poseurs isolés se servent, au lieu
d'anspects, de crics ou de vérins qui permettent à un
seul homme de mettre le rail à profil, puis de faire le
bourrage. On donne à chaque poseur isolé un canton de
3.000, 3.500 et même 4.000^m ; chaque brigadier surveille trois ou quatre hommes. Cette méthode est en
pratique depuis cinq ans et donne d'excellents résultats.
Avec les brigades de trois hommes ou avec les poseurs
isolés, le nombre des ouvriers par kilomètre peut être
réduit à 0,40 et même 0,35 sur les lignes bien construites où le trafic est faible et où il y a peu de traverses à remplacer.

Sur les lignes très importantes, on n'a pas à tenir
compte des pertes de temps qu'entraîne le groupement
des hommes, parce que leur nombre est assez grand
pour permettre dans tous les cas d'avoir des cantons
courts. On compose généralement les brigades de cinq
à sept hommes, et on leur donne des cantons de quatre
à sept kilomètres.

L'importance du trafic des lignes n'est pas la seule
cause qui fasse varier la proportion entre le nombre

d'hommes attachés à l'entretien et la longueur qu'ils ont à entretenir. Cette proportion varie également avec la nature de la plateforme, la qualité du ballast, l'état d'usure du matériel, le poids des rails, la répartition des traverses et le poids du matériel roulant en circulation. Lorsque la plateforme est argileuse, une partie de la main-d'œuvre d'entretien est consacrée au curage de fossés, à l'entretien des drains et aux dressages de la voie toujours plus nombreux que lorsque la plateforme est sèche. La qualité du ballast a également une grande influence sur la dépense de main-d'œuvre d'entretien. Avec de mauvais ballast, il est impossible de maintenir les voies sans reprendre constamment le bourrage et le dressage. Le travail dans la pierre cassée est plus pénible et plus long que dans le sable, mais il tient mieux et on peut revenir plus rarement aux mêmes points ; il y a, au moins, en partie compensation. L'importance des remplacements du matériel ou des menues réparations (resabotage, rechargement des trous des tirefonds ou crampons, etc.) varie naturellement avec son usure ; celle-ci influe même sur le bourrage et le dressage, qui se maintiennent moins bien avec une voie disloquée qu'avec une voie rigide ; le poids des rails, c'est-à-dire leur rigidité, et le nombre de traverses par mètre courant, ont une importance capitale sur la main-d'œuvre d'entretien, car la charge par unité de surface que supporte le ballast en dépend directement. Il en est de même en ce qui concerne le matériel roulant et surtout les machines, dont les mouvements secondaires autour de leur centre de gravité produisent, comme nous le verrons plus loin, des efforts considérables et des chocs sur la voie. En fait, ce ne sont pas la résistance des rails et traverses d'une part et la stabilité du matériel roulant de l'autre qui influent sur le maintien des voies ; c'est le rapport entre ces deux éléments.

Le rapport du nombre d'hommes nécessaire pour entretenir une ligne à deux voies à celui qu'exige l'entretien d'une ligne à une seule voie est beaucoup moindre qu'on ne pourrait le croire au premier abord. Cela tient à ce que, dans le travail des brigades, l'entretien de la voie proprement dite ne représente qu'une fraction relativement faible du temps passé. L'entretien de la plateforme et des fossés, des clôtures, des stations, des signaux, la surveillance et le parcours des agents pour se rendre aux points où ils travaillent, absorbent, en effet, sur une ligne à voie unique, une fraction importante du temps des brigades.

Dans les grandes gares, il faut beaucoup de monde pour l'entretien des appareils, le nettoyage, etc., et il est nécessaire que tous les hommes soient groupés sous un même commandement ; on a alors des brigades beaucoup plus nombreuses et dont l'effectif peut atteindre de quinze à vingt hommes.

Auxiliaires. — Lorsque par suite de circonstances imprévues ou de la nécessité de faire des remplacements de matériaux importants, une brigade se trouve insuffisante pour exécuter les travaux qui lui incombent, on la renforce au moyen d'ouvriers supplémentaires à la journée. Il est impossible de proscrire d'une manière absolue l'emploi de ces ouvriers, mais il convient de le surveiller très sévèrement pour éviter des abus et des dépenses exagérées. Quand on les embauche exceptionnellement, les auxiliaires sont toujours moins bons ouvriers que les poseurs habitués aux travaux de la voie ; quand on les emploie en permanence, ils constituent une augmentation déguisée du personnel des brigades. Les brigadiers ont d'ailleurs une tendance à demander des auxiliaires, ce qui diminue leur besogne et celle de leurs hommes ; les chefs de district et souvent les chefs de section hésitent à refuser, de peur d'engager leur responsabilité en cas d'accident. C'est à l'ingénieur qu'il appartient de réagir contre ces abus. Quoi qu'on en dise, on peut se passer presque absolument des auxiliaires, c'est-à-dire réduire la dépense que représente leur salaire au-dessous du vingtième de la dépense totale de main-d'œuvre. Mais il faut pour cela que la répartition des cantons soit étudiée avec le plus grand soin et que la distribution du travail aux brigades résulte non pas d'idées *a priori*, mais d'un examen spécial et attentif.

252. — Méthodes d'entretien. — L'entretien des voies est fondé sur un principe général et absolu : quelle que soit la nature des travaux, ils doivent être faits sans suspendre et, sauf dans des cas exceptionnels, sans ralentir la circulation des trains. Ce principe sert de base à l'organisation du travail, et on peut dire qu'il est entré dans les mœurs des agents chargés de l'entretien ; mais il n'exige pas l'emploi d'une méthode spéciale de travail.

Il y a deux méthodes d'entretien des voies ; elles sont fondées toutes les deux sur le même principe interprété différemment. Ce principe est celui-ci : quel que soit le soin qu'on apporte au bourrage des traverses, c'est le passage des trains qui complète et qui régularise le tassement du ballast et donne de l'assiette aux voies ; toute traverse fraîchement bourrée et, par suite, toute voie fraîchement travaillée est relativement instable ; il faut donc n'y toucher que le plus rarement possible. De ce principe on a déduit deux méthodes absolument opposées ; celle du point à temps ou, comme disent les ouvriers, du travail en voltige, et celle de l'entretien par aménagement ou par révisions générales.

Les partisans du *point à temps* s'appuient sur les arguments suivants.

Il est inutile, et même relativement dangereux de toucher à une voie sans nécessité ; or, il n'y a nécessité de le faire que dans deux cas : quand il y a des matériaux à changer, et quand il se produit dans la voie des déformations, que l'on appelle des *coups*. Le remplacement des matériaux doit se faire à mesure qu'ils deviennent hors de service et non plus tôt, car, dans ce dernier cas, on perd une partie de leur durée et on touche à la voie avant que cela soit devenu nécessaire. Les coups sont dus soit à la déformation de la voie en plan soit au débourrage des traverses, qui deviennent alors *danseuses* ; il faut corriger ces défauts dès qu'ils se produisent, faire le point à temps pour éviter qu'ils ne s'aggravent, comme une bonne ménagère fait un point à temps aux vêtements qu'elle doit entretenir, mais sans toucher aux parties voisines, si elles n'offrent pas de trace apparente de détérioration. Dans ce système, les brigades travaillent tantôt dans un endroit, tantôt dans un autre, selon les besoins, et sans être astreintes à une autre règle que celle du point à temps.

Les partisans de la révision générale font les objections suivantes au système du point à temps. Il n'est pas exact qu'en se bornant à réparer des coups isolés on maintienne la voie en parfait état ; lorsqu'on bourre une traverse, on soulève presque inévitablement celles qui sont à côté ; lorsqu'on dresse une partie de voie, on ébranle

les parties voisines et, même en continuant le dresse-
ment sur une grande longueur en avant et en arrière
du coup à réparer, on n'arrive jamais à un travail parfait. Parmi les conditions nécessaires à la stabilité
d'une voie, il faut compter la régularité du bourrage ;
elle est impossible à obtenir avec le travail en voltige.
En réparant les coups isolés on diminue peu à peu cette
stabilité, et en fin de compte, il faut arriver à reprendre la voie en entier par parties ; seulement ce travail,
au lieu d'être continu et méthodique comme dans le
système des révisions générales, se fait par sections
disséminées de faible longueur et, le plus souvent, au
gré du brigadier. Il y a intérêt à prolonger la durée
des matériaux autant que possible, mais à condition
qu'il n'en résulte pas un supplément de main-d'œuvre
qui fasse perdre le bénéfice de cette prolongation ; en
augmentant de six mois la durée d'une traverse qui a
coûté 5 francs et qui est en service depuis quatorze
ans, on économise de ce fait à peine vingt centimes ; il
suffit que la brigade ait perdu dix minutes en parcours
inutiles et en fausse main-d'œuvre pour que cette économie sur les matériaux se traduise en réalité par une
augmentation des frais d'entretien, et il n'est pas
discutable que les hommes produisent plus en travail-
lant d'une manière continue qu'en se portant tantôt
sur un point, tantôt sur l'autre. En outre, il ne suffit
pas d'être en mesure de remplacer les matériaux, il
faut s'apercevoir à temps qu'ils ont besoin d'être remplacés ; or, les traverses, en France du moins, sont
enterrées dans le ballast ; l'état des coussinets, des
selles, des tirefonds ne peut être reconnu que par un
examen minutieux. Si on attend que l'usure se manifeste par l'ébranlement des voies, on s'expose à des

dislocations imprévues. Si, au contraire, on recherche les détériorations du matériel par des visites spéciales et fréquentes, en se bornant à faire chaque fois les réparations urgentes, c'est une grosse perte de temps. Il est beaucoup plus rationnel de faire travailler les brigades d'une manière suivie en prenant pour base de l'entretien la révision périodique des voies sur toute leur étendue ; de cette manière, les brigades ne perdent pas leur temps à des courses inutiles ou à des fausses main-d'œuvre ; elles profitent de ce que la voie est dégarnie au point où elles travaillent pour visiter en détail les matériaux, changer non seulement ceux qui sont déjà hors de service, mais encore ceux qui sont sur le point de le devenir, resserrer les attaches ébranlées, rafraîchir les surfaces des traverses sur lesquelles portent les coussinets ou les rails, refaire un bourrage bien uniforme, etc. L'expérience prouve que, lorsque la plateforme est saine, les voies ainsi remises en état restent fort longtemps stables, sans qu'on ait besoin d'y toucher de nouveau, et que si, exceptionnellement, elles ont besoin de réparations urgentes avant l'époque où elles doivent être revues de nouveau, ces réparations ne sont pas assez nombreuses pour troubler l'ordre régulier des travaux. Enfin, avantage important au point de vue de l'économie, c'est, dans ce cas, l'ingénieur qui dirige le brigadier, tandis que, dans le cas contraire, c'est le brigadier qui dirige l'ingénieur, puisqu'il est presque seul en situation de juger en quels points le travail est nécessaire. Or, on n'arrive à un emploi réellement rationnel et économique de la main-d'œuvre qu'en donnant aux agents, et surtout aux agents inférieurs, un travail bien défini à exécuter, une tâche à remplir chaque jour. La surveillance du personnel d'entretien est ainsi plus facile et plus efficace, et les brigadiers ne sont pas tentés d'aller travailler sans motif sérieux en des points qui les rapprochent de leur habitation ou des gares.

La méthode des révisions générales est, à notre avis, très supérieure à celle du point à temps ; elle donne au réseau de l'Est, où elle est appliquée avec une rigueur absolue, des résultats excellents ; sur le réseau de l'Etat, où, depuis quinze ans, elle a été appliquée d'une manière continue quoique moins rigoureuse, elle a permis de réduire progressivement l'effectif des brigades et de réaliser des économies importantes sur la main-d'œuvre.

§ 2. — SURVEILLANCE.

253. — Surveillance de la voie. — Pour assurer la sécurité, il ne suffit pas d'entretenir les voies en bon état ; il faut encore les surveiller. Cette surveillance a pour double but d'empêcher les tentatives criminelles de déraillement et les accidents qui pourraient résulter soit des déformations anormales des voies, soit des éboulements et en général de toute cause imprévue susceptible de faire obstacle à la marche des trains. La surveillance, confiée au personnel de l'entretien, était autrefois exercée partout, de jour et de nuit, par des agents spéciaux appelés garde-lignes. A mesure que les chemins de fer ont pris plus d'extension et se sont perfectionnés, la surveillance est devenue moins rigoureuse. Les tentatives de déraillement sérieuses sont rares ; celles qui se produisent quelquefois sont presque toujours le fait d'enfants ou d'individus inintelligents qui placent sur les rails des pierres ou des morceaux de bois et ne causent en réalité aucun danger réel. Du reste s'il en était autrement, la circulation serait presque impossible dans les conditions actuelles ; car pour empêcher, d'une manière efficace, surtout la nuit, les tentatives criminelles, il faudrait des sentinelles très rapprochées les unes des autres. La surveillance technique, qui a pour but d'éviter les accidents dus à d'autres causes que la malveillance, s'est simplifiée à mesure que le matériel de voie est devenu plus robuste, que les méthodes d'entretien se sont perfectionnées, et que le matériel roulant lui-même s'est amélioré. Dans ces conditions, on a pu, depuis longtemps déjà, supprimer les gardes spéciaux sur les lignes qui ne sont pas très importantes ; on confie la surveillance à des poseurs qui visitent la voie en se rendant au travail le matin et en rentrant chez eux le soir ; on est même arrivé, sur certaines lignes, à supprimer une de ces deux tournées, et l'expérience montre qu'une seule visite par jour est suffisante.

254. — Surveillance des passages à niveau. — On admettait autrefois, comme un principe absolu, que, du moins sur les réseaux d'intérêt général, tous les passages à niveau devaient être fermés par des barrières et qu'un garde devait s'y tenir en permanence pour les ouvrir aux voitures lorsqu'elles se présentaient, et empêcher les piétons de circuler sur la voie en dehors du passage. Aujourd'hui on est beaucoup revenu de ces idées ; on laisse en général, au moins sur les chemins fréquentés, les barrières ouvertes dans les intervalles du passage des trains ; les barrières manœuvrées à distance se répandent de plus en plus ; enfin, une loi du 27 décembre

1880 a autorisé pour les lignes nouvelles, la suppression des barrières dans les cas où le Ministre des Travaux publics jugerait qu'elle est sans danger. Depuis
cette époque, les passages manœuvrés à distance et les
passages libres, c'est-à-dire sans barrières, se sont
multipliés sans que la sécurité en ait souffert. Avec les
passages libres, lorsqu'ils sont convenablement disposés, les accidents sont rares et généralement moins
graves qu'avec les passages gardés ; le public qui en est
averti prend lui-même les précautions nécessaires au
lieu de se fier aux agents, dont la vigilance peut se
trouver en défaut.

ANNEXES

I. — Loi du 15 juillet 1845, sur la police des chemins de fer.

II. — Ordonnance du 15 novembre 1846, portant règlement sur la police, la sûreté et l'exploitation des chemins de fer.

III. — Extrait du décret du 6 août 1881, sur l'établissement et l'exploitation des voies ferrées sur le sol des voies publiques.

IV. — Extrait du cahier des charges de concession joint à la loi du 4 décembre 1875.

V. — Extrait du cahier des charges type pour la concession des chemins de fer d'intérêt local (approuvé par décret du 6 août 1881).

VI. — Extrait du cahier des charges type pour la concession des tramways (approuvé par décret du 6 août 1881).

VII. — Conventions techniques relatives à la construction de l'Union des chemins de fer allemands.

VIII. — Extrait du cahier des charges de la Compagnie Paris-Lyon-Méditerranée pour la fourniture des rails en acier.

IX. — Résumé des conditions d'épreuves des rails, imposées aux fournisseurs par les Compagnies et l'Administration des chemins de fer de l'État en France.

X. — Profils et poids des divers types de rails en usage en France et à l'étranger.

XI. — Plans de pose de voie usités pour différents types de rails sur les réseaux de chemins de fer français.

XII. — Note sur les joints des rails.

XIII. — Extrait du cahier des charges de l'Administration des chemins de fer de l'État pour la fourniture de traverses en chêne.

XIV. — Note sur les procédés d'injection des traverses en bois.

ANNEXES

I. — Loi du 15 juillet 1845 sur la police des chemins de fer.

TITRE PREMIER

MESURES RELATIVES A LA CONSERVATION DES CHEMINS DE FER.

Article premier. — Les chemins de fer construits ou concédés par l'Etat font partie de la grande voirie.

Art. 2. — Sont applicables aux chemins de fer les lois et règlements sur la grande voirie, qui ont pour objet d'assurer la conservation des fossés, talus, levées et ouvrages d'art dépendant des routes, et d'interdire, sur toute leur étendue, le pacage des bestiaux et les dépôts de terre et autres objets quelconques.

Art. 3. — Sont applicables aux propriétés riveraines des chemins de fer, les servitudes imposées par les lois et règlements sur la grande voirie, et qui concernent :

L'alignement,

L'écoulement des eaux,

L'occupation temporaire des terrains en cas de réparation,

La distance à observer pour les plantations et l'élagage des arbres plantés,

Le mode d'exploitation des mines, minières, tourbières, carrières et sablières, dans la zone déterminée à cet effet.

Sont également applicables à la confection et à l'entretien des chemins de fer les lois et règlements sur l'extraction des matériaux nécessaires aux travaux publics.

Art. 4. — Tout chemin de fer sera clos des deux côtés et sur toute l'étendue de la voie.

L'administration déterminera, pour chaque ligne, le mode de cette clôture, et, pour ceux des chemins qui n'y ont pas été assujettis, l'époque à laquelle elle devra être effectuée.

Partout où des chemins de fer croiseront de niveau les routes de terre, des barrières seront établies et tenues fermées, conformément aux règlements.

Art. 5. — A l'avenir, aucune construction autre qu'un mur de clôture ne pourra être établie dans une distance de deux mètres d'un chemin de fer.

Cette distance sera mesurée, soit de l'arête supérieure du déblai, soit de l'arête inférieure du talus du remblai, soit du bo, i extérieur des fossés du chemin, et, à défaut, d'une ligne tracée à 1 m. 50 à partir des rails extérieurs de la voie de fer.

Les constructions existantes au moment de la promulgation de la présente loi, ou lors de l'établissement d'un nouveau chemin de fer, pourront être entretenues dans l'état où elles se trouveront à cette époque.

Un règlement d'administration publique déterminera les formalités à remplir, par les propriétaires, pour faire constater l'état desdites constructions, et fixera le délai dans lequel ces formalités devront être remplies.

Art. 6. — Dans les localités où le chemin de fer se trouvera en remblai de plus de 3 mètres au-dessus du terrain naturel, il est interdit aux riverains de pratiquer, sans autorisation préalable, des excavations, dans une zone de largeur égale à la hauteur verticale du remblai, mesurée à partir du pied du talus.

Cette autorisation ne pourra être accordée, sans que les concessionnaires ou fermiers de l'exploitation du chemin de fer aient été entendus et dûment appelés.

Art. 7. — Il est défendu d'établir, à une distance de moins de vingt mètres d'un chemin de fer desservi par des machines à feu, des couvertures en chaume, des meules de paille, de foin, et aucun autre dépôt de matières inflammables.

Cette prohibition ne s'étend pas aux dépôts des récoltes faits seulement pour le temps de la moisson.

Art. 8. — Dans une distance de moins de cinq mètres d'un chemin de fer, aucun dépôt de pierres ou objets non inflammables, ne peut être établi sans l'autorisation préalable du préfet.

Cette autorisation sera toujours révocable.

L'autorisation n'est pas nécessaire :

1° Pour former, dans les localités où le chemin de fer est en remblai, des dépôts de matières non inflammables, dont la hauteur n'excède pas celle du remblai du chemin ;

2° Pour former des dépôts temporaires d'engrais et autres objets nécessaires à la culture des terres.

Art. 9. — Lorsque la sûreté publique, la conservation du chemin et la disposition des lieux le permettront, les distances déterminées par les articles précédents pourront être diminuées en vertu d'ordonnances royales rendues après enquêtes.

Art. 10. — Si, hors des cas d'urgence prévus par la loi des 16-24 août 1790, la sûreté publique ou la conservation du chemin de fer l'exige, l'administration pourra faire supprimer, moyennant une juste indemnité, les constructions, plantations, excavations, couvertures en chaume, amas de matériaux, combustibles ou autres, existant dans les zones ci-dessus spécifiées, au moment de la promulgation de la présente loi, et, pour l'avenir, lors de l'établissement du chemin de fer.

L'indemnité sera réglée, pour la suppression des constructions, conformément aux titres IV et suivants de la loi du 3 mai 1841 et, pour tous les autres, conformément à la loi du 16 septembre 1807.

Art. 11. — Les contraventions aux dispositions du présent titre seront constatées, poursuivies et réprimées comme en matière de grande voirie.

Elles seront punies d'une amende de 16 à 300 francs, sans préjudice, s'il y a lieu, des peines portées au Code pénal et au titre III de la présente loi. Les contrevenants seront, en outre, condamnés à supprimer, dans le délai déterminé par l'arrêté du conseil de préfecture, les excavations, couvertures, meules ou dépôts faits contrairement aux dispositions précédentes.

A défaut, par eux, de satisfaire à cette condamnation dans le délai fixé, la suppression aura lieu d'office, et le montant de la dépense sera recouvré contre eux par voie de contrainte, comme en matière de contributions publiques.

TITRE II

DES CONTRAVENTIONS DE VOIRIE COMMISES PAR LES CONCESSIONNAIRES OU FERMIERS DE CHEMINS DE FER.

Art. 12. — Lorsque le concessionnaire ou le fermier de l'exploitation d'un chemin de fer contreviendra aux clauses du cahier des charges, ou aux décisions rendues en exécution de ces clauses, en ce qui concerne le service de la navigation, la viabilité des routes royales, départementales et vicinales, ou le libre écoulement des eaux, procès-verbal sera dressé de la contravention, soit par les ingénieurs des ponts et chaussées ou des mines, soit par les conducteurs, gardes-mines et piqueurs, dûment assermentés.

Art. 13. — Les procès-verbaux, dans les quinze jours de leur date, seront notifiés administrativement au domicile élu par le concessionnaire ou le fermier, à la diligence du préfet, et transmis, dans le même délai, au conseil de préfecture du lieu de la contravention.

Art. 14. — Les contraventions prévues à l'article 12 seront punies d'une amende de 300 francs à 3.000 francs.

34

Art. 15. — L'Administration pourra, d'ailleurs, prendre immédiatement toutes mesures provisoires pour faire cesser le dommage, ainsi qu'il est procédé en matière de grande voirie.

Les frais qu'entraînera l'exécution de ces mesures seront recouvrés, contre le concessionnaire ou fermier, par voie de contrainte, comme en matière de contributions publiques.

TITRE III

DES MESURES RELATIVES A LA SÛRETÉ DE LA CIRCULATION SUR LES CHEMINS DE FER.

Art. 16. — Quiconque aura volontairement détruit ou dérangé la voie de fer, placé sur la voie un objet faisant obstacle à la circulation, ou employé un moyen quelconque pour entraver la marche des convois ou les faire sortir des rails, sera puni de la réclusion.

S'il y a eu homicide ou blessures, le coupable sera, dans le premier cas, puni de mort, et, dans le second, de la peine des travaux forcés à temps.

Art. 17. — Si le crime prévu par l'article 16 a été commis en réunion séditieuse, avec rébellion ou pillage, il sera imputable aux chefs, auteurs, instigateurs et provocateurs de ces réunions, qui seront punis comme coupables du crime et condamnés aux mêmes peines que ceux qui l'auront personnellement commis, lors même que la réunion séditieuse n'aurait pas eu pour but direct et principal la destruction de la voie de fer.

Toutefois, dans ce dernier cas, lorsque la peine de mort sera applicable aux auteurs du crime, elle sera remplacée, à l'égard des chefs, auteurs, instigateurs et provocateurs de ces réunions, par la peine des travaux forcés à perpétuité.

Art. 18. — Quiconque aura menacé, par écrit anonyme ou signé, de commettre un des crimes prévus en l'article 16, sera puni d'un emprisonnement de trois à cinq ans, dans le cas où la menace aurait été faite avec l'ordre de déposer une somme d'argent dans un lieu indiqué, ou de remplir toute autre condition.

Si la menace n'a été accompagnée d'aucun ordre ou condition, la peine sera d'un emprisonnement de trois mois à deux ans, et d'une amende de 100 à 500 francs.

Si la menace, avec ordre ou condition, a été verbale, le coupable sera puni d'un emprisonnement de quinze jours à six mois, et d'une amende de 25 à 300 francs.

Dans tous les cas, le coupable pourra être mis, par le jugement, sous la surveillance de la haute police, pour un temps qui ne pourra être moindre de deux ans, ni excéder cinq ans.

Art. 19. — Quiconque, par maladresse, imprudence, inattention, négligence ou inobservation des lois ou règlements, aura involontairement causé sur un chemin de fer, ou dans les gares ou stations, un accident qui aura occasionné des blessures, sera puni de huit jours à six mois d'emprisonnement, et d'une amende de 50 à 1,000 francs.

Si l'accident a occasionné la mort d'une ou plusieurs personnes, l'emprisonnement sera de six mois à cinq ans, et l'amende de 300 à 3,000 fr.

Art. 20. — Sera puni d'un emprisonnement de six mois à deux ans tout mécanicien ou conducteur garde-frein qui aura abandonné son poste pendant la marche du convoi.

Art. 21. — Toute contravention aux ordonnances royales portant règlement d'administration publique sur la police, la sûreté et l'exploitation du chemin de fer, et aux arrêtés pris par les préfets, sous l'approbation du Ministre des Travaux publics, pour l'exécution desdites ordonnances, sera punie d'une amende de 16 à 3,000 francs.

En cas de récidive dans l'année, l'amende sera portée au double, et le Tribunal pourra selon les circonstances, prononcer en outre un emprisonnement de trois jours à un mois.

Art. 22. — Les concessionnaires ou fermiers d'un chemin de fer seront responsables, soit envers l'État, soit envers les particuliers, du dommage causé par les administrateurs, directeurs ou employés à un titre quelconque au service de l'exploitation du chemin de fer.

L'État sera soumis à la même responsabilité envers les particuliers, si le chemin de fer est exploité à ses frais et pour son compte.

Art. 23. — Les crimes, délits ou contraventions prévus dans les titres Ier et III de la présente loi, pourront être constatés par des procès-verbaux dressés, concurremment, par les officiers de police judiciaire, les ingénieurs des ponts et chaussées et des mines, les conducteurs, garde-mines, agents de surveillance et gardes nommés ou agréés par l'Administration et dûment assermentés.

Les procès-verbaux des délits et contraventions feront foi jusqu'à preuve contraire.

Au moyen du serment prêté devant le Tribunal de première instance de leur domicile, les agents de surveillance de l'Administration et des concessionnaires ou fermiers pourront verbaliser sur toute la ligne du chemin de fer auquel ils seront attachés.

Art. 24. — Les procès-verbaux dressés en vertu de l'article précédent seront visés pour timbre et enregistrés en débet.

Ceux qui auront été dressés par des agents de surveillance et gardes assermentés devront être affirmés dans les trois jours, à peine de nullité, devant le juge de paix ou le maire, soit du lieu du délit ou de la contravention, soit de la résidence de l'agent.

Art. 25. — Toute attaque, toute résistance avec violence et voies de fait envers les agents des chemins de fer, dans l'exercice de leurs fonctions, sera punie des peines appliquées à la rébellion, suivant les distinctions faites par le Code pénal.

Art. 26. — L'article 463 du Code pénal est applicable aux condamnations qui seront prononcées en exécution de la présente loi.

Art. 27. — En cas de conviction de plusieurs crimes ou délits prévus par la présente loi ou par le Code pénal, la peine la plus forte sera seule prononcée.

Les peines encourues pour des faits postérieurs à la poursuite pourront être cumulées, sans préjudice des peines de la récidive.

La présente loi, discutée, délibérée, et adoptée par la Chambre des Pairs et par celle des Députés, et sanctionnée par nous cejourd'hui sera exécutée comme loi de l'Etat.

Donnons en mandement à nos Cours et Tribunaux, préfets, corps administratifs, et tous autres, que les présentes ils gardent et maintiennent, fassent garder, observer et maintenir, et, pour les rendre plus notoires à tous, ils les fassent publier et enregistrer partout où besoin sera; et, afin que ce soit chose ferme et stable à toujours, nous y avons fait mettre notre sceau.

II. — Ordonnance du 15 novembre 1846 portant règlement sur la police, la sûreté et l'exploitation des chemins de fer.

TITRE Ier

DES STATIONS ET DE LA VOIE DES CHEMINS DE FER.

SECTION Ire. — *Des stations.*

Art. 1er. — L'entrée, le stationnement et la circulation des voitures publiques ou particulières destinées, soit au transport des personnes, soit au transport des marchandises, dans les cours dépendant des stations des chemins de fer, seront réglés par des arrêtés du préfet du département. Ces arrêtés ne seront exécutoires qu'en vertu de l'approbation du Ministre des Travaux publics.

SECTION II. — *De la voie.*

Art. 2. — Le chemin de fer et les ouvrages qui en dépendent seront constamment entretenus en bon état.

La Compagnie devra faire connaître au Ministre des Travaux publics les mesures qu'elle aura prises pour cet entretien.

Dans le cas où ces mesures seraient insuffisantes, le Ministre des Travaux publics, après avoir entendu la Compagnie, prescrira celles qu'il jugera nécessaires.

Art. 3. — Il sera placé, partout où besoin sera, des gardiens, en nombre suffisant, pour assurer la surveillance et la manœuvre des aiguilles des croisements et changements de voie ; en cas d'insuffisance, le nombre de ces gardiens sera fixé par le Ministre des Travaux publics, la Compagnie entendue.

Art. 4. — Partout où un chemin de fer est traversé à niveau, soit par une route à voitures, soit par un chemin destiné au passage des piétons, il sera établi des barrières.

Le mode, la garde et les conditions de service des barrières seront réglés par le Ministre des Travaux publics, sur la proposition de la Compagnie.

Art. 5 — Si l'établissement de contre-rails est jugé nécessaire dans l'intérêt de la sûreté publique, la Compagnie sera tenue d'en placer sur les points qui seront désignés par le Ministre des Travaux publics.

Art. 6. — Aussitôt après le coucher du soleil et jusqu'après le passage du dernier train, les stations et leurs abords devront être éclairés.

Il en sera de même des passages à niveau pour lesquels l'Administration jugera cette mesure nécessaire.

TITRE II

DU MATÉRIEL EMPLOYÉ A L'EXPLOITATION.

Art. 7. — Les machines locomotives ne pourront être mises en service qu'en vertu de l'autorisation de l'Administration et après avoir été soumises à toutes les épreuves prescrites par les règlements en vigueur.

Lorsque, par suite de détérioration ou pour toute autre cause, l'interdiction d'une machine aura été prononcée, cette machine ne pourra être remise en service qu'en vertu d'une nouvelle autorisation.

Art. 8. — Les essieux des locomotives, des tenders et des voitures de toute espèce, entrant dans la composition des convois de voyageurs ou dans celle des trains mixtes de voyageurs et de marchandises allant à grande vitesse, devront être en fer martelé de premier choix.

Art. 9. — Il sera tenu des états de service pour toutes les locomotives. Ces états seront inscrits sur des registres qui devront être constamment à jour, et indiquer, à l'article de chaque machine, la date de sa mise en service, le travail qu'elle a accompli, les réparations ou modifications qu'elle a reçues, et le renouvellement de ses diverses pièces.

Il sera tenu, en outre, pour les essieux de locomotives, tenders et voitures de toute espèce, des registres spéciaux sur lesquels, à côté du numéro d'ordre de chaque essieu, seront inscrits sa provenance, la date de sa mise en service, l'épreuve qu'il peut avoir subie, son travail, ses accidents et ses réparations ; à cet effet, le numéro d'ordre sera poinçonné sur chaque essieu.

Les registres mentionnés aux deux paragraphes ci-dessus seront représentés, à toute réquisition, aux ingénieurs et agents chargés de la surveillance du matériel et de l'exploitation.

Art. 10. — Il est interdit de placer, dans un convoi comprenant des voitures de voyageurs, aucune locomotive, tender ou autre voiture d'une nature quelconque, montés sur des roues en fonte.

Toutefois, le Ministre des Travaux publics pourra, par exception, autoriser l'emploi des roues en fonte, cerclées en fer, dans les trains mixtes de voyageurs et de marchandises et marchant à la vitesse d'au plus 25 kilomètres à l'heure.

Art. 11. — Les locomotives devront être pourvues d'appareils ayant pour objet d'arrêter les fragments de coke tombant de la grille et d'empêcher la sortie des flammèches par la cheminée.

Art. 12. — Les voitures destinées au transport des voyageurs seront

d'une construction solide; elles devront être commodes et pourvues de
ce qui est nécessaire à la sûreté des voyageurs.

Les dimensions de la place affectée à chaque voyageur devront être
d'au moins 45 centimètres en largeur, 65 centimètres en profondeur et
1 mètre 45 centimètres en hauteur; cette disposition sera appliquée aux
chemins de fer existants, dans un délai qui sera fixé, pour chaque chemin, par le Ministre des Travaux publics.

Art. 13. — Aucune voiture pour les voyageurs ne sera mise en service sans une autorisation du préfet, donnée sur le rapport d'une commission constatant que la voiture satisfait aux conditions de l'article
précédent.

L'autorisation de mise en service n'aura d'effet qu'après que l'estampille prescrite, pour les voitures publiques par l'article 117 de la loi du
25 mars 1817, aura été délivrée par le directeur des Contributions indirectes.

Art. 14. — Toute voiture de voyageurs portera, dans l'intérieur, l'indication apparente du nombre des places.

Art. 15. — Les locomotives, tenders et voitures de toute espèce devront porter: 1° le nom ou les initiales du nom du chemin de fer auquel
ils appartiennent ; 2° un numéro d'ordre. Les voitures de voyageurs
porteront, en outre, l'estampille délivrée par l'Administration des
Contributions indirectes. Ces diverses indications seront placées d'une
manière apparente sur la caisse ou sur les côtés des châssis.

Art. 16. — Les machines, locomotives, tenders et voitures de toute
espèce, et tout le matériel d'exploitation, seront constamment maintenus dans un bon état d'entretien.

La Compagnie devra faire connaître au Ministre des Travaux publics
les mesures adoptées par elle à cet égard, et, en cas d'insuffisance, le
Ministre, après avoir entendu les observations de la Compagnie, prescrira les dispositions qu'il jugera nécessaires à la sûreté de la circulation.

TITRE III

DE LA COMPOSITION DES CONVOIS.

Art. 17. — Tout convoi ordinaire de voyageurs devra contenir, en
nombre suffisant, des voitures de chaque classe, à moins d'une autorisation spéciale du Ministre des Travaux publics.

Art. 18. — Chaque train de voyageurs devra être accompagné :

1° D'un mécanicien et d'un chauffeur par machine ; le chauffeur devra
être capable d'arrêter la machine, en cas de besoin ;

2° Du nombre de conducteurs garde-freins qui sera déterminé, pour
chaque chemin, suivant les pentes et suivant le nombre de voitures,

par le Ministre des Travaux publics, sur la proposition de la Compagnie.

Sur la dernière voiture de chaque convoi ou sur l'une des voitures placées à l'arrière, il y aura toujours un frein, et un conducteur chargé de le manœuvrer.

Lorsqu'il y aura plusieurs conducteurs dans un convoi, l'un d'entre eux devra toujours avoir autorité sur les autres.

Un train de voyageurs ne pourra se composer de plus de vingt-quatre voitures à quatre roues. S'il entre des voitures à six roues dans la composition du convoi, le maximum du nombre de voitures sera déterminé par le Ministre.

Les dispositions des paragraphes précédents sont applicables aux trains mixtes de voyageurs et de marchandises, marchant à la vitesse des voyageurs.

Quant aux convois de marchandises, qui transportent en même temps des voyageurs et des marchandises, et qui ne marchent pas à la vitesse ordinaire des voyageurs, les mesures spéciales et les conditions de sûreté auxquelles ils devront être assujettis seront déterminées par le Ministre, sur la proposition de la Compagnie.

Art. 19. — Les locomotives devront être en tête des trains.

Il ne pourra être dérogé à cette disposition que pour les manœuvres à exécuter dans le voisinage des stations ou pour le cas de secours. Dans ces cas spéciaux, la vitesse ne devra pas dépasser 25 kilomètres par heure.

Art. 20. — Les convois de voyageurs ne devront être remorqués que par une seule locomotive, sauf les cas où l'emploi d'une machine de renfort deviendrait nécessaire, soit pour la montée d'une rampe de forte inclinaison, soit par suite d'une affluence extraordinaire de voyageurs, de l'état de l'atmosphère, d'un accident ou d'un retard exigeant l'emploi de secours, ou de tout autre cas analogue ou spécial préalablement déterminé par le Ministre des Travaux publics.

Il est, dans tous les cas, interdit d'atteler simultanément plus de deux locomotives à un convoi de voyageurs.

La machine placée en tête devra régler la marche du train.

Il devra toujours y avoir en tête de chaque train, entre le tender et la première voiture de voyageurs, autant de voitures ne portant pas de voyageurs qu'il y aura de locomotives attelées.

Dans tous les cas où il sera attelé plus d'une locomotive à un train, mention en sera faite sur un registre à ce destiné, avec indication du motif de la mesure, de la station où elle aura été jugée nécessaire, et de l'heure à laquelle le train aura quitté cette station.

Ce registre sera représenté à toute réquisition aux fonctionnaires et agents de l'administration publique chargés de la surveillance de l'exploitation.

Art. 21. — Il est défendu d'admettre, dans les convois qui portent des voyageurs, aucune matière pouvant donner lieu soit à des explosions, soit à des incendies.

Art. 22. — Les voitures entrant dans la composition des trains de voyageurs seront liées entre elles par des moyens d'attache tels que les tampons à ressort de ces voitures soient toujours en contact.

Les voitures des entrepreneurs de messageries ne pourront être admises dans la composition des trains qu'avec l'autorisation du ministre des Travaux publics, et que moyennant les conditions indiquées dans l'acte d'autorisation.

Art. 23. — Les conducteurs garde-freins seront mis en communication avec le mécanicien, pour donner en cas d'accident, le signal d'alarme par tel moyen qui sera autorisé par le Ministre des Travaux publics, sur la proposition de la Compagnie.

Art. 24. — Les trains devront être éclairés extérieurement pendant la nuit. En cas d'insuffisance du système d'éclairage, le Ministre des Travaux publics prescrira, la Compagnie entendue, les dispositions qu'il jugera nécessaires.

Les voitures fermées, destinées aux voyageurs, devront être éclairées intérieurement pendant la nuit et au passage des souterrains qui seront désignés par le Ministre.

TITRE IV

DU DÉPART, DE LA CIRCULATION ET DE L'ARRIVÉE DES CONVOIS.

Art. 25. — Pour chaque chemin de fer, le Ministre des Travaux publics déterminera, sur la proposition de la Compagnie, le sens du mouvement des trains et des machines isolées sur chaque voie, quand il y a plusieurs voies, ou les points de croisement quand il n'y en a qu'une.

Il ne pourra être dérogé, sous aucun prétexte, aux dispositions qui auront été prescrites par le Ministre, si ce n'est dans le cas où la voie serait interceptée ; et, dans ce cas, le changement devra être fait avec les précautions indiquées en l'article 34.

Art. 26. — Avant le départ du train, le mécanicien s'assurera si toutes les parties de la locomotive et du tender sont en bon état, si le frein de ce tender fonctionne convenablement.

La même vérification sera faite par les conducteurs garde-freins, en ce qui concerne les voitures et les freins de ces voitures.

Le signal du départ ne sera donné que lorsque les portières seront fermées.

Le train ne devra être mis en marche qu'après le signal du départ.

Art. 27. — Aucun convoi ne pourra partir d'une station avant l'heure déterminée par le règlement de service.

Aucun convoi ne pourra également partir d'une station avant qu'il se soit écoulé, depuis le départ ou le passage du convoi précédent, le laps de temps qui aura été fixé par le Ministre des Travaux publics, sur la proposition de la Compagnie.

Des signaux seront placés à l'entrée de la station, pour indiquer aux mécaniciens des trains qui pourraient survenir, si le délai déterminé en vertu du paragraphe précédent est écoulé.

Dans l'intervalle des stations, des signaux seront établis, afin de donner le même avertissement au mécanicien sur les points où il ne peut pas voir devant lui à une distance suffisante. Dès que l'avertissement lui sera donné, le mécanicien devra ralentir la marche du train. En cas d'insuffisance des signaux établis par la Compagnie, le Ministre prescrira, la Compagnie entendue, l'établissement de ceux qu'il jugera nécessaires.

Art. 28. — Sauf le cas de force majeure ou de réparation de la voie, les trains ne pourront s'arrêter qu'aux gares ou lieux de stationnement autorisés pour le service des voyageurs ou des marchandises.

Les locomotives ou les voitures ne pourront stationner sur les voies du chemin de fer affectées à la circulation des trains.

Art. 29. — Le Ministre des Travaux publics déterminera, sur la proposition de la Compagnie, les mesures spéciales de précaution, relatives à la circulation des trains sur les plans inclinés et dans les souterrains à une ou à deux voies, à raison de leur longueur et de leur tracé.

Il déterminera également, sur la proposition de la Compagnie, la vitesse maximum que les trains de voyageurs pourront prendre sur les diverses parties de chaque ligne et la durée du trajet.

Art. 30. — Le Ministre des Travaux publics prescrira, sur la proposition de la Compagnie, les mesures spéciales de précaution à prendre pour l'expédition et la marche des convois extraordinaires.

Dès que l'expédition d'un convoi extraordinaire aura été décidée, déclaration devra en être faite immédiatement au Commissaire spécial de police, avec indication du motif de l'expédition du convoi et de l'heure du départ.

Art. 31. — Il sera placé, le long du chemin, pendant le jour et pendant la nuit, soit pour l'entretien, soit pour la surveillance de la voie, des agents en nombre assez grand pour assurer la libre circulation des trains et la transmission des signaux ; en cas d'insuffisance, le Ministre des Travaux publics en réglera le nombre, la Compagnie entendue.

Ces agents seront pourvus de signaux de jour et de nuit, à l'aide desquels ils annonceront si la voie est libre et en bon état, si le mécanicien doit ralentir sa marche ou s'il doit arrêter immédiatement le train.

Ils devront, en outre, signaler de proche en proche l'arrivée des convois.

Art. 32. — Dans le cas où, soit un train, soit une machine isolée s'arrêterait sur la voie pour cause d'accident, le signal d'arrêt indiqué en l'article précédent devra être fait à 500 mètres au moins à l'arrière.

Les conducteurs principaux des convois et les mécaniciens conducteurs des machines isolées devront être munis d'un signal d'arrêt.

Art. 33. — Lorsque des ateliers de réparation seront établis sur une voie, des signaux devront indiquer si l'état de la voie ne permet pas le passage des trains, ou s'il suffit de ralentir la marche de la machine.

Art. 34. — Lorsque, par suite d'un accident, de réparation ou de toute autre cause, la circulation devra s'effectuer momentanément sur une voie, il devra être placé un garde auprès des aiguilles de chaque changement de voie.

Les gardes ne laisseront les trains s'engager dans la voie unique réservée à la circulation, qu'après s'être assurés qu'ils ne seront pas rencontrés par un train venant dans un sens opposé.

Il sera donné connaissance au commissaire spécial de police du signal ou de l'ordre de service adopté pour assurer la circulation sur la voie unique.

Art. 35. — La Compagnie sera tenue de faire connaître au Ministre des Travaux publics le système de signaux qu'elle a adopté ou qu'elle se propose d'adopter pour les cas prévus par le présent titre. Le Ministre prescrira les modifications qu'il jugera nécessaires.

Art. 36. — Le mécanicien devra porter constamment son attention sur l'état de la voie, arrêter ou ralentir la marche en cas d'obstacles, suivant les circonstances, et se conformer aux signaux qui lui seront transmis ; il surveillera toutes les parties de la machine, la tension de la vapeur et le niveau d'eau de la chaudière. Il veillera à ce que rien n'embarrasse la manœuvre du frein du tender.

Art. 37. — A 500 mètres au moins avant d'arriver au point où une ligne d'embranchement vient croiser la ligne principale, le mécanicien devra modérer la vitesse de telle manière que le train puisse être complètement arrêté avant d'atteindre ce croisement, si les circonstances l'exigent.

Au point d'embranchement ci-dessus désigné, des signaux devront indiquer le sens dans lequel les aiguilles sont placées.

A l'approche des stations d'arrivée, le mécanicien devra faire les dispositions convenables pour que la vitesse acquise du train soit complètement amortie avant le point où les voyageurs doivent descendre, et de telle sorte qu'il soit nécessaire de remettre la machine en action pour atteindre ce point.

Art. 38. — A l'approche des stations, des passages à niveau, des courbes, des tranchées et des souterrains, le mécanicien devra faire jouer le sifflet à vapeur, pour avertir de l'approche du train.

Il se servira également du sifflet comme moyen d'avertissement, toutes les fois que la voie ne lui paraîtra pas complètement libre.

Art. 39. — Aucune personne autre que le mécanicien et le chauffeur ne pourra monter sur la locomotive ou sur le tender, à moins d'une permission spéciale et écrite du directeur de l'exploitation du chemin de fer.

Sont exceptés de cette interdiction les ingénieurs des ponts et chaussées, les ingénieurs des mines chargés de la surveillance, et les commissaires spéciaux de police. Toutefois, ces derniers devront remettre au chef de la station ou au conducteur principal du convoi une réquisition écrite et motivée.

Art. 40. — Des machines dites *de secours* ou *de réserve* devront être entretenues constamment en feu et prêtes à partir, sur les points de de chaque ligne qui seront désignés par le ministre des Travaux publics, sur la proposition de la Compagnie.

Les règles relatives au service de ces machines seront également déterminées par le ministre, sur la proposition de la Compagnie.

Art. 41. — Il y aura constamment, au lieu de dépôt des machines un wagon chargé de tous les agrès et outils nécessaires en cas d'accident.

Chaque train devra d'ailleurs être muni des outils les plus indispensables.

Art. 42. — Aux stations qui seront désignées par le Ministre des Travaux publics, il sera tenu des registres sur lesquels on mentionnera les retards excédant dix minutes pour les parcours dont la longueur est inférieure à cinquante kilomètres et quinze minutes pour les parcours de cinquante kilomètres et au-delà. Ces registres indiquent la nature et la composition des trains, le nom des locomotives qui les ont remorqués, les heures de départ et d'arrivée, la cause et la durée du retard.

Ces registres seront représentés à toute réquisition aux ingénieurs, fonctionnaires et agents de l'Administration publique chargés de la surveillance du matériel et de l'exploitation.

Art. 43. — Des affiches placées dans les stations feront connaître au public les heures de départ des convois ordinaires de toute sorte, les stations qu'ils doivent desservir, les heures auxquelles ils doivent arriver à chacune des stations et en partir.

Quinze jours au moins avant d'être mis à exécution, ces ordres de service seront communiqués en même temps aux commissaires royaux, au préfet du département et au Ministre des Travaux publics, qui pourra prescrire la sûreté de la circulation ou pour les besoins du public.

TITRE V

DE LA PERCEPTION DES TAXES ET DES FRAIS ACCESSOIRES.

Art. 44. — Aucune taxe, de quelque nature qu'elle soit, ne pourra être perçue par la Compagnie qu'en vertu d'une homologation du Ministre des Travaux publics.

Les taxes perçues actuellement sur des chemins dont les concessions sont antérieures à 1835, et qui ne sont pas encore régularisées, devront l'être avant le 1er avril 1847.

Art. 45. — Pour l'exécution du paragraphe 1er de l'article qui précède, la Compagnie devra dresser un tableau des prix qu'elle a l'intention de percevoir, dans la limite du maximum autorisé par le cahier des charges, pour le transport des voyageurs, des bestiaux, marchandises et objets divers, et en transmettre, en même temps, des expéditions au Ministre des Travaux publics, aux préfets des départements traversés par le chemin de fer et aux commissaires royaux.

Art. 46. — La Compagnie devra, en outre, dans le plus court délai et dans les formes énoncées en l'article précédent, soumettre ses propositions au Ministre des Travaux publics pour les prix de transport non déterminés par le cahier des charges, à l'égard desquels le Ministre est appelé à statuer.

Art. 47. — Quant aux frais accessoires, tels que ceux de chargement, de déchargement et d'entrepôt dans les gares et magasins du chemin de fer, et quant à toutes les taxes qui doivent être réglées annuellement, la Compagnie devra en soumettre le règlement à l'approbation du Ministre des Travaux publics, dans le dixième mois de chaque année. Jusqu'à décision, les anciens tarifs continueront à être perçus.

Art. 48. — Les tableaux des taxes et des frais accessoires approuvés seront constamment affichés dans les lieux les plus apparents des gares et stations des chemins de fer.

Art. 49. — Lorsque la Compagnie voudra apporter quelques changements aux prix autorisés, elle en donnera avis au Ministre des Travaux publics, aux préfets des départements traversés et aux commissaires royaux.

Le public sera en même temps informé par des affiches des changements soumis à l'approbation du Ministre.

A l'expiration du mois à partir de la date de l'affiche, lesdites taxes pourront être perçues, si, dans cet intervalle, le Ministre des Travaux publics les a homologuées.

Si des modifications à quelques-uns des prix affichés étaient prescrites par le Ministre, les prix modifiés devront être affichés de nouveau et ne pourront être mis en perception qu'un mois après la date de ces affiches.

Art. 50. — La Compagnie sera tenue d'effectuer avec soin, exactitude et célérité, et sans tour de faveur, les transports des marchandises, bestiaux et objets de toute nature qui lui seront confiés.

Au fur et à mesure que des colis, des bestiaux ou des objets quelconques arriveront au chemin de fer, enregistrement en sera fait immédiatement, avec mention du prix total dû pour le transport. Le transport s'effectuera dans l'ordre des inscriptions, à moins de délais demandés ou consentis par l'expéditeur, et qui seront mentionnés dans l'enregistrement.

Un récépissé devra être délivré à l'expéditeur, s'il le demande, sans préjudice, s'il y a lieu, de la lettre de voiture. Le récépissé énoncera la nature et le poids des colis, le prix total du transport et le délai dans lequel ce transport devra être effectué.

Les registres mentionnés au présent article seront représentés à toute réquisition des fonctionnaires et agents chargés de veiller à l'exécution du présent règlement.

TITRE VI

DE LA SURVEILLANCE DE L'EXPLOITATION.

Art. 51. — La surveillance de l'exploitation des chemins de fer s'exercera concurremment :

Par les commissaires royaux ;

Par les ingénieurs des ponts et chaussées, les ingénieurs des mines, et par les conducteurs, les garde-mines et autres agents sous leurs ordres ;

Par les commissaires spéciaux de police et les agents sous leurs ordres.

Art. 52. — Les commissaires royaux seront chargés :

De surveiller le mode d'application des tarifs approuvés et l'exécution des mesures prescrites pour la réception et l'enregistrement des colis, leur transport et leur remise aux destinataires ;

De veiller à l'exécution des mesures approuvées ou prescrites pour que le service des transports ne soit pas interrompu aux points extrêmes de lignes en communication l'une avec l'autre ;

De vérifier les conditions des traités qui seraient passés par les Compagnies avec les entreprises de transport par terre ou par eau, en correspondance avec les chemins de fer, et de signaler toutes les infractions aux principes de l'égalité des taxes ;

De constater le mouvement de la circulation des voyageurs et des marchandises sur les chemins de fer, les dépenses d'entretien et d'exploitation, et les recettes.

Art. 53. — Pour l'exécution de l'article ci-dessus, les Compagnies seront tenues de représenter, à toute réquisition, aux commissaires royaux leurs registres de dépenses et de recettes, et les registres mentionnés à l'article 50 ci-dessus.

Art. 54. — A l'égard des chemins de fer pour lesquels les Compagnies auraient obtenu de l'Etat soit un prêt avec intérêt privilégié, soit la garantie d'un minimum d'intérêt, ou pour lesquels l'Etat devrait entrer en partage des produits nets, les commissaires royaux exerceront toutes les autres attributions qui seront déterminées par les règlements spéciaux à intervenir dans chaque cas particulier.

Art. 55. — Les ingénieurs, les conducteurs et autres agents du service des ponts et chaussées seront spécialement chargés de surveiller l'état de la voie de fer, des terrassements et des ouvrages d'art et des clôtures.

Art. 56. — Les ingénieurs des mines, les gardes-mines et autres agents du service des mines seront spécialement chargés de surveiller l'état des machines fixes et locomotives employées à la traction des convois, et, en général, de tout le matériel servant à l'exploitation.

Ils pourront être suppléés par les ingénieurs, conducteurs et autres agents du service des ponts et chaussées, et réciproquement :

Art. 57. — Les commissaires spéciaux de police et les agents sous leurs ordres sont chargés particulièrement de surveiller la composition, le départ, l'arrivée, la marche et les stationnements des trains, l'entrée, le stationnement et la circulation des voitures dans les cours et stations, l'admission du public dans les gares et sur les quais des chemins de fer.

Art. 58. — Les Compagnies sont tenues de fournir des locaux convenables pour les Commissaires spéciaux de police et les agents de surveillance.

Art. 59. — Toutes les fois qu'il arrivera un accident sur le chemin de fer, il en sera fait immédiatement déclaration à l'autorité locale et au Commissaire spécial de police, à la diligence du Chef du convoi. Le préfet du département, l'Ingénieur des ponts et chaussées et l'Ingénieur des mines, chargés de la surveillance, et le Commissaire royal, en seront immédiatement informés par les soins de la Compagnie.

Art. 60. — Les Compagnies devront soumettre à l'approbation du Ministre des Travaux publics leurs règlements relatifs au service et à l'exploitation des chemins de fer.

TITRE VII

DES MESURES CONCERNANT LES VOYAGEURS ET LES PERSONNES ÉTRANGÈRES AU SERVICE DU CHEMIN DE FER.

Art. 61. — Il est défendu à toute personne étrangère au service du chemin de fer :

1° De s'introduire dans l'enceinte du chemin de fer, d'y circuler ou stationner ;

2° D'y jeter ou déposer aucuns matériaux ni objets quelconques ;

3° D'y introduire des chevaux, bestiaux ou animaux d'aucune espèce ;

4° D'y faire circuler ou stationner aucunes voitures, wagons ou machines étrangères au service.

Art. 62. — Sont exceptés de la défense portée au premier paragraphe de l'article précédent les maires et adjoints, les commissaires de police, les officiers de gendarmerie, les gendarmes et autres agents de la force publique, les préposés aux douanes, aux contributions indirectes et aux octrois, les gardes champêtres et forestiers dans l'exercice de leurs fonctions et revêtus de leurs uniformes ou de leurs insignes.

Dans tous les cas, les fonctionnaires et les agents désignés au paragraphe précédent seront tenus de se conformer aux mesures spéciales de précaution qui auront été déterminées par le Ministre, la Compagnie entendue.

Art. 63. — Il est défendu :

1° D'entrer dans les voitures sans avoir pris un billet, et de se placer dans une voiture d'une autre classe que celle qui est indiquée par le billet ;

2° D'entrer dans les voitures et d'en sortir autrement que par la portière qui fait face au côté extérieur de la ligne du chemin de fer ;

3° De passer d'une voiture dans une autre, de se pencher au dehors.

Les voyageurs ne doivent sortir des voitures qu'aux stations, et lorsque le train est complètement arrêté.

Il est défendu de fumer dans les voitures ou sur les voitures et dans les gares ; toutefois, à la demande de la Compagnie et moyennant des mesures spéciales de précaution, des dérogations à cette disposition pourront être autorisées.

Les voyageurs sont tenus d'obtempérer aux injonctions des agents de la compagnie pour l'observation des dispositions mentionnées aux paragraphes ci-dessus.

Art. 64. — Il est interdit d'admettre dans les voitures plus de voyageurs que ne le comporte le nombre de places indiquées conformément à l'article 14 ci-dessus.

Art. 65. — L'entrée des voitures est interdite :

1° A toute personne en état d'ivresse ;

2° A tous individus porteurs d'armes à feu chargées ou de paquets qui, par leur nature, leur volume ou leur odeur, pourraient gêner ou incommoder les voyageurs.

Tout individu porteur d'une arme à feu devra, avant son admission sur les quais d'embarquement, faire constater que son arme n'est point chargée.

Art. 66. — Les personnes qui voudront expédier des marchandises de la nature de celles qui sont mentionnées à l'article 21, devront les déclarer au moment où elles les apporteront dans les stations du chemin de fer.

Des mesures spéciales de précaution seront prescrites, s'il y a lieu, pour le transport desdites marchandises, la Compagnie entendue.

Art. 67. — Aucun chien ne sera admis dans les voitures servant au transport des voyageurs ; toutefois la Compagnie pourra placer, dans des caisses de voitures spéciales, les voyageurs qui ne voudraient pas se séparer de leurs chiens, pourvu que ces animaux soient muselés, en quelque saison que ce soit.

Art. 68. — Les cantonniers, gardes-barrières et autres agents du chemin de fer devront faire sortir immédiatement toute personne qui se serait introduite dans l'enceinte du chemin ou dans quelque portion que ce soit de ses dépendances où elle n'aurait pas le droit d'entrer.

En cas de résistance de la part des contrevenants, tout employé du chemin de fer pourra requérir l'assistance des agents de l'administration et de la force publique.

Les chevaux ou bestiaux abandonnés qui seront trouvés dans l'enceinte du chemin de fer seront saisis et mis en fourrière.

TITRE VIII

DISPOSITIONS DIVERSES.

Art. 69. — Dans tous les cas où, conformément aux dispositions du présent règlement, le Ministre des Travaux publics devra statuer sur la proposition d'une Compagnie, la Compagnie sera tenue de lui soumettre cette proposition dans le délai qu'il aura déterminé, faute de quoi le Ministre pourra statuer directement.

Si le Ministre pense qu'il y a lieu de modifier la proposition de la

Compagnie, il devra, sauf le cas d'urgence, entendre la Compagnie avant de prescrire les modifications.

Art. 70. — Aucun crieur, vendeur ou distributeur d'objets quelconques, ne pourra être admis par les Compagnies à exercer sa profession dans les cours ou bâtiments des stations et dans les salles d'attente destinées aux voyageurs, qu'en vertu d'une autorisation spéciale du préfet du département.

Art. 71. — Lorsqu'un chemin de fer traverse plusieurs départements, les attributions conférées aux préfets par le présent règlement pourront être centralisées, en tout ou en partie, dans les mains de l'un des préfets des départements traversés.

Art. 72. — Les attributions données aux préfets des départements par la présente ordonnance seront, conformément à l'arrêté du 3 brumaire an IX, exercées par le préfet de police dans toute l'étendue du département de la Seine, et dans les communes de Saint-Cloud, Meudon et Sèvres, département de Seine-et-Oise.

Art. 73. — Tout agent employé sur les chemins de fer sera revêtu d'un uniforme ou porteur d'un signe distinctif; les cantonniers, gardes-barrières et surveillants pourront être armés d'un sabre.

Art. 74. — Nul ne pourra être employé en qualité de mécanicien conducteur de train, s'il ne produit des certificats de capacité délivrés dans les formes qui seront déterminées par le Ministre des Travaux publics.

Art. 75. — Aux stations désignées par le Ministre, les Compagnies entretiendront les médicaments et moyens de secours nécessaires en cas d'accident.

Art. 76. — Il sera tenu, dans chaque station, un registre coté et paraphé, à Paris, par le préfet de police, ailleurs, par le maire du lieu, lequel sera destiné à recevoir les réclamations des voyageurs qui auraient des plaintes à former, soit contre la Compagnie, soit contre ses agents. Ce registre sera présenté à toute réquisition des voyageurs.

Art. 77. — Les registres mentionnés aux articles 9, 20 et 42 ci-dessus seront cotés et paraphés par le commissaire de police.

Art. 78. — Des exemplaires du présent règlement seront constamment affichés, à la diligence des Compagnies, aux abords des bureaux des chemins de fer et dans les salles d'attente.

Le conducteur principal d'un train en marche devra également être muni d'un exemplaire du règlement.

Des extraits devront être délivrés, chacun pour ce qui le concerne, aux mécaniciens, chauffeurs, garde-freins, cantonniers, garde-barrières et autres agents employés sur le chemin de fer.

Des extraits, en ce qui concerne les règles à observer par les voyageurs pendant le trajet, devront être placés dans chaque caisse de voiture.

Art. 79. — Seront constatées, poursuivies et réprimées, conformément au titre III de la loi du 15 juillet 1845 sur la police des chemins
de fer, les contraventions au présent règlement, aux décisions rendues
par le Ministre des Travaux publics, et aux arrêtés pris sous son approbation, par les préfets, pour l'exécution dudit règlement.

Art. 80. — Notre Ministre secrétaire d'Etat des Travaux publics est
chargé de l'exécution de la présente ordonnance, qui sera insérée au
Bulletin des Lois.

III. — Extrait du décret du 6 août 1881, sur l'établissement et l'exploitation de voies ferrées sur le sol des voies publiques.

TITRE PREMIER

CONSTRUCTION.

Projet d'exécution. — Art. 1er. — Aucun travail ne peut être entrepris pour l'établissement d'une voie ferrée sur le sol de voies publiques qu'avec l'autorisation de l'Administration compétente donnée sur le vu des projets d'exécution.

Chaque projet d'exécution comprend l'extrait de carte, le plan général, le profil en long, les profils en travers types et les plans de traverses dont la production est exigée par l'article 2 du règlement d'administration publique du 18 mai 1881, ces documents dressés dans la forme prescrite par l'article précité, et dûment complétés ou rectifiés d'après les résultats de l'instruction à laquelle l'avant-projet a été soumis.

Le projet d'exécution comprend en outre :

1º Des profils en travers à l'échelle de $0^m 005$ pour mètre, relevés en nombre suffisant, principalement dans les traverses et dans les parties où les voies publiques empruntées n'ont pas la largeur et le profil normal ;

2º Un devis descriptif dans lequel sont reproduites, sous forme de tableau, les indications relatives aux déclivités et aux courbes déjà données sur le profil en long ;

3º Un mémoire dans lequel toutes les dispositions essentielles du projet sont justifiées.

Le projet d'exécution est remis au préfet en deux expéditions, dont l'une, revêtue de l'approbation que le préfet aura donnée en se conformant à la décision de l'autorité compétente pour les projets d'ensemble, est rendue au cessionnaire, tandis que l'autre demeure entre les mains du préfet.

Les projets comprenant des déviations en dehors du sol des routes et chemins sont soumis à l'approbation du Ministre des travaux publics, pour ce qui concerne la grande voirie et les cours d'eau, et ne peuvent être adoptés par l'autorité qui a donné la concession que sous la réserve des décisions prises ou à prendre par le Ministre des travaux publics sur les objets qui précèdent.

Avant comme pendant l'exécution, le concessionnaire aura la faculté de proposer aux projets approuvés les modifications qu'il jugerait utiles ; mais ces modifications ne pourront être exécutées qu'avec l'approbation de l'autorité qui a revêtu de sa sanction les dispositions à modifier.

De son côté, l'Administration pourra ordonner d'office les modifications dont l'expérience ou les changements à opérer sur la voie publique feraient reconnaître la nécessité.

En aucun cas, ces modifications ne pourront donner lieu à indemnité.

Art. 2. — *Bureaux d'attente et de contrôle, égouts, etc.* — La position des bureaux d'attente et de contrôle qui peuvent être autorisés sur la voie publique, celle des égouts, de leurs bouches et regards, et des conduites d'eau et de gaz, doivent être indiquées sur les plans présentés par le concessionnaire, ainsi que tout ce qui serait de nature à influer sur la position de la voie ferrée et sur le bon fonctionnement de divers services qui peuvent en être affectés.

Art. 3. — *Voies doubles et gares d'évitement.* — Le projet d'exécution indique le nombre des voies à établir sur les différentes sections des lignes concédées, ainsi que le nombre et la disposition des gares d'évitement.

Art. 4. — *Largeur de la voie. Gabarit du matériel. Entre-voie.* — La largeur de la voie est fixée pour chaque concession par le cahier des charges.

La largeur des locomotives et des caisses des véhicules ainsi que de leur chargement ne peut excéder ni deux fois et demie la largeur de la voie, ni la cote maximum de deux mètres quatre-vingts centimètres (2^m 80) ; et la largeur extrême occupée par le matériel roulant y compris toutes saillies, notamment celle des lanternes et des marchepieds latéraux, ne peut dépasser la largeur des caisses augmentée de trente centimètres (0^m 30).

La hauteur du matériel roulant et de son chargement ne peut excéder quatre mètres vingt centimètres (4^m 20) pour la voie de 1^m 44 ; elle est réglée d'une manière définitive et invariable par le cahier des charges pour les voies de largeur moindre, de manière à ne pas compromettre la sécurité du public.

Dans les parties à plusieurs voies, la largeur de chaque entre-voie est telle qu'il reste un intervalle libre d'au moins cinquante centimètres (0^m 50) entre les parties les plus saillantes de deux véhicules qui se croisent.

Art. 5. — *Établissement de la voie ferrée. Largeur réservée à la circulation publique.* — L'autorité qui a fait la concession détermine les sections de la ligne où la voie sera établie au niveau de la chaussée, avec rails noyés, en restant accessible et praticable pour les voitures ordinaires, et celle où elle sera placée sur un accotement praticable pour les piétons, mais interdit aux voitures ordinaires.

Le cahier des charges de chaque concession détermine les largeurs qui doivent être réservées pour la libre circulation sur la voie publique, de telle façon que le croisement de deux voitures soit toujours assuré, l'une de ces deux voitures pouvant être le véhicule du tramway dans le premier des deux cas considérés ci-dessus.

Les dispositions prescrites doivent d'ailleurs assurer dans tous les cas la sécurité du piéton qui circule sur la voie publique et celle du riverain dont les bâtiments sont en façade sur cette voie.

Si l'emplacement occupé par la voie ferrée reste accessible et praticable pour les voitures ordinaires, les rails sont à gorge ou accompagnés de contre-rails ; la largeur des vides ou ornières ne peut excéder vingt-neuf millimètres (0^m 029) dans les parties droites et trente-cinq millimètres (0^m 035) dans les parties courbes. Les voies ferrées sont posées au niveau de la chaussée, sans saillie ni dépression sur le profil normal de celle-ci.

Art. 6. — *Parties de routes à modifier. Traversées à niveau. Accès des propriétés riveraines.* — Le concessionnaire fournit, sur les points qui lui sont indiqués, des emplacements pour le dépôt des matériaux d'entretien qui trouvaient place auparavant sur l'accotement occupé par la voie ferrée.

Lorsque, pour maintenir la voie de fer dans les limites de courbure et de déclivité fixées par le cahier des charges, ou pour maintenir le fonctionnement des services intéressés (article 2), on doit faire subir quelques modifications à l'état de la voie publique, le concessionnaire exécute tous les travaux, soit à ses frais, soit avec le concours des services intéressés, s'il y a lieu, conformément aux projets approuvés par l'Administration.

Il opère pareillement les élargissements qui sont indispensables afin de restituer à la voie publique la largeur exigée en vertu de l'article précédent.

Il doit maintenir l'accès à la voie publique des voitures ordinaires, au droit des chemins publics et particuliers ainsi que des entrées charretières qui seraient interceptées par la voie de fer. La traversée des routes et des chemins publics ou particuliers est opérée à niveau, sans que le rail forme saillie ou dépression sur la surface de ces chemins.

Le concessionnaire doit d'ailleurs prendre les dispositions nécessaires pour faciliter l'exécution des travaux qui sont prescrits ou autorisés par l'Administration afin de créer de nouveaux accès soit aux chemins publics et particuliers, soit aux propriétés riveraines.

Art. 7. — *Déviations à construire en dehors du sol des routes et chemins.*

— Les déviations à construire en dehors du sol des routes et chemins et à classer comme annexes sont établies conformément aux dispositions arrêtées par l'autorité compétente.

Art. 8. — *Écoulement des eaux. Rétablissement des communications.* — Le concessionnaire est tenu de rétablir et d'assurer à ses frais, pendant la durée de la concession, les écoulements d'eau qui seraient arrêtés, suspendus ou modifiés par ses travaux.

Il rétablit de même les communications publiques ou particulières que l'exécution de ses travaux l'oblige à modifier momentanément.

Art. 9. — *Exécution des travaux.* — La démolition des chaussées et l'ouverture des tranchées pour la pose et l'entretien de la voie ferrée sont effectuées avec célérité et avec toutes les précautions convenables.

Les chaussées doivent être remises dans le meilleur état.

Les travaux sont conduits de manière à ne pas compromettre la liberté et la sûreté de la circulation. Toute fouille restant ouverte sur le sol des voies publiques, ainsi que tout dépôt de matériaux, est éclairée et gardée au besoin pendant la nuit, jusqu'à ce que la voie publique soit débarrassée et rendue conforme au profil normal du projet.

Art. 10. — *Gares et stations.* — Le cahier des charges indiquera si le tramway devra s'arrêter en pleine voie pour prendre ou laisser des voyageurs ou des marchandises sur tous les points du parcours, ou si, au contraire, il ne s'arrêtera qu'à des gares, stations ou haltes désignées, ou si enfin les deux modes d'exploitation seront combinés.

Dans ces deux derniers cas, si les gares, stations et haltes n'ont pas été déterminées par le cahier des charges, elles le seront lors de l'approbation des projets définitifs par l'autorité concédante, sur la proposition du concessionnaire et après enquête.

Si, pendant l'exploitation, de nouvelles stations, gares ou haltes sont reconnues nécessaires d'accord entre l'autorité concédante et le concessionnaire, il sera procédé à une enquête spéciale dans les formes prescrites par le règlement d'administration publique du 18 mai 1881, et l'emplacement en sera définitivement arrêté par le préfet, le concessionnaire entendu.

Le nombre, l'étendue et l'emplacement des gares d'évitement seront déterminés par le préfet, le concessionnaire entendu ; si la sécurité l'exige, le préfet pourra, pendant le cours de l'exploitation, prescrire l'établissement de nouvelles gares d'évitement ainsi que l'augmentation des voies dans les stations et aux abords des stations.

Le concessionnaire est tenu, préalablement à tout commencement d'exécution, de soumettre au préfet le projet des gares, stations ou haltes, lequel se compose :

1º D'un plan à l'échelle de $\frac{1}{500}$ indiquant les voies, les quais, les bâtiments et leur distribution intérieure, ainsi que la disposition de leurs abords ;

2º D'une élévation des bâtiments à l'échelle d'un centimètre par mètre ;

3º D'un mémoire descriptif dans lequel les dispositions essentielles du projet sont justifiées.

Art. 11. — *Indemnités de terrains et de dommages.* — Tous les terrains nécessaires pour l'établissement de la voie ferrée et de ses dépendances en dehors du sol des routes et chemins, pour la déviation des voies de communication et des cours d'eau déplacés, et, en général, pour l'exécution des travaux, quels qu'ils soient, auxquels cet établissement peut donner lieu, sont achetés et payés par le concessionnaire, à moins que l'autorité qui fait la concession n'ait pris l'engagement de fournir elle-même les terrains.

Les indemnités pour occupation temporaire ou pour détérioration de terrains, pour chômage, modification ou destruction d'usines, et pour tous dommages quelconques résultant des travaux, sont supportées et payées par le concessionnaire.

Art. 12. — *Droits conférés au concessionnaire.* — L'entreprise étant d'utilité publique, le concessionnaire est investi, pour l'exécution des travaux dépendant de sa concession, de tous les droits que les lois et règlements confèrent à l'Administration en matière de travaux publics, soit pour l'acquisition des terrains par voie d'expropriation, soit pour l'extraction, le transport ou le dépôt des terres, matériaux, etc., et il demeure en même temps soumis à toutes les obligations qui dérivent, pour l'Administration, de ces lois et règlements.

Art. 13. — *Servitudes militaires.* — Dans les limites de la zone frontière et dans le rayon des servitudes des enceintes fortifiées, le concessionnaire est tenu, pour l'étude et l'exécution de ses projets, de se soumettre à l'accomplissement de toutes les formalités et de toutes les conditions exigées par les lois, décrets et règlements concernant les travaux mixtes.

Art. 14. — *Mines.* — Si la voie ferrée traverse un sol déjà concédé pour l'exploitation d'une mine, le Ministre des Travaux publics détermine les mesures à prendre pour que l'établissement de cette voie ne nuise pas à l'expropriation de la mine, et, réciproquement, pour que, le cas échéant, l'exploitation de la mine ne compromette pas l'existence de la voie ferrée.

Les travaux de consolidation à faire dans l'intérieur de la mine en raison de la traversée de la voie ferrée, et tous les dommages résultant de cette traversée pour les concessionnaires de la mine, sont à la charge du concessionnaire de la voie ferrée.

Art. 15. — *Carrières.* — Si la voie ferrée s'étend sur des terrains renfermant des carrières ou les traverse souterrainement, elle ne peut être livrée à la circulation avant que les excavations qui pourraient en compromettre la solidité aient été remblayées ou consolidées.

Le Ministre des Travaux publics détermine la nature et l'étendue des travaux qu'il convient d'entreprendre à cet effet, et qui sont d'ailleurs exécutés par les soins et aux frais du concessionnaire.

Art. 16. — *Contrôle et surveillance des travaux.* — Les travaux sont soumis au contrôle et à la surveillancce du préfet, sous l'autorité du Ministre des Travaux publics.

Ce contrôle et cette surveillance ont pour objet d'empêcher le concessionnaire de s'écarter des dispositions prescrites par le présent règlement et de celles qui résultent soit des cahiers des charges, soit des projets approuvés.

Art. 16. — *Réception des travaux.* — A mesure que les travaux sont terminés sur des parties de voie ferrée susceptibles d'être livrées utilement à la circulation, il est procédé à la reconnaissance et, s'il y a lieu, à la réception provisoire de ces travaux par un ou plusieurs commissaires que le préfet désigne.

Sur le vu du procès-verbal de cette reconnaissance, le préfet autorise, s'il y a lieu, la mise en exploitation des parties dont il s'agit ; après cette autorisation, le concessionnaire peut mettre lesdites parties en service et y percevoir les taxes déterminées par le cahier des charges. Toutefois, ces réceptions partielles ne deviennent définitives que par la réception générale de la voie ferrée, laquelle est faite dans la même forme que les réceptions partielles.

Art. 18. — *Bornage et plan cadastral des parties en déviation.* — Immédiatement après l'achèvement des travaux et au plus tard six mois après la mise en exploitation de la ligne ou de chaque section, le concessionnaire doit faire faire à ses frais un bornage contradictoire avec chaque propriétaire riverain, en présence du préfet et de son représentant, ainsi qu'un plan cadastral des parties de la voie ferrée et de ses dépendances qui sont situées en dehors du sol des routes et chemins. Il fait dresser également à ses frais, et contradictoirement avec les agents désignés par le préfet, un état descriptif de tous les ouvrages d'art qui ont été exécutés, ledit état accompagné d'un atlas contenant les dessins cotés de tous les ouvrages.

Une expédition dûment certifiée des procès-verbaux de bornage, du plan cadastral, de l'état descriptif et de l'atlas est dressée aux frais du concessionnaire et déposée dans les archives de la préfecture.

Les terrains acquis par le concessionnaire postérieurement au bornage général, en vue de satisfaire aux besoins de l'exploitation, et qui, par cela même, deviennent partie intégrante de la voie ferrée, donnent lieu, au fur et à mesure de leur acquisition, à des bornages supplémentaires, et sont ajoutés sur le plan cadastral ; addition est également faite sur l'atlas de tous les ouvrages d'art exécutés postérieurement à sa rédaction.

TITRE II

ENTRETIEN ET EXPLOITATION.

Art. 19. — *Entretien.* — La voie ferrée et tout le matériel qui en dépend doivent être constamment entretenus en bon état, de manière que la circulation y soit toujours facile et sûre.

Les frais d'entretien et ceux auxquels donnent lieu les réparations ordinaires et extraordinaires de la voie ferrée sont à la charge du concessionnaire.

Sur les sections à rails noyés où la voie ferrée est accessible aux voitures ordinaires, l'entretien du pavage ou de l'empierrement de la surface effectée à la circulation du tramway est réglé, pour chaque concession, par le cahier des charges, qui indique le service chargé d'exécuter cet entretien. ainsi que la répartition des dépenses.

Sur les sections où la voie ferrée n'est pas accessible aux voitures ordinaires, l'entretien, qui est à la charge du concessionnaire, comprend la surface entière des voies, augmentée d'une zone d'un mètre (1^m 00), qui sera mesurée à partir de chaque rail extérieur.

Si la voie ferrée et les parties de la voie publique dont l'entretien est confié au concessionnaire ne sont pas constamment entretenues en bon état, il y est pourvu d'office à la diligence du préfet et aux frais du concessionnaire, sans préjudice s'il y a lieu, de l'application des dispositions indiquées ci-après dans l'article 41.

Le montant des avances faites et recouvré au moyen de rôles que le préfet rend exécutoires.

IV. — Extrait du cahier des charges de concession, joint à la loi du 4 décembre 1875 (1).

TITRE PREMIER

TRACÉ ET CONSTRUCTION.

Art. 1er. — Le chemin de fer d'Alais au Rhône partira d'Alais, en un point à déterminer ultérieurement par l'administration, la Compagnie entendue ; il passera par ou près Seynes, la Brugnière, Connaux, et aboutira au Rhône, au lieu dit *Port-l'Ardoise*.

Art. 2. — Les travaux devront être commencés dans un délai d'un an et terminés dans un délai de quatre ans, à partir de la date de la loi qui approuve la présente concession.

Art. 3. — Aucun travail ne pourra être entrepris, pour l'établissement du chemin de fer et de ses dépendances, qu'avec l'autorisation de l'Administration supérieure ; à cet effet, les projets de tous les travaux à exécuter seront dressés en double expédition et soumis à l'approbation du Ministre, qui prescrira, s'il y a lieu, d'y introduire telles modifications que de droit. L'une de ces expéditions sera remise à la Compagnie avec le visa du Ministre ; l'autre demeurera entre les mains de l'administration.

Avant comme pendant l'exécution, la Compagnie aura la faculté de proposer aux projets approuvés les modifications qu'elle jugerait utiles ; mais ces modifications ne pourront être exécutées que moyennant l'approbation de l'Administration supérieure.

Art. 4. — La Compagnie pourra prendre copie de tous les plans, nivellement et devis qui pourraient avoir été antérieurement dressés aux frais de l'Etat.

Art. 5. — Le tracé et le profil du chemin de fer seront arrêtés sur la production de projets d'ensemble comprenant, pour la ligne entière ou pour chaque section de la ligne :

1° Un plan général à l'échelle de un dix-millième ;

2° Un profil en long à l'échelle de un cinq-millième pour les longueurs et de un millième pour les hauteurs, dont les cotes seront rapportées au niveau moyen de la mer, pris pour point de comparaison :

---

1. La concession de la ligne d'Alais au Rhône, approuvée par la loi du 15 juillet 1880, est la dernière qui ait fait l'objet d'un cahier des charges spécial applicable à une ligne d'intérêt général.

au-dessous de ce profil, on indiquera, au moyen de trois lignes horizontales disposées à cet effet, savoir :

Les distances kilométriques du chemin de fer, comptées à partir de son origine.

La longueur et l'inclinaison de chaque pente ou rampe.

La longueur des parties droites et le développement des parties courbes du tracé, en faisant connaître le rayon correspondant à chacune de ces dernières ;

3° Un certain nombre de profils en travers, y compris le profil type de la voie ;

4° Un mémoire dans lequel seront justifiées toutes les dispositions essentielles du projet et un devis descriptif dans lequel seront reproduites, sous forme de tableaux, les indications relatives aux déclivités et aux courbes déjà données sur le profil en long.

La position des gares et stations projetées, celle des cours d'eau et des voies de communication traversés par le chemin de fer, des passages soit à niveau, soit en dessus, soit en dessous de la voie ferrée, devront être indiquées tant sur le plan que sur le profil en long ; le tout sans préjudice des projets à fournir pour chacun de ces ouvrages.

Art. 6. — Les terrains seront acquis pour deux voies ; mais le chemin pourra n'être exécuté immédiatement que pour une voie, sauf l'établissement d'un certain nombre de gares d'évitement et la fondation pour deux voies des grands ouvrages d'art.

La Compagnie sera tenue d'ailleurs d'établir la deuxième voie, soit sur la totalité du chemin, soit sur les parties qui lui seront désignées, lorsque l'insuffisance d'une seule voie, par suite du développement de la circulation, aura été constatée par l'administration.

Les terrains acquis par la Compagnie pour l'établissement de la seconde voie ne pourront recevoir une autre destination.

Art. 7. — La largeur de la voie, entre les bords intérieurs des rails, devra être de un mètre quarante-quatre (1ᵐ44), à un mètre quarante-cinq centimètres (1ᵐ 45). Dans les parties à deux voies, la largeur de l'entre-voie, mesurée entre les bords extérieurs des rails, sera de deux mètres (2ᵐ,00).

La largeur des accotements, c'est-à-dire des parties comprises, de chaque côté, entre le bord extérieur du rail et l'arête supérieure du ballast, sera de un mètre (1ᵐ 00) au moins.

On ménagera, au pied de chaque talus du ballast, une banquette de cinquante centimètres (0ᵐ 50) de largeur.

La Compagnie établira, le long du chemin de fer, les fossés ou rigoles qui seront jugés nécessaires par l'assèchement de la voie et pour l'écoulement des eaux.

Les dimensions de ces fossés et rigoles seront déterminées par l'Administration, suivant les circonstances locales, sur les propositions de la Compagnie.

Art. 8. — Les alignements seront raccordés entre eux par des courbes dont le rayon ne pourra être inférieur à 300 mètres. Une partie droite de 100 mètres au moins de longueur devra être ménagée entre deux courbes consécutives, lorsqu'elles seront dirigées en sens contraire.

Le maximum de l'inclinaison des pentes et rampes est fixé à vingt millimètres (0ᵐ 020) par mètre.

Une partie horizontale de 100 mètres, au moins, devra être ménagée entre deux fortes déclivités consécutives, lorsque ces déclivités se succéderont en sens contraire, et de manière à verser leurs eaux au même point.

Les déclivités correspondant aux courbes de faible rayon devront être réduites autant que faire se pourra.

La Compagnie aura la faculté de proposer aux dispositions de cet article et à celles de l'article précédent des modifications qui lui paraîtraient utiles ; mais ces modifications ne pourront être exécutées que moyennant l'approbation préalable de l'Administration supérieure.

Art. 9. — Le nombre, l'étendue et l'emplacement des gares d'évitement seront déterminés par l'Administration, la Compagnie entendue.

Le nombre des voies sera augmenté, s'il y a lieu, dans les gares et aux abords de ces gares, conformément aux décisions qui seront prises par l'Administration, la Compagnie entendue.

Le nombre et l'emplacement des stations de voyageurs et des gares de marchandises seront également déterminés par l'Administration, sur les propositions de la Compagnie, après une enquête spéciale.

La Compagnie sera tenue, préalablement à tout commencement d'exécution, de soumettre à l'administration le projet desdites gares, lequel se composera :

1° D'un plan à l'échelle de un cinq-centième, indiquant les voies, les quais, les bâtiments et leur distribution intérieure, ainsi que la disposition de leurs abords.

2° D'une élévation des bâtiments à l'échelle de 0ᵐ,01 par mètre.

3° D'un mémoire descriptif dans lequel les dispositions essentielles du projet seront justifiées.

Art. 10. — A moins d'obstacles locaux, dont l'appréciation appartiendra à l'Administration, les croisements à niveau pourront toujours avoir lieu sous les conditions stipulées dans l'article 13.

Art. 11. — Lorsque le chemin de fer devra passer au-dessus d'une route nationale ou départementale, ou d'un chemin vicinal, l'ouverture du viaduc sera fixée par l'Administration, en tenant compte des circonstances locales ; mais cette ouverture ne pourra, dans aucun cas, être inférieure à huit mètres (8ᵐ) pour la route nationale, à sept mètres (7ᵐ) pour la route départementale, à cinq mètres (5ᵐ) pour un chemin vicinal de grande communication, et à quatre mètres (4ᵐ) pour un simple chemin vicinal.

Pour les viaducs de forme cintrée, la hauteur, sous clef, à partir du sol de la route, sera de cinq mètres (5ᵐ) au moins. Pour ceux qui seront formés de poutres horizontales en bois ou en fer, la hauteur, sous poutres, sera de quatre mètres trente centimètres (4ᵐ30) au moins.

La largeur, entre les parapets, sera au moins de huit mètres (8ᵐ). La hauteur de ces parapets sera fixée par l'Administration et ne pourra, dans aucun cas, être inférieure à quatre-vingts centimètres (0ᵐ80).

Sur les lignes et sections pour lesquelles la Compagnie est autorisée à n'exécuter les ouvrages d'art que pour une seule voie, la largeur des viaducs, entre les parapets, sera de quatre mètres cinquante centimètres (4ᵐ50) au moins.

Art. 12. — Lorsque le chemin de fer devra passer au-dessous d'une route nationale ou départementale, ou d'un chemin vicinal, la largeur entre les parapets du pont qui supportera la route ou le chemin sera fixée par l'Administration, en tenant compte des circonstances locales ; mais cette largeur ne pourra, dans aucun cas, être inférieure à huit mètres (8ᵐ) pour la route nationale, à sept mètres (7ᵐ) pour la route départementale, à cinq mètres (5ᵐ) pour un chemin vicinal de grande communication, et à quatre mètres (4ᵐ) pour un simple chemin vicinal.

L'ouverture du pont entre les culées sera au moins de huit mètres (8ᵐ), et la distance verticale ménagée au-dessus des rails extérieurs de chaque voie pour le passage des trains ne sera pas inférieure à quatre mètres quatre-vingts centimètres (4ᵐ80) au moins.

Sur les lignes ou sections pour lesquelles la Compagnie est autorisée à n'exécuter les ouvrages d'art que pour une seule voie, l'ouverture entre les culées sera de quatre mètres cinquante centimètres (4ᵐ50).

Art. 13. — Dans le cas où des routes nationales ou départementales, ou des chemins vicinaux, ruraux ou particuliers, seraient traversés à leur niveau par le chemin de fer, les rails devront être posés, sans aucune saillie ni dépression sur la surface de ces routes, et de telle sorte qu'il n'en résulte aucune gêne pour la circulation des voitures.

Le croisement à niveau du chemin de fer et des routes ne pourra s'effectuer sous un angle moindre de 45 degrés.

Chaque passage à niveau sera muni de barrières ; il y sera, en outre, établi une maison de garde toutes les fois que l'utilité en sera reconnue par l'Administration.

La Compagnie devra soumettre à l'approbation de l'Administration les projets types de cette barrière.

Art. 14. — Lorsqu'il y aura lieu de modifier l'emplacement ou le profil des routes existantes, l'inclinaison des rampes et pentes sur les routes modifiées ne pourra excéder trois centimètres (0ᵐ03) par mètre, pour les routes nationales ou départementales, et cinq centimètres (0,05), pour les chemins vicinaux. L'administration restera libre, toutefois, d'apprécier les circonstances qui pourraient motiver une dérogation à cette clause comme à celle qui est relative à l'angle de croisement des passages à niveau.

Art. 15. — La Compagnie sera tenue de rétablir et d'assurer, à ses frais, l'écoulement de toutes les eaux dont le cours serait arrêté, suspendu ou modifié par ses travaux, et de prendre les mesures nécessaires pour prévenir l'insalubrité pouvant résulter des chambres d'emprunt.

Les viaducs à construire à la rencontre des rivières, des canaux et des cours d'eau quelconques auront au moins huit mètres (8ᵐ) de largeur, entre les parapets, sur les chemins à deux voies, et quatre mètres cinquante centimètres (4ᵐ50) sur les chemins à une voie. La hauteur de ces parapets sera fixée par l'Administration et ne pourra être inférieure à quatre-vingts centimètres (0ᵐ80).

La hauteur et le débouché du viaduc seront déterminés, dans chaque cas particulier, par l'Administration, suivant les circonstances locales.

Dans tous les cas où l'Administration le jugera utile, il pourra être accolé aux ponts établis par la Compagnie pour le service du chemin de fer, une voie charretière ou une passerelle pour piétons. L'excédant de dépense qui en résultera sera supporté par l'Etat, le département ou les communes intéressées, après évaluation contradictoire des ingénieurs de l'État et de la Compagnie.

Art. 16. — Les souterrains à établir pour le passage du chemin de fer auront au moins huit mètres (8ᵐ) de largeur, entre les piédroits, au niveau des rails, et six mètres (6ᵐ) de hauteur, sous clef, au-dessus de la surface des rails. La distance verticale entre l'intrados et le dessus des rails extérieurs de chaque voie ne sera pas inférieure à quatre mètres quatre-vingts centimètres (4ᵐ 80). L'ouverture des puits d'aérage et de construction des souterrains sera entourée d'une margelle en maçonnerie de deux mètres (2ᵐ) de hauteur. Cette ouverture ne pourra être établie sur aucune voie publique.

Art. 17. — A la rencontre des cours d'eau flottables ou navigables, la Compagnie sera tenue de prendre toutes les mesures et de payer tous les frais nécessaires pour que le service de la navigation ou du flottage n'éprouve ni interruption ni entrave pendant l'exécution des travaux.

A la rencontre des routes nationales ou départementales et des autres chemins publics, il sera construit des chemins et des ponts provisoires, par les soins et aux frais de la Compagnie, partout où cela sera jugé nécessaire, pour que la circulation n'éprouve ni interruption ni gêne.

Avant que les communications existantes puissent être interceptées, une reconnaissance sera faite par les ingénieurs de la localité, à l'effet de constater si les ouvrages provisoires présentent une solidité suffisante, et s'ils peuvent assurer le service de la circulation.

Un délai sera fixé par l'Administration pour l'exécution des travaux définitifs destinés à rétablir les communications interceptées.

Art. 18. — La Compagnie n'emploiera, dans l'exécution des ouvrages, que des matériaux de bonne qualité ; elle sera tenue de se conformer à toutes les règles de l'art, de manière à obtenir une construction parfaitement solide.

Tous les aqueducs, ponceaux, ponts et viaducs à construire à la rencontre des divers cours d'eau et des chemins publics ou particuliers seront en maçonnerie ou en fer, sauf les cas d'exception qui pourront être admis par l'Administration.

Art. 19. — Les voies seront établies d'une manière solide et avec des matériaux de bonne qualité.

Le poids des rails sera au moins de 35 kilogrammes par mètre courant sur les voies de circulation, si ces rails sont posés sur traverses, et de 30 kilogrammes dans le cas où ils seraient posés sur longrines.

Art. 20. — Le chemin de fer sera séparé des propriétés riveraines par des murs, haies ou tout autre clôture dont le mode et la disposition seront autorisés par l'Administration, sur la proposition de la Compagnie, savoir:

1° Dans toute l'étendue de la traversée des lieux habités ;

2° Sur 50 mètres de longueur au moins de chaque côté des passages à niveau ou des stations :

3° Et, enfin, dans toutes les parties où l'Administration le jugerait nécessaire.

Art. 21. — Tous les terrains nécessaires pour l'établissement du chemin de fer et de ses dépendances, pour la déviation des voies de communication et des cours d'eau déplacés, et, en général, pour l'exécution des travaux, quels qu'ils soient, auxquels cet établissement pourra donner lieu, seront achetés et payés par la Compagnie concessionnaire.

Les indemnités pour occupation temporaire ou pour détérioration de terrains, pour chômage, modification ou destruction d'usines, et pour tous dommages quelconques résultant des travaux, seront supportées et payées par la Compagnie.

Art. 22. — L'entreprise étant d'utilité publique, la Compagnie est investie, pour l'exécution des travaux dépendant de sa concession, de tous les droits que les lois et règlements confèrent à l'Administration en matière de travaux publics, soit pour l'acquisition des terrains par voie d'expropriation, soit pour l'extraction, le transport et le dépôt des terres, matériaux, etc.; et elle demeure, en même temps, soumise à toutes les obligations qui dérivent, pour l'Administration, de ces lois et règlements.

Art. 23. — Dans les limites de la zone frontière et dans le rayon de servitude des enceintes fortifiées, la Compagnie sera tenue, pour l'étude et l'exécution de ses projets, de se soumettre à l'accomplissement de toutes les formalités et de toutes les conditions exigées par les lois, décrets et règlements concernant les travaux mixtes.

Art. 24. — Si la ligne du chemin de fer traverse un sol déjà concédé pour l'exploitation d'une mine, l'Administration déterminera les mesures à prendre pour que l'établissement du chemin de fer ne nuise pas à l'exploitation de la mine, et réciproquement pour que, le cas échéant, l'exploitation de la mine ne compromette pas l'existence du chemin de fer.

Les travaux de consolidation à faire dans l'intérieur de la mine, à raison de la traversée du chemin de fer, et tous les dommages résultant de cette traversée pour les concessionnaires de la mine, seront à la charge de la Compagnie.

Art. 25. — Si le chemin de fer doit s'étendre sur des terrains renfermant des carrières ou les traverser souterrainement, il ne pourra être livré à la circulation avant que les excavations qui pourraient en compromettre la solidité aient été remblayées ou consolidées. L'Administration déterminera la nature et l'étendue des travaux qu'il conviendra d'entreprendre à cet effet, et qui seront d'ailleurs exécutés par les soins et aux frais de la Compagnie.

Art. 26. — Pour l'exécution des travaux, la Compagnie se soumettra aux décisions ministérielles concernant l'interdiction du travail les dimanches et jours fériés.

Art. 27. — Les travaux seront exécutés sous le contrôle et la surveillance de l'Administration.

Les travaux devront être adjugés par lots ou sur série de prix, soit avec publicité et concurrence, soit sur soumissions cachetées entre entrepreneurs agréés à l'avance; toutefois, si le Conseil d'administration juge convenable, pour une entreprise ou une fourniture déterminée, de procéder par voie de régie ou de traité direct, il devra, préalablement à toute exécution, obtenir de l'Assemblée générale des actionnaires l'approbation soit de la régie, soit du traité.

Tout marché à forfait, avec ou sans série de prix, passé avec un même entrepreneur, soit pour l'exécution des terrassements ou ouvrages d'art, soit pour l'ensemble du chemin de fer, soit pour la construction d'une ou plusieurs sections de ce chemin, est, dans tous les cas, formellement interdit.

Le contrôle et la surveillance de l'Administration auront pour objet d'empêcher la Compagnie de s'écarter des dispositions prescrites par le présent cahier des charges et spécialement par le présent article, et de celles qui résulteront des projets approuvés.

Art. 28. — A mesure que les travaux seront terminés sur des parties de chemins de fer susceptibles d'être livrées utilement à la circulation, il sera procédé, sur la demande de la Compagnie, à la reconnaissance et, s'il y a lieu, à la réception provisoire de ces travaux, par un ou plusieurs commissaires que l'administration désignera.

Sur le vu du procès-verbal de cette reconnaissance, l'Administration autorisera, s'il y a lieu, la mise en exploitation des parties dont il s'agit ; après cette autorisation, la Compagnie pourra mettre lesdites parties en service et y percevoir les taxes ci-après déterminées. Toutefois, ces réceptions partielles ne deviendront définitives que par la réception générale et définitive du chemin de fer.

Art. 29. — Après l'achèvement total des travaux, et dans le délai qui sera fixé par l'Administration, la Compagnie fera faire, à ses frais, un bornage contradictoire et un plan cadastral du chemin de fer et de ses dépendances. Elle fera dresser, également à ses frais, et contradictoirement avec l'Administration, un état descriptif de tous les ouvrages d'art qui auront été exécutés, ledit état accompagné d'un atlas contenant les dessins cotés de tous lesdits ouvrages.

Une expédition dûment certifiée des procès-verbaux de bornage, du plan cadastral, de l'état descriptif et de l'atlas sera dressée aux frais de la Compagnie et déposée dans les archives du ministère.

Les terrains acquis par la Compagnie postérieurement au bornage général, en vue de satisfaire aux besoins de l'exploitation, et qui, par cela même, deviendront partie intégrante du chemin de fer, donneront lieu, au fur et à mesure de leur acquisition, à des bornages supplémentaires, et seront ajoutés sur le plan cadastral ; addition sera également faite sur l'atlas de tous les ouvrages d'art exécutés postérieurement à sa rédaction.

V. — Extrait du cahier des charges type pour la concession des chemins de fer d'intérêt local (approuvé par décret du 6 août 1881)[1].

TITRE PREMIER.

TRACÉ ET CONSTRUCTION.

Art. 1er. — *Tracé.* — Le chemin de fer d'intérêt local qui fait l'objet du présent cahier des charges partira de
passera à ou près

Art. 2. — *Délais d'exécution.* — Les travaux devront être commencés dans un délai de. . . . . ., à partir de la loi déclarative d'utilité publique. Ils seront poursuivis de telle façon que *la section de*
à soit livrée à l'exploitation le
la section de *à* *le*
et la ligne entière le

Art. 3. — *Approbation des projets.* — Aucun travail ne pourra être entrepris pour l'établissement du chemin de fer et de ses dépendances sans que les projets en aient été approuvés, conformément à l'article 3 de la loi du 11 juin 1880, pour les projets d'ensemble, par le *conseil général*, et, pour les projets de détail des ouvrages, par le Préfet, sous réserve de l'approbation spéciale du Ministre des travaux publics, dans le cas où les travaux affecteraient des cours d'eau ou des chemins dépendant de la grande voirie.

A cet effet les projets d'ensemble, comprenant le tracé, les terrassements et l'emplacement des stations, seront remis au Préfet dans les *six* mois au plus tard de la date de la loi déclarative d'utilité publique.

Le Préfet après avoir pris l'avis de l'ingénieur en chef du département, soumettra ces projets au *conseil général.* qui statuera définitivement, sauf le droit réservé au Ministre des travaux publics par le paragraphe 2 de l'article 3 de la loi d'appeler le conseil général à statuer à nouveau sur lesdits projets.

L'une des expéditions des projets ainsi approuvés sera remise au

---

1. La présente formule type est rédigée dans l'hypothèse d'une concession conférée par un *département*. Ce mot sera modifié partout où il est imprimé *en italique* dans le cas où la concession émanerait d'une *commune*. (Articles 1 et 2 de la loi du 11 juin 1880.) On a aussi imprimé *en italique* les autres mots et chiffres qui peuvent être modifiés suivant les circonstances.

concessionnaire avec la mention de la décision approbative du *conseil général*; l'autre restera entre les mains du Préfet.

Avant comme pendant l'exécution le concessionnaire aura la faculté de proposer aux projets approuvés les modifications qu'il jugerait utiles, mais ces modifications ne pourront être exécutées que moyennant l'approbation de l'autorité compétente.

Art. 4. — *Projets antérieurs.* — Le concessionnaire pourra prendre copie, sans déplacement, de tous les plans, nivellements et devis qui auraient été antérieurement dressés aux frais du *département*.

Art. 5. — *Pièces à fournir.* — Les projets d'ensemble qui doivent être produits par le concessionnaire comprennent pour la ligne entière ou pour chaque section de la ligne :

1º Un extrait de la carte au $\frac{1}{80000}$;

2º Un plan général à l'échelle de $\frac{1}{10000}$;

3º Un profil en long à l'échelle de $\frac{1}{5000}$ pour les longueurs et de $\frac{1}{1000}$ pour les hauteurs, dont les cotes seront rapportées au niveau moyen de la mer, pris pour plan de comparaison. Au-dessous de ce profil, on indiquera, au moyen de trois lignes horizontales disposées à cet effet, savoir :

— Les distances kilométriques du chemin de fer, comptées à partir de son origine ;

— La longueur et l'inclinaison de chaque pente ou rampe ;

— La longueur des parties droites et le développement des parties courbes du tracé, en faisant connaître le rayon correspondant à chacune de ces dernières ;

4º Un certain nombre de profils en travers, à l'échelle de 0ᵐ005 pour mètre et le profil type de la voie à l'échelle de 0ᵐ02 pour mètre ;

5º Un mémoire dans lequel seront justifiées toutes les dispositions essentielles du projet, et un devis descriptif dans lequel seront reproduites, sous forme de tableaux, les indications relatives aux déclivités et aux courbes déjà données sur le profil en long.

La position des gares et stations projetées, celle des cours d'eau et des voies de communication traversés par le chemin de fer, des passages soit à niveau, soit en dessus, soit en dessous de la voie ferrée, devront être indiquées tant sur le plan que sur le profil en long ; le tout sans préjudice des projets à fournir pour chacun de ces ouvrages.

Art. 6 [1]. — *Acquisition des terrains.* — *Ouvrages d'art.* — *Établisse-*

---

1. Dans le cas où les dispositions de cet article ne paraîtront pas suffisantes, on pourra les remplacer par celles-ci :

Les terrains seront acquis, les ouvrages d'art et les terrassements seront exécutés *ment de la deuxième voie.* — Les terrains seront acquis, les ouvrages d'art et les terrassements seront exécutés et les rails seront posés pour une voie seulement, sauf l'établissement d'un certain nombre de gares d'évitement.

Le concessionnaire sera tenu d'exécuter à ses frais une seconde voie, lorsque la recette brute kilométrique aura atteint le chiffre de [1] francs pendant une année.

En dehors du cas prévu par le paragraphe précédent, il pourra, à toute époque de la concession, être requis par le Préfet au nom *du département*, et par le Ministre des Travaux publics au nom de l'État, d'exécuter et d'exploiter une seconde voie sur tout ou partie de la ligne, moyennant le remboursement des frais d'établissement de ladite voie.

Si les travaux de la double voie requise ne sont pas commencés et poursuivis dans les délais et conditions prescrits par la décision qui les a ordonnés, l'Administration pourra mettre le chemin de fer tout entier sous séquestre et exécuter elle-même les travaux.

Les terrains acquis pour l'établissement du chemin de fer ne pourront pas recevoir une autre destination.

Art. 7. — *Largeur de la voie.* — *Gabarit du matériel roulant.* — La largeur de la voie entre les bords intérieurs des rails devra être de[2]...

La largeur des locomotives et des caisses des véhicules ainsi que de leur chargement ne dépassera pas[3]....... ; et la largeur du matériel roulant, y compris toutes saillies, notamment celle des marchepieds latéraux, restera inférieure à[4].... ; la hauteur du matériel roulant au-dessus des rails sera au plus de[5]....

et les rails seront posés pour deux voies.

Néanmoins le concessionnaire pourra être autorisé à titre provisoire, à exécuter les terrassements et à ne poser les rails que pour une seule voie.

Les terrains acquis pour l'établissement du chemin de fer ne pourront pas recevoir une autre destination.

1. A déterminer dans chaque cas particulier. On admet généralement le chiffre de 35,000 francs.

2. 1m,44, 1m,00, ou 0m,75.

3. Largeur à déterminer dans chaque cas particulier ; toutefois on n'admettra pas plus de 2m,80 pour la voie de 1m,44, ni de 2m,50 pour la voie de 1m,00, ni de 1m,875 pour la voie de 0m,75.

4. Largeur à déterminer dans chaque cas particulier ; toutefois on n'admettra pas plus de 3m,10 pour la voie de 1m,44, ni de 2m,80 pour la voie de 1m,00, ni de 2m,175 pour la voie de 0m,75.

C'est cette dernière dimension, égale à la plus grande largeur du gabarit du matériel roulant, qui servira à déterminer la largeur de la plate-forme et des ouvrages d'art.

5. 4m,20 pour la voie de 1m,44 ; hauteur à déterminer dans chaque cas particulier pour les autres voies.

Cette dimension servira à fixer l'élévation des ouvrages d'art qui seront établis au-dessus du chemin de fer.

Dans les parties à deux voies, la largeur de l'entrevoie, mesurée entre les bords extérieurs des rails, sera de[1] . . . . .

La largeur des accotements, c'est-à-dire des parties comprises de chaque côté entre le bord extérieur du rail et l'arête supérieure du ballast sera de[2] . . . . .

L'épaisseur de la couche de ballast sera d'au moins trente-cinq centimètres (0m,35), et l'on ménagera, au pied de chaque talus du ballast une banquette de largeur telle que l'arête de cette banquette se trouve à quatre-vingt-dix centimètres (0m,90) au moins de la verticale de la partie la plus saillante du matériel roulant.

Le concessionnaire établira le long du chemin de fer les fossés ou rigoles qui seront jugés nécessaires pour l'asséchement de la voie et pour l'écoulement des eaux.

Les dimensions de ces fossés et rigoles seront déterminées par le Préfet, suivant les circonstances locales, sur les propositions du concessionnaire.

Art. 8. — *Alignements et courbes.* — *Pentes et rampes.* — Les alignements seront raccordés entre eux par des courbes dont le rayon ne pourra être inférieur à[3] . . . . .

Une partie droite de[4]   au moins de longueur devra être ménagée entre des courbes consécutives, lorsqu'elles seront dirigées en sens contraire.

Le maximum des déclivités est fixé à [5]   millièmes.

Une partie horizontale de [6]   mètres au moins devra être ménagée entre deux déclivités consécutives de sens contraire.

Les déclivités correspondant aux courbes de faible rayon devront être réduites autant que faire se pourra.

Le concessionnaire aura la faculté, dans des cas exceptionnels, de proposer aux dispositions du présent article les modifications qui lui

1. La largeur de l'entrevoie sera telle qu'entre les parties les plus saillantes de deux véhicules qui se croisent il y ait un intervalle libre d'au moins cinquante centimètres (0m,50).

2. Cette largeur sera calculée de façon que l'arête supérieure du ballast se trouve sur la verticale de la partie la plus saillante du matériel roulant.

3. En général, et à moins de circonstances exceptionnelles dont il devra être justifié, 250 mètres pour les chemins à voie de 1m,44 ; 100 mètres pour les chemins à voie de 1m,00, et 50 mètres pour les chemins à voie de 0m,75.

4. En général, 60 mètres pour la voie de 1m,44, et 40 mètres pour les voies de 1m,00 de 0m,75.

5. En général, et à moins de circonstances exceptionnelles dont il devra être justifié, 30 millièmes.

6. En général, 60 mètres pour la voie de 1m,44 et 40 mètres pour les voies de 1m,00 et de 0m,75.

paraitraient utiles, mais ces modifications ne pourront être exécutées que moyennant l'approbation préalable du Préfet.

Art. 9. — *Gares et stations*. — Le nombre et l'emplacement des stations ou haltes de voyageurs et des gares de marchandises seront arrêtés par le *conseil général*, sur les propositions du concessionnaire, après une enquête spéciale.

Il demeure toutefois entendu, dès à présent, que des stations seront établies dans les localités indiquées ci-après :

Si, pendant l'exploitation, de nouvelles stations, gares ou haltes sont reconnues nécessaires d'accord entre le *département* et le concessionnaire, il sera procédé à une enquête spéciale.

L'emplacement en sera définitivement arrêté par le *conseil général*, le concessionnaire entendu.

Le nombre, l'étendue et l'emplacement des gares d'évitement seront déterminés par le Préfet, le concessionnaire entendu ; si la sécurité publique l'exige, le Préfet pourra, pendant le cours de l'exploitation, prescrire l'établissement des nouvelles gares d'évitement ainsi que l'augmentation des voies dans les stations et aux abords des stations.

Le concessionnaire sera tenu, préalablement à tout commencement d'exécution, de soumettre au Préfet les projets de détail de chaque gare, station ou halte, lesquels se composeront :

1° D'un plan à l'échelle de $\frac{1}{500}$ indiquant les voies, les quais, les bâtiments et leur distribution intérieure, ainsi que la disposition de leurs abords.

2° D'une élévation des bâtiments à l'échelle d'un centimètre par mètre.

3° D'un mémoire descriptif dans lequel les dispositions essentielles du projet seront justifiées.

Art. 10. — *Traversée des routes et chemins*. — Le concessionnaire sera tenu de rétablir les communications interceptées par le chemin de fer, suivant les dispositions qui seront approuvées par l'administration compétente.

Art. 11. — *Passages au-dessus des routes et chemins*. — Lorsque le chemin de fer devra passer au-dessus d'une route nationale ou départementale ou d'un chemin vicinal, l'ouverture du viaduc sera fixée par le Ministre des Travaux publics ou le Préfet, suivant le cas, en tenant compte des circonstances locales ; mais cette ouverture ne pourra, dans aucun cas, être inférieure à huit mètres (8ᵐ,00) pour la route nationale, à sept mètres (7ᵐ,00) pour la route départementale, à cinq mètres (5ᵐ,00) pour un chemin vicinal de grande communication ou d'intérêt commun, et à quatre mètres (4ᵐ,00) pour un simple chemin vicinal.

Pour les viaducs de forme cintrée, la hauteur sous clef, à partir du sol de la route, sera de cinq mètres (5ᵐ, 00) au moins. Pour ceux qui seront formés de poutres horizontales en bois ou en fer, la hauteur sous poutre sera de quatre mètres trente centimètres (4ᵐ,30) au moins.

La largeur entre les parapets sera au moins de [1]   . La hauteur de ces parapets ne pourra, dans aucun cas, être inférieure à un mètre (1ᵐ,00).

Sur les lignes et sections pour lesquelles la compagnie exécutera les ouvrages d'art pour deux voies, la largeur des viaducs entre les parapets sera au moins de   [1].

Art. 12. — *Passages au-dessous des routes et chemins.* — Lorsque le chemin de fer devra passer au-dessous d'une route nationale ou départementale, ou d'un chemin vicinal, la largeur entre les parapets du pont qui supportera la route ou le chemin sera fixée par le Ministre des Travaux publics ou le Préfet, suivant les cas, en tenant compte des circonstances locales, mais cette largeur ne pourra, dans aucun cas, être inférieure à huit mètres (8ᵐ,00) pour la route nationale, à 7 mètres (7ᵐ,00) pour la route départementale, à cinq mètres (5ᵐ,00) pour un chemin vicinal de grande communication, et à quatre mètres (4ᵐ,00) pour un simple chemin vicinal.

L'ouverture du pont entre les culées sera au moins de [2]   pour les chemins à une voie, et de [2]   sur les lignes ou sections pour lesquelles le cessionnaire exécutera les ouvrages d'art pour deux voies. Cette largeur régnera jusqu'à deux mètres (2ᵐ,00) au moins au-dessus du niveau du rail. La distance verticale qui sera ménagée au-dessus des rails pour le passage des trains, dans une largeur égale à celle qui est occupée par les caisses des voitures, ne sera pas inférieure à [3].

Art. 13. — *Passages à niveau.* — Dans le cas où des routes nationales ou départementales, ou des chemins vicinaux, ruraux ou particuliers, seraient traversés à leur niveau par le chemin de fer, les rails et contre-rails devront être posés sans aucune saillie ni dépression sur la surface de ces routes, et de telle sorte qu'il n'en résulte aucune gêne pour la circulation des voitures.

1. Cette largeur sera telle qu'il y ait un intervalle de soixante-dix centimètres (0ᵐ,70) au moins entre les parapets et les parties les plus saillantes du matériel roulant d'après la largeur maximum qui est fixée dans le deuxième paragraphe de l'article 7.

2. Cette ouverture sera telle qu'il y ait un intervalle de soixante-dix centimètres (0ᵐ,70) au moins entre les culées et les parties les plus saillantes du matériel roulant.

3. 4ᵐ,80 pour la voie de 1ᵐ,44 ; pour les autres voies, cette distance verticale sera égale à la hauteur du matériel roulant, telle qu'elle a été fixée dans le deuxième paragraphe de l'article 7, augmentée de soixante centimètres (0ᵐ,60).

Le croisement à niveau du chemin de fer et des routes ne pourra s'effectuer sous un angle inférieur à 45°, à moins d'une autorisation formelle de l'administration supérieure.

L'ouverture libre des passages à niveau sera d'au moins six mètres (6^m,00) pour les routes nationales et départementales et les chemins vicinaux de grande communication, et d'au moins quatre mètres (4^m,00) pour tous les autres chemins.

Le Préfet déterminera, sur la proposition du concessionnaire, les types des barrières qu'il devra poser aux passages à niveau, ainsi que des abris ou maisons de gardes à établir. Il peut dispenser d'établir des maisons de gardes ou des abris, et même de poser des barrières au croisement des chemins peu fréquentés.

La déclivité des routes et chemins aux abords des passages à niveau sera réduite à vingt millièmes au plus sur dix mètres de longueur de part et d'autre de chaque passage.

Art. 14. — *Rectifications des routes.* — Lorsqu'il y aura lieu de modifier l'emplacement ou le profil des routes existantes, l'inclinaison des pentes et rampes sur les routes modifiées ne pourra excéder trois centimètres (0^m,03) par mètre pour les routes nationales, et cinq centimètres (0^m,05) pour les routes départementales et les chemins vicinaux. Le Préfet restera libre toutefois d'apprécier les circonstances qui pourraient motiver une dérogation à cette clause, en ce qui touche les routes départementales et les chemins vicinaux ; le Ministre statuera en tout ce qui touche les routes nationales.

Art. 15. — *Écoulement des eaux ; débouché des ponts.* — Le concessionnaire sera tenu de rétablir et d'assurer à ses frais, pendant la durée de sa concession, l'écoulement de toutes les eaux dont le cours aurait été arrêté, suspendu ou modifié par ces travaux, et de prendre les mesures nécessaires pour prévenir l'insalubrité pouvant résulter des chambres d'emprunt.

Les viaducs à construire à la rencontre des rivières, des canaux et des cours d'eau quelconques auront au moins [1]   de largeur entre les parapets sur les chemins à une voie, et [1]   sur les chemins à deux voies, et ils présenteront en outre les garages nécessaires pour la sécurité des ouvriers de la voie. La hauteur des parapets ne pourra être inférieure à un mètre (1^m,00).

La hauteur et le débouché du viaduc seront déterminés, dans chaque cas particulier, par l'Administration, suivant les circonstances locales.

Dans tous les cas où l'administration le jugera utile, il pourra être

1. Même largeur qu'à l'article 11.

accolé aux ponts établis par le concessionnaire, pour le service du chemin de fer, une voie charretière ou une passerelle pour piétons. L'excédent de dépense qui en résultera sera supporté, suivant les cas, par l'État, le département ou les communes intéressées, d'après l'évaluation contradictoire qui sera faite par les ingénieurs ou les agents désignés par l'autorité compétente et par les ingénieurs de la compagnie.

Art. 16. — *Souterrains.* — Les souterrains à établir pour le passage du chemin de fer auront au moins [1]   de largeur entre les pieds-droits au niveau des rails, pour les chemins à une voie, et   [1] de largeur pour les lignes ou sections à deux voies. Cette largeur régnera jusqu'à deux mètres ($2^m,00$) au moins au-dessus du niveau du rail. Des garages seront établis à cinquante mètres (50^m) de distance de chaque côté, et seront disposés en quinconce d'un côté à l'autre. La hauteur sous clef au-dessus de la surface des rails sera de   [2]. La distance verticale qui sera ménagée entre l'intrados et le dessus des rails, pour le passage des trains, dans une largeur égale à celle qui est occupée par les caisses des voitures, ne sera pas inférieure à   [3]. L'ouverture des puits d'aérage et de construction des souterrains sera entourée d'une margelle en maçonnerie de deux mètres ($2^m,00$) de hauteur. Cette ouverture ne pourra être établie sur aucune voie publique.

Art. 17. — *Maintien des communications.* — A la rencontre des cours d'eau flottables ou navigables, le concessionnaire sera tenu de prendre toutes les mesures et de payer tous les frais nécessaires pour que le service de la navigation ou du flottage n'éprouve ni interruption ni entrave pendant l'exécution des travaux.

A la rencontre des routes nationales ou départementales et des autres chemins publics, il sera construit des chemins et ponts provisoires, par les soins et aux frais du concessionnaire, partout où cela sera jugé nécessaire pour que la circulation n'éprouve aucune interruption ni gêne.

Avant que les communications existantes puissent être interceptées, une reconnaissance sera faite par les ingénieurs de la localité, à l'effet de constater si les ouvrages provisoires présentent une solidité suffisante et s'ils peuvent assurer le service de la circulation.

Un délai sera fixé par l'Administration pour l'exécution des travaux définitifs destinés à rétablir les communications interceptées.

Art. 18. — *Exécution des travaux.* — Le concessionnaire n'emploiera

---

1. Même largeur qu'à l'article 12.

2. Cette hauteur sera égale à la hauteur maximum du gabarit du matériel roulant, augmentée d'un intervalle libre, nécessaire pour l'aérage, d'au moins un mètre vingt centimètres ($1^m,20$) pour une ou deux voies.

3. Même distance verticale qu'à l'article 12.

dans l'exécution des ouvrages que des matériaux de bonne qualité ; il sera tenu de se conformer à toutes les règles de l'art, de manière à obtenir une construction parfaitement solide.

Tous les aqueducs, ponceaux, ponts et viaducs à construire à la rencontre des divers cours d'eau et des chemins publics et particuliers seront en maçonnerie ou en fer, sauf les cas d'exception qui pourront être admis par l'Administration.

Art. 19. — *Voies.* — Les voies seront établies d'une manière solide et avec des matériaux de bonne qualité.

Les rails seront en   et du poids de [1]   kilogrammes au moins par mètre courant sur les voies de circulation.

L'espacement maximum des traverses sera de   d'axe en axe.

Art. 20. — *Clôtures.* — Le chemin de fer sera séparé des propriétés riveraines par des murs, haies ou toute autre clôture dont le mode et la disposition seront agréés par le Préfet. Le concessionnaire pourra, conformément à l'article 20 de la loi du 11 juin 1880, être dispensé de poser des clôtures sur tout ou partie de la voie, mais il devra fournir des justifications spéciales pour être dispensé d'en établir :

1° Dans la traversée des lieux habités ;

2° Dans les parties contiguës à des chemins publics ;

3° Sur dix mètres de longueur au moins de chaque côté des passages à niveau, et des stations.

Art. 21. — *Indemnités de terrains et de dommages.* — Tous les terrains nécessaires pour l'établissement du chemin de fer et de ses dépendances, pour la déviation des voies de communication et des cours d'eau déplacés, et, en général, pour l'exécution des travaux, quels qu'ils soient, auxquels cet établissement pourra donner lieu, seront achetés et payés par le concessionnaire[2].

Les indemnités pour occupation temporaire ou pour détérioration de terrains, pour chômage, modification ou destruction d'usines, et pour tous dommages quelconques résultant des travaux, seront apportées et payées par le concessionnaire.

Art. 22. — *Droits conférés au concessionnaire.* — L'entreprise étant d'utilité publique, le concessionnaire est investi, pour l'exécution des travaux dépendant de sa concession, de tous les droits que les lois et règlements confèrent à l'Administration en matière de travaux publics, soit pour l'acquisition des terrains par voie d'expropriation, soit pour

1. En général, et à moins de circonstances exceptionnelles dont il devra être justifié, 30 kilogrammes en fer et 25 kilogrammes en acier sur les chemins à voie large ; le poids sera fixé dans chaque affaire pour les chemins à voie étroite.

2. Il y aura lieu de modifier ce paragraphe dans le cas où le département ou les communes auraient pris l'engagement de fournir les terrains.

l'extraction, le transport et le dépôt des terres, matériaux, etc., et il
demeure en même temps soumis à toutes les obligations qui dérivent,
pour l'Administration, de ces lois et règlements.

Art. 23. — *Servitudes militaires.* — Dans les limites de la zone frontière et dans le rayon de servitude des enceintes fortifiées, le concessionnaire sera tenu, pour l'étude et l'exécution de ses projets, de se
soumettre à l'accomplissement de toutes les formalités et de toutes les
conditions exigées par les lois, décrets et règlements concernant les
travaux mixtes.

Art. 24. — *Mines.* — Si la ligne du chemin de fer traverse un sol déjà
concédé pour l'exploitation d'une mine, les travaux de consolidation
à faire dans l'intérieur de la mine qui pourraient être imposés par le
Ministre des Travaux publics, ainsi que les dommages résultant de
cette traversée pour les concessionnaires de la mine, seront à la
charge du concessionnaire.

Art. 25. — *Carrières.* — Si le chemin de fer doit s'étendre sur des
terrains renfermant des carrières ou les traverser souterrainement, il
ne pourra être livré à la circulation avant que les excavations qui pourraient en compromettre la solidité aient été remblayées ou consolidées.
Les travaux que le Ministre des Travaux publics pourrait ordonner à
cet effet seront exécutés par les soins et aux frais du concessionnaire.

Art. 26. — *Contrôle et surveillance des travaux.* — Les travaux seront
soumis au contrôle et à la surveillance du Préfet, sous l'autorité du
Ministre des Travaux publics.

Ils seront conduits de manière à nuire le moins possible à la liberté
et à la sûreté de la circulation. Les chantiers ouverts sur le sol des
voies publiques seront éclairés et gardés pendant la nuit.

Les travaux devront être adjugés par lots et sur série de prix, soit
avec publicité et concurrence, soit sur soumissions cachetées entre entrepreneurs agréés à l'avance ; toutefois, si le conseil d'administration
juge convenable, pour une entreprise ou une fourniture déterminée, de
procéder par voie de régie ou de traité direct, il devra obtenir de l'assemblée générale des actionnaires la sanction soit de la régie, soit du
traité.

Tout marché à forfait, avec ou sans série de prix, passé avec un entrepreneur, soit pour l'ensemble du chemin de fer, soit pour l'exécution des terrassements ou ouvrages d'art, soit pour la construction
d'une ou plusieurs sections du chemin, est, dans tous les cas, formellement interdit.

Le contrôle et la surveillance du Préfet auront pour objet d'empêcher le concessionnaire de s'écarter des dispositions prescrites par le

présent cahier des charges et de celles qui résulteront des projets approuvés.

Art. 27. — *Réception des travaux*. — A mesure que les travaux seront terminés sur des parties de chemin de fer susceptibles d'être livrées utilement à la circulation, il sera procédé à la reconnaissance et, s'il y a lieu, à la réception provisoire de ces travaux par un ou plusieurs commissaires que le préfet désignera.

Sur le vu du procès-verbal de cette reconnaissance, le Préfet autorisera, s'il y a lieu, la mise en exploitation des parties dont il s'agit ; après cette autorisation, le concessionnaire pourra mettre lesdites parties en service et y percevoir les taxes ci-après déterminées. Toutefois ces réceptions partielles ne deviendront définitives que par la réception générale et définitive du chemin de fer, laquelle sera faite dans la même forme que les réceptions partielles.

Art. 28. — *Bornage et plan cadastral*. — Immédiatement après l'achèvement des travaux et au plus tard six mois après la mise en exploitation de la ligne ou de chaque section, le concessionnaire fera faire à ses frais un bornage contradictoire avec chaque propriétaire riverain, en présence d'un représentant du département, ainsi qu'un plan cadastral du chemin de fer et de ses dépendances. Il fera dresser également à ses frais, et contradictoirement avec les agents désignés par le Préfet, un état descriptif de tous les ouvrages d'art qui auront été exécutés, ledit état accompagné d'un atlas contenant les dessins cotés de tous les ouvrages.

Une expédition dûment certifiée des procès-verbaux de bornage, du plan cadastral, de l'état descriptif et de l'atlas sera dressée aux frais du concessionnaire et déposée dans les archives de la préfecture.

Les terrains acquis par le concessionnaire postérieurement au bornage général, en vue de satisfaire aux besoins de l'exploitation, et qui, par cela même, deviendront partie intégrante du chemin de fer, donneront lieu, au fur et à mesure de leur acquisition, à des bornages supplémentaires, et seront ajoutés sur le plan cadastral ; addition sera également faite sur l'atlas de tous les ouvrages d'art exécutés postérieurement à sa rédaction.

TITRE PREMIER

TRACÉ ET CONSTRUCTION.

Art. 1er. — *Objet de la concession.* — Le *réseau* [2] de tramways qui fait l'objet du présent cahier des charges est destiné au transport *des voyageurs et des marchandises* [3].

La traction aura lieu par *chevaux* [4].

Art. 2. — *Tracé.* — *Ce réseau comprendra les lignes suivantes* [5] et empruntera les voies publiques ci-après désignées [6] :

Art. 3. — *Délais d'exécution.* — Les projets d'exécution seront présentés dans un délai de   à partir de la date du décret déclaratif d'utilité publique.

Les travaux devront être commencés dans un délai de   à partir de la même date. Ils seront poursuivis et terminés de telle façon *que la section de*   *à*   soit livrée à l'exploitation le   , *la section de*   , *à*   le   , *et le réseau* entier le   .

Art. 4. — *Largeur de la voie.* — *Gabarit du matériel roulant.* — La largeur de la voie entre les bords intérieurs des rails devra être de [7] . . . . .

La largeur des locomotives et des caisses des véhicules ainsi que de leur changement ne dépassera pas [8]   , et la largeur du maté-

---

1. La présente formule type de cahier des charges est rédigée dans l'hypothèse d'une concession conférée par l'*État* à un *département*. Ces mots seront modifiés partout où ils sont imprimés *en lettres italiques* , suivant que l'on se trouvera dans l'un ou l'autre des cas prévus par les articles 27 et 28 de la loi du 11 juin 1880.

On a aussi imprimé en *italiques* les autres mots et chiffres qui peuvent être modifiés suivant les circonstances.

2. Ou la ligne.

3. Ou au service exclusif des voyageurs.

4. Ou par locomotives à vapeur ou par moteur mécanique de tout autre système.

5. Ou la ligne partira de. . . . .

6. Indiquer les déviations, s'il y a lieu.

7. De 1m,44 pour les tramways à voie large, de 1m,00 ou de 0m,75 pour les tramways à voie étroite.

8. Largeur à déterminer dans chaque cas particulier :

	VOIE DE 1m,44.	VOIE DE 1m,00.	VOIE DE 0m,75.
Maximum admissible.	2m,80	2m,50	1m,875

riel roulant, y compris toutes saillies, notamment celle des marchepieds latéraux, restera inférieure à [1]   ; la hauteur du matériel au-dessus des rails sera au plus de [2]. . . . . .

Dans les parties à deux voies, la largeur de l'entre-voie, mesurée entre les bords extérieurs des rails, sera de [3]. . . . .

Art. 5. — *Alignements et courbes.* — *Pentes et rampes.* — Les alignements seront raccordés entre eux par des courbes dont le rayon ne pourra être inférieur à [4]   . Le maximum des déclivités est fixé à [5]. . . . .

Les déclivités correspondant aux courbes de faible rayon devront être réduites autant que faire se pourra.

Le concessionnaire aura la faculté, dans des cas exceptionnels, de proposer aux dispositions du présent article les modifications qui lui paraîtraient utiles, mais ces modifications ne pourront être exécutées que moyennant l'approbation préalable du Préfet.

Art. 6. — *Établissement de la voie ferrée.* — *Parties non accessibles aux voitures ordinaires.* — Dans les sections où le tramway sera établi dans la chaussée, avec rails noyés, les voies de fer seront posées au niveau du sol, sans saillie ni dépression, suivant le profil normal de la voie publique, et sans aucune altération de ce profil, soit dans le sens transversal, soit dans le sens longitudinal, à moins d'une autorisation spéciale du Préfet. Les rails seront compris dans un *pavage* [6] de vingt centimètres (0^m, 20) d'épaisseur, qui règnera dans l'entre-rails, et à cinquante centimètres (0^m,50) au moins de chaque côté, conformément aux dispositions prescrites par le Préfet, sur la proposition du concessionnaire, qui restera chargé d'établir à ses frais ce *pavage*.

La chaussée *pavée* [7] de la voie publique sera d'ailleurs conservée ou établie avec des dimensions telles qu'en dehors de l'espace occupé par le matériel du tramway (toutes saillies comprises), il reste une largeur libre de chaussée d'au moins deux mètres soixante centimètres (2^m, 60),

---

1. Maximum admissible. . . . .   3^m,10   2^m,80   2^m,175
2. 4^m,20 au plus pour la voie de 1^m,44. Hauteur à déterminer dans chaque cas particulier pour les autres voies.
3. La largeur de l'entre-voie sera réglée de telle façon qu'entre les parties les plus saillantes de deux véhicules qui se croisent il y ait un intervalle libre d'au moins cinquante centimètres (0^m,50).
4. En général, 40 mètres pour le cas de voies ferrées exploitées au moyen de locomotives, et 20 mètres pour les lignes à traction de chevaux.
5. En général, 40 millièmes.
6. Ou dans un *empierrement*, suivant la nature, la fréquentation de la chaussée dont il s'agit, sa situation en rase campagne ou en traverse, etc.
7. Ou *empierrée*.

permettant à une voiture ordinaire de se ranger pour laisser passer le matériel du tramway avec le jeu nécessaire.

Un intervalle libre d'au moins un mètre dix centimètres (1^m, 10) de largeur sera réservé, d'autre part, entre le matériel de la voie ferrée (toutes saillies comprises) et la verticale de l'arête extérieure de la plate-forme de la voie publique.

Art. 7. — *Etablissement de la voie ferrée. — Parties accessibles aux voitures ordinaires.* — Si la voie ferrée est établie sur un accotement qui, tout en restant accessible aux piétons, sera interdit aux voitures ordinaires, elle reposera sur une couche de ballast exclusivement composé de *pierre cassée* [1] de   de largeur [2] et d'au moins trente-cinq centimètres ($0^m,35$) d'épaisseur totale, qui sera arasée de niveau avec la surface de l'accotement relevé en forme de trottoir.

La partie de la voie publique qui restera réservée à la circulation des voitures ordinaires présentera une largeur d'au moins *six mètres* [3], mesurée en dehors de l'accotement occupé par la voie ferrée et en dehors des emplacements qui seront affectés au dépôt des matériaux d'entretien de la route.

L'accotement occupé par la voie ferrée sera limité, du côté de la route, au moyen d'une bordure d'au moins douze centimètres ($0^m,12$) de saillie, d'une solidité suffisante ; dans les parties de routes et de chemins dont la déclivité dépassera trois centimètres par mètre ($0^m,03$), cette bordure sera accompagnée et soutenue par un demi-caniveau pavé qui n'aura pas moins de trente centimètres ($0^m,30$) de largeur. Un intervalle libre de trente centimètres ($0^m,30$) au moins sera réservé entre la verticale de l'arête de cette bordure et la partie la plus saillante du matériel de la voie ferrée ; un autre intervalle libre d'un mètre dix centimètres ($1^m,10$) subsistera entre ce matériel et la verticale de l'arête extérieure de l'accotement de la route.

Les rails, qui à l'extérieur seront au niveau de l'accotement régularisé, ne formeront sur l'entre-rails que la saillie nécessaire pour le passage des boudins des roues du matériel de la voie ferrée.

Art. 8. — *Traverses des villes et villages.* — Dans les traverses des villes et des villages, les voies ferrées devront, à moins d'une autorisation spéciale du Préfet, être établies avec rails noyés dans la chaussée entre les deux trottoirs, ou du moins entre les deux zones à réserver pour l'établissement de trottoirs, et suivant le type décrit à l'article 6.

---

1. Ou de *gravier*, suivant la nature, la fréquentation de la chaussée dont il s'agit, sa situation en rase campagne ou en traverse, etc.

2. Largeur égale à la largeur de la voie augmentée d'au moins $0^m,80$.

3. Six mètres sont le minimum admissible pour une route nationale.

Le minimum des largeurs à réserver est fixé d'après les cotes suivantes :

(*A*) Pour un trottoir, un mètre dix centimètres (1ᵐ,10).

(*B*) Entre le matériel de la voie ferrée (partie la plus saillante) et le bord d'un trottoir :

1º Quand on réserve le stationnement des voitures ordinaires, 2 mètres soixante centimètres (2ᵐ,60) ;

2º Quand on supprime ce stationnement, trente centimètres (0ᵐ,30).

Art. 9. — *Exécution des travaux.* — Le déchet résultant de la démolition et du rétablissement des chaussées sera couvert par des fournitures de matériaux neufs de la nature et de la qualité de ceux qui sont employés dans lesdites chaussées.

Pour le rétablissement des chaussées pavées au moment de la pose de la voie ferrée, il sera fourni, en outre, la quantité de boutisses nécessaire afin d'opérer ce rétablissement suivant les règles de l'art, en évitant l'emploi des demi-pavés.

Les vieux matériaux provenant des anciennes chaussées remaniées ou refaites à neuf qui n'auront pas trouvé leur emploi dans la réfection seront laissés à la libre disposition du concessionnaire.

Les fers, bois et autres éléments constitutifs des voies ferrées devront être de bonne qualité et propres à remplir leur destination.

Art. 10. — *Voies.* — Les voies devront être établies d'une manière solide et avec des matériaux de bonne qualité.

Les rails seront en   et du poids de   kilogrammes au moins par mètre courant ; ils seront posés sur [1].....

Art. 11 [2]. — *Gares et stations.* — Les voitures devront s'arrêter en pleine voie pour prendre ou laisser des voyageurs *et des marchandises* sur tous les points du parcours, sauf sur les sections ci-dessous indiquées :

Le nombre et l'emplacement des gares, stations et haltes seront arrêtés lors de l'approbation des projets définitifs. Il est toutefois entendu dès à présent qu'il sera établi des stations ou des haltes pour le service des voyageurs, *et des gares pour la réception et la livraison des marchandises*, suivant les indications ci-après :

1. Les blancs laissés dans l'article 10 seront remplis suivant le type de voie, de supports, d'éclissage, d'entretoisement, etc.

2. Cet article sera modifié dans le cas où l'on adoptera l'un des deux autres modes d'exploitation prévus par le règlement d'administration publique : arrêts en pleine voie sur tout le parcours, ou arrêts seulement à des gares, stations ou haltes déterminées.

TITRE II.

ENTRETIEN ET EXPLOITATION.

Art. 12. — *Entretien.* —Sur les sections où la voie ferrée est accessible aux voitures ordinaires (section à rails noyés dans la chaussée), l'entretien qui est à la charge du concessionnaire comprend le *pavage*[1] des entre-rails et de l'entre-voie, ainsi que des zones de cinquante centimètres (0m,50) qui servent d'accotements extérieurs aux rails.

Une subvention de[2]   *est allouée au concessionnaire sur les fonds d'entretien de la route*[3]   *en raison de l'usure qui résultera de la circulation des voitures ordinaires sur la largeur de chaussée qui est affectée au service de la voie ferrée. Ce chiffre pourra être revisé tous les cinq ans.*

Art. 13. — *Réfection des parties de route ou de chemin atteintes par les travaux de la voie ferrée.* — Lorsque pour la construction ou la réparation de la voie ferrée, il sera nécessaire de démolir des parties pavées ou empierrées de la voie publique située en dehors des zones ou de l'accotement indiqués ci-dessus, il devra être pourvu par le concessionnaire à l'entretien de ces parties pendant une année à dater de la réception provisoire des travaux de réfection ; il en sera de même pour tous les ouvrages souterrains.

Art. 14. — *Nombre minimum des voyages.* — Le nombre minimum des voyages qui devront être faits tous les jours, dans chaque sens, *sur la ligne entière,* est fixé à.....

Art. 15. — *Limitation de la vitesse et de la longueur des trains.* — Les trains se composeront de   voitures au plus et leur longueur totale ne dépassera pas   .

La vitesse des trains en marche sera au plus de   kilomètres à l'heure[4].

1. Ou l'*empierrement.*
2. Subvention à fixer dans chaque cas particulier.
3. Ou *du chemin.*
4. Aux termes des articles 30 et 33 du règlement d'administration publique sur les lignes de tramways à traction mécanique, la longueur des trains ne peut, en aucun cas, dépasser soixante mètres et la vitesse ne peut excéder vingt kilomètres à l'heure. L'article 15 a pour but de permettre à l'autorité concédante de réduire les maxima lorsqu'elle le croira nécessaire.

§ 1. *Projet.* — Lorsqu'on arrête le tracé d'un chemin de fer à voie
unique, où la nécessité d'une seconde voie n'est pas exclue pour l'a-
venir, il faut, de prime abord, prendre des précautions, pour que cette
seconde voie puisse être convenablement établie plus tard.

§ 2. *Écartement de la voie.* — *En ligne droite, l'écartement, mesuré
entre les bords intérieurs des rails, sera de 1,435m. En tant que l'état de
la voie est influencé par le mouvement, une tolérance de 3m en moins et
de 10m en plus sera admise.*

*Dans les courbes d'un rayon de moins de 500m, l'écartement sera
élargi convenablement. Cet élargissement ne dépassera jamais 30m.*

Il n'est pas nécessaire d'élargir l'écartement dans les courbes d'un
rayon supérieur à 500m.

§ 3. *Ballast.* — L'épaisseur du ballast au-dessous de l'arête inférieure des traverses sera de 200mm au moins.

Sa qualité doit être telle qu'il ne puisse se déformer, ni par l'action
de l'humidité, ni par celle de la gelée.

§ 4. *Rails.* — Les rails doivent être fabriqués en acier ou en fer laminé ; en général, leur longueur ne sera pas inférieure à 6m. On recommande de se servir de rails plus longs, sans cependant dépasser la
longueur de 10m.

Les abouts doivent être coupés suivant un plan perpendiculaire à
l'axe longitudinal des rails.

On recommande de chanfreiner, jusqu'à la largeur de 2mm, les parties des abouts touchées par les roues. Cette largeur sera mesurée suivant la diagonale.

§ 5. *Forme des rails.* — Le champignon des rails aura une largeur
minima de 57mm ; il présentera une surface plane ou bombée suivant
un rayon minimum de 200mm.

*La partie latérale intérieure du champignon des rails, qu'on fabri-
quera à l'avenir, sera arrondie suivant un rayon de 14mm.*

On recommande de donner aux rails posés sur traverses une hauteur minima de 125mm ; la largeur du patin de ces rails ne sera pas inférieure à 100mm. Si les rails sont posés sur longrines, ces dimensions
peuvent être réduites convenablement.

§ 6. *Résistance des rails*. — En tenant compte du mode d'appui, les rails des voies parcourues par des locomotives doivent être construits de manière, que toutes les parties de chaque rail puissent résister en toute sûreté à une charge roulante minima de 7000 kg.

§ 7. *Position des rails*. — On recommande d'incliner les rails vers l'intérieur de la voie ; cette inclinaison sera de 1/20.

En ligne droite, et à l'exception des rampes de surélévation des rails extérieurs (alinéa 5), les rebords supérieurs des deux files de rails d'une voie, tant qu'elles sont situées l'une vis-à-vis de l'autre, seront à la même hauteur.

En tenant compte de la vitesse des trains parcourant la ligne dont il s'agit, le rail extérieur des courbes doit être surhaussé d'autant, que les rebords intérieurs des rails soient le moins possible attaqués par les bourrelets des roues.

A l'origine de l'arc de cercle, le rail extérieur sera parfaitement surhaussé ; le surhaussement existera donc au point de tangence des courbes de raccordement et de l'arc de cercle, lorsque les alignements sont raccordés avec les courbes.

Dans l'alignement ou dans les paraboles de raccordement, le surhaussement doit s'étendre en diminuant à une distance qui est au moins 200 fois le surhaussement.

Lorsqu'une ligne droite de moins de 40ᵐ de longueur est intercalée entre deux courbes attenantes et tournées du même sens, le surhaussement du rail extérieur doit s'étendre également sur cette ligne droite.

§ 8. *Attache des rails*. — *Au côté intérieur des rails d'une voie, tant qu'il s'agit de l'espace nécessaire pour le passage des bourrelets de roues, toutes les pièces d'attache, telles que coussinets, boulons, crampons, etc., se trouveront,* « *même à l'état de la plus grande usure des rails* » *à* 38ᵐᵐ *ou moins en dessous de la surface des rails.*

§ 9. *Joint des rails*. — En ligne droite, les joints des deux files de rails d'une voie seront disposés l'un vis-à-vis de l'autre et perpendiculairement à l'axe de la voie. Dans les courbes, on peut poser les rails avec joints alternés.

§ 10. *Assemblage des rails*. — *Lorsqu'on se sert de rails à patin dans les voies principales (c'est-à-dire dans les voies parcourues par les trains réglementaires), il faut non-seulement attacher les rails aux supports, mais encore assembler les abouts des rails contigus.* On recommande de se servir également de cet assemblage dans les voies de garage très fréquentées.

L'assemblage au moyen d'éclisses solides et de quatre boulons, est reconnu être le meilleur système de jonction des rails.

On recommande d'employer des éclisses-cornières ou des éclisses à branches, empêchant le cheminement des rails.

Il est avantageux de se servir également d'éclisses solides pour l'assemblage des rails à coussinets.

L'assemblage des rails doit laisser le jeu nécessaire aux variations des différentes parties de la superstructure, dues au changement de température.

§ 11. *Joints en porte-à-faux.* — Pour les voies à supports conjugués, on recommande de poser les joints en porte-à-faux, si l'éclissage est solide.

Les traverses qui se trouvent tout près des joints, doivent être rapprochés de ceux-ci autant qu'un bourrage parfait le permet.

§ 12. *Supports de rails.* — Les rails peuvent être posés sur des supports en bois, en fer ou en pierre.

§ 13. *Traverses en bois.* — Les meilleurs supports en bois sont ceux en bois dur. En général, l'imprégnation des traverses d'une substance qui préserve le bois de la pourriture, peut être recommandée ; pour les bois tendres, cette préparation doit être recommandée surtout.

Lorsqu'on emploie des supports en bois, le système à traverses est, sans contredit, préférable au système à longrines.

Lorsque les joints sont appuyés, la base des traverses de joint doit être plus grande que celle des traverses intermédiaires.

L'expérience a prouvé que l'emploi de platines en fer ou en acier, sur traverses en bois, est un moyen simple et efficace pour maintenir la bonne position de la voie, et pour ménager les traverses en bois.

§ 14. *Voies entièrement métalliques.* — Les voies entièrement métalliques sont à recommander ; pour les voies de ce genre, on peut se servir aussi bien de longrines que de traverses.

§ 15. *Supports en pierres.* — L'emploi utile de supports en pierre dépend, en premier lieu, du poids du matériel roulant et de la vitesse de roulement ; on ne doit, toutefois, faire usage de ces supports aux lignes nouvellement construites que là où le ballast repose sur le terrain naturel ; du reste, ces supports ne devront être employés sur des remblais que lorsque ces derniers sont complètement consolidés.

§ 16. *Maintien de l'écartement.* — Si la voie est posée sans traverses, il faut employer des moyens propres à maintenir l'écartement de la voie.

§ 17. *Ponts.* — Pour les ponts, on préférera une voûte solide en pierres ou en briques de bonne qualité à toute autre construction, à moins que des considérations spéciales ne rendent plus avantageux le choix de ponts en fer.

On ne se servira qu'exceptionnellement de ponts en bois ; ces ponts doivent être protégés contre les dangers d'incendie.

Abstraction faite des appuis, toutes les pièces portant des ponts en fer ou en acier doivent être fabriquées en matériaux laminés ou forgés.

Avant la mise en service, il est nécessaire de soumettre les ponts à une épreuve ; cette dernière doit être répétée périodiquement à des intervalles convenables.

Lors des épreuves des ponts en fer, il faut examiner avec soin toutes les pièces métalliques, constater toutes les flèches momentanées, produites par les charges maxima du service régulier, et observer les flèches permanentes, produites par le service. On recommande d'observer les tensions produites par les charges maxima du service régulier, soit en les mesurant directement, soit en les déduisant des flèches constatées.

§ 18. *Tunnels.* — Dans les tunnels à deux voies, il faut que tout autour du profil normal de libre passage il s'y trouve encore un jeu minimum de 300ᵐᵐ dans les tunnels à voie unique ; ce jeu sera de 400ᵐᵐ.

Lorsque le rayon des courbes nécessite le surhaussement du rail extérieur, il faut — tout en garantissant le jeu nécessaire — déplacer l'axe du tunnel par rapport à l'axe de la voie de telle manière, que le profil normal de libre passage reste, des deux côtés, à une distance presqu'égale de l'intrados du tunnel.

Afin de prémunir les agents contre les accidents, il est désirable d'établir, à des distances d'environ 50ᵐ, de vastes niches de refuge ; dans les tunnels à voie unique, ces niches se trouveront alternativement des deux côtés, et dans les tunnels à double voie, les unes vis-à-vis des autres. On blanchira ces niches, pour que les agents puissent les gagner sans difficulté.

§ 19. *Passages à niveau.* — L'angle sous lequel les passages à niveau croisent les rails, ne sera pas, en général, inférieur à 30 degrés.

Le remplissage de l'entre-voie se fera sans bombement sensible.

Les passages à niveau des routes en empierrement seront mis à peu près de niveau à une telle longueur, que les chariots sont placés presque horizontalement, avant que les bêtes de trait attelées au timon n'atteignent les rails.

§ 20. *Rainures pour le passage des bourrelets.* — *Lorsqu'une voie à écartement de 1,435ᵐ est traversée par un passage à niveau, la rainure, ménagée pour les bourrelets des roues, doit avoir une largeur de 67ᵐᵐ, et une profondeur minima de 38ᵐᵐ (voir § 8).*

Lorsqu'une voie élargie est traversée par un passage, il faut agrandir la largeur de 67ᵐᵐ de la rainure d'autant qu'on a élargi la voie.

Lorsque la rainure pour le passage des bourrelets des roues forme rigole, celle-ci doit être ménagée de manière à ce que les bêtes de trait ne puissent, en passant, y engager leurs sabots.

Il n'est pas nécessaire de munir les rigoles de contre-rails.

§ 21. *Barrières.* — Les passages à niveau doivent être munis de barrières bien visibles, et convenablement éloignées de la voie la plus proche.

Les passages pour piétons peuvent être munis de tourniquets ou d'autres fermetures d'égale sûreté.

§ 22. *Barrières à distance.* — Les barrières à distance, éloignées de plus de 50ᵐ des portes de garde, ne seront employées qu'aux passages peu fréquentés.

Les gardes, qui desservent ces barrières, doivent être à même de les surveiller de leur poste, ou de les contrôler d'une autre manière.

Les barrières à distance seront munies d'une cloche qu'on devra faire sonner avant d'abaisser la barre ; on recommande de se servir d'une cloche automatique.

Les barrières devront être construites de manière à ce que les passants puissent les ouvrir et les fermer à la main ; on recommande de les munir d'un signal, annonçant au garde desservant qu'on vient d'ouvrir la barrière à la main.

Lorsque la barrière se trouve au moins à 7,500ᵐ du rail le plus proche, on peut supprimer la cloche et le mécanisme pour l'ouverture de la barrière à la main.

§ 23. *Clôtures.* — On n'établira des clôtures que là où la surveillance ordinaire de la voie ne suffit pas pour empêcher les personnes ou les bestiaux de pénétrer sur la voie.

Entre la voie et les chemins situés côte à côte au même niveau, ou à un niveau plus élevé, il faut établir des remblais ; des fossés avec cavaliers latéraux sont regardés comme tels.

§ 24. *Indicateurs de distance.* — La voie sera munie d'indicateurs de à des intervalles de 100ᵐ.

Indicateurs de pente. — § 25. Les changements principaux de pente de la voie seront marqués par des indicateurs de pente.

§ 26. *Préservation contre la neige.* — Dès la construction du chemin de fer, il faut prendre les précautions nécessaires pour éviter les encombrements de la voie par les neiges, que le vent ou les avalanches pourraient amener.

§ 27. *Zones de feu.* — Pour éviter les incendies dans les forêts, les landes et les marécages il faut laisser une zone de terrain dégarnie, ou bien ne l'utiliser qu'en vue d'empêcher la propagation du feu. La largeur de cette zone doit être fixée suivant le caractère local.

On peut atteindre le même but par des fossés de défense, creusés à une distance convenable de la voie, et maintenus libres de matières combustibles.

On abattra les arbres qui menacent de se briser, et qui pourraient, en tombant, exposer les trains à des accidents.

b. Construction de la voie courante.

§ **28.** *Pente longitudinale.* — En général la pente longitudinale maxima ne devra être supérieure à 25 0/00 (1 : 40).

Les changements de pente doivent être raccordés par des courbes aussi ouvertes que possible. On recommande de raccorder les changements de pente avec un rayon qui ne sera pas inférieur à 2000ᵐ.

On intercalera entre les contre-pentes (lorsque la longueur d'une seule d'entre elles dépasse 100ᵐ), ou entre les contre-rampes de 5 0/00 (1 : 200) et au-delà, une ligne à peu près horizontale. Si faire se peut, la longueur de cette ligne sera égale à celle d'un train de marchandises.

§ **29.** *Courbes.* — En pleine voie les rayons des courbes doivent être aussi grands que possible.

Les rayons inférieurs à 300ᵐ ne seront admis qu'exceptionnellement.

On n'admettra point des courbes à rayons de moins de 180ᵐ.

On recommande de tracer les raccordements entre les alignements et les courbes suivant une parabole.

Les différentes courbes doivent être raccordées sans solution de continuité.

On intercalera entre deux courbes dirigées en sens contraire, une ligne droite d'une longueur telle que les véhicules passent doucement et sans discontinuité d'une courbe à l'autre ; cette ligne droite aura 10ᵐ de longueur au moins entre les points de tangence des courbes de raccordement.

Dans les pentes sensibles, les courbes doivent être aussi ouvertes que possible ; on doit avoir soin de placer les changements de pente, autant qu'il est possible de le faire, dans les alignements droits.

§ **30.** *Profil de libre passage* [1]. — *En pleine voie, on doit maintenir au moins le profil normal de libre passage ; dans les courbes on tiendra également compte du surécartement et du surhaussement des rails.*

Quand il s'agira de constructions nouvelles, on remplacera les échelons inférieurs du profil normal par un contour suivant les lignes obliques indiquées sur la planche.

Comme le dessin le fait voir, l'écart de tout objet fixe, s'élevant au-dessus du champignon du rail, et placé à l'extérieur de la voie, est de 135ᵐᵐ, cette distance peut toutefois être réduite à 135ᵐᵐ, si l'objet surélevé est solidement fixé au rail qui fait partie de la voie.

1. Voir le dessin, p. 586.

§ 31. *Distance des voies.* — *En pleine voie, la distance d'axe en axe des voies ne sera pas inférieure à 3,500ᵐ. Lorsque une troisième voie vient s'ajouter à une paire de voies, la distance minima d'axe en axe de la nouvelle voie, et de la voie la plus proche de celle-ci, sera de 4ᵐ.*

Lorsque plusieurs paires de voies sont posées les unes à côté des autres la distance minima d'axe en axe des voies voisines de chacune des deux paires de voies sera également de 4ᵐ. Cette distance devra être maintenue également lorsqu'on pose deux voies l'une à côté de l'autre, et que chacune de ces voies doit être exploitée comme voie unique.

Pour la construction de lignes nouvelles, on recommande de fixer la distance minima d'axe en axe de toutes les voies à 4ᵐ, afin de réaliser de cette manière le profil normal de libre passage.

Lorsqu'un raccordement est établi en pleine voie, il faut placer des indicateurs aux endroits où l'écartement d'axe en axe des deux voies est de 4ᵐ. On placera des traverses d'arrêt à une distance minima de 3ᵐ des indicateurs de raccordement.

§ 32. *Largeur en crête.* — La largeur de crête doit être telle que le point d'intersection d'une ligne, passant par la surface inférieure du patin des rails, et d'une autre ligne, suivant le talus, soit éloigné de 2ᵐ au moins de l'axe de la voie la plus proche.

§ 33. *Assèchement de la voie.* — En général, et si la voie ne traverse pas un terrain protégé par des digues, la couronne des terrassements, mesurée à la hauteur de la surface inférieure du patin des rails, doit se trouver à 600ᵐᵐ au moins au-dessus du niveau le plus élevé connu des eaux.

L'assiette du ballast doit être établie de manière à ce que l'eau puisse s'écouler librement.

On recommande de ne pas garnir le coffre de la voie de matériaux imperméables ; lorsqu'il est bordé de pareils matériaux, il faut les enlever ou les remplacer par des matériaux perméables.

c. Disposition des stations.

§ 34. *Profil de libre passage.* — *Pour les voies parcourues par les trains, on maintiendra dans les stations au moins le profil normal de libre passage ; dans les courbes, on tiendra compte du surécartement et du surhaussement des rails.*

Pour les voies principales des stations, on recommande de maintenir le profil normal en voie courante.

Quand il s'agira de constructions nouvelles, la hauteur du troisième échelon du profil sera de 1,120ᵐ ; on remplacera de même les échelons inférieurs du profil normal par un contour suivant les lignes obliques, indiquées sur la planche.

Profil normal de libre passage.

Voie courante.   Stations.

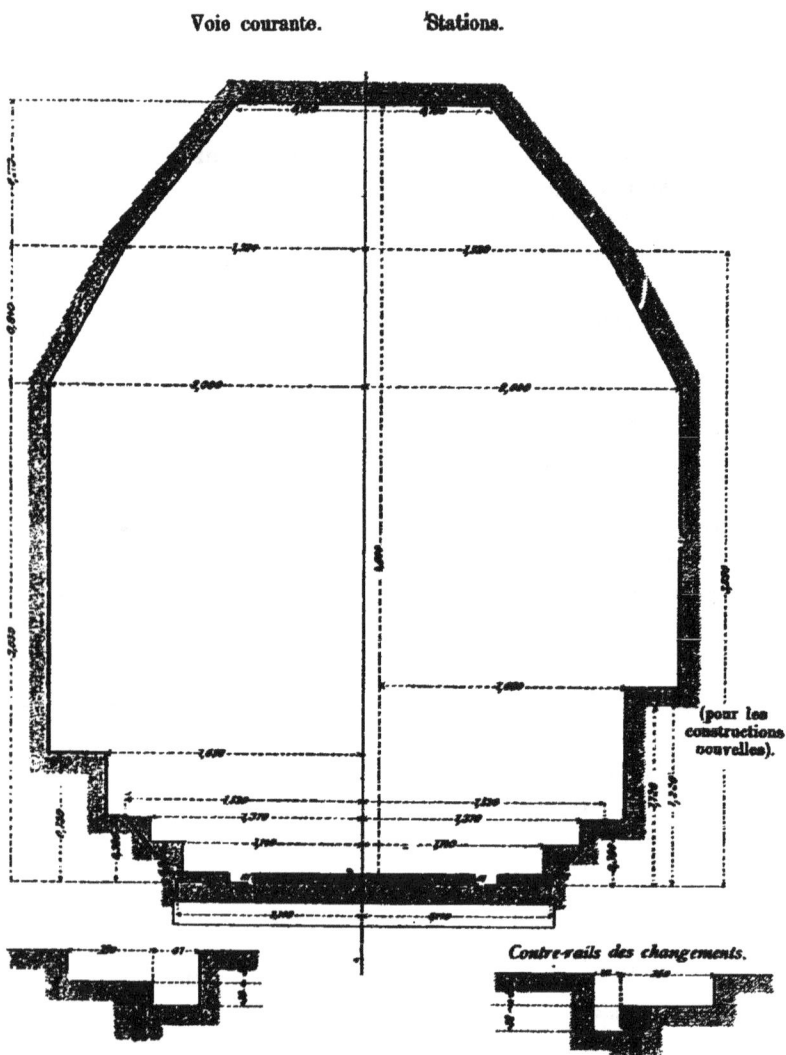

Contre-rails des changements.

Comme la planche I le fait voir, l'écart de tout objet fixe, s'élevant au-dessus du champignon des rails, et placé à l'extérieur de la voie, est de 150ᵐᵐ ; cette distance peut toutefois être réduite à 135ᵐᵐ, si l'objet surélevé est solidement fixé au rail qui fait partie de la voie.

§ 35. *Tracé des stations.* — La longueur des stations doit être en rapport avec la longueur maxima des trains, parcourant les lignes avoisinantes.

Les stations, munies de voies d'évitement et de croisement, seront, en général, tracées en ligne droite et en palier ; abstraction faite des maitresses-voies de manœuvre et des aiguilles de triage, les stations ne se trouveront, en aucun cas, dans une pente supérieure à 2,5 0/00 (1 : 400) (voir § 36, alinéa 3).

Dans les stations où des trains fort longs croisent, les aiguilles extrêmes peuvent être placées dans des pentes plus fortes que 2,5 0/00 (1 : 400).

On recommande d'établir dans les grandes stations des appareils d'enclenchement des aiguilles et des signaux, et de relier, sans exception, les signaux d'entrée aux aiguilles d'entrée.

Dans les grandes stations, les installations du service des voyageurs doivent être séparées de celles du service des marchandises, y compris les routes d'arrivée et de départ.

Il est à désirer qu'il y ait des installations facilitant l'expédition des marchandises à grande vitesse par les trains de voyageurs.

Il est permis de tracer les stations de manière que les voyageurs doivent traverser les voies au niveau.

Pour les stations principales, et notamment si les trains de voyageurs y passent sans s'arrêter, il est désirable de prendre des mesures propres à empêcher les voyageurs de traverser les voies.

§ 36. *Stations intermédiaires.* — Les stations intermédiaires doivent répondre aux quatre conditions suivantes :

a) les trains doivent pouvoir les traverser en toute sûreté sans s'arrêter ;

b) les trains ne doivent pas être forcés de parcourir inutilement les voies courbes des changements ;

c) il faut que deux trains, venant de différentes directions, puissent s'éviter ;

d) il faut que les trains prennent le moins possible les aiguilles en pointe.

Outre les deux voies principales, les stations intermédiaires doivent, en général, posséder au moins une troisième voie, et la place suffisante pour une quatrième.

Dans les petites stations intermédiaires, on peut se contenter d'installations plus restreintes ; on peut surtout établir ces stations dans des pentes plus fortes que celles mentionnées au paragraphe 35.

Dans ce dernier cas, on devra pourtant établir une voie pour déposer les wagons à laisser dans cette station ; la pente de cette voie ne devra être supérieure à 2, 5 0/00 (1 : 400).

§ 37. *Stations de raccordement.* — Lorsque deux ou plusieurs lignes aboutissent à un même endroit, il est désirable que les stations soient réunies complètement ; tout au moins, les stations aux voyageurs doivent être contigues.

Entre les voies des différentes lignes, et particulièrement entre les gares à marchandises, on établira des raccordements offrant une communication facile.

La jonction des lignes d'embranchement avec les lignes principales doit se faire, en général, du côté de la station où se trouve la ligne d'embranchement.

§ 38. *Stations de tête de ligne.* — Lorsque différents chemins aboutissent à une station de tête, il est désirable de faire, en dehors de la station des voyageurs, un raccordement des différentes lignes pour les trains de grands parcours.

§ 39. *Distance entre les voies.* — Il est à désirer, que dans les stations la distance des voies d'axe en axe ne soit pas inférieure à 4,500m.

La distance minima d'axe en axe des voies principales, entre lesquelles il faut placer des trottoirs, sera de 6m. Pour les petites stations, on pourra admettre une distance minima de 5m.

§ 40. *Voies courbes des changements.* — Les voies courbes des changements, parcourues par des trains, ne doivent pas être tracées avec des rayons inférieurs à 180m. On recommande de tracer les voies courbes des aiguilles d'entrée avec des rayons plus grands.

Entre les deux courbes opposées d'une voie de raccordement, il faut intercaler un alignement droit d'une longueur minima de 6m.

Lorsque des aiguilles, prise en pointe par les trains réglementaires, s'embranchent sur des voies courbes, on devra poser devant l'aiguille une voie droite d'une longeur minima de 6m.

Le surhaussement du rail extérieur peut être supprimé dans les voies courbes des changements.

§ 41. *Disposition des changements de voie.* — On recommande les changements de voie à aiguilles mobiles d'égale longueur et à recouvrement.

Les pointes des aiguilles doivent pouvoir s'écarter du rail fixe de 100mm au moins, et les autres parties des aiguilles d'autant que les boudins des roues ne puissent, en aucun endroit, effleurer les aiguilles ouvertes.

L'emploi de crochets de fermeture est interdit pour les aiguilles à contre-poids.

En général, les contre-poids doivent être disposés de façon à pouvoir être renversés.

Il est avantageux de surélargir les aiguilles à la pointe ; le surélargissement sera à peu près de 10^{mm}.

On recommande de maintenir l'écartement de 1,435^m à la pointe de cœur (cette mesure sera prise 14^{mm} au-dessous du champignon des rails).

Dans les voies parcourues par les trains réglementaires, on ne devra employer des plates-bandes [1] que lorsque la lacune du croisement a une profondeur minima de 20^{mm}, et que la plate-bande est protégée sur toute sa longueur par un contre-rail. — Lorsqu'on fait usage d'une plate-bande, elle devra être disposée uniformément pour les deux roues du même essieu.

La distance entre le rebord-guide des contre-rails et la pointe de cœur d'en face doit être de 1,394^m, avec une tolérance de 4^{mm} en moins, lorsque l'usure s'est produite.

Les contre-rails doivent présenter à leurs extrémités un évasement aussi grand que possible.

Pour les voies parcourues par les trains directs, il est interdit d'employer des changements qui pourraient occasionner un déraillement, si les aiguilles étaient dirigées du faux côté.

§ 42. *Changements à trois voies.* — Les changements à trois voies, munis d'appareils à signaux convenables, peuvent être posés dans les voies principales.

§ 43. *Traversées de voies, changements dits anglais.* — La tangente de l'angle de croisement des traversées de voies, des changements dits anglais et des branchements-traversées ne sera, en aucun cas inférieure à 1 : 10 ; on recommande également de prolonger, autant que faire se peut, la pointe du croisement jusqu'au point réel d'intersection des rails, et de surélever le contre-rail intérieur jusqu'à 50^{mm} au-dessus du champignon des rails.

Pour les changements dits anglais, on recommande, en premier lieu, les tangentes de 1 : 9.

§ 44. *Indicateurs de raccordement.* — Lorsqu'une voie se bifurque, on doit placer un indicateur à l'endroit où la distance d'axe en axe des deux voies de 3,500^{mm} ; cette marque indiquera jusqu'où l'on peut faire avancer les véhicules sur chaque voie, sans gêner les véhicules circulant sur l'autre voie.

---

1. *Remarque du traducteur.* Le fond des lacunes du croisement est garni d'une plate-bande en acier, destinée à recevoir le mentonnet à l'instant où le rail fait défaut à la jante.

§ 45. *Plaques tournantes.* — Dans les gares de dépôt, il faut installer une plaque tournante. Il convient qu'elle ait un diamètre de 12ᵐ au moins.

Lorsqu'on se sert exclusivement de machines-tenders, on peut se passer d'une plaque tournante.

Les longerons principaux des plaques tournantes pour locomotives doivent être faits en fer soudé, en fer homogène ou en acier.

On évitera, autant que faire se peut, de placer des plaques tournantes dans les voies principales, parcourues par les trains directs.

§ 46. *Chariots roulants.* — Les longerons principaux des chariots roulants pour locomotives doivent être construits en fer soudé, en fer homogène ou en acier. Des chariots en bois peuvent être employés pour les wagons. Si les chariots pour wagons sont à fosse, celle-ci ne doit pas avoir plus de 500ᵐᵐ de profondeur.

Il est interdit de placer des chariots à fosse dans les voies principales (*voir* § 10, *alinéa* 1).

§ 47. *Fosses à piquer le feu.* — S'il y a des fosses à piquer le feu dans les voies principales, on doit les disposer de façon qu'on puisse s'en servir, pendant que les locomotives prennent de l'eau et du charbon.

Il faut couvrir les fosses aux endroits où les voyageurs doivent traverser les voies.

On doit avoir soin de bien assécher les fosses.

§ 48. *Halles et trottoirs.* — Dans les stations principales, on établira, de préférence, des halles pour le départ et l'arrivée ; les trottoirs couverts de marquises sont recommandés en second lieu.

Les trottoirs à l'intérieur des halles et devant le bâtiment principal ne devront pas présenter une largeur inférieure à 7, 500ᵐ. Pour les stations principales, cette largeur devra s'étendre davantage.

Jusqu'à une hauteur de 2,500ᵐ au-dessus du trottoir, il forme une distance d'au moins 3ᵐ entre tous les objets fixes du trottoir, tels que colonnes, etc., et l'axe de la voie, desservie par ce trottoir.

Il convient de donner aux trottoirs une hauteur de 210ᵐᵐ au-dessus du champignon des rails ; la hauteur de 380ᵐᵐ est encore admissible.

§ 49. *Clôtures.* — Les stations doivent être clôturées suivant les besoins.

Il est à recommander, en outre, d'arranger l'accès des trottoirs de la sorte qu'on puisse empêcher le public d'y pénétrer de la cour.

§ 50. *Assèchement.* — L'assèchement complet du terrain des stations doit être fait par des procédés convenables.

§ 51. *Fontaines.* — On recommande d'établir, à proximité des trottoirs, des fontaines d'eau potable pour les voyageurs.

§ 52. *Bâtiments des voyageurs.* — Dans les stations importantes, le bâtiment principal doit contenir les pièces suivantes : un vestibule spacieux, correspondant avec les guichets pour les billets et les bagages, deux salles d'attente au moins, un bureau pour le chef de gare, et les pièces nécessaires pour le service de gare.

Les salles d'attente et les bureaux de bagages doivent être en communication directe avec les trottoirs.

Il faut avoir soin que les voyageurs puissent se rendre du trottoir des stations d'embranchement aux guichets de distribution des billets et des bagages, et qu'ils ne soient pas forcés de traverser les salles d'attente pour quitter la gare.

§ 53. *Lieux d'aisance.* — Les lieux d'aisance doivent être facilement accessibles aux voyageurs, se trouvant dans le bâtiment principal ou sur le trottoir ; si faire se peut, ces derniers doivent se trouver en communication abritée avec les lieux. Les lieux porteront des enseignes qu'on puisse facilement distinguer de loin ; ils devront être nettoyés régulièrement. Pour les stalles d'urinoir, on recommande instamment un arrosement continu.

§ 54. *Nom de la station.* — Le nom de la station doit être inscrit en grosses lettres bien distinctes, et à un endroit visible du trottoir.

§ 55. *Horloge de la station.* — Chaque station doit être munie d'un horloge, réglée sur l'heure marquée dans les tableaux de la marche des trains de voyageurs. Dans les stations principales, cette horloge doit être visible de l'avenue de la gare, ainsi que des trains ; elle doit être éclairée pendant la nuit.

§ 56. *Hangars aux marchandises.* — Les hangars doivent être placés entre une voie et l'avenue des marchandises ; il convient de munir les façades longitudinales de portes et de perrons de chargement, ainsi que d'auvents ; le plancher des hangars aura une hauteur de 1,120 au-dessus du champignon des rails.

On recommande d'établir dans les stations principales des hangars spéciaux ou des perrons couverts pour le transbordement des colis de détail.

Il convient d'établir des hangars isolés pour les objets inflammables.

§ 57. *Gabarit de chargement.* — A proximité des hangars à marchandises ou des quais de chargement, il doit se trouver un gabarit qui permette de contrôler les charges des wagons ouverts par égard au profil de chargement maximum adopté.

§ 58. *Quais de chargement et rampes.* — Les quais pour le chargement des équipages et des bestiaux doivent être placés près des voies de garage. Ils auront une hauteur de 1, 120ᵐ au-dessus du champignon des rails et seront construits, autant que faire se peut, pour le chargement en avant et par côté. Il convient de donner aux rampes d'accès au terre-plein du quai une inclinaison de 1 : 20, ou tout au plus de 1 : 12.

On recommande de porter la hauteur du mur frontal des rampes pour chargement en avant à 1,235ᵐ, afin de faciliter le chargement par-dessus les tampons.

Les rampes mobiles sont également recommandables.

§ 59. *Grues de chargement.* — On recommande les grues fixes pour les stations expédiant souvent des objets pesants ; des grues mobiles d'une force suffisante serviront le cas échéant, aux besoins des stations n'expédiant que rarement de pareils objets.

Lorsqu'une station expédie souvent des objets pesants, il convient de placer des grues près des portes de chargement des hangars aux marchandises.

Les grues doivent porter une inscription bien visible, indiquant le maximum de la charge admise ; le bon état de conditionnement des grues devra être constaté par des essais périodiques.

§ 60. *Ponts à bascule.* — Lorsque le service des marchandises l'exige, on munira les stations de ponts à bascule, facilitant le pesage des wagons, ainsi que des camions au besoin.

Dans les voies parcourues par des locomotives, on emploiera, en premier lieu, des ponts à bascule sans interruption des rails.

§ 61. *Stations d'alimentation.* — La distance des stations d'alimentation et les localités où on les établit, doivent être fixées de manière que les eaux propres à l'alimentation des locomotives puissent être fournies en abondance et avec sûreté.

§ 62. *Grues hydrauliques.* — *Les bouches d'écoulement des grues doivent se trouver à au moins* 2,850ᵐ *au-dessus du champignon des rails. En repos, elles n'empièteront pas sur le gabarit de libre passage ; on doit pouvoir les fixer dans la position de repos.*

On ne peut pas recommander les bras allongés, passant par dessus plusieurs voies.

A partir des réservoirs jusqu'à la grue, les tuyaux de conduit doivent avoir un diamètre intérieur d'au moins 150ᵐᵐ.

La construction de grues hydrauliques isolées doit être telle que les bras allongés et les colonnes puissent se vider complètement.

§ 63. *Remises à locomotives.* — Dans la remise, il doit se trouver pour chaque locomotive un espace suffisant, pour qu'on puisse travailler librement de tous côtés de la locomotive.

En général, le plancher se trouvera au niveau du champignon des rails.

Entre les rails, des fosses de travail de 600 à 850ᵐᵐ de profondeur sont exigées ; ces fosses doivent être asséchées et munies d'escaliers.

Il convient de placer les fenêtres des rotondes circulaires ou polygonales non pas dans l'axe des voies, mais bien dans celui des entrevoies.

Dans la remise, il faut installer des conduites d'eau, alimentées par un réservoir placé à un niveau élevé ; ces conduits devront être mis en communication avec chaque locomotive au moyen d'un tuyau flexible.

Il convient d'établir des grues hydrauliques à l'intérieur ou au-devant de la remise.

La remise doit être pourvue d'appareils de chauffage.

Au-dessus des cheminées des locomotives, les bois de la charpente doivent se trouver à 5,800ᵐ au-dessus du champignon des rails.

Pour faciliter l'échappement de la fumée et de la vapeur, il convient d'établir, dans la toiture de la remise, des tuyaux de cheminée, des clapets ou des fenêtres mobiles.

Les ouvertures des portes doivent avoir au moins 3,350ᵐ de largeur et 4.800ᵐ de hauteur au-dessus du champignon des rails.

On recommande d'annexer à chaque remise des chambres pour les mécaniciens, le personnel de service et pour le dépôt des matériaux et des outils.

On doit établir devant les remises des locomotives en service des fosses bien asséchées de 1ᵐ de profondeur.

§ 64. *Remises à voitures.* — Les remises à voitures doivent être installées et disposées de telle sorte, qu'on puisse composer et compléter facilement et rapidement un train avec les voitures remisées. Dans les remises où l'on nettoie les voitures, il convient d'établir des conduites d'eau et des appareils de chauffage.

Dans les remises, la distance des voies ne sera pas inférieure à 4,400ᵐ.

Lorsqu'on construit des hangars pour le remisage des voitures retirées de la circulation, on peut faire abstraction de ces prescriptions.

Les ouvertures des portes doivent avoir les mêmes dimensions que celles des remises à locomotives (voir § 63, alinéa 10).

§ 65. *Matériel à combattre les incendies.* — D'après les besoins locaux, chaque station doit être pourvue d'un nombre suffisant d'appareils, servant à combattre les incendies. Ces appareils doivent être remisés dans un endroit spécial et sûr. Les conduits d'eau doivent être munis de tubulures filetées.

§ 66. *Ateliers de réparation.* — Il est nécessaire que chaque administration établisse dans ses dépendances des ateliers, munis d'un outillage suffisant, pour que les réparations du matériel roulant puissent se faire sûrement et rapidement.

Ces ateliers seront placés aux centres principaux de trafic ; s'il s'agit de constructions nouvelles, on doit tenir compte d'un agrandissement qui pourrait devenir nécessaire dans l'avenir.

L'établissement d'ateliers principaux est préférable à celui de plusieurs petits ateliers.

L'étendue de toutes les pièces couvertes d'un atelier doit être telle qu'on puisse y réparer simultanément 25 0/0 de toutes les locomotives à entretenir par l'atelier en question, 8 0/0 de voitures, et 3 0/0 des wagons.

Il est nécessaire, en outre, qu'on puisse garer, sur les voies situées à l'intérieur de la clôture de l'atelier, 5 0/0 du nombre total de tous les véhicules.

VIII. — Extrait du cahier des charges de la Compagnie Paris-Lyon-Méditerranée pour la fourniture des rails en acier.

Art. 6. — *Poids des rails.* — Le poids normal définitif du mètre courant de rails, sera constaté par les premières livraisons sur cent barres d'une section parfaitement conforme à celle du gabarit. Une tolérance de deux pour cent (2 0/0) en plus et de deux pour cent (2 0/0) en moins, est stipulée, dès à présent, sur ces poids normaux pour les réceptions partielles ; au-dessous de cette tolérance, les rails seront rejetés ; au-dessus ils seront acceptés, mais l'excédent de poids ne sera pas payé aux fournisseurs.

L'excédent du poids total de la fourniture sur le poids normal augmenté de un pour cent (1 0/0) ne sera pas payé aux fournisseurs.

Art. 7. — *Conditions de fabrication.* — Les fontes et les riblons, destinés à la fabrication des aciers, proviendront du traitement de minerais choisis de façon à assurer la production de rails durs et résistants.

Les rails seront exclusivement fabriqués avec de l'acier fondu, soit par le procédé Martin, soit par le procédé Siemens, soit par le procédé Bessemer.

La Compagnie du chemin de fer fait toutes réserves quant à l'emploi de tous nouveaux procédés de fabrication et notamment des procédés de déphosphoration des minerais communs.

Les aciers ainsi obtenus ne pourront être employés à la fabrication des rails que sur l'autorisation, expresse et par écrit, de l'ingénieur en chef du service de la voie.

Les opérations seront conduites de manière à donner des aciers de première qualité, à grain fin, compact, homogène, durs et tenaces, susceptibles de prendre une trempe ferme, et semblables, en tous points, à l'échantillon qui sera remis à la Compagnie du chemin de fer par les fournisseurs. La fabrication courante des rails ne sera pas commencée avant que cet échantillon n'ait été agréé par les ingénieurs de la Compagnie du chemin de fer.

Art. 8. — *Teneur en carbone.* — Il sera pris dans chaque coulée une éprouvette qui sera forgée sous forme d'une barre méplate de trente millimètres (0^{m}030) sur vingt millimètres (0^{m}020), et que l'on soumettra à un essai de trempe.

Lorsque les essais de trempe ne lui paraîtront pas satisfaisants, le contrôleur, pourra, toutes les fois qu'il le jugera convenable, pousser plus loin les investigations de la manière suivante :

Sur l'ensemble des éprouvettes obtenues dans la journée, il s'en fera remettre une à son choix, après l'avoir fait frapper d'un signe distinctif ; le même jour ou dans la soirée, il analysera dans son laboratoire, par le procédé Eggertz ou tout autre procédé analogue, un fragment de cet échantillon dans le but de constater la teneur en carbone. Le lendemain, avant dix heures du matin, il notifiera à l'usine le résultat de cette analyse. En cas de contestation, l'opération sera recommencée dans le bureau et par les soins du contrôleur, en présence des agents de l'usine.

Lorsque la proportion de carbone ainsi déterminée sera de moins de trois grammes par kilogramme (0ᵏ003) la coulée ayant fourni l'échantillon analysé, mais cette coulée seulement, sera rebutée et les lingots ou les rails en provenant seront classés de telle sorte que l'usine n'en puisse disposer qu'au vu et au su du contrôleur du matériel fixe.

Art. 9. — *Fusion des lingots*. — L'acier fondu sera coulé dans les lingotières d'une seule pièce et de préférence du modèle désigné sous le nom de lingotière borgne.

La section des lingots sera rectangulaire avec les angles arrondis ayant au moins trois cent trente-millimètres (0ᵐ330) sur trois cent trente-millimètres (0ᵐ330).

Ces dimensions seront celles qui devront être adoptées pour la section minima, quand il sera fait usage de lingotières ouvertes et pour la section moyenne quand il sera fait usage de lingotières borgnes.

Le poids des lingots sera déterminé de manière à obtenir, après le laminage, des chutes dont la longueur totale soit de un mètre (1ᵐ00) pour les rails laminés à simple longueur, et un mètre vingt centimètres (1ᵐ20) pour les rails à double longueur. La section de ces lingots pourra être modifiée après l'approbation de l'Ingénieur en Chef du service de la voie.

Le démoulage des lingots ne devra être opéré qu'une demi-heure au moins après la coulée.

Art. 10. — *Texture des lingots*. — Le contrôleur du matériel fixe pourra faire casser un lingot toutes les fois qu'il le jugera nécessaire, pour apprécier la marche de la fabrication, toutefois le nombre des lingots ainsi cassés ne devra pas dépasser la proportion de 1/1000 du nombre total.

Art. 11. — *Vérification des lingots*. — Les lingots seront examinés avec soin ; ceux qui présenteraient des soufflures, des impuretés ou autres défauts que le laminage ne pourrait faire disparaître, seront rejetés. Les simples cavités ainsi que les bavures seront burinées avec le plus grand soin, sur une surface assez étendue pour rendre impossible, au laminage, la superposition des parois de ces cavités ou des bavures.

Art. 12. — *Laminage.* Le laminage sera conduit de manière à obtenir la forme exacte des rails, des surfaces lisses et unies, et surtout à éviter tout gauchissement à la sortie des laminoirs. Les barres qui présenteraient des reprises, solutions de continuité, criques, pailles, ou tous autres défauts de fabrication, seront rejetées.

Art. 13. — *Rectitude des barres.* — Les barres devront être bien droites dans toute leur longueur ; elles seront dressées autant que possible, à chaud, à la sortie des cylindres, sur une plaque en fonte, puis placées sur un châssis solidement établi pour le refroidissement.

Le dressage définitif, nécessaire pour parer aux légères imperfections du dressage à chaud, sera fait graduellement par pression et sans choc de manière à éviter toute fissure dans la matière du rail ; des étampes de forme convenable garantiront le patin.

Art. 14. — *Sciage et fraisage.* — Les barres seront affranchies aux deux extrémités à une distance suffisante des bouts écrus, pour que ces extrémités soient parfaitement saines, et de façon à faire disparaitre la partie courbe de petit rayon que présente l'extrémité qui sort la première de la dernière cannelure. Les longueurs des bouts de rails détachés de chacune des extrémités seront de quatre-vingt centimètres (0ᵐ80), au minimum pour l'extrémité correspondante à la partie supérieure du lingot, et de vingt centimètres (0.20) au minimum, pour l'extrémité correspondante à la partie inférieure du lingot.

Les rails seront coupés proprement à froid, à la fraise, au tour, au rabot, ou à la machine à mortaiser ; le coupage à la scie ou à la tranche par le réchauffage des bouts est formellement interdit.

L'opération du coupage et du dressage des sections, sera conduite de manière à ce qu'il n'en résulte par arrachement ou autrement, aucune altération des sections extrèmes des rails.

Les sections extrèmes seront exactement perpendiculaires à la direction de l'axe de la barre. Les bavures de ces sections seront soigneusement enlevées à l'outil, au burin ou à la lime. Il est absolument interdit de les parer au marteau.

Art. 15. — *Perçage.* — Le perçage de l'âme devra être exécuté au foret, et donner des trous bien cylindriques suivant les diamètres et les directions indiquées. Les bavures de ces trous seront enlevées à la lime. Il sera toléré des différences de un demi-millimètre rapport aux positions prescrites.

Art. 16. — *Réparations.* — Toutes les réparations, soit à froid soit à chaud, sont formellement interdites, les rails pailleux ou criqués seront rebutés.

Art. 17. — *Marque des rails.* — Les rails porteront au moins sur l'une des gorges des marques bien apparentes désignant à la fois l'usine, l'année et le trimestre de fabrication et la nature de l'acier Bessemer, Martin ou Siemens. Ces marques seront, exactement conformes, pour la forme et les dimensions des lettres et chiffres, pour l'épaisseur et le profil de la saillie, aux dessins spéciaux qui seront remis au fournisseur par la Compagnie du Chemin de fer. Elles résulteront d'une gravure faite dans la dernière cannelure des cylindres finisseurs, à l'exception de la marque spéciale indiquant la nature de l'acier, laquelle pourra être appliquée à la sortie du laminoir, à l'aide d'un poinçon.

Art. 18. — *Examen de la cassure et de la texture du métal.* — Après le coupage à chaud, on opérera la cassure d'une chute pour chaque coulée à environ vingt centimètres (0^m 20) des bouts écrus. Si cette cassure présente un grain satisfaisant, d'un aspect brillant et des arrachements indiquant un métal compact, homogène, sans parties fonteuses ni ferreuses, la coulée sera reçue. Dans le cas contraire, la barre pourra être rebutée et on poursuivra cet examen sur la totalité des barres provenant de la même coulée.

Art. 19. — *Epreuve au choc sur un bout de rail de chaque coulée.* — Chaque coulée devra donner un lingot plus lourd que les autres de manière à obtenir au laminage une barre ayant un excédent de longueur de soixante-dix centimètres (0^{m}70), partie écrue non comprise. On donnera un trait de scie pour affranchir la partie écrue, puis un second trait pour couper le bout de soixante-dix centimètres (0^{m}70). Cette rognure devra provenir de la partie supérieure du lingot. Le numéro de la coulée porté sur le lingot qui donnera le bout à éprouver, sera reproduit sur ce bout après le laminage. Le bout de rail de soixante-dix centimètres (0^{m}70) de longueur placé de champ sur deux appuis espacés de cinquante centimètres (0^{m}50) devra supporter, sans se rompre, le choc d'un mouton de six cents kilogrammes (600^k) tombant librement de deux mètres (2^{m}00) de hauteur pour le rail PLMA, de deux mètres cinquante centimètres (2^{m}50) pour les rails PM et PLM2 et de trois mètres (3^{m}00) pour le rail LP, au milieu de l'intervalle des appuis ; on poursuivra ensuite les essais jusqu'à la rupture, à titre de renseignements.

Les deux supports seront en fonte à angles arrondis et reposeront sur une enclume de dix mille kilogrammes (10.000^k) reposant elle-même sur un massif en maçonnerie de un mètre d'épaisseur et de trois mètres carrés trois dixièmes de surface à la base. Lorsqu'un des bouts de rails de soixante-dix centimètres de longueur ne supportera pas l'épreuve ci-dessus, on soumettra un rail de la coulée correspondante aux épreuves à la flexion et au choc ci-après désignées et si ce dernier rail ne satisfait pas à ces épreuves, la coulée sera refusée.

Art. 20. — *Epreuves à la flexion ou au choc sur les rails d'essai.* — Les rails seront classés avec soin dans l'usine par coulées et en séries de six cents (600) rails au plus provenant de la fabrication d'un ou plusieurs jours. Les agents préposés à la réception désigneront dans chaque série trois barres de quatre mètres cinquante (4m50) au minimum provenant de coulées différentes pour être soumises aux épreuves indiquées dans la suite du présent article.

1re Epreuve. — Chacun des rails de un mètre cinquante (1m50) au minimum, placé de champ et reposant sur le patin sur deux points d'appuis angulaires espacés de un mètre (1m00) devra supporter pendant cinq minutes au milieu de l'intervalle des appuis, une pression de vint-cinq mille kilogrammes (25.000k) pour le rail PLMA, trente mille kilogrammes (30.000k) pour les rails PM et PLM2 et quarante mille kilogrammes (40,000k) pour le rail LP, sans conserver de flèche sensible, au plus un demi-millimètre.

2e Epreuve. — La même barre dans la même position supportera pendant cinq minutes, sans aucun gauchissement, et sans conserver une flèche supérieure à vingt (20) millimètres une charge de quarante mille kilogrammes (40.000k) pour le rail PLMA, quarante cinq mille (45.000k) pour les rails PM et PLM2 et soixante mille kilogrammes (60.000k) pour le rail LP. On augmente ensuite la pression jusqu'à la rupture.

3e Epreuve. — La partie de la barre provenant du haut du lingot recoupée à trois mètres (3m00) au maximum sera placée sur deux points d'appui, espacés de un mètre dix centimètres (1m10), elle devra supporter sans se rompre le choc d'un mouton de six cent kilogrammes (600k) tombant librement de un mètre vingt-cinq centimètres (1m25) de hauteur pour le rail PLMA, de un mètre cinquante centimètres (1m50) pour les rails PM et PLM2 et de un mètre soixante-quinze centimètres (1m75) pour le rail LP, au milieu de l'intervalle des appuis, et sans conserver après cette épreuve, une flèche permanente supérieure à douze millimètres (0m012).

Les deux supports seront en fonte et reposeront sur une enclume en fonte de dix mille kilogrammes (10.000k) reposant elle-même sur un massif en maçonnerie de un mètre d'épaisseur et de trois mètres carrés trois dixièmes de surface à la base.

4e Epreuve. — *Epreuves à la traction.* — Il sera fait un essai de traction sur l'une des trois barres d'essai du lot à recevoir, les barrettes seront découpées à froid dans le milieu du champignon. Chaque barrette d'essai aura cent millimètres (0m100) de longueur dans la partie tournée, et treize millimètres huit (0^m0138) de diamètre ; elle devra supporter un effort de soixante-dix kilogrammes (70^k) au minimum et un allongement de douze pour cent (12 0/0).

Chacun des trois rails d'épreuve pris dans la série déterminée à l'article ci-dessus subira la série d'épreuves qui viennent d'être définies à l'exception de l'épreuve de traction qui ne sera faite que sur l'une des barres.

Dans tous les cas, l'on devra classer au rebut la totalité des rails provenant des coulées dont l'une des chutes ou des barres d'essai n'aura pas résisté à l'épreuve au choc.

Si l'une quelconque de ces épreuves vient à manquer, on la répètera sur trois nouvelles barres prises dans ladite série, et si elle ne réussit pas sur chacune de ces barres, le lot sera rebuté définitivement et en entier.

Toutefois on admettra à titre exceptionnel, les lots pour lesquels la résistance ne sera que de soixante-huit kilogrammes (68^k) par millimètre carré, à la condition que l'allongement correspondant soit supérieur à douze pour cent (12 0/0).

Art. 21. — *Essai de l'acier sous forme d'outils.* — On prendra dans l'un des rails cassés aux épreuves un fragment du champignon avec lequel on fabriquera soit des burins à main, soit des outils de tour, de machine à mortaiser ou à raboter. Ces outils trempés dans les conditions ordinaires, devront, sans s'émousser, s'ébrécher ou se refouler, attaquer la croûte des pièces coulées en fonte dure ou, à défaut, le champignon de l'un des fragments dudit rail.

Art. 22. — *Contrôle et réception à l'usine.* — Le contrôle de la fabrication sera fait à l'usine par un ou plusieurs agents de la Compagnie qui pourront y rester tout le temps que durera la fabrication et auxquels il sera permis d'exercer de jour et de nuit la surveillance, et de faire les vérifications nécessaires pour constater que les conditions de fabrication ci-dessus indiquées sont exactement remplies. Ils auront toujours accès dans tous les lieux de fabrication.

Il est entendu que les observations que les agents pourront avoir à faire devront être adressées au Directeur de l'usine et non aux ouvriers.

Art. 23. — *Réception provisoire.* — Jusqu'à leur présentation aux Ingénieurs ou agents chargés de la réception, les rails devront être conservés en lieu sec et préservés de l'oxydation.

La réception provisoire des rails entièrement terminés sera faite à l'usine sur un banc en fonte, par les agents de la Compagnie. A défaut de banc en fonte, les rails pourront être provisoirement reçus sur des chantiers dont la surface supérieure devra être parfaitement plane.

L'usine devra établir à ses frais, sur les indications qui lui seront données par les Ingénieurs de la Compagnie de Chemin de fer, les appareils nécessaires à la réception des rails et aux épreuves dont il a été parlé plus haut.

Tous les frais relatifs à ces opérations et aux épreuves diverses seront à la charge du fabricant.

Les procès-verbaux de réception seront dressés autant que possible au fur et à mesure de la fabrication, et régularisés à la fin de chaque semaine ou de chaque quinzaine, ou de chaque mois, suivant l'importance de la fabrication.

Les rails reçus seront poinçonnés à leurs deux extrémités sur les sections, de la marque du chemin de fer.

Les rails rebutés devront être cassés ou marqués d'un signe indélébile déterminé par l'agent du Chemin de fer, afin qu'ils ne puissent plus être présentés à la réception.

Art. 24. — *Garantie.* — La réception à l'usine n'est pas définitive. Les dimensions et l'ajustage des rails pourront être vérifiés à nouveau sur les chantiers de livraison. En outre, tous les rails qui, dans le transport, avant ou pendant la pose, viendraient à casser ou à se détériorer, seront rebutés.

Il en sera de même des rails qui, par le passage de dix mille trains (10.000^t) viendraient, à raison de vices dans la fabrication ou dans la matière, à se casser ou simplement à se détériorer, par le seul fait de l'usage auquel ils auront été soumis sur le chemin de fer.

Art. 25. — *Remplacement des rails cassés pendant le délai de garantie.* — En ce qui concerne les ruptures, quelle qu'en soit d'ailleurs la cause, tous les rails cassés dans un délai de trois ans et trois mois après leur livraison constatée par la marque de fabrication, même ceux provenant des sections d'épreuves dont il est parlé ci-après, seront immédiatement retournés à l'usine et remplacés aux frais du fournisseur.

Art. 26. — *Section d'épreuves. Détermination de la proportion des rails à rebuter.* — Pour éviter, en ce qui concerne les simples détérioration une révision complète et un remaniement des voies établies, la quantité des rails autres que les rails cassés, à rebuter pendant le délai de garantie, sera déterminée par des expériences partielles, et les fournisseurs, au lieu de remplacer les rebuts, paieront une indemnité à la Compagnie du Chemin de fer.

Voici comment il sera procédé à cet égard.

Cinq pour cent (5 0/0) au moins des rails composant la fourniture pris à divers moments de la fabrication, au choix de la Compagnie du Chemin de fer, seront placés par elle en des points qu'elle choisira, le choix des emplacements des sections d'essai ne sera soumis à aucune condition restrictive, tant pour le rayon des courbes que pour la déclivité de la ligne. Ces sections d'essai pourront être choisies également dans les portions de voies situées à l'intérieur des disques de gare.

Il sera donné connaissance au fournisseur des emplacements choisis et de la date de pose des rails d'essai. Le bureau de statistique de l'exploitation tiendra compte exactement du nombre de trains qui passeront sur chaque section d'essai. A l'expiration du délai nécessaire pour le passage de dix mille trains (10,000) on établira contradictoirement :

d'une part la proportion des rails déjà retirés de la voie et mis hors de service par les Agents de l'Entretien.

d'autre part celle des rails simplement avariés, c'est-à-dire présentant un commencement de détérioration comme écrasement, défaut de soudure, exfoliation, fissure, etc., et l'on y comprendra, bien entendu, les rails qui auraient été substitués aux rails déjà retirés des voies ou cassés.

La proportion ainsi fixée sera appliquée à toute la fourniture, que tout ou partie de cette fourniture ait été mise en service, et déterminera, pour ces rails, la quantité de tonnes à rebuter :

Art. 27. — *Indemnité pour chaque tonne rebutée.* — Pour chaque tonne de rails mis hors de service, les fournisseurs paieront une indemnité de   s'ils ne préfèrent fournir gratuitement une tonne de rails neufs.

Pour chaque tonne de rails avariés les fournisseurs paieront une indemnité de   les rails avariés restant la propriété de la Compagnie du Chemin de fer.

Art. 28. — *Réception définitive.* — La réception définitive sera prononcée après la liquidation de l'indemnité dont il vient d'être parlé.

IX. — Résumé des conditions d'épreuves des rails, imposées aux fournisseurs par les Compagnies et l'Administration des chemins de fer de l'État, en France.

1° Essais à la pression au moyen d'une charge unique agissant au milieu de la barre essayée pendant cinq minutes.

	Poids du rail.	Distance entre les appareils.	Première épreuve (Le rail ne doit pas conserver, après l'épreuve, une flèche permanente appréciable, c'est-à-dire supérieure à 0,0005).		DEUXIÈME ÉPREUVE			
			Pression.	Effort maximum par m/m² à la flexion.	Pression.	Effort maximum par m/m² à la flexion.	Flèche minimum tolérée.	Charge minimum de rupture.
Rails à double champignon :								
Orléans..........	42k 5	1m,00	20000k	32k 8	45000k	73k 8	0m,015	60000k
id.	38k 3	1m,00	18000k	31k 3	40000k	69x 5	0m,020	55000k
Ouest...........	44k 00	1m,00	20000k	29k 4	30000k	44k 1	0m,006	»
id.	38k 75	1m,00	18000k	31k 1	25000k	43k 2	0m,006	»
id.	25k 00	1m,00	12000k	34k 4	18000k	51k 6	0m,006	»
Midi...........	37k 6	1m,10	20000k	37k 0	35000k	64k 7	0m,001	50000k
État...........	40k 00	1m,00	25000k	38k 1	48000k	73k 12	0m,025	»
Rails Vignole :								
Nord	43k 00	1m,00	34000k	43k 1	45000k	57k 0	0m,025	»
id.	30k 00	1m,00	22000k	42k 6	32000k	61k 9	0m,025	»
Est.............	44k 2	1m,10	30000k	41k 4	45000k	62k 1	0m,025	»
P.-L.-M.........	47k 00	1m,00	40000k	44k 8	60000k	67k 2	0m,020	»
id.	38k 95	1m,00	30000k	43k 7	45000k	65k 6	0m,020	»

2° Epreuves au choc d'un mouton frappant au milieu d'une barre reposant sur deux appuis espacés de 1m,10.

	Poids du rail.	Poids du mouton.	Flexions proportionnelles aux hauteurs de chute.					Hauteurs de chute sans rupture.	OBSERVATIONS
Orléans.	42k 5	300k	10 m/m pour 2m,50					5m00	
id.	38k 2	300k	10 m/m pour 2m,00					4m00	
			1m »	1m,50	2m »	2m50	3m,00		
Ouest ..	44k00	300k	2 m/m	4 m/m	7 m/m	13 m/m	18 m/m	3m00	
id. ...	38k75	300k	3 m/m	4 m/m	10 m/m	16 m/m	»	2m50	
id. ...	25k »	300k	4 m/m	8 m/m	14 m/m	»	»	2m00	
			3m »	4 m/m	5 m/m				(1) Il n'est exigé de minimum de flèche qu'au-delà de la limite inférieure de rupture.
Midi ...	37k 6	300k	12 m/m	28 m/m	45 m/m (1)			2m25	
Etat ...	40k »	500k	14 m/m pour 2 m (2)					2m00	(2) En cas de non rupture.
			1m,50	2m »	2m,50	3m »	3m,50		(3) Les flèches ne doivent pas s'écarter de plus de 30 pour 0/0 des chiffres indiqués ci-contre.
Nord...	43k »	300k	0m0025	5 m/m	9 m/m	0m0145	0m,020 (3)	3m50	
id.	30k »	300k	5 m/m	0m0105	16 m/m	»	»	2m50	
			1m,50	2m »	3m »				
Est	44k 2	600k	8 m/m	19 m/m	46 m/m			3m00	
P.-L.-M.	47k00	600k	12 m/m pour 1m,75					1m75	Épreuves faites sur la partie de la barre provenant du haut du lingot.
id.	38k 95	600k	12 m/m pour 1m,50					1m50	

8° Épreuves à la traction.

	Dimensions de l'éprouvette.	CHARGE DE RUPTURE MINIMUM R	ALLONGEMENT MINIMUM A	CONDITIONS	OBSERVATIONS
Orléans.	16 m/m de diam. 200 m/m de long.	67ᵏ	8 0/0	R + 2A > 90	
Ouest...	200 m/m de long.	70ᵏ	8 0/0	R + 2A > 90	Limite d'élasticité supérieure à 35 kgs.
Midi....	»	»	»	»	Les épreuves sont faites, à titre de renseignement seulement, sur deux groupes d'éprouvettes les unes trempées, les autres recuites.
État....	100 m/m de long. 138 m/m de diam.	68ᵏ	8 0/0	R + 2A > 92	
Nord ...	200 m/m de long. 400 m/m² de sect.	68ᵏ	»	R + 2A > 90	Limite d'élasticité supérieure à 40 kgs.
Est.....	13 m/m de diam. 100 m/m de long.	65ᵏ	10 0/0	R + 2A > 92	
P.-L.-M.	13 m/m de diam. 100 m/m de long.	70ᵏ	10 0/0	»	Tolérance de 68 kgs de résistance pour 12 0/0 d'allongement.

4° Épreuves à la trempe.

Nature de l'épreuve.

Orléans . . . . {
Des barreaux de 0^m, 02 sur 0^m, 02, forgés et trempés, devront présenter une cassure nette et à grain sensiblement plus fin.

Ouest . . . . . | Pas d'épreuves définies.

Midi. . . . . . {
On fabriquera des lames de ressort avec les bouts des rails essayés ; on soumettra ces lames pendant cinq minutes à un effort de flexion produisant, pour les fibres extrêmes de la partie concave, un allongement de 0^m, 004 ; elles devront résister à cette épreuve et reprendre, après enlèvement de la charge, leurs formes et leurs dimensions primitives.

On forgera, avec l'acier des rails, des outils, qui, après avoir été trempés, devront travailler la fonte grise sans s'égrener, ni casser ni se refouler.

Etat. . . . . . | Pas d'épreuves à la trempe.

Nord . . . . . | Pas d'épreuves à la trempe.

Est . . . . . . | Pas d'épreuves à la trempe.

P.L.M . . . . {
On fabriquera avec l'acier des rails, des outils qui devront sans s'émousser, s'ébrécher ni se refouler, attaquer la croûte de pièces coulées en fonte dure ou, à défaut, le champignon des dits rails.

X. — Profils et poids de divers types de rails en usage en France et à l'étranger.

I. — France.

Compagnie d'Orléans.

**Nouveau type
42 kil. 54.**

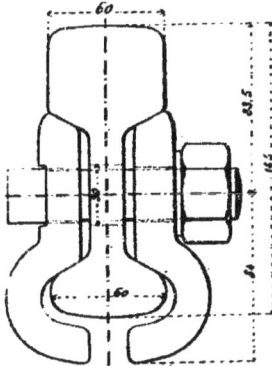

**Ancien type
38 kil.**

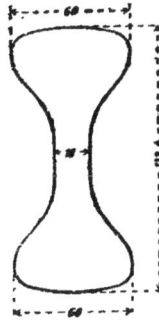

Compagnie de l'Ouest.

**Nouveau type
44 kil.**

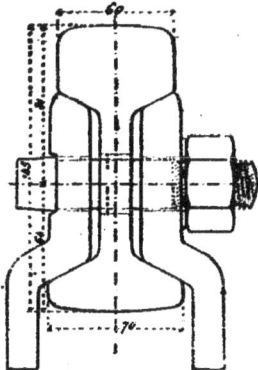

**Ancien type
38 kil. 70.**

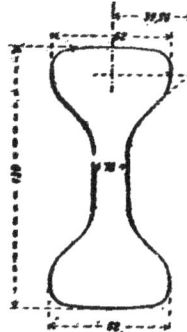

État
(Nouveau type)
40 kil. 000.

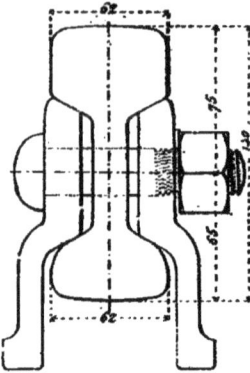

Compagnie du Midi
37 kil. 000.

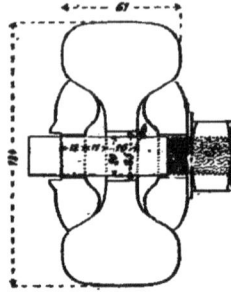

Compagnie du Nord.

Type renforcé
45 kil.

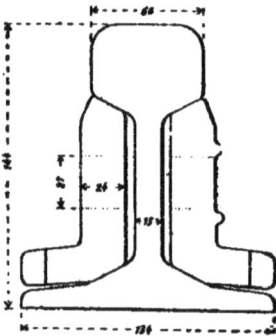

Ancien type
30 kil.

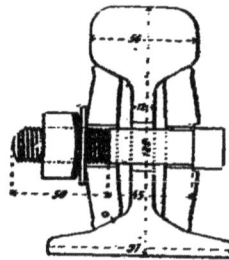

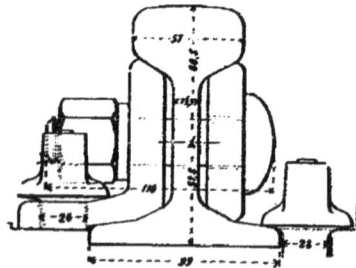

Compagnie de l'Est.

Type renforcé
44 kil. 20.

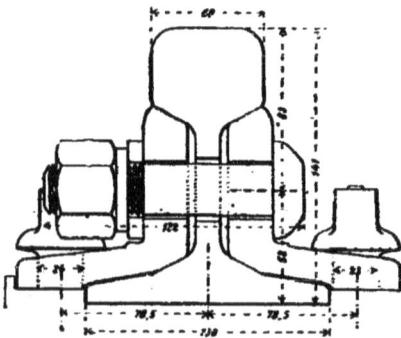

Ancien type
30 kil.

Compagnie Paris-Lyon-Méditerranée.
Type de 38 kil.

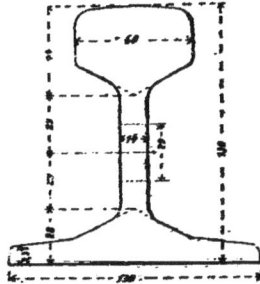

Compagnie des chemins de fer économiques.

25 kil.
(pour voie de 1 m. 45).

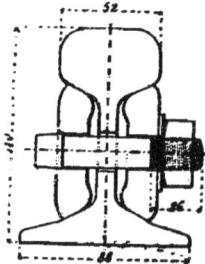

20 kil.
(pour voie de 1 m.)

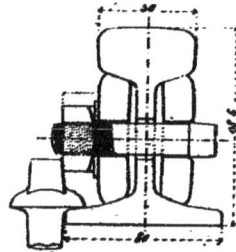

Compagnie
des chemins de fer départementaux
20 kil.

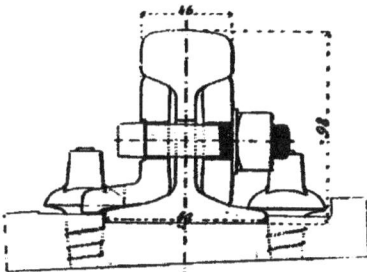

Chemin de fer
de Nantes à Légé
18 kil.

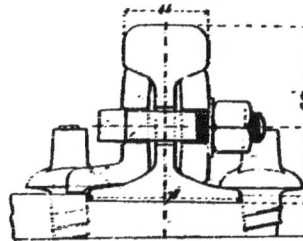

Chemins de fer Corses
22 kil.

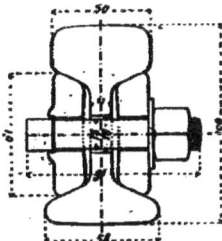

Tramways de Loir-et-Cher
15 kil.

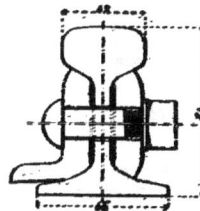

II. — Angleterre.

Chatam-Dover
41 kil.

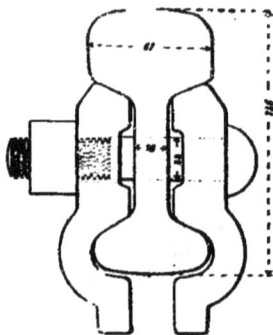

Great Eastern
41 kil. 600

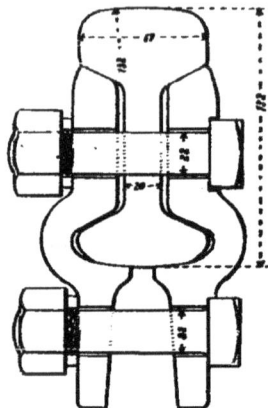

London and North-Western
42 kil.

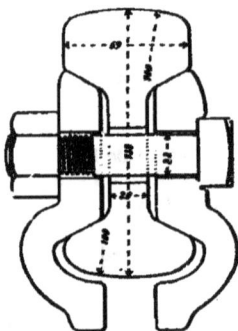

Great Western
39 kil.

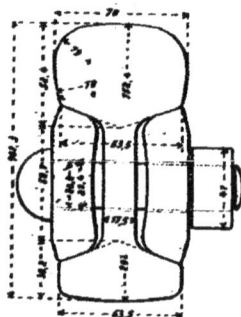

III. — Amérique.

Chemin de fer de Philadelphie
44 kil.

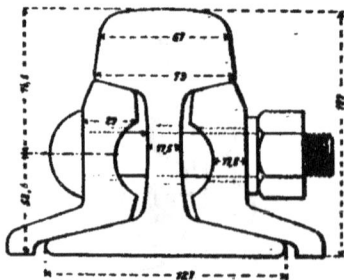

Chemin de fer de Pensylvanie
42 kil. 200

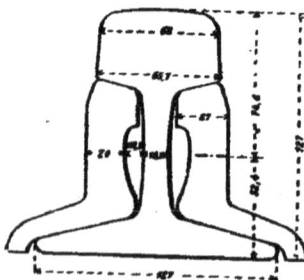

IV. — Allemagne

Prusse
Chemins de fer de l'État
(Rive gauche du Rhin)
43 kil. 430

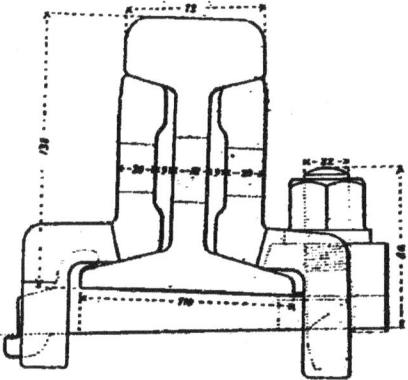

Prusse
Chemins de fer de l'État
(Direction de Berlin)
41 kil.

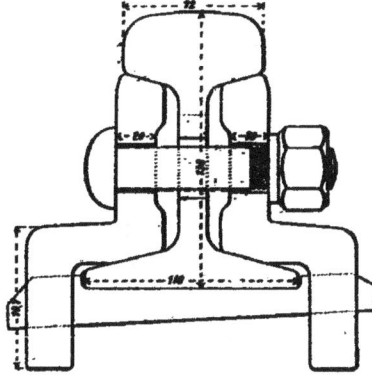

Prusse
Chemins de fer de l'État
Ancien type
33 kil. 400

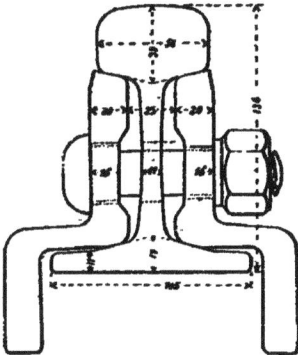

Système Hartwich
29 kil.

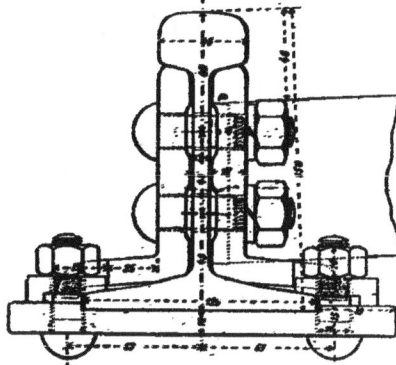

Saxe
43 kil.

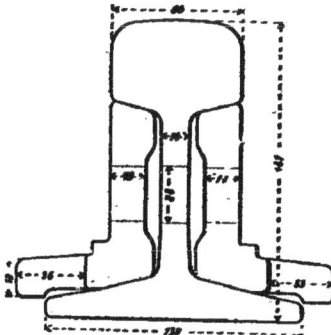

Grand-Duché de Bade
26 kil. 500

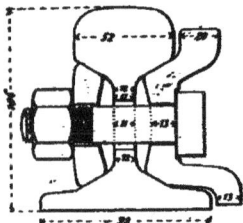

Chemins de fer Louis de Hesse
35 kil. 600

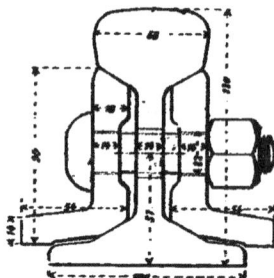

V. — Autriche.

Chemins de fer de l'État
Type renforcé
49 kil.

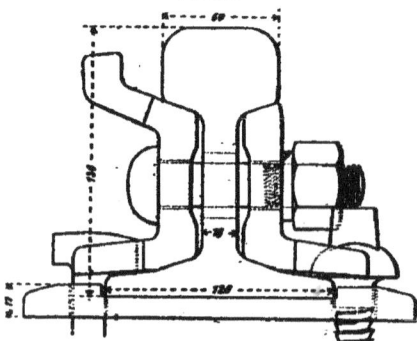

Chemins de fer de l'État
Ancien type
35 kil. 300

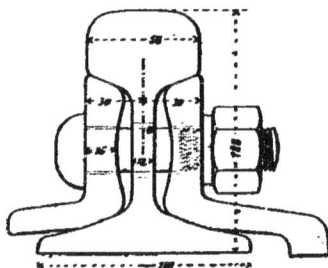

VI. — Hollande

Compagnie des chemins de fer
hollandais
47 kil.

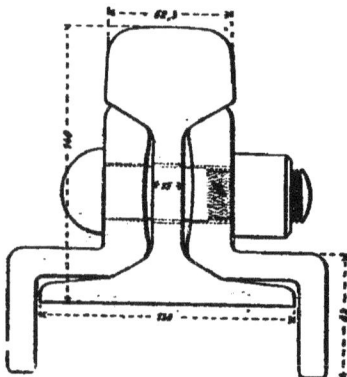

VII. — Belgique.

État
Type Goliath
52 kil. 700

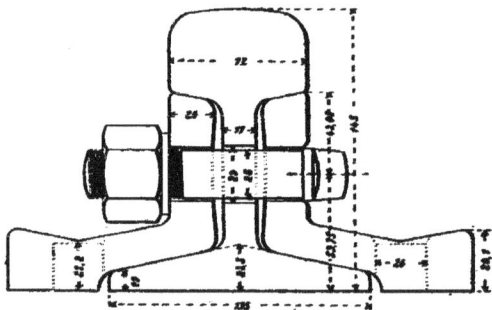

XI. — Plans de pose de voie usités pour différents types de rails sur les réseaux de chemins de fer français.

Rails de 45.ᵏ Type Nord

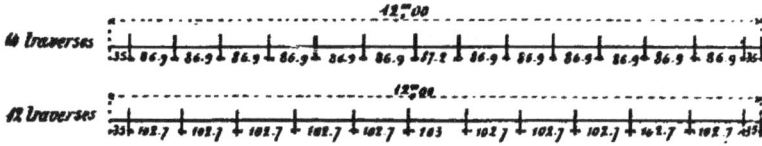

14 traverses — 12ᵐ00

.35│ 86.9 │ 86.9 │ 86.9 │ 86.9 │ 86.9 │ 86.9 │ 87.2 │ 86.9 │ 86.9 │ 86.9 │ 86.9 │ 86.9 │ 86.9 │.35

12 traverses — 12ᵐ00

.35│ 101.7 │ 101.7 │ 101.7 │ 101.7 │ 101.7 │ 103 │ 101.7 │ 101.7 │ 101.7 │ 101.7 │ 101.7 │.35

Rails de 37.ᴷ520, Type Midi

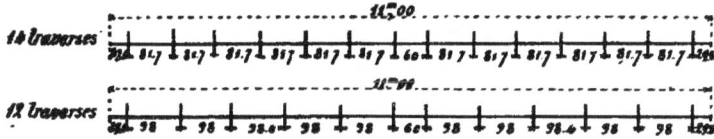

14 traverses — 11ᵐ00

72│ 81.7 │ 81.7 │ 81.7 │ 81.7 │ 81.7 │ 60 │ 81.7 │ 81.7 │ 81.7 │ 81.7 │ 81.7 │ 72

12 traverses — 11ᵐ00

72│ 98 │ 98 │ 98.4 │ 98 │ 98 │ 60 │ 98 │ 98 │ 98.4 │ 98 │ 98 │ 72

Rails de 30.ᵏ Type Est

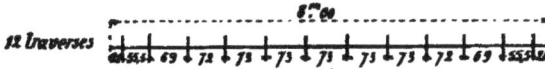

12 traverses — 8ᵐ00

55│ 69 │ 72 │ 73 │ 73 │ 73 │ 73 │ 73 │ 72 │ 69 │ 55

Rails de 20.ᴷ Type Chemins de fer départementaux

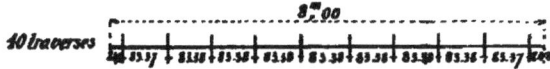

10 traverses — 8ᵐ00

│ 83.37 │ 83.38 │ 83.38 │ 83.38 │ 83.38 │ 83.38 │ 83.38 │ 83.37 │

Rails de 20.ᵏ Type Chemins de fer économiques.

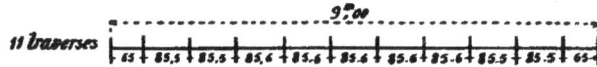

11 traverses — 9ᵐ00

65│ 85.5 │ 85.5 │ 85.6 │ 85.6 │ 85.6 │ 85.6 │ 85.6 │ 85.5 │ 85.5 │ 65

Rails de 47ᴷ Type L.P. (Cⁱᵉ P.L.M.)

1ᵉ Pose symétrique

15 traverses

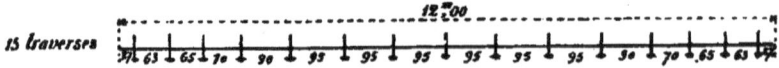

2ᵉ Pose dissymétrique

15 traverses

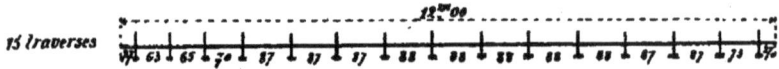

Rails de 44ᴷ, Type Ouest

18 traverses

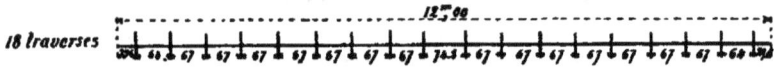

15 traverses

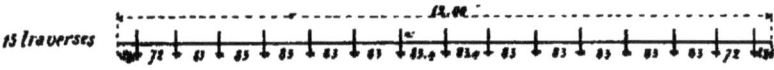

Rails de 42ᴷ, Type P.O.

14 traverses

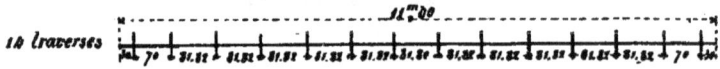

12 traverses

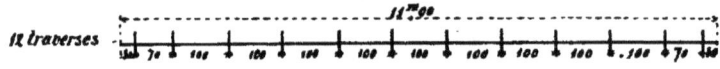

Rails de 40ᴷ, Type État

14 traverses

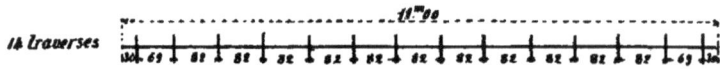

XII. — Note sur les joints des rails.

Les passages des essieux sur les joints des rails entraine un choc, plus ou moins violent selon l'état de la voie, mais toujours très sensible et qui a pour effet de fatiguer à la fois la voie et le matériel roulant. L'amélioration de l'éclissage est le seul moyen auquel on ait recours en général pour atténuer cet inconvénient, mais on a aussi fait à diverses reprises à l'étranger, pour modifier la forme des joints, des essais qui sont peu connus en France. On trouve à ce sujet des détails intéressants dans un ouvrage récent publié en Allemagne[1] et dans le dernier supplément du journal technique « l'Organ[2] ». Nous en extrayons les renseignements qui suivent.

Le joint que l'on obtient en coupant les rails en biais, au lieu de les couper normalement à leur axe longitudinal, a été essayé en Belgique

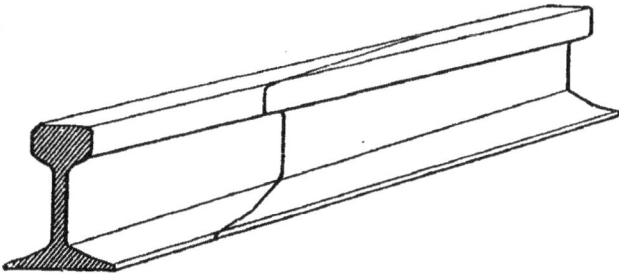

en 1835, puis en Allemagne sur la ligne de Leipsig à Dresde en 1837, enfin en Amérique en 1855. On n'a pas obtenu de bons résultats tant qu'on a pas employé le joint en porte à faux et un éclissage énergique. On a repris ces essais en Amérique en 1883 sur la ligne de Lehigh à Valley. On a donné aux joints une inclinaison sur l'axe longitudinal d'abord de 60° puis de 45°. Les expériences faites semblent avoir montré que cette dernière est préférable. On a également employé des joints biais sur le chemin de fer surélevé de New-York.

Les joints en Z analogues au système que l'on emploie dans les appareils de dilatation aux abords des ponts (voir figure ci-dessous) ont été inventés par Stephenson qui les a appliqués, d'abord aux rails en fonte usités au début des chemins de fer, puis aux rails laminés. Avec le sys-

1. *Haarmann* die Eisenbahn-Geleise.
2. Organ für die forschritte des eisenbahn-wesens.

tème de joints appuyés qui a été pendant longtemps seul en usage, ce système, essayé successivement en Angleterre et en Belgique, n'a pas donné de bons résultats ; on en a repris l'essai à diverses reprises en Allemagne et, en dernier lieu, des voies d'expérience ont été posées en

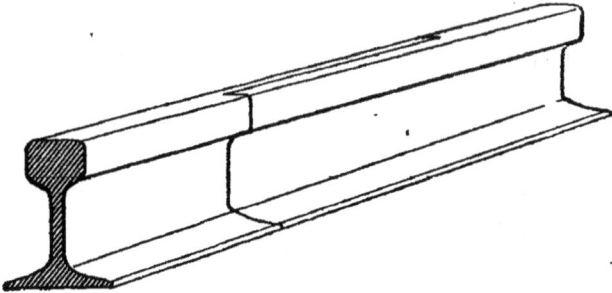

1890 et 1891 avec des joints en Z du système Rüppel sur les chemins de fer de l'Etat prussien (direction de la rive gauche du Rhin), sur les chemins de fer de l'Etat autrichien et sur le réseau de l'empereur Ferdinand (Autriche). Ces essais sont trop récents pour qu'on puisse en tirer des conclusions : tous les systèmes de joints sont bons dans les premières années qui suivent la pose de la voie.

XIII. — Extrait du cahier des charges de l'administration des chemins de fer de l'Etat pour la fourniture des traverses en chêne.

Art. 2. — *Longueur des traverses.* — Les traverses auront une longueur comprise entre deux mètres soixante centimètres et deux mètres soixante-dix centimètres (2ᵐ 60 à 2ᵐ 70).

Art. 3. — *Forme et dimensions des traverses en chêne.* — Les traverses en bois de chêne devront satisfaire aux conditions suivantes :

Elles auront une section rectangulaire et seront dressées à la scie sur les quatre faces. Par tolérance, les faces latérales pourront être dressées à la hache.

Les surfaces inférieures et supérieures seront parfaitement planes.

Les faces latérales devront présenter le bois de cœur à nu sur une hauteur minimum de huit centimètres (0ᵐ 08):

La face supérieure, au point qui doit recevoir le coussinet, sera dépourvue, dans son milieu, d'aubier, sur une largeur d'au moins quinze centimètres (0ᵐ 15.)

La largeur des traverses sera de vingt-deux centimètres (0ᵐ 22) au minimum.

L'épaisseur des traverses sera de quatorze centimètres (0ᵐ 14) au minimum ; l'épaisseur minimum devant être obtenue, déduction faite de l'aubier, dans la section correspondant à l'emplacement du coussinet.

Art. 4. — *Courbure des bois.* — Les traverses seront sensiblement droites, on tolérera seulement une courbure telle que la flèche soit un cinquantième au plus de la longueur. Les coussinets placés à distance égale des deux extrémités de la traverse devront d'ailleurs pouvoir reposer, dans toute leur étendue, sur la surface plane qui doit les supporter, et de façon que leurs axes se trouvent sur la même ligne droite, partageant cette surface en deux parties sensiblement égales.

Art. 5. — *Affranchissement des extrémités.* — Les extrémités de toutes les traverses seront affranchies et terminées par une section perpendiculaire à la longueur.

Art. 6. — *Qualité des bois.* — Les bois de chêne devront être parfaitement sains et de la meilleure qualité ; ils ne seront ni gras, ni roulés, ni gélifs, ni chauffés, ni piqués. Ils seront exempts de pourriture, de malandres, fentes, gerçures, nœuds vicieux et tous autres défauts. Ils devront avoir été abattus en hiver, du 15 octobre au 15 mars.

Le bois de chêne sera dur et à fibres très serrées et on rejettera celui qui proviendrait de terrains gras et humides.

A cet égard, le fournisseur, avant de commencer la fourniture, donnera avis à l'Ingénieur du Matériel fixe des Chemins de fer de l'Etat de la provenance des bois à livrer ; celui-ci aura le droit de prononcer les exclusions qu'il jugera convenables.

Art. 7. — *Réception provisoire et mesurage des bois.* — La réception provisoire des bois sera faite, sur les lieux de livraison, par les soins d'un agent de l'Administration des Chemins de fer de l'Etat

Art. 8. — *Lieux de livraison et de réception.* — Tous les bois seront livrés, reçus et empilés sur les lieux de dépôt fixés dans le marché.

Tous les frais de transport, de chargement ou de déchargement, de classement, d'empilement et en général tous les frais quelconques de réception, seront à la charge du fournisseur.

Art. 9. — *Garantie des fournitures.* — La réception définitive des fournitures ne pourra avoir lieu que six mois après la signature du dernier procès-verbal de réception provisoire.

Jusqu'à la réception définitive, l'Administration conservera le droit de rebuter les traverses ayant des défauts qui auraient échappé à la réception provisoire ou qui se fendraient par suite de la mauvaise qualité du bois.

Les traverses reconnues défectueuses seront rendues sur le lieu de livraison au fournisseur qui devra en tenir compte au prix de la fourniture, ou les remplacer, si l'Administration l'exige.

Si des traverses reconnues de bonne qualité présentaient des fentes menaçant de s'ouvrir, les fournisseurs seront tenus de les boulonner ou de les rattacher par des S, à leurs frais ; mais l'Administration se réserve expressément de refuser, si elle le juge convenable les traverses fendues, alors même que la qualité des bois et les dimensions satisferaient aux prescriptions du présent cahier des charges.

XIV. — Note sur les procédés d'injection des traverses en bois.

Installation de l'atelier du réseau de l'État à St-Mariens[1].

Toutes les traverses employées sur le réseau des Chemins de fer de l'Etat sont injectées dans l'atelier de St-Mariens. Le chantier occupe un espace triangulaire.

Les trois-quarts de la superficie du chantier sont occupés par les traverses non préparées, celles-ci forment autant de tas qu'il y a de marchés. Les traverses injectées, ne séjournant pas longtemps, occupent peu de place.

Les appareils qui servent à l'injection sont installés au centre du triangle, sous un hanger mesurant 25 mètres sur 16 mètres. Dans une annexe on a aménagé un magasin A, un bureau B, un petit atelier C, et une chambre à charbon D (voir le plan).

L'injection se fait dans deux cylindres EE en tôle de 15 $^{m/m}$ d'épaisseur, ayant 11^m 00 de longueur et un diamètre intérieur de 1^m,90. Les traverses sont chargées sur des chariots, qu'on transporte sur des lorrys. On amène ceux-ci devant l'entrée des cylindres et on introduit les chariots en les faisant rouler sur deux petits rails. Ils sont de forme et de dimensions telles qu'on en peut faire tenir une rame de quatre portant chacun de 40 à 43 traverses. Pendant que les opérations d'une injection se poursuivent dans l'un des cylindres, on décharge et recharge l'autre.

Lorsque les traverses ont été introduites, on boulonne le couvercle et on peut introduire de la vapeur fournie par le générateur G. Cette introduction n'est pas nécessaire lorsque les traverses sont bien sèches.

Après cette opération, ou immédiatement, lorsqu'on ne l'a pas jugée nécessaire, on fait le vide dans le cylindre au moyen d'un éjecteur H mis en action par un courant de vapeur fournie par le générateur. On maintient le degré de vide qu'on peut obtenir avec l'éjecteur pendant 5 à 10 minutes. En général on descend à 16 millimètres de mercure. On met alors le cylindre en communication avec l'une des cuves II dans lesquelles on a fait la solution ou le mélange des antiseptiques, chlorure de zinc, créosote. La pression atmosphérique refoule les liquides jusqu'à ce que l'équilibre soit établi ; on achève de les introduire en mettant en mouvement une pompe à compression K et on soutient la

1. Notice par M. C. Colin, ingénieur aux chemins de fer de l'État.

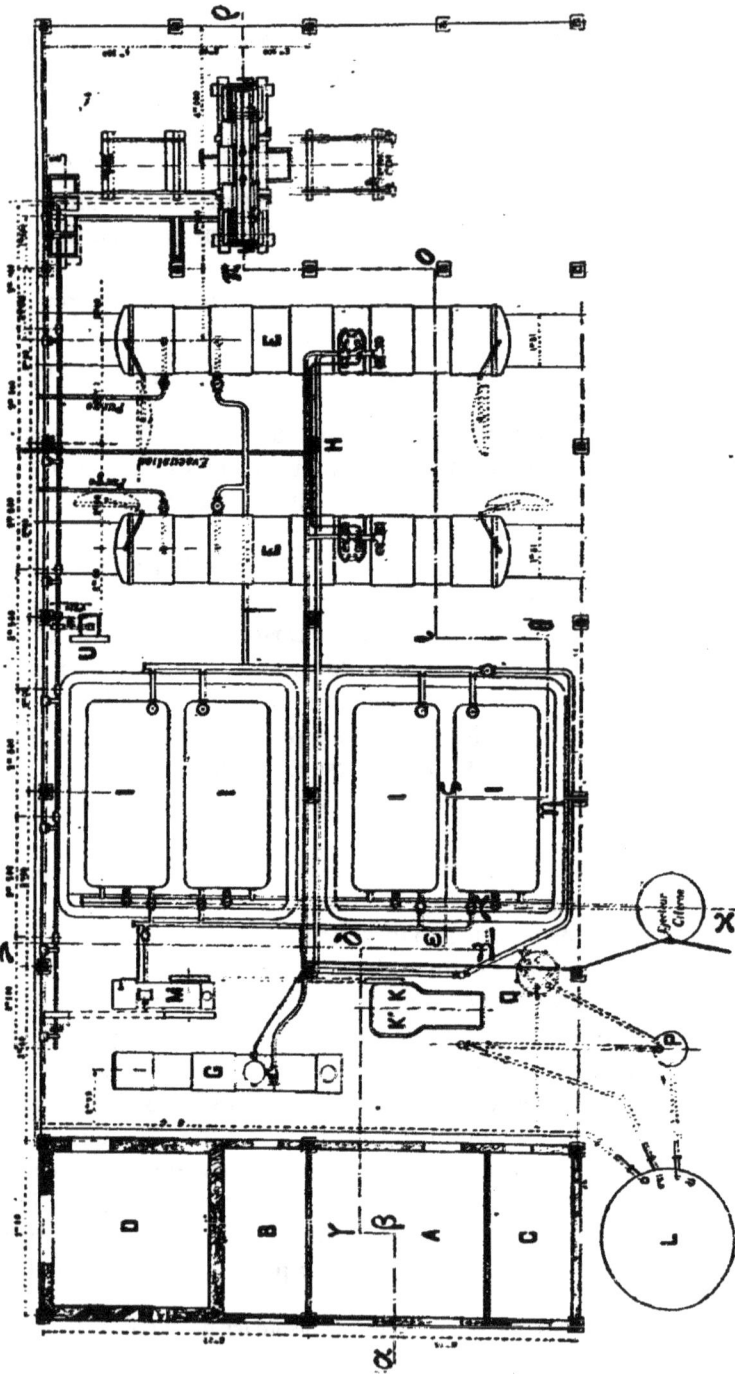

VUE EN PLAN

COUPE SUIVANT αβγδεςηθιοπρ

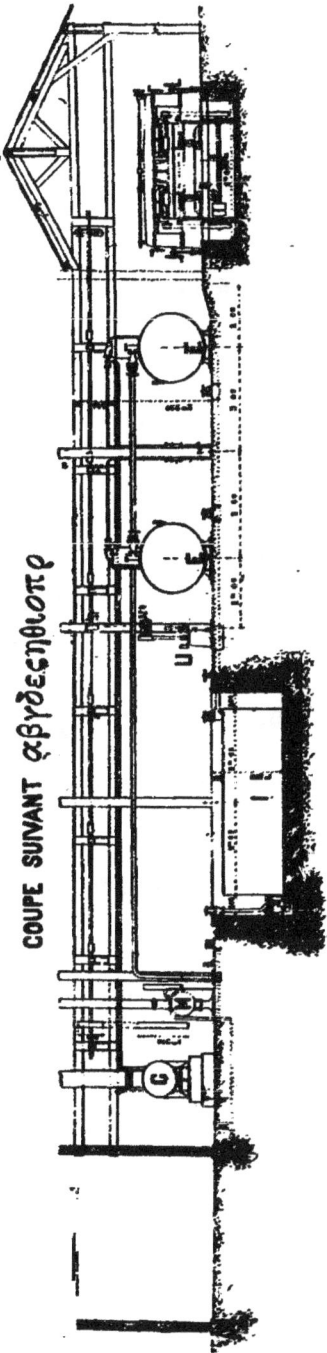

COUPE SUIVANT χλμν

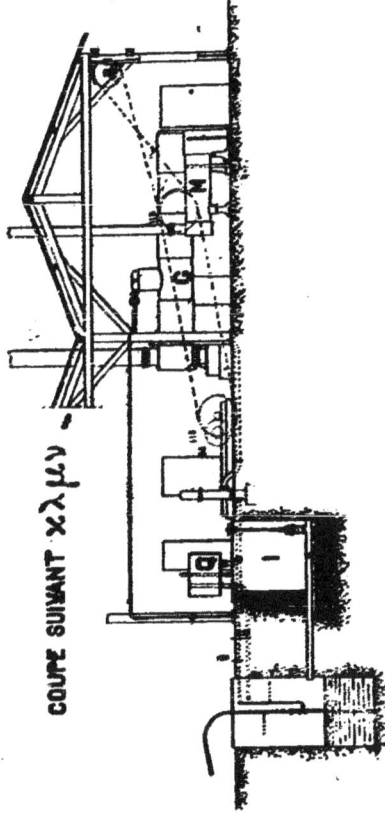

pression à 6 ou 7 kilogr. Lorsque, pendant 5 minutes, cette pression s'est maintenue sans le secours de la pompe, on estime que les traverses ont absorbé tout ce qu'elles pouvaient absorber. On met le cylindre en communication avec l'extérieur, on laisse écouler l'excédent du liquide, on déboulonne le couvercle et on retire les traverses soit pour les empiler, soit pour les charger directement dans des wagons.

La pompe aspirante et foulante est accouplée à une autre semblable K' destinée à l'alimentation d'un réservoir L. Ces pompes sont mues par une locomobile M.

Les cuves II en tôle, sont enterrées dans des fosses étanches; leur niveau supérieur est au-dessous du point le plus bas des cylindres pour que les liquides en excès, après l'opération, puissent y retourner. On maintient les cuves à une température de 40° environ, au moyen d'un serpentin dans lequel on peut faire circuler la vapeur d'échappement de la locomobile et de la vapeur produite par le générateur G.

L'eau d'alimentation du générateur et de la locomobile et l'eau servant à étendre le chlorure de zinc sont pompées dans un puits P, alimenté par un bassin où viennent se rendre les eaux de la pluie et d'une nappe souterraine. Ce sont ces eaux que l'on élève dans le réservoir R d'une capacité de 50 mètres cubes établi à $4^m, 00$ au-dessus du sol.

Pour faire le dosage des liquides on a placé un réservoir Q de 1000 litres entre le grand réservoir et les cuves.

Actuellement le liquide antiseptique employé est composé de chlorure de zinc étendu dans 30 fois son volume d'eau avec addition de 1/20 en poids de créosote.

La durée d'une opération complète d'injection est de 1 h. 25 minutes, se décomposant comme suit :

Introduction des traverses et fermeture du cylindre. 15 minutes
Vide . . . . 40 —
Pression. . . . . 30 —

On peut faire en moyenne de 6 à 8 opérations par jour suivant la saison et injecter de 1.000 à 1.300 traverses.

On a monté à l'extrémité du hangar près des cylindres une machine à entailler les traverses T, qui reçoit son mouvement de la locomobile par l'intermédiaire d'un long arbre de couche. Cet outil a comme accessoire indispensable une machine U à affûter les couteaux.

Installation des ateliers de la Compagnie de l'Est à Port d'Atelier et Amagne [1].

La Compagnie prépare ses traverses à la créosote dans ses ateliers de Port d'Atelier et d'Amagne.

Les traverses sont empilées aux lieux de livraison, en piles mortes de 1m80 de hauteur minima, sur des sous-traits, et séchées d'abord à l'air libre. Elles sont ensuite entaillées et percées à la machine à saboter, puis chargées sur des petits chariots à voie de 0m92 qu'on transporte au moyen de lorrys dans une étuve où elles restent 24 heures au minimum.

Après le séchage à l'air chaud à une température maxima de 80°, les chariots sortant de l'étuve sont immédiatement introduits dans un grand cylindre en tôle de 1m90 de diamètre sur 11 mètres de longueur ; qu'on ferme hermétiquement avec deux couvercles mobiles. On fait ensuite le vide dans le cylindre au moyen d'une pompe à double effet jusqu'à ce que la pression soit réduite à 0m11 de mercure.

Le vide est maintenu pendant une demi-heure environ. On ouvre alors une vanne de communication, placée entre le cylindre de tôle qui contient les traverses, et les réservoirs d'huile lourde de goudron. L'huile est chauffée à 80° centigrades et le cylindre est rempli par la pression atmosphérique jusqu'à une certaine hauteur.

Lorsque le niveau de l'huile ne s'élève plus dans le cylindre, on ferme la vanne de communication avec les réservoirs d'huile, et on termine le remplissage avec une pompe aspirante et foulante à simple effet. La pression est portée jusqu'à 6 kilogrammes par centimètre carré et on la maintient de 1 heure à 1 heure 1/4 environ.

Quand les traverses ont absorbé la quantité d'huile nécessaire, on arrête la pompe foulante, et on ouvre la vanne de communication avec les réservoirs, en même temps qu'un robinet d'air placé à la partie supérieure du dôme du cylindre. L'huile en excédent retourne dans les réservoirs. On ouvre ensuite les deux fonds du cylindre en tôle et on retire les chariots chargés de traverses préparées. On peut commencer aussitôt une nouvelle opération.

Le cylindre contient quatre chariots chargés chacun en moyenne de 42 traverses ; on peut donc préparer par opération 168 traverses.

La quantité d'huile absorbée par opération se mesure au moyen d'un flotteur dont l'indice se déplace, sur une règle verticale, divisée en centimètres, qui est posée sur le réservoir d'huile. En prenant le niveau de l'huile dans le réservoir avant et après l'opération, on déter-

---

1. Extrait de la notice sur les objets exposés par la Compagnie de l'Est à l'Exposition universelle de 1889.

mine par différence le volume absorbé par les traverses renfermées dans le cylindre.

Les essences utilisées sous forme de traverses sont principalement le chêne et le hêtre.

Les traverses en chêne absorbent de 6 à 7 litres par pièce de $2^m55 \times 0^m230 \times 0^m140$ (dimensions moyennes) ; soit 80 à 90 litres par mètre cube.

Les traverses en hêtre absorbent de 25 à 30 litres par pièce de $2^m65 \times 0^m235 \times 0^m145$ (dimensions moyennes) ; soit 290 à 330 litres par mètre cube.

La durée d'une opération, comprenant le chargement du cylindre, le vide, la pression, la vidange, l'ouverture des fonds et le déchargement, est d'environ 4 heures.

Ce mode de préparation est pratiqué par la Compagnie depuis 1865.

Il a procuré des traverses qui se sont bien conservées ; car, après 15 ans de service, les quantités hors de service se sont élevées au plus à 15 par mille pour le chêne créosoté, et à 50 par mille pour le hêtre créosoté.

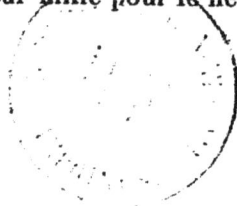

TABLE DES MATIÈRES

III. *Influence des courbes.*

CHAPITRE II

ÉTUDES DÉFINITIVES

§ 1. — Marche à suivre pour les études.

§ 2. — Profils en travers types.

§ 3. — Tracés.

C. Passages à niveau.

§ 4. — Ouvrages d'art exceptionnel.

I. *Ouvrages à ciel ouvert.*

II. *Souterrains.*

Exécution des travaux.

CHAPITRE IV

BATIMENTS.

§ 1. — **Principes généraux.**

§ 2. — **Bâtiments affectés au service de l'exploitation.**

§ 3. — **Bâtiments affectés au service de la traction.**

§ 4. — **Constructions accessoires des gares.**

I. *Constructions accessoires du service de voyageurs.*

II. *Constructions accessoires du service des marchandises.*

III. *Clôtures.*

CHAPITRE V

DEUXIÈME PARTIE

LA VOIE.

CHAPITRE VI

VOIE PROPREMENT DITE.

CHAPITRE VII

APPAREILS DE VOIE

CHAPITRE VIII

SIGNAUX ET ENCLENCHEMENTS

ANNEXES

Imp. G. Saint-Aubin et Thevenot, Saint-Dizier (Hte-Marne), 15 et 17, Passage Verdeau, Paris